CONSTRUIRE LES CARPATES

SIMON GABERELL

CONSTRUIRE LES CARPATES:

L'INSTITUTIONNALISATION D'UNE ÉCO-RÉGION

PETER LANG
Bern · Berlin · Bruxelles · Frankfurt am Main · New York · Oxford · Wien

Information bibliographique publiée par «Die Deutsche Nationalbibliothek»
«Die Deutsche Nationalbibliothek» répertorie cette publication dans la «Deutsche Nationalbibliografie»; les données bibliographiques détaillées sont disponibles sur Internet sous ‹http://dnb.d-nb.de›.

Publié avec le soutien du Fonds national suisse de la recherche scientifique dans le cadre du projet pilote OAPEN-CH.

Publication soutenue par le fonds Rappard de la faculté des Sciences de la Société de l'Université de Genève.

ISBN 978-3-0343-2036-8 br. ISBN 978-3-0352-0329-5 eBook

Cette publication a fait l'objet d'une évaluation par les pairs.

Hochfeldstrasse 32, CH-3012 Berne, Suisse
info@peterlang.com, www.peterlang.com

Table des matières

Remerciements

Cet ouvrage est la version remaniée d'une thèse de doctorat soutenue en novembre 2014 au département de géographie et environnement de l'Université de Genève dans le cadre du projet de recherche Glo-Rete (« *Globalization and re-territorialization of environmental initiatives in Central Europe: stakeholders, narratives, images* ») financé par le Fonds National Suisse pour la recherche scientifique (FNS).

C'est pourquoi, j'aimerais remercier ici en particulier mes directeurs de thèse Bernard Debarbieux (Université de Genève) et Isabelle Arpin (IRSTEA, Grenoble), pour leur appui et leur soutien tout au long de ce processus. Je remercie également l'ensemble mes jurés de thèse, Luiza Bialasiewicz (Université d'Amsterdam), Estienne Rodary (IRD, Montpellier) et mon président de jury Frédéric Giraut (Université de Genève) pour leurs suggestions qui ont permis d'améliorer mon manuscrit, ainsi que pour leurs encouragements à publier ma thèse sous la forme d'un ouvrage.

J'aimerais également remercier toutes les personnes que j'ai interrogées dans le cadre de cette recherche. En particulier, les employés du secrétariat par intérim de la Convention des Carpates à Vienne que j'ai côtoyé pendant 4 mois, et spécifiquement leur directeur, Harald Egerer, qui a bien voulu m'accueillir au sein de son institution et sans qui cet ouvrage n'aurait pas vu voir le jour sous cette forme.

Merci également à mes anciens collègues du département de géographie pour tous les bons moments passés ensemble, leur soutien et leurs conseils avisés: Jörg Balsiger, Sandrine Billeau, Cristina Del Biaggio, Marion Ernwein, Lionel Gauthier, Maria-Luisa Giordano, Louca Lerch, Muriel Monnard, Patrick Naef, Marie Oiry, Mathieu Petite, Gilles Rudaz et Estelle Sohier. Un remerciement tout particulier à Raphaël Pieroni et Dusan Djordjevic, mes compagnons de bureau et de recherche, avec qui j'ai eu la chance de tisser de solides liens d'amitié.

Enfin j'aimerais adresser une pensée spéciale à ma compagne Mayla, ainsi qu'à ma famille pour leur amour et leur soutien jamais démenti, particulièrement lors des longs derniers mois d'écriture.

Liste des figures et tableaux

Figures

Tableaux

Liste des abréviations

AEE	Agence Européenne pour l'Environnement
AEM	Association Européenne des Élus de Montagne
AIM	Année Internationale de la Montagne
CA	Convention Alpine
CCIC	Comité de mise en œuvre de la Convention des Carpates
CDB	Convention sur la diversité biologique
CEE-ONU	Commission économique des Nations Unies pour l'Europe
CEI	Carpathian Ecoregion Initiative
CEI-ES	Central European Initiative
CERI	Carpathian Ecoregion Initiative (depuis 2005)
CIPRA	Commission Internationale pour la Protection des Alpes
CITES	Convention sur le commerce international des espèces de faune et de flore sauvages menacées d'extinction
CNPA	Carpathian Network of Protected Areas
COP	Conférence des Parties
CWI	Carpathian Wetlands Initiative
DABEO	Dinaric Arc and Balkan Environnement Outlook
DG REGIO	Direction Générale de la politique régionale européenne
ECOSOC	Conseil économique et social des Nations Unies
EfE	Environment for Europe
ENVSEC	The Environment and Security Initiative
EURAC	Académie Européenne de Bolzano
FAO	Organisation des Nations Unies pour l'alimentation et l'agriculture
GLOCHAMORE	Global Change and Mountain Regions
ICPDR	International Commission for the Protection of the Danube River
ISCAR	International Scientific Committee on Research in the Alps
KEO	Carpathian Environment Outlook
MRI	Mountain Research Initiative

PNUE	Programme des Nations-Unies pour l'Environnement
PNUE-BRE	Bureau régional pour l'Europe du PNUE
PNUE-WCMC	Centre de surveillance de la conservation de la nature du PNUE
PNUE/DEWA/GRID	UNEP Division of Early Warning and Assessment/Global Resource Information Database network
PNUD	Programme des Nations Unies pour le développement
RAMSAR	Convention sur les zones humides d'importance internationale
REC	Regional Environmental Center for Central and Eastern Europe
S4C	Réseau scientifique ‹Science for the Carpathians›
SICC	Secrétariat par intérim de la Convention des Carpates
UE	Union Européenne
UICN	Union Internationale pour la Conservation de la Nature
UNESCO	Organisation des Nations-Unies pour l'éducation, la science et la culture
VASICA	Vision and Strategies in the Carpathian Area
WWF	World Wide Fund for Nature
WWF-DCPO	Bureau de Programme pour la région Danube-Carpates du WWF

Note de l'auteur

Toutes les citations en langue étrangère, extraites de textes publiés ou faisant l'objet d'autres types de diffusion, ont été traduites par mes propres soins et relèvent de ma responsabilité. Partant du principe que ces textes sont facilement accessibles au lecteur dans leur langue et formulation originale, j'ai fait le choix de ne pas reproduire cette dernière en note de bas de page, pour ne pas alourdir le document. Dans la même logique les extraits tirés des entretiens que j'ai retranscrits n'ont pas été traduits pour permettre au lecteur d'accéder à la formulation originale.

Géographies d'une construction régionale

> So what is Eastern Europe? Can you clearly define that? No, not any more. It's... it's... fluid. And that is the whole – really the whole regionalization process also. It is a very fluid process, trying to service at that time the best – the best interest of the organization in the best way you want.
>
> Frits Schlingemann,
> ancien directeur régional pour l'Europe du PNUE

Le 22 mai 2003 à Kiev, sept pays d'Europe Centrale, la Hongrie, la Pologne, la République Tchèque, la Roumanie, la Serbie, la Slovaquie et l'Ukraine signent ensemble la Convention cadre pour la protection et le développement durable des Carpates[1] (ci-après la Convention des Carpates), un traité international visant la mise en application de politiques environnementales intégrées et coordonnées à l'échelle de la chaîne de montagne. L'objectif de la Convention des Carpates est de « poursuivre des politiques globales et de coopérer pour la protection et le développement durable des Carpates avec pour objectifs entre autres d'améliorer la qualité de vie, de renforcer les économies et communautés locales et la conservation des valeurs naturelles et du patrimoine culturel[2] ». Les Parties signataires à la Convention s'engagent ainsi à faire face aux « défis communs de la région », en appliquant les principes de précaution, du pollueur-payeur et de l'approche écosystémique, et en intensifiant la coopération régionale et la collaboration transfrontalière dans les domaines de l'aménagement du territoire, de l'eau, de l'agriculture, de la foresterie, des transports et infrastructures, du tourisme, de l'industrie et de l'énergie, du patrimoine culturel et des savoirs traditionnels et enfin de l'évaluation environnementale et des mesures de contrôle[3].

---

1 *Framework Convention on the protection and sustainable development of the Carpathians.*
2 Article 2.1 de la Convention des Carpates.
3 Articles 3 à 12 de la Convention des Carpates.

L'article premier du traité établit ainsi formellement l'existence d'une « région des Carpates », décrite dans le préambule comme

> [...] un unique trésor naturel de grande beauté et de grande valeur écologique, un important réservoir de biodiversité, le cours supérieur de rivières majeures, un habitat essentiel et un refuge pour de nombreuses espèces de plantes et d'animaux en danger et la plus grande surface de forêt vierge en Europe; [ainsi qu'un] environnement vivant, écologique, culturel et de détente majeur au cœur de l'Europe, partagé par de nombreux peuples et pays[4].

Onze ans plus tard, la région des Carpates ainsi formellement créée est dotée d'institutions *ad hoc*, tel que le secrétariat par intérim de la Convention des Carpates administré par le Programme des Nations Unies pour l'Environnement (PNUE) qui pilote le fonctionnement institutionnel du traité; d'un réseau de scientifiques spécifiquement dédié à la production de connaissances et de bases de données à l'échelle de la région; d'un réseau d'espaces protégés transnationaux; de trois protocoles de mise en œuvre et peut-être deux de plus en septembre 2014. Cette « nouvelle » région des Carpates a également servi de cadre au lancement de plusieurs projets transnationaux financés notamment par les programmes européens de cohésion territoriale et à de nombreux accords de coopération avec des institutions scientifiques et politiques, ainsi qu'à des traités internationaux. Pour autant, l'existence de la région des Carpates n'est pas totalement stabilisée. La région n'a toujours pas de délimitation territoriale officielle, les États Parties n'ayant pas réussi à se mettre d'accord sur une proposition commune, ni d'ailleurs sur l'emplacement et l'administration d'un secrétariat permanent; le développement de stratégies macro-régionales au niveau européen amène enfin à repenser et reformuler le projet des Carpates pour s'adapter à ce nouvel outil de la politique régionale de l'Union Européenne.

Cette liste n'a pas vocation à être exhaustive. Elle illustre le processus dynamique d'institutionnalisation[5] d'une région des Carpates sur la base du projet environnemental défini par la Convention du même nom, un

4 Préambule de la Convention des Carpates.

5 J'entends ici par institutionnalisation, inspiré par la proposition du géographe finlandais Anssi Paasi (1986), le processus socio-spatial par lequel une unité territoriale émerge, est reconnue (tant à l'intérieur qu'à l'extérieur de ses frontières) et établie comme une partie d'un système régional plus large. Ce concept sera présenté en détail et discuté plus loin dans ce travail.

processus entrevu de manière similaire dans la région alpine, à la suite de la signature de la Convention Alpine en 1991 et qui a été défini par certains comme un processus d'institutionnalisation écorégionale (Balsiger, 2007) ou d'éco-régionalisation (Del Biaggio, 2013). Je propose de reprendre cette dernière formulation dans la suite de cet ouvrage.

A la suite de ces auteurs, je ne conçois en effet pas la Convention des Carpates comme un simple document légal régulant et coordonnant les politiques environnementales à l'échelle de la région, mais plutôt comme l'acte fondateur de la constitution d'un nouvel espace politique transnational, basé sur un projet de gestion spécifique: la conservation et le développement durable de la région de montagnes des Carpates. Je considère ainsi le processus d'éco régionalisation comme un processus d'institutionnalisation d'une entité spatiale naturelle préalablement identifiée, définie et délimitée par des acteurs, en vue de répondre à un projet environnemental spécifique. C'est ce processus d'objectivation – faire des massifs de montagnes des objets politiques (Debarbieux et Rudaz, 2010) – et d'institutionnalisation des Carpates que je souhaite analyser dans cet ouvrage. Avant d'aller plus loin dans l'explicitation de ce travail, un retour en arrière est nécessaire pour mieux comprendre le contexte historique d'émergence de ces processus d'éco-régionalisation.

Régionalisation environnementale

Depuis les années 1970[6], et notamment la première conférence des Nations Unies sur l'Environnement humain à Stockholm en 1972, les politiques

6 Les politiques de conservation de la nature ont une longue histoire dont le compte rendu dépasse le cadre de cet ouvrage. Pour des études approfondies de l'histoire de la conservation de la nature, voir notamment les travaux du géographe Estienne Rodary (2008) et Rodary et Castellanet (2003), ainsi que le numéro spécial sur une histoire politique de l'environnement dans la revue *Vingtième Siècle. Revue d'histoire* des Presses de Sciences Po, dirigé par Stéphane Frioux et Vincent Lemire (2012), ou encore les travaux de Florian Charvolin (2003) relatifs à l'invention de l'environnement en France dans une perspective constructiviste; pour un aperçu historique de la création de l'Union Internationale pour la Conservation de la Nature (UICN) et de l'évolution des conceptions de la conservation voir le livre de Martin Holdgate, *The Green Web: A Union for World Conservation*, (1999); sur les mouvements environnementalistes l'excellent livre de Russell Dalton, *The Green Rainbow* (1994).

environnementales s'inscrivent dans une double tendance: le dépassement des approches naturalistes de conservation de la nature centrées sur la préservation des espèces et des habitats de l'influence humaine (au moyen de la création de réserves naturelles ou de parcs nationaux notamment), vers des approches intégrées de développement durable; la montée de l'environnement comme un objet politique mondial: les défis (changement climatique, biodiversité notamment), mais également les acteurs et les réponses proposées se sont mondialisés. Face à cette «intégration horizontale et extension verticale» (Rodary, 2003, p. 102) de la question environnementale, le rôle et la domination du modèle de gouvernance étatique national sont questionnés. De nouveaux acteurs opérant à des niveaux multiples, et de nouvelles formes de partenariat, émergent et influencent la façon dont les enjeux environnementaux sont posés.

Loin de rendre obsolètes les niveaux d'action locaux et régionaux, la mondialisation des enjeux et des actions environnementaux s'accompagne, au contraire, d'une redécouverte, d'une redéfinition et d'une reconstruction de ces niveaux d'action. Cette reconfiguration territoriale des initiatives environnementales répond à une double exigence d'universalité – liée à la montée de l'environnement comme un objet politique mondial et au développement d'institutions de portées mondiales pour y répondre – et de différenciation – répondre à des défis et enjeux localisés et/ou régionalisés spécifiques et ajuster les problématiques et concepts mondiaux à ces contextes particuliers (Mauz et al., 2013; Rodary, 2008). Ce processus passe par l'identification, la définition et la construction d'entités spatiales jugées pertinentes pour résoudre ces enjeux environnementaux de manière coordonnée et intégrée.

Cette mondialisation de la question environnementale ne s'opère pas seulement par une redéfinition des espaces et des niveaux d'action; elle s'opère aussi par une reconfiguration des échanges et des relations entre institutions. Ainsi, de nouvelles entités et de nouveaux acteurs, gouvernementaux ou non, de nouvelles formes de gouvernance[7] et de

---

7 Il existe une multitude de perspectives et de définitions de ce que le terme gouvernance signifie, mais de manière générale l'utilisation du terme de gouvernance exprime une variété de moyens de gouverner, qui implique des acteurs qui ne sont pas limités aux acteurs étatiques. Je suis ici la proposition de Harriet Bulkeley pour dire que «plutôt que de voir les gouvernements et la gouvernance comme nécessairement

partenariat se construisent progressivement. Cela signifie qu'un grand nombre d'enjeux environnementaux, qui étaient jusque-là principalement abordés au niveau des États-Nations, dans le cadre de politiques publiques nationales sectorielles et de relations intergouvernementales, c'est-à-dire dans le cadre de modèles de gouvernance principalement régulés par les instances étatiques, méritent désormais d'être appréhendés à l'échelle mondiale *et* au travers de nouvelles entités de niveau régional, souvent de nature transnationale, visant à coordonner la mise en œuvre de politiques intégrées de développement durable.

Ce processus de reconfiguration territoriale n'est pas spécifique au domaine environnemental et s'inscrit dans une tendance plus large de repositionnement et de redéfinition des activités régulatrices de l'Etat. Neil Brenner (1999, 2004) a amplement décrit ce phénomène de reconfiguration scalaire de l'espace étatique (le décentrement des activités régulatrices du niveau national) par la création de nouveaux espaces de projet, en prenant notamment pour exemple la constitution de grandes régions urbaines. Le géographe Erik Swyngedouw (1997) a proposé d'utiliser le concept de «glocalisation» pour analyser ce processus combiné de globalisation et de reconfiguration territoriale au niveau local et régional.

L'éco-régionalisation s'inscrit donc dans ce double phénomène de mondialisation et de re-territorialisation aux niveaux local et régional des initiatives environnementales et répond à cette double exigence d'universalité et d'ancrage dans des contextes locaux ou régionaux particuliers. Durant les cinquante dernières années, nombre de ces entités régionales ont vu le jour dans le monde (Balsiger et VanDeveer, 2012; Balsiger et Prys, 2014; Church, 2010). Les racines historiques de ces formes de coopération transnationale peuvent être trouvées dans les premiers accords autour des bassins fluviaux du Rhin (1816) et du Danube (1856), mais c'est bien à partir des années 1970 que l'on voit apparaître le développement de premiers accords environnementaux régionaux, autour d'étendues marines

---

opposés, cette interprétation suggère un continuum de systèmes de gouvernance dans lequel l'Etat et les acteurs non-étatiques jouent une variété de rôles» (Bulkeley, 2005, p. 877). Patrick Le Galès définit ainsi la gouvernance comme «l'ensemble des processus et des institutions politiques qui participent de la gestion politique d'une société» (Le Galès dans Levy et Lussault, 2003, p. 419).

d'abord[8], puis plus récemment de massifs de montagne. Le Programme des Nations Unies pour l'Environnement (PNUE), créé à la suite de la conférence de Stockholm en 1972 a joué un rôle important dans le développement de ces accords transnationaux, particulièrement autour des étendues de mer avec son programme «les mers régionales», qui a participé à la conclusion de nombreux accords régionaux (Church, 2010, p. 25).

Ce processus d'éco-régionalisation a été particulièrement important en Europe en partie en raison du mouvement vers l'intégration européenne (Keating, 2009) et plus récemment du désir de l'Union Européenne de promouvoir la coopération supranationale et transnationale. Des instruments spécifiques ont été mis sur pied à cette fin, tel que le programme INTERREG[9], le développement d'instruments spécifiques comme les Directives Habitats, Oiseaux et la Directive-cadre sur l'eau qui ont contribué à l'identification et à la constitution d'espaces de protection environnementale transnationaux, et plus récemment les stratégies macro-régionales[10] (Dubois et al., 2009). Plusieurs de ces régions de projet ont ainsi été façonnées en fonction de l'identification d'enjeux communs dans le domaine de la gouvernance environnementale autour d'entités biophysiques prenant comme objets des bassins versants (la stratégie macro-régionale pour la mer Baltique), d'importants bassins hydrologiques (la stratégie macro-régionale pour le Danube) ou des chaînes de montagnes (par exemple la Convention Alpine à l'intérieur des programmes INTERREG).

Ces nouvelles régions environnementales transcendent les frontières traditionnelles et forment des entités spatiales qui défient les organisations en termes hiérarchiques et offrent une nouvelle lecture du paysage territo-

---

8 En 1974, la convention d'Helsinki sur la protection de la mer Baltique et en 1976 la convention de Barcelone pour la protection de Méditerranée.

9 INTERREG est une initiative communautaire mise en place dans les années nonante afin d'accompagner et de renforcer la coopération transfrontalière (INTERREG A), transnationale (INTERREG B) et interrégionale (INTERREG C) au sein de l'union Européenne. L'initiative INTERREG, qui s'appelle désormais ‹ objectif de coopération territoriale européenne › est financé par les fonds européens de développement régional liés à la politique de cohésion et gérés par la politique régionale.

10 Je reviendrai plus en détail sur ces stratégies macro-régionales européennes plus loin dans cet ouvrage.

rial européen (Deas et Lord, 2006). Dans une récente revue de ce nouveau champ de recherche, Jörg Balsiger et Stacy VanDeveer ont ainsi montré que ces nouvelles entités régionales se basent sur des

> [...] accords régionaux [qui] se dirigent de plus en plus vers une sorte d'écoterritorialité, que les acteurs étatiques sont de plus en plus accompagnés (parfois même remplacés) par des acteurs non-étatiques ou par des acteurs publics de niveaux inférieurs, et que le champ thématique s'étend de plus en plus au-delà d'enjeux purement environnementaux pour englober des notions plus large de développement durable (Balsiger et VanDeveer, 2010, p. 6182).

Ces nouvelles entités régionales ont été qualifiées d'‹inhabituelles› (Deas et Lord, 2006; Zimmerbauer, 2013) ou de ‹*ad hoc*› (Paasi, 2009) par les chercheurs. Ce type d'entités peut en effet être défini comme répondant à des problèmes ou des besoins spécifiques en vue de faciliter des solutions *ad hoc*, avant d'être institutionnalisées en conséquence. Dans cette perspective, elles diffèrent des anciennes régions historiques constitutionnelles, puisque «étant des construits bureaucratiques, ces unités peuvent être plutôt séparées de la vie quotidienne des citoyens et de leurs identifications spatiales» (Paasi, 2009, p. 133). Récemment, Bernard Debarbieux a proposé d'appeler ces nouvelles entités régionales des ‹régions de projet› (Debarbieux et al., 2013) dans le but de souligner le fait que le processus de construction régionale est motivé ici par un projet spécifique, distinct des processus menant aux régions constitutionnelles. Je reprends cette distinction entre région constitutionnelle et région de projet[11] dans la suite de cet ouvrage.

En l'absence de régions constitutionnelles à même de cadrer les entités écorégionales identifiées, les différents acteurs impliqués dans le processus de construction écorégional s'appuient sur des formes alternatives de légitimité (Debarbieux et al., 2013, p. 6). L'éco-régionalisation s'effectue ainsi en parallèle avec la montée en puissance de nouveaux concepts dans le domaine de la conservation de la nature. Ces régions de projet sont

11 La référence à «la cité par projets», concept développé par Luc Boltanski et Eve Chiapello (1999) est ici non intentionnelle. Cependant, j'aurai l'occasion de revenir sur les travaux de ces chercheurs dans la suite de cet ouvrage, car le fonctionnement institutionnel de la Convention des Carpates partage plusieurs caractéristiques avec le système de valeur par projets décrit par les deux sociologues.

ainsi d'abord des catégories de la connaissance, des idées avant de devenir des espaces transnationaux de gestion institutionnalisés. L'évolution des modèles de la protection de la nature et l'évolution des modèles de coopération environnementale se répondent ainsi mutuellement. Dans cette perspective, la production de connaissances scientifiques, d'expertises, d'images, de cartes et de bases de données mobilisée par les différents porteurs de projets pour identifier, promouvoir et justifier ces entités et ainsi légitimer leur vision joue un rôle crucial qu'il convient d'analyser (Gaberell et Debarbieux, 2014; Debarbieux et al., 2014).

Les organisations de conservation de la nature ont ainsi mis en avant des systèmes d'identification différents pour guider leurs actions territoriales et initier des projets politiques de coopération. Le WWF a par exemple proposé l'adoption du concept d'écorégion, comme référent pour l'identification des Carpates comme région de projet environnemental pertinente. L'écorégion est définie par des critères essentiellement naturalistes comme étant «une étendue de terre ou d'eau qui contient un assemblage d'espèces, de communautés naturelles et de conditions environnementales qui se distingue au plan géographique» et la conservation écorégionale comme «un processus soutenant l'organisation et l'action des politiques de conservation à l'échelle de larges régions écologiques[12]». 825 écorégions terrestres, 426 écorégions fluviales et 229 écorégions marines ont été ainsi définies globalement par l'organisation environnementale. Le WWF a par ailleurs identifié 200 écorégions («Global 200») comme étant prioritaires pour son action de terrain, dont fait partie la région des Carpates (Olson and Dinerstein, 1998).

Les projets d'éco-régionalisation ont ainsi dû prendre en compte cette diversification des acteurs, des objectifs et des modes d'action. La construction de ces régions de projet a ainsi souvent requis des processus de négociations entraînant différentes conceptions sur la taille, la nature et la position de la proposition de région que les acteurs ont souhaité promouvoir en fonction d'échelles de référence variées: certains acteurs appartiennent au secteur public et trouvent leur place dans le système organisationnel et hiérarchique de l'Etat (gouvernement central, sous-national

12 <http://www.worldwildlife.org/biomes>, consulté le 4 août 2014.

et municipal, etc.) alors que d'autres transcendent largement ces cadres (organisations non-gouvernementales [ONG], réseaux de scientifiques, réseaux transnationaux de villes ou de municipalités, et dans une certaine mesure les organisations internationales) et sont porteurs d'échelles de référence spatiale différents, avec souvent des pratiques collaboratives (ou concurrentielles) et réticulaires entre les différents acteurs. Ensemble, ces acteurs connectés de manières variées contribuent à la formation d'entités territoriales et construisent leurs connexions avec une large gamme d'entités complémentaires.

Appréhender le processus d'éco-régionalisation des Carpates

Cet ouvrage a donc pour objectif d'étudier le processus d'éco-régionalisation des Carpates en se concentrant sur les pratiques discursives et matérielles de deux institutions influentes dans le contexte européen et sélectionnées dans le cadre initial du projet: le World Wide Fund for Nature (WWF) et le programme des Nations Unies pour l'Environnement (PNUE). Le processus d'éco-régionalisation des Carpates a en effet la particularité d'avoir été principalement mené par ces deux institutions internationales. Le WWF a très tôt mis en place un programme de conservation écorégional à l'échelle des Carpates et ouvert un bureau à Vienne pour piloter ses initiatives. L'organisation non-gouvernementale a initié le premier réseau de coopération environnementale à l'échelle de la chaîne de montagne et lancé la première étape des négociations vers le développement d'un traité international pouvant soutenir et coordonner la mise en place de politiques environnementales dans la région. Le PNUE a piloté le processus de négociation entre les différents gouvernements et a été chargé de servir sur une base intérimaire, qui dure cependant toujours, le secrétariat de la Convention des Carpates basé de façon neutre à Vienne. A ce titre, le bureau du secrétariat à Vienne est devenu l'organe institutionnel principal de la Convention et un composant essentiel du processus d'institutionnalisation de la région environnementale.

Cet ouvrage aborde donc ce processus d'éco-régionalisation des Carpates, en cherchant à comprendre comment ces institutions identifient, délimitent et institutionnalisent les Carpates comme une région de projet légitime et appropriée pour justifier et mener leurs initiatives environnementales: quels processus et quelles pratiques mettent-elles en œuvre?; quelles ressources et quels objets mobilisent-elles? Il s'agit donc de retracer les étapes par lesquelles la région des Carpates prend forme, souvent de manière contestée, et se trouve progressivement institutionnalisée, ainsi que de comprendre la région comme une pièce d'un système environnemental mondial et un élément d'une stratégie d'action pour chaque institution. En parallèle, il s'agit également de retracer les étapes par lesquelles la région est justifiée et légitimée et les pratiques discursives[13] et matérielles, qui participent de son institutionnalisation.

S'inscrivant dans une perspective constructiviste, cet ouvrage conçoit donc l'éco-régionalisation comme un processus social et matériel d'institutionnalisation circonstanciel, qui *combine* production de connaissances et perspectives (ou intentions) d'action. Cette approche s'oppose à une approche positiviste, en ce sens qu'elle ne cherche pas à analyser la régionalisation environnementale en Europe du point de vue de la pertinence intrinsèque des régions identifiées, ni à évaluer l'efficacité des politiques menées dans le cadre de la Convention. L'objectif est ici plutôt de comprendre et d'analyser dans un premier temps pourquoi et comment les institutions identifient, construisent des régions qu'elles jugent légitimes comme territoires d'actions et de connaissances (identifier les stratégies des acteurs) et dans un deuxième temps à comprendre comment ces régions sont institutionnalisées au travers de discours et de la mobilisation d'inscriptions matérielles (identifier les pratiques de ces acteurs).

Les questionnements qui guident cet ouvrage se centrent donc autour de l'identification, de la construction et de la stabilisation de la région de projet des Carpates et du rôle des organisations internationales dans ce processus. Ils sont les suivants:

- Quels types de référents sont mobilisés par les différentes institutions pour fonder leurs actions, de quelle manière influence(nt)-il(s) leur

13 La référence au discours est utilisé ici au sens large pour signifier «des séries collectives de représentations, de pratiques et de performances spécifiques au travers desquelles les significations donnent au monde ses formes particulières, leurs formes et normes» (Gregory et al., 2009, p. 86).

façon de se représenter les entités spatiales légitimes et appropriées pour justifier leurs actions et sont-ils en retour influencés par les entités spatiales que façonnent ces institutions? Quelles sont également les dynamiques de coopération et de compétition entre ces différents acteurs et comment réussissent-ils à converger, même partiellement, autour d'une proposition de région ou comment certains acteurs réussissent-ils à imposer leur(s) projet(s) et leur(s) référent(s)?
- Quel rôle jouent dans ce processus la production et la diffusion de connaissances scientifiques, de bases de données et de matériels iconographiques? Plus généralement, quel rôle joue la matérialité dans le processus d'institutionnalisation? Sur quels types d'éléments matériels ces institutions s'appuient-elles? Peuvent-ils être décisifs dans le processus d'institutionnalisation et si oui, comment?
- Dans quelle mesure la région de projet des Carpates peut-elle être stabilisée dans l'espace et dans le temps et être institutionnalisée? Quelles sont les pratiques discursives et matérielles des acteurs qui participent à ce processus? Une fois construite, quels sont les effets que la région déploie et comment analyser le fonctionnement institutionnel du traité?

Les premiers questionnements me permettront d'aborder les concepts d'échelle et de cadrage et d'appréhender l'éco-régionalisation comme un processus de configuration scalaire[14] entre des acteurs mobilisant des cadres spatiaux de référence spécifiques pour définir l'entité spatiale la plus pertinente en vue de satisfaire les objectifs de conservation poursuivis. Comment ces acteurs mobilisent-ils les échelles (et lesquelles) pour poursuivre leurs stratégies spatiales spécifiques?

Les seconds questionnements me permettront d'aborder les processus de production de connaissances scientifiques et leur traduction en actions politiques. Ces seconds questionnements sont étroitement liés aux premiers puisque la production de connaissances scientifiques joue un rôle fondamental dans la définition et la légitimation de l'échelle pertinente

14 Faute d'une meilleure traduction dans la littérature francophone, j'utilise ici configuration scalaire pour référer au processus de «scaling» dans la terminologie anglophone.

d'action. La traduction de ces connaissances en actions politiques passe notamment par la production d'objets, comme les cartes ou les bases de données, permettant d'expliciter et de légitimer le projet.

Enfin, les derniers questionnements me permettront, au travers de la métaphore de la performance[15], d'aborder les pratiques matérielles et discursives qui participent à la construction de la région, pratiques quotidiennes au sein du secrétariat de la Convention et dans le cadre d'événements organisés comme lors de réunions et de conférences. En somme, comment les régions deviennent-elles des régions[16] ?

L'ambition de cet ouvrage n'est donc pas de dresser un panorama complet de la gouvernance environnementale des Carpates. La focale de mon analyse est volontairement limitée. Il ne s'agit ici ni d'évaluer les effets sur le terrain de la Convention, ni de suivre l'ensemble des connexions et des institutions qui participent à ce processus d'éco-régionalisation. Au contraire, en me concentrant sur un nombre réduit d'institutions et en suivant en particulier les travaux quotidiens du secrétariat par intérim de la Convention des Carpates, j'entends mener une recherche approfondie des façons de faire la région, en vue de proposer un regard novateur sur les modalités de la régionalisation environnementale.

15 J'utilise l'anglicisme ‹performer› pour désigner une vision performative de la région comme une entité qui est créée et consolidée au travers de pratiques et de formes socio-matérielles plutôt qu'existant a priori. La construction régionale ne s'arrête pas au moment où la région apparaît comme une entité stable sous un cadre juridique et institutionnel. La région est constamment performée par des processus la consolidant dans cet état apparent de stabilité (voir notamment sur ce sujet, Donaldson, 2006).

16 Ce triple questionnement correspond de manière presque identique à l'agenda de recherche récemment proposé par un groupe de géographes et d'anthropologues pour appréhender les enjeux de la gouvernance environnementale lors des grandes conférences internationales dans une démarche ethnographique collaborative et publié dans un numéro spécial de la revue Global Environmental Politics en août 2014, quelques jours avant que je mette un point final à la rédaction de cet ouvrage (Campbell, Corson, Gray, Mac Donald et Brosius, 2014).

Cet ouvrage est structuré en neuf chapitres. Les deux premiers chapitres s'attachent à définir les concepts fondamentaux qui ont guidé ma recherche et les différents champs de littérature mobilisés. Le premier chapitre aborde les différentes acceptions du concept de région dans la géographie et discute des apports des approches relationnelles, de la théorie de l'acteur-réseau et du concept d'agencement proposé par Gilles Deleuze et Félix Guattari (1980). Le deuxième chapitre de cette partie théorique, aborde directement les processus de construction régionale. J'y présente et discute les cadres analytiques existants pour appréhender ces processus en mettant en lumière leurs limites notamment dans l'analyse des pratiques matérielles et discursives participant à la stabilisation de la région de projet. La mobilisation de ces différents champs permettra de préciser ma recherche et d'exposer les hypothèses qui guident la rédaction de cet ouvrage.

Ma démarche méthodologique est présentée dans le troisième chapitre. J'y discute des méthodes d'enquête ethnographique et de la réalisation d'entretiens compréhensifs. Je justifie ensuite mon cas d'étude et détaille les différentes étapes de ma recherche dans une démarche réflexive. Enfin, je présente le type de matériau collecté ainsi que les méthodes d'analyse utilisées.

Les chapitres quatre à neuf constituent le corpus empirique de cet ouvrage.

Dans le chapitre quatre, je reviens sur les dynamiques d'acteurs ayant mené à l'identification et à la construction de la région de projet des Carpates. Ce chapitre se base sur le champ de recherche des analyses en termes de politiques scalaires et de cadrage que je présente en ouverture. Je souhaite mettre en avant les différentes motivations et cadrages proposés pour définir la région de projet. Dans cette perspective, je m'intéresse particulièrement à mettre en lumière le rôle joué par la production et la diffusion de connaissances scientifiques dans ce processus. Je reviens également sur le processus de négociation du traité et montre les enjeux de délimitation de ces entités dites « naturelles ».

Le chapitre cinq est le premier des chapitres consacrés plus spécifiquement aux pratiques du secrétariat par intérim de la Convention des Carpates administré par le PNUE à Vienne. Le chapitre commence par une présentation des recherches ayant portées sur l'analyse des secrétariats internationaux. Je souhaite ensuite familiariser le lecteur avec la Convention des Carpates, en présentant son fonctionnement institutionnel et le rôle spécifique du secrétariat. Je m'intéresse également aux différents partenaires et aux types de collaboration entrepris dans le cadre de la Convention. Le chapitre montre le caractère particulièrement international du réseau constitutif de la Convention et le poids des approches descendantes dans ce processus.

Je rentre dans l'analyse détaillée des pratiques du secrétariat au chapitre six. Dans ce chapitre je m'attache à discuter du mode de fonctionnement par projet mis en place par ce dernier et les différents enjeux qui y sont liés. Je m'appuie sur l'analyse détaillée du montage d'un projet européen de coopération territoriale visant à mettre en œuvre le protocole sur la biodiversité pour étayer mon propos. Je souligne certaines limites de ce fonctionnement, en partie liées aux compétences nécessaires au montage de ce type de projet qui réduisent les possibilités d'obtention par des institutions nationales. Je mets également en lumière les enjeux liés à l'intégration des collectivités locales et régionales au processus d'éco-régionalisation des Carpates et à l'importance des institutions européennes pour des conventions de ce type.

Dans le chapitre sept je m'intéresse cette fois-ci à une décision soumise à la troisième Conférence des Parties de la Convention des Carpates, relative à l'adoption d'un plan d'action stratégique pour le développement d'une stratégie macro-régionale européenne. J'ai eu la chance de pouvoir suivre durant ma période d'observation les différentes étapes du cheminement de cette décision en train de se faire et je souhaite en proposer une analyse détaillée. Je montre les enjeux et les opportunités liés à l'avènement de ce nouvel outil de coopération territoriale et analyse le recadrage de la région de projet des Carpates en termes de reconfiguration scalaire. Je souligne également l'influence cognitive et normative du secrétariat dans la formulation de cette décision. Je souhaite particulièrement mettre en évidence les différentes formes d'expertises scientifiques mobilisées par le secrétariat pour argumenter ce recadrage.

Le chapitre huit est principalement basé sur les travaux de la sociologie des sciences et de la géographie sur les interactions entre science et politique, ainsi que les travaux de cartographie critique. Il peut être divisé en deux parties. Dans la première partie, je m'intéresse aux interactions entre production scientifique et gouvernance politique et spécifiquement à la création d'un réseau de scientifiques transnational initié par le secrétariat de la Convention. Je détaille la trajectoire parfois tendue des interactions entre ce réseau et le secrétariat. Dans cette partie je mets également en évidence les enjeux liés à la production d'une base de données environnementale pan-Carpates et propose une conceptualisation des activités du secrétariat comme organisation frontière. La deuxième partie de ce chapitre est spécifiquement consacrée à l'analyse du rôle de la cartographie dans le processus d'éco-régionalisation. Je montre que loin de seulement *illustrer* la région de projet, la production cartographique participe pleinement de son institutionnalisation à chaque étape du processus.

Enfin, dans le chapitre neuf je discute des tentatives du bureau de Vienne du PNUE de diffuser ce qui serait un «modèle» des Carpates vers d'autres régions de montagne. Je souligne les difficultés de cette entreprise et analyse spécifiquement la remise en cause du leadership du bureau de Vienne lors de la première conférence internationale visant à établir une coopération environnementale autour des montagnes de l'Arc Dinarique, à laquelle j'ai pu assister, ainsi qu'aux réunions préparatoires. Ce chapitre est également l'occasion de lancer une réflexion sur l'existence potentielle d'un «modèle» des Carpates tel que présenté par le PNUE et sur son contenu.

La fin de cet ouvrage est l'occasion pour moi de revenir sur mes objectifs et hypothèses de recherche en identifiant les apports et limites de ce travail. Je conclus cette monographie par une réflexion plus globale sur le processus d'éco-régionalisation en m'appuyant sur la construction d'une frise chronologique[17] me permettant de rassembler ces différents processus élémentaires présentés au fil de ma partie empirique dans un ensemble cohérent et d'en analyser les dynamiques et les interactions.

17 Annexe 1.

Chapitre 1
Des régions de projet?

Dans ce premier chapitre théorique je commence par présenter le concept de région tel que je l'appréhende dans cet ouvrage et montre comment les différentes approches relationnelles en géographie sont particulièrement adaptées pour appréhender ces nouvelles entités spatiales qui transcendent largement les frontières nationales et que j'ai proposé d'appeler région de projet, suivant la proposition de Bernard Debarbieux (Debarbieux et al., 2013). Dans un second temps, je montre comment la théorie de l'acteur-réseau et une réflexion en termes d'agencement me permet de tenir compte des acteurs «non-humains» de la construction régionale et de penser la région de projet en termes d'agencement produisant des effets.

1.1 La nouvelle géographie régionale

Le concept de région est l'un des concepts centraux de la géographie notamment au 20ème siècle. S'il a quelque peu été délaissé dans les années 1970 et 1980 au profit des concepts de lieu et d'espace notamment dans la littérature francophone, il est revenu en force dans les années 1980 dans la littérature anglo-saxonne au sein de ce qu'on a appelé la nouvelle géographie régionale (voir ci-dessous). Dans la littérature francophone, il renvoie généralement à des objets de niveau intermédiaire, sous-nationaux, souvent à des entités politico-administratives. Sa signification est plus souple dans la littérature anglophone où il désigne souvent des entités transnationales. Son acception est de manière générale largement polysémique. Le concept de région a notamment servi à désigner des entités pensées sur le mode de l'homogénéité (naturelles, économiques ou culturelles), de type fonctionnel (comme la région urbaine, par exemple) ou de la différenciation d'institutions sociales et politiques (comme un espace spatial abstrait servant à identifier les différentes structures et processus opérant à ce niveau). Les chercheurs qui ont appréhendé les régions de la sorte adoptent généralement une posture positiviste et cherchent à découvrir et différencier les régions qui existent dans la ‹réalité› des choses, réduisant ainsi généralement la région à une entité stable et statique.

Dans les années 1980, un nouveau mouvement inspiré des avancées des théories sociales a largement renouvelé les pratiques de la géographie régionale. Bien que traversée par différents courants, cette «géographie régionale reconstruite» (Pudup, 1988) ou «nouvelle géographie régionale» (Gilbert, 1988) s'est largement positionnée en opposition aux recherches traditionnellement menées en géographie régionale et par les tenants de l'analyse spatiale. Ces dernières conçoivent généralement l'espace comme le simple récipient de processus sociaux qu'il convient d'identifier et de différencier, distinguant ainsi la constitution de l'espace et la constitution de la société. Les travaux de Derek Gregory (1984), de Denis Cosgrove (1984), de David Harvey (1985), de Doreen Massey (1984), d'Allan Pred (1984), de Nigel Thrift (1983) ou d'Edward Soja (1985) ont ainsi en commun cette volonté de dépasser ces approches en mettant l'humain au centre de leurs analyses et en s'intéressant aux conditions d'émergence des entités régionales appréhendées comme des processus géo-historiques dynamiques (Pudup, 1988, p. 377).

Anne Gilbert (1988) propose de distinguer trois approches singulières au sein de cette nouvelle géographie régionale en formation: la région comme réponse à des processus capitalistes; la région comme source d'identification culturelle; la région comme medium d'interactions sociales. Cette dernière approche est celle dans laquelle s'inscrit le cadre de cet ouvrage. Elle résulte d'un intérêt de plusieurs géographes pour les théories sociales, notamment en sociologie et s'inspire directement de la théorie de la structuration développée par le sociologue britannique Anthony Giddens[18] (1984) pour considérer le rôle de l'espace dans la constitution

18 La théorie de la structuration développée par Anthony Giddens tente de dépasse la pensée dualiste des sciences sociales en proposant un cadre théorique intégrant l'autonomie d'action des acteurs (agency) et les structures sociales déterminant

des sociétés: «geography matters!», écrivent ainsi Doreen Massey et John Allen en 1984, pour rappeler le lien indissociable entre le spatial et le social et (re-)placer la géographie au cœur des sciences sociales. Transposant les réflexions de Giddens à la géographie, ces auteurs soulignent l'interdépendance des relations sociales et spatiales et considèrent d'une part que les relations sociales s'inscrivent dans des structures spatiales spécifiques et d'autre part qu'elles structurent dans le même temps l'espace dans lequel elles s'inscrivent. La région peut ainsi être appréhendée comme la résultante d'interactions sociales historiquement situées, qu'elle contribue à structurer en retour. Nigel Thrift (1983) et surtout Allan Pred (1984) proposent ainsi de concevoir la région comme un produit humain «impliquant toujours une appropriation et une transformation de l'espace et de la nature qui est inséparable de la reproduction et la transformation de la société dans le temps et l'espace» (Pred, 1984, p. 279). Selon ces deux auteurs, la région doit donc être comprise comme un «processus historiquement contingent qui souligne les pratiques individuelles et institutionnelles aussi bien que les éléments structurels avec lesquels ces pratiques sont imbriquées» (Pred, 1984, p. 280).

Cette conception dynamique de la région comme processus, continuellement reproduite et transformée par des pratiques individuelles et institutionnelles a ouvert la voie à de nombreuses recherches en géographie.

---

l'action, en s'intéressant plus particulièrement aux pratiques: «le principal domaine d'étude des sciences sociales, selon la théorie de la structuration n'est ni l'expérience de l'acteur individuel, ni l'existence d'une forme de totalités sociétale, mais les pratiques sociales telles qu'elles s'ordonnent dans l'espace et dans le temps» (Giddens, 1984, p. 2, cité dans Murdoch, 1997, p. 323). Jonathan Murdoch souligne qu'Anthony Giddens défend ainsi «la dualité des structures, puisque les structures sont produites par l'action humaine et sont, en même temps, le support de cette action» (Murdoch, 1997, p. 324). La théorie de Giddens s'inscrit dans un mouvement plus large dans les sciences sociales, un «tournant pratique», basé sur différents travaux de sociologie et philosophie pragmatique dont les représentants les plus connus sont Charles Peirce, Alfred North Withehead, William James et John Dewey. Le pragmatisme a influencé de nombreux courants de pensée en sociologie comme l'école de Chicago, l'ethnométhodologie ou la sociologie des sciences. Cet ouvrage s'inscrit directement dans ce courant, car l'attention de mes recherches porte spécifiquement sur les façons de faire la région des acteurs et donc sur les pratiques.

Le géographe finlandais Anssi Paasi (1986, 1991), qui est peut-être le chercheur qui a produit le plus de travaux sur la question régionale depuis une vingtaine d'années a défendu et approfondi cette conceptualisation de la région comme processus. Paasi appréhende la région non comme le cadre statique des interactions sociales, mais «comme une manifestation dynamique et concrète de processus sociaux (naturels, culturels, économiques, politiques, etc.) qui influencent et sont influencés par les changements des structures spatiales dans le temps» (Paasi, 1986, p. 72). Selon cette conception, la région ne peut être réduite à une échelle spécifique, ni à une étendue particulière. Au contraire, Paasi propose d'adopter une vision souple de la région ancrée dans l'histoire des sociétés.

Contrairement à Allan Pred ou Doreen Massey qui ne distinguent pas explicitement les concepts de lieux et de région, Anssi Paasi les différencie sur la base de leur relation à la vie quotidienne, la région se distinguant par sa dimension collective et institutionnelle. Le lieu est selon Paasi lié à des pratiques et des expériences individuelles de l'espace, à la construction d'un sens personnel et intime, alors que la région est «une catégorie sociale et culturelle avec une dimension collective explicite représentant les pratiques institutionnelles sédimentées dans l'histoire de la région – elle ne peut être réduite à l'histoire d'un individu» (Paasi, 1991, p. 249). Cette distinction est fondamentale chez Paasi car le concept de lieu ne permet pas selon lui de comprendre le contexte géo-historique et institutionnel plus large dans lequel les régions s'inscrivent. La région est «une représentation d'une ‹histoire à plus haute échelle› dans laquelle les habitants sont socialisés dans le cadre de la reproduction de la société» (Paasi, 1991, p. 249).

Cette présence de la région dans la vie quotidienne des individus est importante dans les premiers travaux de Paasi et s'explique par l'accent mis spécifiquement sur l'analyse de régions constitutionnelles. On retrouve cette dimension également chez Nigel Thrift et Allan Pred. La région constitutionnelle est représentée dans la vie quotidienne sous la forme de nombreux symboles communs et est reproduite dans les pratiques individuelles et institutionnelles qui se manifestent par de nombreux canaux de la vie sociale: médias, éducation, littérature, associations pour n'en citer que quelques-uns. La dimension culturelle et identitaire de la région est donc particulièrement forte chez Paasi.

Cette conception n'est cependant pas celle qui est suivie dans cet ouvrage, qui s'intéresse spécifiquement à l'institutionnalisation de régions de projet. On peut en effet avancer que dans le cas des régions de projets construites de manière *ad hoc* pour répondre à des besoins spécifiques ou à des défis partagés, la dimension culturelle et identitaire peut être moins prononcée que dans des entités régionales constitutionnelles de longue durée historique, comme dans le cas des régions finnoises mis en avant par Anssi Paasi. Cristina Del Biaggio a par exemple montré que la construction d'une identité régionale commune dans le cas de la région alpine s'apparente plus à une «communauté de problèmes» d'un réseau d'acteurs partageant des défis communs. L'engagement de ces acteurs dans le projet régional est ainsi moins dicté par le partage d'une identité affective commune que par des motivations pragmatiques d'accès à des financements externes, de résolution de problèmes locaux, de promotion du développement durable ou de partage d'expériences, ce que Cristina Del Biaggio nomme «une identité stratégique» (Del Biaggio, 2013, p. 261).

Le développement de cette «nouvelle géographie régionale» aura permis de couper avec l'héritage de la géographie régionale traditionnelle. Soulignant l'interdépendance entre le social et le spatial et concevant la région comme un construit social, contingent et contesté, ces auteurs ont souligné l'interconnexion entre l'espace, la société et le temps. La construction régionale est ainsi toujours politique dans le sens où la région construite reflète la façon dont les acteurs qui la façonnent conçoivent les modalités d'existence du monde et la manière dont il devrait être organisé. S'inscrivant dans le tournant pratique des sciences sociales, les auteurs de la nouvelle géographie régionale proposent ainsi d'appréhender les régions comme des processus de construction sociale, de se concentrer sur les pratiques des acteurs qui participent à leur production et d'analyser l'origine, l'émergence et la transformation des régions (Paasi, 1986, p. 120).

1.2 Les approches relationnelles de la région

La plupart des auteurs de la nouvelle géographie régionale ont donc mis en avant l'importance des interactions sociales dans la constitution des régions. Se basant sur cette approche constructiviste et sociale de la région, plusieurs auteurs, la plupart en provenance de *l'Open University* de Milton Keynes (Allen et al., 1998; Allen et Cochrane, 2007; Amin 2004; Massey 2005) au nord de Londres, vont aller plus loin dans la conception relationnelle[19] de la région. Ces chercheurs soutiennent que le processus de globalisation et l'émergence d'un monde fait de flux et de réseaux transnationaux défient la conceptualisation territoriale de la région perçue comme une unité spatialement fixe et bornée. Ils proposent dès lors d'aborder la région comme «une série d'espaces ouverts, discontinus, constitués par les relations sociales qui s'étendent à travers elle de multiple façons» (Allen et al., 1998, p. 5). Ces chercheurs préoccupés de la nature et de la répartition géographique de la croissance économique anglaise des années quatre-vingt ont basé leur propos sur l'analyse de la constitution d'une région de projet du sud-est de l'Angleterre, autour de Londres, présentée comme un modèle de croissance par les médias et les politiques à cette époque (Allen et al., 1998).

Très vite cependant ce groupe de chercheurs s'est trouvé confronté à une question centrale: qu'est-ce que la région de projet du sud-est? Cette «région de croissance» n'ayant pas d'existence administrative propre et faisant peu de cas des frontières régionales constitutionnelles, ces chercheurs ont donc poussé le postulat relationnel jusqu'au bout en imaginant et en construisant la région de projet qu'ils souhaitaient étudier. Ce faisant ils se sont rapidement trouvés partagés entre le désir de délimiter leur région d'étude et la crainte que cette délimitation ne soit réductrice et ne limite et fige spatialement les processus qu'ils souhaitaient analyser:

> [...] d'un côté, il y a un évident besoin d'assurer que le sud-est est reconnaissable comme objet d'étude et que nous sommes tous en train de parler de la même

19 La littérature anglophone utilise la terminologie «d'approche relationnelle», voire de «relationnaliste» pour qualifier ce groupe de chercheurs mettant en avant les réseaux et les flux de relation qui constituent la région. J'utiliserai le terme d'approche relationnelle dans la suite de ce travail.

chose, initialement au moins. Les lignes de frontières qui régissent les relations physiques et politiques de la région pourraient fournir une telle compréhension commune. D'un autre côté, dessiner des frontières si précises amène à des conceptions erronées. Une fois dessinées, ces lignes de confinement donnent l'impression que toutes les relations sociales pertinentes pour comprendre la croissance dans la région se trouvent à l'intérieur de ces frontières. Le résultat est de vider la région de son sens et de fixer sa géographie changeante (Allen et al., 1998, p. ix).

Bien que l'objet d'étude de ces chercheurs soit différent du mien (il s'agit d'une région de projet économique de niveau infranational), leurs recherches sont particulièrement utiles pour appréhender les régions de projet comme des régions s'inscrivant dans des contextes singuliers et au travers d'objectifs spécifiques, c'est-à-dire existant «seulement en rapport avec des critères particuliers et n'étant pas ‹là-dehors› attendant d'être découvertes, [mais] étant nos (et celles des autres) constructions» (Allen et al., 1998, p. 2).

Si les régions de projet ne sont définies qu'en rapport à des critères spécifiques, elles peuvent dès lors ne pas être continues spatialement, contenir des «trous» et êtres «poreuses». Les régions de projet dans le projet relationnel ne sont ainsi pas conçues comme des totalités. Penser les régions de projet de manière relationnelle implique en effet de les concevoir sans frontières fixes préalables et de s'intéresser aux interactions qui les constituent et qui peuvent s'étendre largement au-delà de la région de projet elle-même. Comme le souligne John Allen et al., «on ne peut expliquer un lieu en ne regardant que ce qui se passe à l'intérieur» (Allen et al., 1998, p. 54). Pour John Allen et Doreen Massey, cela ne veut pas dire qu'il n'existe pas de frontières dans l'espace social, mais qu'il s'agit de les considérer également comme des constructions sociales sujettes à discussions: «nous ne souhaitons pas dire que de telles frontières ne définissent jamais de manière satisfaisante une région, ni qu'elles peuvent être considérées comme sans importance; il s'agit plutôt de souligner qu'elles ne devraient jamais être prises inconditionnellement comme des définitions satisfaisantes» (Allen et al., 1998, p. 137).

Perçue de cette façon, la région de projet n'est donc pas appréhendée comme un ensemble cohérent, une totalité, mais comme un maillage complexe de relations sociales et spatiales qui invite à dépasser la conceptualisation des régions comme des entités territoriales bornées. Suivant cette approche,

> [...] les configurations spatiales et les frontières spatiales ne sont plus nécessairement ou délibérément territoriales ou scalaires, dès lors que le social, l'économique, le politique et le culturel à l'intérieur et à l'extérieur sont constitués au travers des topologies de réseaux d'acteurs qui sont en train de devenir de plus en plus dynamiques et variées dans leur constitution spatiale (Amin, 2004, p. 33).

Doreen Massey souligne dans cette perspective l'importance «de concevoir l'espace comme une production ouverte et continue» (Massey, 2005, p. 55).

Appréhender les régions de projet de manière relationnelle offre ainsi une nouvelle lecture des configurations régionales environnementales où les formations territoriales bornées et imbriquées sont remplacées par un patchwork dynamique d'arrangements souples, souvent superposés, parfois en compétition les uns avec les autres et où l'influence se mesure plus à l'étendue de son réseau ou à sa centralité que dans l'exercice d'un pouvoir territorial. Adopter cette perspective relationnelle souligne encore que les «acteurs régionaux» ne sont pas toujours basés dans la région de projet considérée, mais se rencontrent plutôt dans une variété de lieux, poursuivant différentes stratégies et «opérant dans un système plus libre, moins centré, se mobilisant au travers des réseaux plutôt que par des arrangements hiérarchiques conventionnels» (Allen et Cochrane, 2007, p. 1166). Dans cette nouvelle configuration, la gouvernance régionale «fonctionne au travers d'un ensemble d'arrangements spatiaux libres et plus négociables, qui prennent leurs formes au travers d'un réseau de relations qui s'étend au travers et au-delà des frontières régionales données» (Allen et Cochrane, 2007, p. 1163).

Les tenants de l'approche relationnelle se sont faits critiquer pour leur supposée ignorance de la perspective territoriale. On leur a reproché de «sérieusement exagérer leur cas» (Jones, 2009, p. 493), de considérer le territoire «comme le drapeau rouge agité sous le nez du taureau» (Paasi, 2008). On leur a par ailleurs opposé que leur approche, certes intéressante pour analyser des processus économiques, n'était pas pertinente pour appréhender des projets politiques dont la logique spatiale restait profondément territoriale et hiérarchique (Jones et MacLeod, 2004). Les critiques provenant de ce que l'on a appelé des «relationnels réalistes» (Jones, 2009, p. 496) ont principalement souligné la persistance de la dimension territoriale historique des processus socio-spatiaux et ont argumenté que «ces visions ‹radicales› tendent à ignorer les différences/particularités régionales actuelles et comment/pourquoi ces différences/particularités persistent» (Varro et Lagendijk, 2012, p. 2).

De récentes études ont suggéré que ces critiques étaient largement exagérées (par exemple Harrison, 2013; Jessop et al., 2008; Varro et Lagendijk, 2012). Ces travaux ont montré que les différences entre les «réalistes» et les «radicaux» étaient finalement mineures (Varro et Lagendijk, 2012), «que les frontières territoriales formelles également peuvent être raisonnablement interprétées comme les effets de pratiques sociales et matérielles en réseau» (Painter, 2006, p. 348), et que l'analyse des processus de construction régionale devrait combiner les approches relationnelles et territoriales de l'espace et des relations socio-spatiales (Hudson, 2007)[20]. Concevoir les régions de projet de cette façon permet de combiner les approches relationnelles, qui reconnaissent que les régions sont formées «au travers d'une myriade de réseaux trans-territoriaux et de réseaux relationnels de connectivités» (MacLeod et Jones, 2007, p. 1185), avec les analyse territoriales qui mettent en lumière comment la contiguïté des éléments régionaux est approchée ou même renforcée au travers des institutions et des projets mobilisés et mise en œuvre au sein de la région de projet elle-même. De façon pragmatique, Gordon MacLeod et Martin Jones soulignent que la façon de concevoir les régions de projet dépend avant tout de l'objectif spécifique du chercheur qui les étudie. Ils notent ainsi que «le degré auquel on interprète les villes ou les régions comme territoriales et scalaires ou topologiques et en réseau doit vraiment rester une question ouverte: une affaire à résoudre *ex post* et empiriquement plutôt qu'à priori et théoriquement» (MacLeod et Jones, 2007, p. 1186). La plupart de ces auteurs reconnaissent ainsi le mérite de cette double approche et préconisent de les combiner dans l'analyse spatiale selon leur pertinence ou l'objectif poursuivi par le chercheur. Ce faisant, ils continuent cependant de conceptualiser territoire et réseau de façon distincte: la région peut être

---

20 C'est également la position de Michel Lussault, qui considère territoire et réseau comme deux formes distinctes de structuration de l'espace (Lussault. 2007).

analysée de manière relationnelle et/ou territoriale, mais elle n'est pas par essence relationnelle.

Plusieurs chercheurs invitent à dépasser cette dichotomie présumée[21]. Bob Jessop, Neil Brenner et Martin Jones proposent par exemple de considérer «les territoires, les lieux, les échelles et les réseaux comme des dimensions mutuellement constitutives et relationnellement entrelacées des relations socio-spatiales» (Jessop et al., 2008, p. 389). Joe Painter perçoit dans la persistance du besoin de conceptualiser les régions de projet comme des totalités une «anxiété cartographique liée au désir de rendre l'espace géographique lisible» (Painter, 2006, p. 346) et souligne combien

> [...] les espaces que nous appelons territoires sont nécessairement poreux, incomplets et instables. Ils sont constamment produits et accomplis par un nombre infini d'acteurs humains et non-humains. Le territoire n'est pas une sorte de variable indépendante dans la vie politique et sociale. Au contraire, il est lui-même dépendant de connexions rhizomatiques qui constituent toutes ces présumées organisations territoriales, institutions et ces acteurs (Painter, 2007, p. 28).

Enfin, John Allen et Allan Cochrane, répondant directement aux critiques, rappellent que conceptualiser les régions de projet de manière relationnelle ne signifie pas négliger la perspective territoriale, mais «que les régions sont faites et refaites par des processus politiques qui s'étendent au-delà de la région et qui les impactent inégalement» (Allen et Cochrane, 2007, p. 1172). Par ailleurs, les acteurs «régionaux[22]» peuvent être amenés

---

21 Appréhender la région comme l'effet de relations en réseau comme le propose Joe Painter (2006) et dépasser la dichotomie entre territoire et réseau n'est cependant pas une idée nouvelle dans la géographie francophone. Claude Raffestin a proposé il y plus de trente ans une conception relationnelle du territoire. Il faut cependant comprendre que le territoire et la territorialité ont un sens plus large dans la littérature académique francophone qu'anglophone (Debarbieux, 1999). Ainsi les conceptions relationnelles de l'espace et de spatialité développées par les chercheurs de l'*Open University* de Milton Keynes se rapportent pour beaucoup aux notions de territoire et de territorialité telles que définies par Claude Raffestin vingt ans plus tôt. C'est d'ailleurs en partie parce que les notions de territoire et de territorialité dans la littérature anglophone renvoient à des espaces politiques délimités que les approches relationnelles et territoriales sont souvent mises en opposition dans cette littérature, ce qui n'est pas le cas dans la littérature francophone (Klauser, 2012).

22 On devrait plus justement dire «engagé dans le projet régional», car la localisation des acteurs s'étend au-delà de la région elle-même.

à se mobiliser autour d'une représentation territoriale de la région et «à s'engager dans une politique d'échelle pour fixer les ressources et stabiliser les définitions géographiques à leur avantage» (Allen et Cochrane, 2007, p. 1171).

Cette dernière proposition de John Allen et Allan Cochrane et plus généralement l'approche relationnelle développée à *l'Open University* de Milton Keynes sont particulièrement intéressantes dans le cadre de cet ouvrage. D'une part, elles me permettent d'envisager la région de projet comme un espace ouvert composé d'une multitude de relations et dont les acteurs ne sont pas nécessairement contenus dans la région, ni ne poursuivent les mêmes objectifs. Cette perspective me semble particulièrement pertinente pour appréhender ces nouvelles entités régionales créées de manière *ad hoc* afin de gérer de manière coordonnée des problèmes ou des défis identifiés collectivement et qui dépassent le cadre des régions constitutionnelles traditionnelles. D'autre part, elles me permettent plus loin dans ce chapitre de conceptualiser au travers des concepts d'échelle et de cadrage, comment un groupe d'acteurs «régional» aux objectifs variés peut converger sur une représentation spatiale commune pour faire émerger ces nouvelles entités régionales. L'approche relationnelle développée par ces auteurs a cependant deux limites: premièrement, elle n'explique pas comment la région de projet est stabilisée dans l'espace et dans le temps; deuxièmement elle ne laisse aux éléments matériels qu'une place secondaire dans la construction régionale. La théorie de l'acteur-réseau permet de dépasser ces deux écueils.

1.3 Vers des réseaux hétérogènes d'acteurs

Les approches relationnelles de la région s'inspirent largement de la théorie de l'acteur-réseau (ANT) développée originellement par Bruno Latour, John Law et Michel Callon, bien que selon Krisztina Varro et Arnoud Lagendijk, elles «n'aient pas toujours adhéré de manière systématique aux hypothèses de ces cadres théoriques [...], notamment l'hypothèse selon laquelle la relationalité est avant tout un concept ontologique, capturant la condition fondamentale d'être d'un objet» (Varro et Lagendijk, 2012, p. 8). Krisztina Varro et Arnoud Lagendijk critiquent ainsi l'inconsistance des chercheurs de l'approche relationnelle par rapport aux préceptes sur lesquels ils se basent. Par exemple, Ash Amin (2004) admet une conception ontologiquement relationnelle de la région, mais postule dans le même ouvrage que l'augmentation des flux et le développement de réseaux transnationaux a radicalement transformé la conception territoriale des régions contredisant ainsi son postulat de départ.

Adopter le cadre conceptuel de la théorie de l'acteur-réseau amène en effet à penser l'espace et la société en général comme étant par essence en réseau. Il ne peut s'agir dès lors d'une transformation historique. L'ANT postule en effet «que le social n'est rien d'autre que des réseaux modelés de matériels hétérogènes» (Law, 1992, p. 381). Dans la théorie de l'acteur-réseau, le social, tout comme le spatial, doivent donc être compris comme ce qui est assemblé par une multitude de réseaux de relations. Dans cette perspective, ni le social ni le spatial ne doivent donc être appréhendés comme un «domaine particulier» doué d'une puissance explicative presque métaphysique («l'ordre social», «la structure sociale») ou comme «une colle capable de tout attacher», mais plutôt «comme ce qui est assemblé par de nombreux autres types de connecteurs» (Latour, 2006, p. 12). Bruno Latour résume cette pensée ainsi: «la société n'est pas ce qui nous tient ensemble, c'est ce qui tient ensemble» (Latour, 1986, p. 276). Transposer cette perspective dans le cadre de cet ouvrage revient donc à renoncer à appréhender la région des Carpates comme une entité socio-spatiale existant à priori, mais plutôt à s'intéresser à savoir comment la région des Carpates devient région en retraçant les associations qui la constituent. Comme le soulignent Krisztina Varro et Arnoud Lagendijk (2012), la préoccupation centrale de la théorie de l'acteur-réseau «n'est pas de faire des déclarations véridiques sur la réalité matérielle dans le sens de «quels types d'objets et de relations sont ici?» [..] L'ANT est au contraire intéressé à comprendre «comment ‹ce qui est›, est» (Varro et Lagendijk, 2012, p. 5). En d'autres termes, comment la région devient-elle région?

La théorie de l'acteur-réseau propose dès lors une lecture différente des politiques de l'espace et des lieux «ni a-spatial (c'est-à-dire où le local est réduit à une simple scène), ni territorial (c'est-à-dire où le local géographique est tout), mais topologique[23] (c'est-à-dire où le local rassemble différentes échelles de pratiques ou d'action sociales)» (Amin, 2004, p. 38). Dans une approche topologique de l'espace il ne peut exister de rupture, de saut entre une structure globale qui serait située au-dessus d'une structure locale. Le global est localisé tout comme le local est globalisé (ou redistribué pour utiliser les termes de Bruno Latour), ainsi «d'aucun site on ne peut dire qu'il est ‹plus grand› qu'un autre, mais on a le droit d'affirmer que certains bénéficient de connexions beaucoup plus fiables avec beaucoup plus de sites» (Latour, 2006, p. 257). Les structures globales sont inscrites dans des sites locaux qui sont eux même connectés à beaucoup d'autres sites qui n'ont ni la même spatialité ni la même temporalité. Les ressources que nous utilisons pour stabiliser nos actions localisées sont dès lors imaginées et construites dans des agencements pouvant provenir d'autres sites localisés ailleurs dans le monde. Nos interactions ne sont ainsi jamais purement locales car toujours constituées, autorisées et configurées par des actions plus distantes.

23 La topologie est à la base une théorie mathématique qui étudie la géométrie de situation, la situation dans l'espace et dont «l'objet initial était de formaliser correctement les notions de continuité et de limite» (Lévy et Lussault, 2003, p. 928). Son usage s'est répandu dans les sciences sociales, notamment en géographie pour rendre compte notamment des espaces en réseaux. Le terme a connu un succès certain chez les géographes poststructuralistes, car il permet de rendre compte d'«une approche de l'espace et du temps plus légère, moins rigide qui autorise aux événements survenant autre part de s'insérer dans le ici et maintenant de la vie quotidienne» (Allen et Cochrane, 2010, p. 283). Une approche topologique de l'espace permet en effet de se représenter des espaces discontinus, ‹étirés›, ‹pliés›, mais dont les éléments mis en relation maintiennent certaines propriétés essentielles.
Le philosophe français Michel Serres, théoricien de l'approche topologique en sciences sociales a proposé une explication métaphorique explicite du concept que je reproduis ici: «Si vous prenez un mouchoir et que vous l'étalez pour le repasser, vous pouvez toujours définir sur lui des distances et des proximités fixes. Autour d'une petite roue ronde que vous dessinez au voisinage d'un lieu, vous pouvez marquer des points proches et mesurer, au contraire, des distances lointaines. Prenez ensuite le même mouchoir et chiffonnez-le, en le mettant dans votre poche: deux points très éloignés se trouvent tout à coup voisins, superposés même; et si de plus, vous le déchirez en certains endroits, deux points très rapprochés peuvent s'éloigner beaucoup. On appelle topologie cette science des voisinages et des déchirures, et géométrie métrique la science des distances bien définies et stables» (Serres, 1992, p. 92-93).

Penser l'espace en termes de réseau amène ainsi à dépasser la distinction entre le local et le global et à réfléchir en termes de connections et de pratiques. «Cela ne veut pas dire que les distinctions entre macro et micro, entre local et global n'ont pas de sens, mais qu'elles sont construites et reconstruites, configurées et reconfigurées» (Callon, 2006, p. 37). Le travail du géographe consiste ainsi à «suivre empiriquement le travail de localisation et de globalisation» (Murdoch, 1997, p. 332), c'est-à-dire analyser les stratégies des acteurs pour territorialiser leurs pratiques et à suivre les processus de traduction entre les différents espaces (voir par exemple Kwa, 2005 ou Waterton, 2002). Un site n'est ainsi plus local, global ou régional, il se trouve localisé ou globalisé par des opérations de traduction.

L'apport fondamental de la théorie de l'acteur-réseau réside dans sa conception profondément hétérogène du concept de réseau. Le réseau dans la théorie de l'acteur-réseau n'est ni un simple réseau technique, ni réseau social[24], mais est utilisé comme une métaphore, «une chaîne d'actions où chaque participant est traité à tous égards comme un médiateur» (Latour, 2006, p. 189). Il doit être compris comme un outil analytique pour comprendre comment des associations, des actions, des structures spatiales se forment. Le réseau d'acteurs dans l'approche de l'ANT est profondément hétérogène, car il postule que les acteurs non-humains sont autant des acteurs de ce réseau que les acteurs humains. Les acteurs peuvent être humains, matériels comme des objets ou immatériels, comme des discours. Certains objets peuvent ainsi être plus que de simples intermédiaires (qui véhiculent du sens sans le transformer), ils sont des acteurs à part entière de l'action, des médiateurs, «qui transforment, traduisent, distordent, et modifient le sens ou les éléments qu'ils sont censés transporter» (Latour, 2006, p. 58). Comme le résume bien Michel Callon, «ce que l'on imagine pouvoir faire, ce que l'on a envie de faire dépend d'eux [les non-humains],

24 L'utilisation du mot réseau a prêté à de nombreuses confusions avec l'essor des réseaux techniques. Comme le souligne Bruno Latour (1999) le réseau de l'ANT ne doit pas être entendu comme un ensemble d'éléments reliés entre eux, mais a pour objectif de donner sens aux opérations de transformations et de traductions que des composants différents effectuent avant d'être reliés ensemble.

de ce qu'ils proposent et de la manière dont ils disposent de ce que nous leur proposons» (Callon, 2006, p. 41). Ces médiateurs non-humains doivent par conséquent être analysés de la même manière que les humains, c'est le principe de symétrie. La distinction entre acteurs humains et non-humains est avant tout méthodologique. Elle a pour objectif de permettre de décomposer les associations et de suivre comment ils s'associent lors d'opérations pratiques.

Par ailleurs, dans la théorie de l'acteur-réseau, les éléments non-humains ne participent pas seulement à l'action, ils participent à la stabilisation des associations dans l'espace et dans le temps. Ils constituent la condition qui permet d'expliquer l'émergence de structures spatiales: «en ‹délocalisant› l'interaction, en s'associant avec les non-humains, nous pouvons dépasser le présent. De cette façon, quelque chose de ‹structurel› est construit et l'ordre social, le pouvoir, l'échelle, et même la hiérarchie sont consolidés et préservés par les objets matériels. Et ces ‹objets› ne sont jamais totalement neutres et objectifs, ils contiennent et reproduisent le ‹travail congelé›» (Latour, 1994, p. 40, dans Murdoch, 1997, p. 329).

Cette fonction stabilisatrice a été démontrée par Bruno Latour et Shirley Sturm (1987) à partir de l'étude d'une communauté de babouins. Les babouins possèdent des attributs sociaux comme les humains qui leur permettent d'interagir socialement de multiples façons. Ils ont ainsi des formes de sociabilité complexes et vivent tout comme les humains dans des sociétés complexes. Cependant, les babouins vivent dans une société performative où les règles des interactions sont constamment renégociées et ne peuvent être stabilisées sur le long terme. La société est les interactions et les interactions sont la société. Les sociétés humaines correspondent-elles pour autant aux sociétés des babouins? Ce qui caractérise les sociétés humaines selon Bruno Latour et Shirley Sturm, ce n'est ainsi pas la complexité sociale, mais «le détour, la traduction, le plissement de tous les cours d'action dans des dispositifs techniques de plus en plus compliqués» (Latour, 2012, p. 8). Dans les sociétés humaines, les interactions sont ainsi toujours médiatisées par un large éventail de médiateurs, qui transforment, stabilisent et maintiennent durablement ces associations, c'est le principe de traduction. Ainsi, «si le monde social se composait [uniquement] d'interactions locales, il offrirait un aspect provisoire, instable et chaotique» (Latour, 2006, p. 96). En utilisant ces dispositifs matériels nous pouvons nous projeter plus loin que le présent.

La théorie de l'acteur-réseau nous invite ainsi à réfléchir en termes d'associations entre éléments hétérogènes et à explorer la multiplicité de ces «formes d'existence» et de leur stabilisation:

> [...] pour les sociologues des associations, l'innovation est la règle, et ce qu'il s'agit d'expliquer – les exceptions qui donnent à penser – ce sont les diverses formes de stabilité à long terme et à grande échelle. [...] Si l'inertie, le caractère durable, l'étendue, la solidité, l'engagement, la constance, l'adhésion, etc. sont ce qu'il s'agit d'expliquer, alors on ne peut le faire sans rechercher des véhicules, des outils, des instruments et des matériaux capables de produire une telle stabilité (Latour, 2006, p. 53).

La théorie de l'acteur-réseau considère donc les objets comme des acteurs à part entière de l'action, participant aux processus d'interactions et qui sont essentiels à toute forme de stabilisation. La stabilisation n'émerge jamais que de ces réseaux d'actants, l'ordre est ainsi «un effet généré par des moyens hétérogènes» (Law, 1992, p. 382).

Les régions de projet dans cette perspective doivent être conçues comme l'effet de relations entre acteurs humains et non-humains. C'est le projet que j'entends mener dans cet ouvrage en m'intéressant spécifiquement aux moyens et outils mobilisés dans la construction régionale. Une attention particulière sera ainsi portée aux médiateurs (tels que les cartes), qui jouent un rôle important dans la constitution et la stabilisation d'arrangements socio-spatiaux.

La première tâche si l'on adopte la théorie de l'acteur-réseau ne revient donc pas à étudier tel ou tel arrangement qui serait prédéfini et préexistant mais à identifier les arrangements qui se forment, à regarder comment ils se constituent et de quoi ils se composent. La région n'est pas ce qui explique, mais ce qui doit être expliqué, par le suivi de ces associations hétérogènes qui la créent et la façonnent. Penser la région en termes «d'associations» nous invitent ainsi à étudier les pratiques et les ressources nécessaires aux entités régionales pour se maintenir et se stabiliser dans l'espace et dans le temps. Ainsi, il est impossible d'observer l'institutionnalisation de la région de projet des Carpates sans prendre en compte les textes de lois, les projets, les institutions, les cartes, les bases de données, les conférences, les études stratégiques, les rapports, tous ces médiateurs qui participent, tout autant que les élus nationaux ou régionaux, les gouvernements, les scientifiques, les représentants de l'Union européenne, des organisations internationales et de la société civile, à la construction et à la stabilité de cette région de projet environnemental.

1.4 Des assemblages régionaux?

Cette façon de penser les liens plutôt que les distinctions, ce que Jonathan Murdoch a appelé «la pensée associationnaliste» (Murdoch, 1997) a trouvé un certain écho chez les penseurs «relationalistes» de la région. John Allen et Allan Cochrane ont ainsi proposé d'utiliser le concept «d'assemblage régional» pour concevoir ces constructions régionales.

Le concept d'assemblage commence à avoir un certain succès ces dernières années dans les sciences sociales anglophones et en géographie particulièrement. La revue de géographie «Area» de la *Royal Geographical Society* a ainsi proposé un numéro spécial en février 2011 rassemblant de nombreux géographes autour du concept pour faire le point sur ses origines variées et ses utilisations pour le moins diverses: le concept a été utilisé pour décrire des phénomènes aussi variés que des villes (McFarlane, 2011), des politiques urbaines (McCann et Ward, 2012), des exemples de gestion communautaire de forêt (Li, 2007), la construction d'une nature globale (Braun, 2006) ou d'entités spatiales comme des régions (Allen et Cochrane, 2007), des territoires (Painter, 2010) ou des échelles (Legg, 2009). Il a même été utilisé pour décrire une la relation entre un surfeur, sa planche et une vague (Anderson, 2012).

Dans l'introduction du numéro spécial de la revue *Area*, Ben Anderson et Colin McFarlane (2011, p. 124-125) constatent ainsi que bien que ces utilisations du concept mettent généralement toutes l'accent sur la «redéfinition du socio-spatial en termes de composition d'éléments divers dans des formes de formation socio-spatiale provisoires» (Anderson et McFarlane, 2011, p. 124), le concept d'assemblage a souvent été utilisé de façon inconstante en géographie, tantôt comme un descripteur, tantôt comme une philosophie pour appréhender un monde formé de différences ou tantôt comme un concept. Paul Robbins et Brian Marks, eux aussi auteurs d'une revue de littérature sur ce qu'ils appellent «les géographies de l'assemblage» (Robbins et Marks, 2010), partagent ce constat, mais notent que l'intérêt pour les assemblages en géographie s'inscrit dans une tendance plus large touchant la plupart des sous disciplines de la géographie (géographie culturelle, environnementale, urbaine ou encore féministe) à s'intéresser à nouveau au matériel, à ce que Sarah Whatmore appelle une «géographie plus qu'humaine» (Whatmore, 2006). Sarah Whatmore estime que cette approche se reflète par trois changements dans les recherches en géographie: un accent sur les pratiques plutôt que les discours, sur les affects[25] plutôt que sur le sens, sur des politiques de la connaissance plutôt que des politiques de l'identité (Whatmore, 2006, p. 603-604).

John Allen et Allan Cochrane utilisent le concept pour «donner un nom à ces catégories territoriales qui échappent aux frontières politiques [et] pour ébranler l'idée de la région comme une entité territoriale significative» (Allen et Cochrane, 2007, p. 1163). Les deux auteurs utilisent le concept d'assemblage principalement pour souligner que les acteurs agissant à l'intérieur d'une région spécifique ne proviennent pas nécessairement de la région: «les agences, les partenariats, les intermédiaires politiques, et les associations et connexions qui les amènent ensemble, forment de plus en plus des assemblages spatiaux ‹régionaux› qui ne sont pas exclusivement régional mais regroupent ensemble des éléments des institutions centrales, régionales et locales» (Allen et Cochrane, 2007, p. 1163). Plus loin encore: «ces politiciens et professionnels sont mobilisés autour d'une représentation spatiale particulière de la région et agissent dessus, cela ne signifie pas que les formes spatiales actuelles sont également contenues à l'intérieur des frontières de la région ainsi réinventée» (Allen et Cochrane, 2007, p. 1167).

Bien que je partage l'intérêt de mobiliser le concept d'assemblage pour concevoir les régions de projet, l'utilisation qu'ils en font me parait pour le

25 L'affect selon Sarah Whatmore réfère «à la force de relationalité intensive – intensités qui sont ressenties, mais qui ne sont pas personnelles; viscérales mais pas enfermées dans un corps individuel» (Whatmore, 2006, p. 604).

moins problématique ou au moins réductrice par rapport au potentiel de ce concept pour trois raisons:

- Ils ne s'intéressent guère à la dimension matérielle de l'assemblage concentrant leurs travaux sur les réseaux d'acteurs humains et les institutions.
- L'analyse de John Allen et Allan Cochrane se limite principalement à la constitution et à la composition de la région de projet, mais on ne sait rien de la façon dont l'assemblage est ensuite performé aux travers de pratiques multiples, ni quels effets il peut déployer.
- Enfin, il est étonnant que ces deux auteurs tenants de l'approche relationnelle suggèrent d'utiliser le concept d'assemblage *régional*, pour concevoir les régions de projet, alors que justement les approches relationnelles invitent à dépasser une conceptualisation fixe en termes de niveau (local-régional-national). Un assemblage, s'il désigne l'association d'acteurs basés en des lieux divers et construisant des entités spatiales dépassant le cadre des frontières administratives, ne saurait par définition être local, régional ou national, car ce serait alors réifier ce que justement le terme propose de dépasser.

1.5 La région de projet comme agencement

Afin de clarifier la proposition que je souhaite défendre, il est nécessaire de revenir quelque peu aux origines du concept. Le concept d'assemblage trouve son origine dans les travaux des philosophes français Gilles Deleuze et Félix Guattari sur le concept d'agencement. Ces derniers décrivent l'agencement ainsi:

> [...] un agencement dans sa multiplicité travaille à la fois forcément sur des flux sémiotiques, des flux matériels et des flux sociaux (indépendamment de la reprise qui peut en être faite dans un corpus théorique ou scientifique). On n'a plus une tripartition entre un champ de réalité, le monde, un champ de représentations, le livre, et un champ de subjectivité, l'auteur. Mais un agencement met en connexion

> certaines multiplicités[26] prises dans chacun de ces ordres (Deleuze et Guattari, 1980, p. 34).

Le concept d'agencement est ainsi un ensemble dynamique avec une double dimension à la fois matérielle et sémiotique composé de trois grandes formes : une forme spatiale matérielle, « les représentations et langages qui expriment cette perception et appréhension, les mouvements de l'acteur et les mouvements relatifs et interactifs des autres actants » (Lussault, 2003, p. 46).

L'agencement a ainsi une double dimension. Il est agencement collectif d'énonciation d'une part, c'est-à-dire un ensemble « d'actes et d'énoncés » (Deleuze et Guattari, 1980, p. 112). Il s'agit de mots, de signes, d'images, de tout ce qui relève du discours. Chez Deleuze et Guattari, les énoncés n'existent pas indépendamment de la réalité sociale ou spatiale qu'ils désignent, mais participent au contraire à sa matérialisation. Dès lors, le social ou le spatial doivent être considérés comme indissociables du discours portés sur eux :

> [...] on ne représente pas, on ne réfère pas, on intervient en quelque sorte, et c'est un acte de langage. L'indépendance des deux formes, d'expression et de contenu n'est pas contredite, mais au contraire confirmée par ceci : que les expressions vont s'insérer dans les contenus, non pas pour les représenter, mais pour les anticiper, les rétrograder, les ralentir ou les précipiter, les détacher ou les réunir, les découper autrement (Deleuze et Guattari, 1980, p. 110).

Il est agencement machinique « de corps, d'actions et de passions » (Deleuze et Guattari, 1980, p. 112) d'autre part. L'agencement machinique se compose de tout ce que l'on nomme généralement le matériel ou de tous les acteurs non-humains pour reprendre l'expression consacrée par la théorie de l'acteur-réseau. Comme le souligne Olivier Ejderyan, « l'agencement machinique ne correspond pas à un agencement d'expression *réalisé* » (Ejderyan, 2009, p. 58, emphase originale), mais l'agencement machinique et l'agencement collectif d'énonciation constituent deux dimensions d'une même réalité, « deux segments, l'un de contenu, l'autre d'expression » (Deleuze et Guattari, 1980, p. 112) d'un même agencement.

---

26 Une multiplicité constitue pour les deux auteurs « la structure d'un espace de possibilités » (DeLanda, 2002).

L'agencement une fois constitué n'est pas un ensemble figé. Il contient des dynamiques qui le stabilisent (sa territorialisation ou reterritorialisation) et d'autres qui le déstabilisent (sa déterritorialisation) et peuvent le transformer. La dimension spatiale joue un rôle essentiel dans cette dynamique chez Deleuze et Guattari. La territorialisation et la déterritorialisation comme l'énoncé et le matériel sont donc deux mêmes dimensions de l'agencement. Ainsi, si pour Deleuze et Guattari, « tout agencement est d'abord territorial », l'agencement est également constitué par des « lignes de déterritorialisation qui le traversent et l'emportent » (Deleuze et Guattari, 1980, p. 629-630). L'agencement est territorial mais ce processus ne peut être que provisoire : de nouvelles relations peuvent émerger, de nouveaux éléments peuvent entrer ou sortir de l'agencement et les agencements sont donc constamment en devenir, jamais totalement stabilisés.

Le principe qui constitue la base des interactions au sein de l'agencement est celui de « l'extériorité de ses relations », ce qui signifie que les composants d'un agencement gardent leurs propriétés spécifiques lorsqu'ils sont en relation. L'extériorité des relations est une caractéristique importante des agencements qui selon Ben Anderson, Matthew Kearnes, Colin McFarlane et Dan Swanton (2012) distingue la théorie des agencements de la théorie de l'acteur-réseau. Selon eux, « bien qu'il soit juste de dire que la théorie de l'agencement partage une orientation initiale avec la version « Latourienne » de la théorie de l'acteur-réseau, cela serait une erreur de voir les agencements comme le bon ‹ objet › pour une ‹ suite › de la littérature sur l'acteur-réseau. Lorsqu'il est déployé comme un concept, l'agencement propose des affirmations originales sur les relations et les termes de celles-ci » (Anderson et al., 2012, p. 178).

L'extériorité des relations permet à Gilles Deleuze et Félix Guattari de résoudre la relation entre composition et différence et de proposer une vision dynamique des agencements. La relation d'un composant à l'agencement n'est pas absolue dans le sens où celui-ci peut s'inscrire dans d'autres agencements de nature et de relations différentes. Les relations entre les composants de l'agencement n'ont rien de nécessaire mais sont historiquement contingentes. L'extériorité ne signifie cependant pas « que les composants d'un agencement soient spatialement extérieurs les uns aux autres : les organes sont internes au corps et pourtant ils interagissent à travers leurs surfaces et les sécrétions de ces surfaces» (DeLanda, 2010, p. 141). L'agencement peut ainsi être appréhendé comme une composition où chaque élément de cette composition garderait sa part d'autonomie. De même, la relation d'extériorité signifie également qu'un agencement ne peut être réduit à la somme des propriétés de ses composants. L'agencement émerge des relations de ses composants, quelque chose de nouveau naît de cette relation. L'agencement est donc par essence hétérogène et tire son unité du co-fonctionnement de ses composants comme l'explique Gilles Deleuze dans une métaphore biologique:

> Qu'est-ce qu'un agencement? C'est une multiplicité qui comporte beaucoup de termes hétérogènes, et qui établit des liaisons, des relations entre eux, à travers des âges, des sexes, des règnes – des natures différentes. Aussi la seule unité de l'agencement est le co-fonctionnement: c'est une symbiose, une «sympathie». Ce qui est important, ce ne sont jamais les filiations, mais les alliances et les alliages: ce ne sont pas les hérédités, les descendances, mais les contagions, les épidémies, le vent (Deleuze et Parnet, 1999, p. 84, cité dans DeLanda, 2010, p. 141).

On le voit bien, le concept d'agencement proposé par Gilles Deleuze et Félix Guattari dépasse l'utilisation quelque peu réductrice qu'en ont faite John Allen et Allan Cochrane pour appréhender les régions de projet. Concevoir les régions de projet comme des agencements permet de les penser comme des entités hétérogènes dynamiques constitués d'acteurs humains, mais également de matériels et d'énoncés. Chacun des composants de l'agencement a sa propre dynamique et une existence autonome, il peut ainsi être rattaché à d'autres agencements où il entrera dans de nouvelles interactions produisant des effets différents. L'ensemble composé par l'agencement est dynamique, il évolue et se transforme en fonction des interactions qui prennent place entre ses composants. L'agencement n'est ainsi jamais totalement stabilisé, mais constamment performé.

Une des explications de la relative pauvreté de l'utilisation du concept par John Allen et Allan Cochrane, mais également par la plupart des géographes anglo-saxons, provient selon Michel Callon de la traduction proposée «d'assemblage» dans la littérature anglo-saxonne au concept d'agencement. Selon lui, cette traduction peut être problématique (un constat partagé également par Phillips, 2006) car les travaux utilisant l'assemblage ont tendance à négliger deux éléments essentiels de l'agencement présents dans les écrits de Gilles Deleuze et Félix Guattari: sa capacité d'agir et sa structuration. Pour Michel Callon, l'utilisation du terme d'assemblage comporte un risque de perdre l'esprit conceptuel de l'agencement et de tomber dans la description pure d'un assemblage de différents éléments au sens littéral. Prenant pour exemple le livre de Manuel DeLanda (2006) dont un des chapitres invite à considérer la ville comme un assemblage et en décrit les différents composants, Michel Callon demande si

> [...] en insistant trop sur la complexité constitutive des assemblages, sur l'imprévisibilité et le caractère contingent des interactions, ne risque-t-on pas d'abandonner trop rapidement tout espoir d'aboutir à des simplifications réalistes qui nécessitent que l'on fasse le choix de variables plus significatives que d'autres au lieu de célébrer la complexité du monde? (Callon et al., 2013, p. 427).

Michel Callon souligne ainsi le risque de tomber dans une description infinie, qu'il qualifie même de «monstrueuse» puisque chacun des composants de l'assemblage pourrait potentiellement être décomposé en assemblages différents.

Le concept d'agencement tel que formulé par Gilles Deleuze et Félix Guattari permet de dépasser cet écueil selon Michel Callon, car il intègre une dimension supplémentaire qui n'apparaît pas dans la notion d'assemblage, la capacité d'action propre de l'agencement. Callon propose ainsi de «réserver la notion d'agencement à la combinaison: arrangement + action spécifique, et que l'on qualifie l'agencement pour désigner le type d'action spécifique qui est en jeu» (Callon et al., 2013, p. 428). Il pourrait ainsi y avoir des agencements scientifiques, environnementaux ou politiques. L'action de l'agencement n'est pas aléatoire mais structurée par ce que Michel Callon appelle des «cadrages», qui structurent l'action collective de l'agencement: «cette spécificité de l'action (ou de la fonction) est obtenue par une série de cadrages interdépendants. Ces cadrages produisent des contraintes très fortes qui orientent l'action et la rendent marchande [*dans le cas d'agencement marchand*]; mais comme tout cadrage est sujet à des débordements, cette action collective n'arrête pas de produire des écarts, et donc d'être reprise et transformée» (Callon et al., 2013, p. 428).

En appréhendant l'agencement comme des assemblages doués de capacité d'action selon des cadrages définis, Michel Callon propose ainsi de dépasser la description des assemblages pour entrer dans la conceptualisation de l'action et de sa structuration. Il ne suffit pas d'énumérer tous les composants possibles de l'assemblage mais il faut également identifier, questionner les cadrages spécifiques à certaines actions: «les assemblages marchands sont structurés, n'ayons pas peur du mot, par des cadrages qui formatent les cours d'action en même temps qu'ils sont l'enjeu de l'action; c'est pourquoi il est préférable de les appeler agencements» (Callon et al., 2013, p. 429). Etant donné qu'un composant d'un assemblage peut faire partie d'une autre action, d'un autre agencement les actions entreprises peuvent appartenir à plusieurs cadres. Un agencement s'articule à d'autres types d'agencement, «cette articulation se jouant dans les modalités mêmes des cadrages» (Callon et al., 2013, p. 432). Ces propositions font largement écho aux travaux récents de géographes notamment, sur la notion de cadrage que je développerai dans la suite de cet ouvrage pour comprendre l'identification et la transformation d'entités spatiales selon des cadrages différents.

L'agencement des Carpates

Bien qu'ils puissent paraître abstraits, ces concepts se révèlent très utiles lorsqu'il s'agit de les appliquer à la conception des régions de projet environnemental. Penser ces régions de projet comme des agencements permet de faire la synthèse des différentes approches constructivistes et relationnelles avec deux apports originaux: l'extériorité des relations et la capacité d'action de la région en tant qu'entité autonome.

Si l'on considère la région des Carpates comme un agencement – l'agencement des Carpates –, il devient nécessaire de s'intéresser aux institutions et acteurs qui le constituent mais également aux éléments matériels et aux énoncés et à la dynamique de leurs interactions. Ensemble, ils constituent et performent la région au quotidien au travers de pratiques matérielles et discursives qu'il est possible d'analyser. L'agencement des Carpates n'est pas égal à la somme des parties qui le constituent, il est l'effet de leurs interactions. Il s'agit donc d'une entité nouvelle, la région des Carpates, qui naît de la volonté des acteurs de coordonner des politiques environnementales à l'échelle du massif de montagne par le biais d'un traité international. L'agencement des Carpates est donc plus qu'un assemblage d'acteurs aléatoire. Il est structuré par des cadrages qui le définissent et orientent son action et qui sont explicités dans le texte du traité.

La région des Carpates ainsi créée a une existence propre à laquelle on peut se référer. Elle est douée de capacité d'action et peut à son tour produire des effets, par exemple par l'adoption de protocoles contraignants ou le développement de projets de mise en œuvre. Les acteurs humains et non-humains de la région des Carpates ont une existence autonome qui échappe à la région. Les acteurs de la région proviennent d'institutions publiques, d'organisations internationales, de collectifs de scientifiques ou encore d'ONG environnementales transnationales. Ces acteurs poursuivent des objectifs variés et mobilisent des spatialités différentes. Tous ensemble, ils performent la région, bien qu'ils ne soient pas forcément situés dans son cadre spatial, pour autant qu'elle en ait un. Les acteurs de l'agencement des Carpates sont donc à la fois constitutifs de la région de projet et autonomes à celle-ci. La seule unité de la région de projet est donc le co-fonctionnement de ses composants.

Un dernier avantage de l'utilisation de l'agencement est sa conception territoriale dynamique. L'agencement des Carpates est forcément territorialisé, car les interactions de ses composants sont toujours spatialisées. Si l'agencement des Carpates est territorialisé cela ne signifie cependant pas qu'il s'agisse d'un territoire entier et borné, au sens traditionnel. La région peut être ouverte, poreuse et discontinue, et ses frontières peuvent être formelles ou informelles, selon les interactions entre ses composants. Les promoteurs de la région des Carpates n'ont ainsi pas réussi à se mettre d'accord sur une délimitation commune, malgré la mobilisation de nombreuses ressources matérielles et discursives pour arriver à un compromis acceptable par tous. L'agencement des Carpates n'est ainsi jamais totalement stabilisé, car les interactions qui le constituent lui échappent, s'étendent au-delà de lui et le redéfinissent continuellement. Il est ainsi fondamentalement instable et toujours susceptible d'être contesté et transformé. C'est donc la relative stabilité de l'agencement des Carpates qu'il convient d'expliquer. Il est ainsi possible d'analyser comment l'apparition d'un nouveau référent de gestion territoriale, comme les stratégies macro-régionales, amène les acteurs de l'agencement à s'adapter et à essayer de transformer l'agencement des Carpates pour articuler au mieux leurs objectifs à ce nouvel agencement spatial.

1.6 Synthèse du chapitre

Dans ce premier chapitre j'ai tenté de montrer l'intérêt d'appréhender les régions de projet comme des agencements. Les études sur les agencements proposent des pistes fructueuses pour appréhender ces entités nouvelles qui dépassent le cadre des frontières politiques constitutionnelles et qui sont constituées d'un grande hétérogénéité d'acteurs, humains et non-humains, pas nécessairement basés à l'intérieur des frontières de la région elle-même et cherchant à mettre en place des politiques environnementales de manière coordonnée.

Je me suis d'abord appuyé sur les recherches qui considèrent les régions comme des constructions sociales, postulant la co-constitution de l'espace et du social, et qui proposent de les appréhender comme des processus historiquement contingents jamais totalement stabilisés, toujours sujets à contestation. Ces recherches s'inscrivent dans le tournant pratique des sciences sociales et nous invitent à nous intéresser aux façons de faire des acteurs et à conceptualiser l'émergence, la construction et la transformation des régions.

J'ai ensuite montré l'intérêt du développement des approches relationnelles pour appréhender les régions de projet. De l'*Open University* de Milton Keynes à la théorie de l'acteur-réseau, ces approches poursuivant le postulat constructiviste considèrent le social et le spatial comme ce qu'il faut expliquer et non ce qui explique. En considérant l'espace comme l'effet d'interactions, les approches relationnelles invitent à dépasser la conception des régions de projet comme des territoires entiers et bornés et propose de les appréhender comme des espaces ouverts, poreux et discontinus, constitués de multiples interactions qui s'étendent au-delà de la région elle-même. Les tenants de la théorie de l'acteur-réseau ont ajouté à cette dimension relationnelle l'hétérogénéité des acteurs en appelant à prendre en compte les acteurs non-humains dans l'analyse. Ces derniers sont appréhendés dans cet ouvrage comme des médiateurs qui participent activement à l'action et permettent en partie d'expliquer les stabilités.

Enfin, j'ai montré comment les récentes études sur le concept d'agencement développé initialement par les philosophes français Gilles Deleuze et Félix Guattari offrent la conceptualisation nécessaire pour appréhender ces nouvelles entités régionales comme des agencements dynamiques constitués de formes matérielles, sémiotiques et sociales autonomes et dont l'unité dépend du co-fonctionnement de ses composants. L'agencement est appréhendé comme une entité nouvelle, effet de l'interaction de ses composants et doué d'une capacité à agir.

Ce premier chapitre m'a donc permis de faire un état des recherches réalisées en géographie sur le concept de région et de mobiliser certains éléments théoriques développés dans les sciences sociales indispensables pour concevoir ces régions de projet environnemental comme des agencements. Le deuxième chapitre de cette partie théorique se concentrera maintenant sur la façon d'appréhender le processus d'éco-régionalisation en tentant d'amener une concrétisation empirique à ces premières réflexions. Dans un récent commentaire sur la persistance de la notion de région en géographie, Anssi Paasi notait que si le fait que les régions soient ‹construites› était désormais largement admis dans la littérature académique spécialisée, «des problèmes méthodologiques existent encore concernant la façon dont la région est comprise, [...] il est ainsi souvent peu clair qui et quoi ‹construisent› une région ou ce que cela signifie en pratique» (Paasi, 2010, p. 2296). C'est à ce projet que je souhaite m'atteler dans ce deuxième chapitre en regardant non seulement qui, et quoi, construisent ces agencements de projet environnemental, mais également comment, en vue de quels objectifs, et avec quels effets.

Chapitre 2
Appréhender les processus d'éco-régionalisation

Dans ce deuxième chapitre, j'entends spécifiquement analyser le processus d'éco-régionalisation mis en avant dans mon introduction. Je vais dans un premier temps discuter les cadres méthodologiques et analytiques existants pour appréhender ce processus en mettant en lumière certaines de leurs limites. Il s'agit des approches de deux géographes, Anssi Paasi (1986, 1991 ; 2009) et Jonathan Metzger (2013).

Dans un deuxième temps j'expliciterai le projet de recherche de cet ouvrage et les champs théoriques que je vais mobiliser pour y répondre. Je souhaite montrer que la construction de ces agencements de projet environnemental peut être appréhendée en mobilisant trois types de champs théoriques : les réflexions sur le couple cadrage et politiques scalaires pour analyser l'émergence et la structuration d'un agencement des Carpates ; les apports de la sociologie des sciences sur la relation entre science et politique pour analyser le rôle de la production et de la diffusion d'expertise scientifique dans la justification et la légitimation des différentes propositions de région. Une attention particulière sera portée sur l'importance de la production cartographique et de bases de données dans ce processus ; enfin les recherches sur le rôle et l'influence des secrétariats dans le fonctionnement institutionnel des traités et le récent mais prometteur champ de recherche sur les organisations frontières me permettent d'analyser les pratiques discursives et matérielles qui performent la région de projets au quotidien.

2.1 L'institutionnalisation des régions

Dans un article déjà ancien, Anssi Paasi (1986) a proposé un cadre analytique et méthodologique pour appréhender la construction régionale comme un processus historique d'institutionnalisation. Son article étudie spécifiquement la construction de régions constitutionnelles finnoise: néanmoins plusieurs éléments peuvent être des sources d'inspiration pour mon travail.

Pour Anssi Paasi, l'institutionnalisation de la région n'est pas réductible à la création d'institutions régionales; il s'agit

> [...] d'un processus pendant lequel un niveau spécifique de structure spatiale devient une entité établie qui est identifiée dans les différentes sphères de l'action sociale et dans les consciences et qui est continuellement reproduite dans les pratiques individuelles et institutionnelles (économiques, politiques, légales, éducatives, culturelles, etc.) (Paasi, 1986, p. 105).

Il s'agit là d'une conception qui met l'accent sur la dynamique historique et sociale d'émergence de la région, comprise comme une «catégorie humaine et sociale» (Paasi, 1986, p. 119), dans la tradition de la nouvelle géographie régionale. Poser la régionalisation en ces termes revient alors à poser la question de «l'origine, de l'émergence et de la disparition (transformation)» (Paasi, 1986, p. 120) des régions. De manière intéressante, Paasi précise que «l'aire d'étendue de l'idée de région exposée ici n'est pas confinée à un niveau régional spécifique», induisant ainsi déjà que la région puisse être pensée à différentes échelles et prendre différentes formes, qui peuvent dépasser le cadre des régions constitutionnelles traditionnelles dans lequel sa recherche s'inscrit. Il a plus récemment précisé ce point spécifique dans ce sens: «la région n'est dès lors pas une échelle fixe; il s'agit plutôt d'un perpétuel et dynamique processus de configuration scalaire des pratiques et des discours par lesquelles les précédents formes sont produites et reproduites» (Paasi, 2009, p. 136). Par ailleurs, Paasi souligne également l'importance de prendre en compte le «rôle variable, spécifique à l'espace-temps, des conditions physiques». Ce souci de tenir compte des conditions naturelles est intéressant, bien que peu développé dans la suite des travaux de Paasi, car il s'agit d'une critique qui a été faite aux théoriciens de la nouvelle géographie régionale, par certains tenants de la «political ecology», de négliger la place de la nature dans la construction régionale (voir par exemple Neumann, 2009).

Le cadre analytique proposé par Anssi Paasi distingue quatre stades ou étapes du processus d'institutionnalisation des régions, étapes dont Paasi précise qu'elles ne sont pas chronologiques et peuvent survenir simultanément. Je résume ces étapes ci-dessous selon la proposition qui en est faite dans son article de 1986, reprise ensuite dans des articles publiés en 1991 et en 2009.

La première de ces étapes est *le développement d'une forme et d'une conscience territoriale*. Cette première étape «réfère au développement de pratiques sociales par lesquelles la région réalise ses frontières et va devenir identifiée comme une unité distincte dans la structure spatiale de la société» (Paasi, 1986, p. 124). Anssi Paasi indique que l'interprétation que l'on peut avoir des frontières de la région ne doit pas être limitée aux frontières physiques, mais peut prendre des formes variées. Il précise ainsi que la forme de la région «peut être fixe (dans le cas de régions administratives) ou vague, dans le sens que l'idée de la région [...] peut prédominer sur ses limites et ses frontières explicites» (Paasi, 1986, p. 125). Dans le cas de frontières fixes, celles-ci peuvent néanmoins évoluer et se transformer dans le temps. Bien que l'objet d'étude de Paasi soit l'institutionnalisation de régions constitutionnelles, cette conception pour le moins souple du territoire régional et de ses frontières est potentiellement compatible aussi bien avec le projet relationniste qui considère les régions comme des entités ouvertes et poreuses qu'avec la notion d'agencement, forcément territorialisé mais jamais totalement stabilisé et dont l'agencement d'acteurs dépasse le cadre de la région elle-même.

Deuxièmement, *le développement d'une forme conceptuelle ou symbolique*. Il s'agit pour Anssi Paasi de l'étape où «certaines structures de symboles territoriaux vont devenir établis» (Paasi, 1986, p. 125). Cette étape est étroitement liée pour Paasi au développement d'institutions car ce sont ces dernières qui seront chargées de diffuser et reproduire ces symboles. Ces symboles sont, selon Paasi, «d'une importance cruciale pour l'établissement du contenu d'une conscience régionale» (Paasi, 1986, p. 125) et pour différencier la région des autres entités régionales. Paasi précise également que la définition d'un nom pour la région constitue un des symboles les plus importants de cette étape. Le rôle de la production de connaissances scientifiques et d'expertise, ainsi que de la production cartographique sont étonnamment peu développés chez Paasi (les images sont mentionnées comme des éléments importants mais principalement dans la construction d'une identité régionale et rarement développés dans les travaux de Paasi), alors qu'ils constituent des composants essentiels de l'institutionnalisation des régions de projet. Cette différence résulte à mon sens d'une différence de légitimité: les régions de projet ne peuvent pas s'appuyer sur la raison d'être historique des régions constitutionnelles. Elles doivent donc développer des formes de légitimité alternative qui passent par la production de connaissances scientifiques, de cartes et de base de données pour justifier leur projet.

Troisièmement, *le développement de la sphère des institutions.* Paasi précise que «la deuxième et la troisième étape dans la présente structure sont en réalité des aspects simultanés d'un même processus, puisque l'émergence d'institutions est naturellement liée à l'emploi grandissant du nom et d'autres signes et symboles territoriaux de la région» (Paasi, 1986, p. 126). Cette étape réfère à la fois à l'établissement d'institutions formelles (administrations, éducation, médias) qu'informelles (pratiques locales ou régionales non formalisées). On pourrait ainsi concevoir que des réseaux d'acteurs informels, comme des réseaux de partage d'expérience peuvent être considérés dans cette seconde catégorie d'institutions régionales, alors que le secrétariat de la Convention des Carpates appartiendrait à la première catégorie. Je montrerai par la suite comment les récents travaux sur les organisations frontières peuvent aider à analyser le rôle que peuvent endosser ces institutions, qui ne se limite pas à la diffusion et la reproduction d'images et de symboles.

Finalement, la quatrième étape correspond à *l'établissement de la région* dans un système régional plus vaste et dans les consciences régionales. Cette étape réfère «à toutes les continuations du processus d'institutionnalisation une fois que la région a achevé un statut établi, bien que non nécessairement administratif, dans la structure spatiale de la société et dans sa conscience sociale.» (Paasi, 1986, p. 130). Cette quatrième étape du processus d'institutionnalisation donne selon Paasi

> [...] une identité à la région, qui comprend non seulement une base matérielle (par exemple, la nature, le paysage, la culture, le système économique...), mais également

> une sphère mentale. Dès lors la quatrième étape de cette structure est en réalité une coupe transversale conceptuelle du processus continuel d'institutionnalisation et de transformation dans lequel la région prend progressivement forme et est reproduite pendant le développement de la société (Paasi, 1986, p. 130).

L'institutionnalisation chez Paasi procède donc d'un fort niveau de pénétration de l'entité régionale dans les pratiques quotidiennes et dans les consciences individuelles et collectives. Un aspect que ne partage pas Joe Painter pour qui «il est discutable que plus d'une poignée d'unités territoriales en dessous de l'échelle des Etats-Nations ont cet intense impact sur les multiples aspects de la vie sociale mentionné dans le compte rendu de Paasi» (Painter, 2008, p. 354). L'aspect identitaire est également moins important dans le cadre de régions de projet transnationales créées de manière *ad hoc* et dont la pénétration dans la vie quotidienne des citoyens peut paraître plus faible au premier abord. Dans son article de 2009, le géographe finlandais répond partiellement à cette réserve concernant les régions de projet en précisant cette quatrième étape dans ce sens: «cette étape [l'établissement de la région] a différents sens à des échelles spatiales variées. Au niveau supranational, c'est le fonctionnement institutionnel de l'unité qui lui donne sa légitimité [plus que sa pénétration dans la vie quotidienne]» (Paasi, 2009, p. 136).

Dans un commentaire publié en 2010 et mentionné précédemment (p. 2298-2299), Anssi Paasi complète sa proposition théorique de l'institutionnalisation qu'il propose de résumer en six points: (1) il y a plusieurs manières de voir *«l'agency»* lié à la construction des régions, car il s'agit de processus complexes qui échappent aux comptes rendus qui se concentrent sur certains éléments; (2) une entité spatiale devient une région par une pléthore de pratiques, de discours, de relations et de connexions qui peuvent avoir des origines plus larges dans l'espace et dans le temps, mais sont assemblées et connectées de manière historiquement contingente dans des contextes et des luttes culturelles, économiques et politiques; (3) les régions sont performées et rendues significatives, tout comme elles sont différenciées les unes des autres, par des pratiques matérielles et discursives et des réseaux qui traversent les frontières et les échelles, souvent donnant simultanément l'expression ou la forme de telles frontières et échelles; (4) la construction régionale peut être le projet intentionnel de certains acteurs, alors qu'elle est pour d'autres quelque chose à quoi il faut s'opposer ou bien quelque chose qui n'est pas du tout significatif; (5) les régions se différencient les unes des autres en termes d'histoire: il y a des processus historiques ‹anciens› et des unités *ad hoc* ‹nouvelles›. Ces dernières sont en train de devenir de plus en plus typiques au sein de l'Union Européenne et restent souvent distantes du quotidien des gens; (6) les frontières ne devraient pas être comprises comme des facteurs définissant les régions, même si c'est souvent implicite lorsque les régions sont considérées comme acquises.

Une critique de la théorie de l'institutionnalisation

Le cadre analytique et méthodologique développé par Anssi Paasi constitue une approche suffisamment souple pour être appliquée dans des contextes variés et prendre en compte certaines avancées théoriques mises en lumière dans le premier chapitre. Il contient cependant plusieurs limites, que je souhaite mettre en avant ici:

- Premièrement, Paasi entre étonnamment peu dans le détail de la «pléthore de pratiques, de discours, de relations et de connexions» (Paasi, 2010, p. 2299), par lesquelles émerge la région. Son cadre analytique se concentre sur quelques éléments de discussion préétablis (le territoire, les symboles, les institutions) et limite *de facto* l'analyse du processus d'institutionnalisation alors que lui-même précisait en 2010 qu'il «s'agit de processus complexes qui échappent aux comptes rendus qui se concentrent sur certains éléments». Jonathan Metzger note par ailleurs que le géographe finlandais se concentre principalement sur les objets de contestation et «n'offre pas un instrument conceptuel particulièrement concret pour des investigations empiriques des dynamiques d'acteurs dans le processus vers la régionalisation» (Metzger, 2013, p. 1377).
- Par ailleurs, l'analyse de Paasi se limite principalement aux acteurs humains. Peu de place est laissée aux médiateurs tels que les cartes, les bases de données ou tout autre acteur non-humain, qui peuvent potentiellement participer à l'institutionnalisation des régions de projet. La mise en place de symboles se limite principalement à la

question du nom dans les travaux de Paasi et l'utilisation d'images semble spécifiquement limitée à la dimension identitaire.

- Cette limitation intentionnelle ou non aux acteurs humains ne permet pas à Paasi d'expliquer la stabilisation des régions, un élément étonnamment absent de son cadre analytique. Certes, la référence à *l'établissement de la région* peut faire référence à une stabilisation de la région dans un système régional plus vaste, cependant celui-ci bien qu'important semble plus être une forme d'aboutissement de l'institutionnalisation qu'un processus en soi qu'il conviendrait d'analyser. Dans le cas de régions supranationales Paasi évoque «le fonctionnement institutionnel» de la région qui lui donnerait sa légitimité, mais on ne comprend pas bien quelles pratiques ce fonctionnement recouvre, ni de quelles institutions il s'agit.
- Enfin, le cadre d'analyse de Paasi suggère que le processus de régionalisation suit de façon linéaire une série d'étapes obligatoires avec l'établissement de la région en point d'orgue. Il offre ainsi peu de souplesse pour appréhender des processus dynamiques qui n'auraient pas cette linéarité ou qui n'aboutiraient pas à l'établissement de la région.

Le cadre analytique proposé par Anssi Paasi a largement influencé les travaux des chercheurs de la nouvelle géographie régionale depuis sa parution en 1986. Bien que le modèle développé par Paasi soit relativement flexible pour englober une large variété de situations, il est cependant avant tout un cadre analytique permettant d'étudier a posteriori l'émergence de régions constitutionnelles historiques. Le modèle convient plus difficilement à l'analyse de régions de projet en train de se faire où la pénétration dans la vie quotidienne des personnes est certainement moins importante, mais les réseaux et les pratiques souvent plus complexes, avec notamment l'émergence de nouveaux acteurs aux logiques diverses et fréquemment engagés dans d'autres projets dépassant le cadre de la région elle-même.

2.2 La construction régionale sous le prisme de l'ANT

Jonathan Metzger a récemment publié un intéressant article qui se propose de «contribuer à la compréhension de comment des entités spatiales en général – et particulièrement ces entités spatiales qui sont définies comme ‹régions› – se forment, évoluent et parfois se stabilisent» (Metzger, 2013, p. 1368). Metzger souhaite prolonger et compléter le cadre de travail proposé par Anssi Paasi en s'inspirant des travaux de la théorie de l'acteur-réseau. Se basant ainsi sur les écrits de Bruno Latour (spécifiquement Latour, 2006), il entend ainsi montrer

> [...] que les régions se stabilisent et perdurent précisément parce qu'elles se cramponnent sur beaucoup de choses – attachant ainsi leur destin à tout ce qui, à portée de main, est plus solide que de simples mots fugaces, et de cette manière mettant davantage la matérialité ou matérialisation de ces régions stabilisées au centre de la recherche (Metzger, 2013, p. 1369).

Metzger entend ainsi compléter certaines limites du projet de Paasi, et transposer certains questionnements de la sociologie des sciences à l'analyse de la construction régionale: «comment est-ce que cela tient ensemble, comment est-ce que cela dure, comment est-ce que cela se présente comme singulier?» (Metzger, 2013, p. 1369, inspiré de Munk et Abrahamsson, 2012).

Bien que sa réflexion soit proche de la théorie de l'agencement que j'ai développée précédemment, Metzger n'y fait pas directement référence. Suivant les travaux de la théorie de l'acteur-réseau, il préfère définir la région comme un «Léviathan régional», «une entité relationnellement constituée faite par et partiellement constituée d'humains, créée au travers d'un processus par lequel ‹plusieurs sont devenus un et sont augmentés par un›» (Metzger, 2013, p. 1369). Le Léviathan est donc un acteur qui est fabriqué pour agir par d'autres, mais qui agit sur eux en retour, selon la proposition de Bruno Latour (2006). Une définition qui n'est pas sans rappeler le postulat de l'extériorité des relations des agencements. Dans le cadre de mon travail, je propose de garder la notion d'agencement, car d'une part elle est plus explicite sur la capacité d'agir des agencements et d'autre part elle évite une terminologie quelque peu problématique (‹Léviathan régional›) qui semble réifier à nouveau un niveau régional. Au-delà de cet aspect, les propositions de Jonathan Metzger sont à mon avis particulièrement pertinentes pour mon cas d'étude.

Jonathan Metzger souhaite voir comment les régions

> [...] sont institutionnalisées par la délégation de propositions de régionalisation initialement vagues, vers des formes matérielles plus durables qui peuvent éventuellement aboutir à la stabilisation de la région, à un degré tel qu'elle puisse être considérée comme acquise ou de la même manière comme une réalité allant de soi (Metzger, 2013, p. 1370).

Son point de départ est ainsi proche de celui d'Anssi Paasi, mais avec un accent particulier sur les modalités de stabilisation des régions. Il propose d'approcher le processus de construction régional en trois temps.

Pour Metzger, les régions doivent en premier lieu être appréhendées comme *des propositions* dans le processus d'institutionnalisation dans le sens où elles sont toujours sujettes à négociation et/ou contestation. Metzger précise qu' «attribuer de la régionalité – proposer une région – est ainsi une façon d'intervenir dans le monde, une proposition pour une manière particulière d'organiser une partie du monde, toujours en compétition directe ou indirecte avec d'autres possibles alternatives» (Metzger, 2013, p. 1373). La référence au processus de cadrage est ici explicite: proposer une région c'est avant tout mettre en avant un cadrage d'une réalité que l'on estime légitime. Ce cadrage peut être accepté tel quel, refusé ou négocié avec les autres acteurs impliqués ou souhaitant être impliqués dans le processus de construction régionale. Dans tous les cas, la proposition doit être justifiée et la pertinence et la légitimité du cadrage proposé doit être démontrée. Pour Metzger, ce processus d'argumentation prend trois aspects: «une opération de codage ou de surcodage de *capture* (c'est-à-dire démontrer que la région est déjà), de *connexion* (c'est-à-dire affirmer que la région peut/doit être) et *d'organisation* (c'est-à-dire faire en sorte que la région devienne)» (Metzger, 2013, p. 1374, emphase originale). Ce triple processus prend en premier lieu une forme discursive pour Metzger.

Pour qu'une proposition devienne durable et se matérialise en région il faut que dans un deuxième temps *elle soit reproduite et multipliée* pour être largement diffusée. «Plus une proposition de région peut voyager, c'est-à-dire qu'elle peut être reprise et portée à différents endroits et placée dans différents contextes à travers l'adaptation et la traduction de et par des nouveaux acteurs, meilleures seront ses chances d'obtenir de l'adhésion autour.» (Metzger, 2013, p. 1374). La référence au concept de mobiles immuables développé par Bruno Latour (2006) est ici implicite: pour qu'une proposition voyage elle doit être portée par des matériaux qui soient à la fois mobiles pour pouvoir transporter la proposition en différents endroits pour pouvoir convaincre le plus grand nombre de gens et immuables pour que malgré ces transports la proposition reste toujours la même (Latour, 1986). Lors de ces différents voyages la proposition va être traduite et négociée avec les différents acteurs qu'elle rencontre selon leurs intérêts et leurs façons de cadrer le monde. Plusieurs propositions de régionalisation peuvent ainsi être en circulation en même temps. Le plus d'alliés une proposition obtiendra durant ce processus de circulation, «la plus influente et dominante elle va devenir, amenant à augmenter les coûts (financiers et autres) pour ceux qui souhaitent contester ou défier cette version particulière proposée» (Metzger, 213, p. 1375).

Une fois qu'une proposition gagne ‹en épaisseur› et devient plus difficile à contester, elle peut dans un troisième temps être transposée «dans *des formes socio-matérielles plus durables* que les discours, par exemple des organisations, des réseaux de transports, des statuts légaux, etc.» (Metzger, 2013, p. 1375; inspiré de Law, 1992 et Latour, 1999; emphase ajoutée). C'est ainsi qu'une proposition de région pourra être institutionnalisée au sens proposé par Anssi Paasi. Comme dans le temps précédent et suivant la proposition de la théorie de l'acteur-réseau, les acteurs non-humains jouent un rôle essentiel pour stabiliser la proposition dans une forme durable et lui permettre de gagner en irréversibilité. Pour Metzger ainsi, si des régions semblent plus naturelles que d'autres c'est que leur processus d'institutionnalisation est simplement plus abouti. Suivant ce point de vue, la différence entre anciennes régions constitutionnelles et nouvelles régions de projet ne devrait dès lors «pas être considérée par erreur comme ontologique, mais pourrait plutôt être mieux conceptualisée comme une différence d'évolution» (Metzger, 2013, p. 1376).

Je ne partage pas ce dernier argument qui revient à considérer la construction régionale selon une évolution linéaire qui serait similaire à tout type de régions et ainsi appréhender les régions de projet comme simplement moins avancées dans cette évolution. Les régions de projets sont par définition créées selon des projets spécifiques qui les distinguent des régions constitutionnelles dont la raison d'être est avant tout historique. Elles n'ont ainsi pas la même pénétration dans la vie quotidienne des individus que les régions constitutionnelles qui sont rattachées à l'appareil d'Etat, et ce quelle que soit leur durée historique. Cela ne signifie pas forcément que les modalités du processus de construction diffèrent (proposition de régionalisation-reproduction et multiplication-stabilisation) mais que le processus de légitimation et d'établissement est distinct. Je rejoins à ce propos Anssi Paasi qui, comme je l'ai souligné précédemment, estime que l'établissement des régions de projet dépend principalement de leur fonctionnement institutionnel (bien que cette dernière notion gagne à être précisée, ce que je ferai dans la suite de ce chapitre).

Jonathan Metzger propose un cadre méthodologique et analytique pour appréhender les régions en devenir comme des «publics» en voie de stabilisation, c'est-à-dire que

> [...] ces processus de régionalisation quand ils sont un succès, peuvent être conceptualisés comme le développement de publics régionaux disparates en des communautés émergentes d'acteurs régionaux, qui peuvent aussi éventuellement devenir stabilisées dans des formes et des matériels plus durables et plus coûteux à renverser, pour finalement achever un statut naturalisé d'une entité territoriale régionale considérée comme acquise (Metzger, 2013, p. 1377).

Il propose d'adopter un modèle en trois étapes pour appréhender ces processus que je résume ici:

1. *L'émergence d'un public régional* par des processus entrelacés (a) d'articulations de préoccupations communes cadrées territorialement et (b) de subjectivisation d'acteurs régionaux

Dans son article, Jonathan Metzger tire l'inspiration de la notion de «public» de la sociologue Noortje Marres[27] (2005), qui a analysé l'émergence d'un public en lien avec la formation d'enjeux spécifiques. Selon Marres, «la formation d'un public est toujours irrévocablement liée à l'émergence

---

27 Le concept de public provient originellement des travaux de John Dewey et plus spécifiquement de son ouvrage rédigé en 1927, « *le public et ses problèmes* », largement réédité depuis.

d'un enjeu ou d'un problème spécifique avec lequel les acteurs constituant le public se trouve confronté et cherche dès lors à résoudre» (cité dans Metzger, 2013, p. 1378). La formulation employée ici suggère que la formation d'un problème ou d'un enjeu précéderait l'émergence d'un public qui naîtrait ainsi en réaction. Je préfère parler de co-construction d'un problème et de son public, dans le sens où l'émergence d'un problème est toujours liée à son identification préalable comme problème par un public. Metzger précise encore que la notion de public est à prendre au sens large et n'est pas limité à un certain type d'acteurs. Elle englobe selon lui «l'assortiment entier des acteurs hétérogènes et géographiquement potentiellement dispersés qui deviennent attaché à un enjeu ou problème spécifique» (Metzger, 2013, p. 1369).

L'émergence d'un public régional selon Metzger doit donc être appréhendée «comme un processus dans lequel certains enjeux sont mis sur la table et ces enjeux sont articulés soit comme des enjeux spécifiquement régionaux ou comme demandant une solution par la régionalisation» (Metzger, 2013, p. 1378). C'est par ce processus d'identification d'enjeux spécifiquement «régionaux[28]» que des acteurs deviennent des acteurs «régionaux» et forment ensemble une communauté de problèmes, «une communauté de préoccupations» selon les termes de Noortje Marres. Comme le précise Metzger, «il ne s'agit pas seulement d'un processus de partage d'intérêts et de préoccupations, mais également comment ces intérêts et ces préoccupations sont cadrées et contextualisées en des termes territoriaux» (Metzger, 2013, p. 1378). L'émergence d'un public régional se fait ainsi parallèlement à l'énonciation de propositions de région qui sont discutées et négociées entre les différents acteurs. Chaque proposition est porteuse d'un cadrage spécifique, d'une façon particulière d'identifier et de définir la région en devenir. Une proposition spécifique peut être ensuite consolidée par le ralliement d'un grand nombre d'acteurs à son énoncé après négociation.

28 J'utilise ici les guillemets pour signifier que les enjeux et les acteurs sont régionaux car ils se définissent en fonction d'une proposition de région. Il ne s'agit pas ici de réifier la région comme un niveau d'organisation existant a priori, ni de signifier que les acteurs proviennent de la région proposée.

2. *La stabilisation d'un public régional* par (a) la formation d'une communauté d'acteurs régionaux et (b) la singularisation de la proposition de régionalisation

Si la spécificité des enjeux identifiés par ces acteurs ne permet pas leur résolution par les institutions existantes se forme alors «une communauté d'acteurs régionaux» selon la formulation proposée par Metzger, qui pourrait se rapprocher de la notion d'agencement définie précédemment si elle englobe également les acteurs non-humains et les relations que les acteurs entretiennent entre eux. Il s'agit là de la deuxième étape de son modèle. Cette communauté porte avec elle une proposition de région. «La composition de cette communauté va dans une large mesure déterminer l'essence de la proposition de régionalisation, l'idée communiquée de ce que la région est (et, de manière importante, définir ce qu'est la région fixe aussi une trajectoire de ce qu'on peut raisonnablement attendre qu'elle devienne)» (Metzger, 2013, p. 1379). En retour, la définition de la proposition participe à la formation de la communauté d'acteurs qui se définit autour de cette proposition. La région et la communauté d'acteurs régionaux sont ainsi co-constituées. Selon Metzger les éléments matériels jouent un rôle essentiel dans cette co-construction. La formation de cette communauté, ajoute ainsi Metzger, peut se produire «à la fois par des contacts personnels, par exemple lors de réunions ou de conférences, mais également au travers d'autres procédés et matériels médiatiques, une véritable rafale de cartes, de plans, de stratégies et de brochures» (Metzger, 2013, p. 1385). Plus la proposition de régionalisation arrive à réunir autour d'elle d'acteurs, plus la communauté sera grande et plus la proposition aura de chance d'aboutir.

L'implication d'acteurs autour de la proposition implique forcément un processus de traduction et de négociation pendant lequel la proposition est progressivement reformulée et se singularise progressivement pour refléter les intérêts de la communauté d'acteurs qui la formule. De manière intéressante, Metzger précise que cette singularisation se produit notamment «au travers de la construction et la reproduction/dissémination sélective de ‹connaissance› partagée sous la forme d'analyses des enjeux régionaux et/ou de tendances et projections de futurs régionaux ou au travers de la codification indirecte d'inscriptions par le formatage de lignes directrices spécifiques» (Metzger, 2013, p. 1388).

3. *L'institutionnalisation d'une région* par (a) la formation d'un porte-parole reconnu et (b) la délégation de la proposition dans des formes socio-matérielles plus durables.

La troisième étape du processus de construction régionale selon Metzger est l'institutionnalisation de la région. La terminologie utilisée ici peut prêter à confusion : il ne s'agit pas de l'institutionnalisation au sens donné par Paasi, mais du développement d'institutions formelles propres à la région. Ce dernier processus prend deux formes selon Metzger : d'une part, la désignation d'un porte-parole de la région qui

> [...] revendique le statut de centre d'échange de la régionalité et prend sur lui le droit de formuler les intérêts de la région et le pouvoir de définir ce qui appartient et ce qui n'appartient pas à la région, par conséquent essayant de se positionner comme la personnification légitime de la voix de la région et dans le même temps articulant une version particulière de l'essence supposée de ladite région (Metzger et Schmitt, 2012, p. 269 ; inspiré de Latour, 2005, p. 31).

Le porte-parole agirait ainsi dans une triple fonction de différenciation, de stabilisation et d'institutionnalisation de l'entité régionale. La solidification de la région ne peut ainsi intervenir que si le porte-parole institutionnel (dans ce cas la Commission Européenne) arrive à aligner les autres acteurs régionaux et leurs ressources derrière la représentation régionale qu'il défend. La plasticité de la région de projet à intégrer d'autres propositions de région peut ainsi être parfois un atout. La délégation de la proposition de régionalisation dans des formes matérielles plus durables constitue la deuxième forme du processus d'institutionnalisation chez Jonathan Metzger. C'est « au travers de cette matérialisation dans des matériaux durables que la région devient non seulement un acteur fabriqué pour agir par d'autres, mais vient aussi agir en retour sur ou bien même guide les actions des autres comme un acteur ou un actant de son propre droit » (Metzger, 2013, p. 1381).

Placer les pratiques au centre du processus d'institutionnalisation

Jonathan Metzger propose ici une approche méthodologique et analytique intéressante sur laquelle je vais largement me baser pour analyser la construction des Carpates comme région de projet environnemental.

En effet, le modèle proposé prend en compte les avancées théoriques des approches relationnelles de la région et de la théorie de l'acteur-réseau. Il s'intéresse spécifiquement aux dynamiques des acteurs dans la constitution d'un projet de région et aux interactions qu'ils entretiennent dans le processus de construction. Les acteurs non-humains sont également identifiés comme jouant un rôle important dans la construction d'une proposition de région et dans sa stabilisation. Par ailleurs, Jonathan Metzger propose une première tentative de conceptualisation du statut et du rôle de l'institution créée pour consolider la région dans le cadre du processus de construction régional. Le modèle proposé est également compatible avec une appréhension de la région de projet comme agencement, bien que la capacité d'agir de la région ne soit que peu mise en avant par Jonathan Metzger.

Le modèle contient toutefois certaines limites. La principale est qu'il ne permet pas d'expliquer l'institutionnalisation de la région de projet au sens proposé par Paasi, à savoir comme un processus socio-spatial par lequel une unité territoriale émerge, et est reconnue (tant à l'intérieur qu'à l'extérieur de ses frontières) comme une partie d'un système régional plus large, qui peut expliquer la stabilité dans l'espace et le temps de la région de projet. Il s'agit pourtant d'un des objectifs principaux poursuivis par Jonathan Metzger. L'émergence d'institutions et d'un porte-parole ne suffit à mon avis pas à expliquer la stabilité et la durabilité d'une région de projet. Comme le relève bien John Law que Metzger cite pourtant dans un autre de ses articles, «il faut faire attention à ne pas confondre et mélanger le degré de formalisation ou de fixation d'une entité avec son degré de durabilité ou de stabilité» (in Metzger et Schmitt, 2012, p. 268). Ce n'est pas parce que la région de projet est dotée d'institutions la représentant et la solidifiant dans des formes matérielles plus durables que la région va perdurer dans l'espace et dans le temps. L'émergence d'institutions formelles n'est ainsi pas une condition suffisante de stabilité, ni de durabilité. Si la région de projet n'est pas performée par une variété de pratiques matérielles et discursives, elle ne peut déployer ses effets et risque de devenir rapidement une coquille vide, un assemblage d'acteurs sans capacité d'action. Jonathan Metzger semble identifier ce problème à la fin de son article, mais cependant sans l'approfondir, lorsqu'il considère que ce qui distingue une région durable d'une autre c'est que «ayant voyagé largement et étant devenu déléguée à la fois dans des formes et des matériels hétérogènes et durables, elle tient fermement face à des défis fondamentaux dans son existence reconnue» (Metzger, 2013, p. 1390). Il est toutefois difficile de discerner à quels types de matériels et de pratiques Metzger fait référence.

Dans l'article qu'il a coécrit avec Peter Schmitt en 2012 sur le processus de construction d'une macro-région autour de la mer Baltique, Jonathan Metzger revient sur cette question à la fin du papier. Les deux chercheurs notent ainsi que «la stabilisation institutionnelle de la région de la mer Baltique qui se produit par le processus de stratégie macro-régionale semble produire dans le même temps de nouveaux types de vulnérabilités et de lieux de défis» (Metzger et Schmitt, 2012, p. 276). Ils poursuivent en postulant que

> [...] le plus probablement, il va y avoir des défis de force à relever concernant l'efficacité de la stratégie macro-régionale de l'Union Européenne pour la région de la mer Baltique – en particulier concernant ses ‹résultats matériels› nominaux et son influence à canaliser les sources de financement dans les prochaines années» (Metzger et Schmitt, 2012, p. 276).

En soulignant la fragilité de la construction régionale, qui est toujours soumise à contestation et le besoin de résultats matériels pour que la région de projet puisse se stabiliser dans l'espace et dans le temps, Jonathan Metzger et Peter Schmitt admettent implicitement que l'émergence d'un porte-parole et d'institutions ne suffisent pas à la stabilisation de la région et lancent des pistes pour approfondir cet aspect. Il convient donc de s'intéresser de près à ces pratiques qui participent pleinement de l'institutionnalisation.

2.3 Institutionnaliser les Carpates

A l'issue de l'analyse de ces deux cadres analytiques se proposant d'appréhender les processus de construction régionale, il convient de présenter mon positionnement par rapport à ces recherches, et les axes de la réflexion que je vais mener dans cet ouvrage.

J'entends m'intéresser spécifiquement aux pratiques discursives et matérielles que les acteurs mobilisent dans la construction régionale et à conceptualiser l'émergence, la construction et la transformation des régions de projet environnemental comme un processus d'institutionnalisation visant à stabiliser une région dans l'espace et dans le temps.

Pour appréhender ce processus je souhaite m'appuyer sur le cadre méthodologique développé par Jonathan Metzger (2013) qui met d'une part l'accent sur les dynamiques d'acteurs dans la co-constitution d'une proposition de région et d'un agencement d'acteurs «régional» et d'autre part sur les formes matérielles et institutionnelles qui participent à la formulation et à la singularisation de la proposition de région, ainsi qu'à la stabilisation de l'agencement.

J'entends cependant compléter l'approche développée par Jonathan Metzger en proposant un cadre analytique qui tienne compte des pratiques visant à stabiliser la région de projets en étudiant notamment son fonctionnement institutionnel et en tenant compte des formes de légitimité alternatives. Au vu du faible nombre de travaux sur le sujet, la proposition de cadre analytique que je formule pour l'analyse de l'institutionnalisation de la région de projet des Carpates est partiellement induite de mes recherches empiriques, notamment en ce qui concerne la question de la stabilisation de la région.

Deuxièmement, j'entends approfondir la proposition de Metzger en mobilisant des champs de recherches complémentaires qui me permettront de préciser le projet de recherche que j'entends mener dans cet ouvrage et de tenir compte de la spécificité des agencements de projet environnemental. Les chapitres empiriques seront ainsi précédés d'une introduction théorique présentant le cadre conceptuel dans lequel ils s'insèrent et les hypothèses de recherche qui les guident. J'aimerais spécifiquement montrer comment les récentes avancées dans le champ de recherche sur le couple échelle et cadrage peuvent aider à analyser l'émergence d'un public régional et la formulation d'une proposition de région; j'aimerais également montrer comment la stabilisation d'une communauté d'acteurs «régionaux» et la singularisation d'une proposition de région peut être en partie expliquée par la production et la diffusion de connaissances scientifiques et d'inscriptions matérielles (cartes, brochures, rapports, bases de données); j'aimerais enfin analyser comment les récentes recherches sur le rôle et l'influence des secrétariats dans le fonctionnement institutionnel des traités peuvent permettre de préciser et compléter le rôle du porte-parole de la région de projet et montrer comment le développement du champ de recherche sur les organisations frontières met en lumière un aspect important de son travail. Ces champs de recherche complémentaires me seront plus généralement utiles pour analyser les pratiques visant à la stabilisation de la région de projet.

A l'issue de cette exploration des différents champs de recherche pouvant me permettre d'analyser les acteurs et les pratiques de l'institutionnalisation de région de projet, j'entends désormais formuler les hypothèses générales qui vont guider cet ouvrage. Celles-ci seront dans un deuxième temps précisées dans les chapitres empiriques correspondant :

- La région de projet environnemental des Carpates n'est pas une entité naturelle existant à priori mais une construction sociale, matérielle et discursive, le résultat d'un processus dynamique d'institutionnalisation. Elle peut être appréhendée comme un agencement dynamique constitué de formes matérielles, sémiotiques et sociales autonomes et dont l'unité dépend du co-fonctionnement de ses composants. L'agencement est conçu comme une entité nouvelle, effet de l'interaction de ses composants et doué d'une capacité d'actions.
- L'expertise scientifique, la production cartographique et les bases de données sont considérées comme des ressources indispensables par les acteurs pour justifier et légitimer leur proposition de région. Leur contribution est néanmoins importante à toutes les étapes de la construction régionale, la formulation de proposition, la singularisation et la consolidation, à travers des modalités variées. Ces instruments doivent être considérés comme des acteurs à part entière du processus d'éco-régionalisation et peuvent être appréhendés comme des médiateurs de la construction régionale.
- La stabilité de la région de projet dépend en grande partie dans son fonctionnement institutionnel, de sa capacité à déployer ses effets et de sa faculté à intégrer les propositions de région parfois concurrentes sous un même cadrage. La région est performée par une variété de pratiques matérielles et discursives. Ce processus vise à consolider

et à enrichir le cadre de coopération régional nouvellement créé et à stabiliser l'agencement des Carpates dans l'espace et dans le temps. La mise en place de ces formes de performance est effectuée dans le contexte des Carpates principalement par l'organe institutionnel de la Convention, le secrétariat par intérim administré par le PNUE qui joue dès lors un rôle essentiel dans le processus d'institutionnalisation.

- Ce processus de performation peut ainsi également parfois participer à la déstabilisation du cadrage institutionnel initial à une échelle et sous des formes variables: mise en tension, reformulation du cadrage initial (pour l'enrichir ou le concurrencer), contestation (de la pertinence du modèle régional adopté ou de l'entité qui participe à sa réalisation).

Ces hypothèses vont être soumises à l'épreuve du terrain dans ce qui constitue la deuxième partie de cet ouvrage (chapitre 4 à 9). Avant d'entrer dans cette partie empirique, mon terrain d'étude et les méthodes de collecte et d'analyse des informations utilisées doivent être présentées.

Chapitre 3
Une démarche ethnographique

Ce chapitre a pour objectif de présenter les méthodes de collecte et d'analyse de données que j'ai utilisées dans cet ouvrage, ainsi que le contexte et les conditions dans lesquels s'est effectuée cette recherche. Je commencerai dans un premier temps par exposer les méthodes d'enquête utilisées, puis je présenterai le terrain d'étude qui a été retenu dans cet ouvrage et le contexte dans lequel s'est effectué le recueil des données. Je terminerai ensuite en exposant les méthodes d'analyse utilisées et en proposant une analyse réflexive de mes pratiques d'enquête.

Ma recherche s'apparente pour beaucoup à une démarche de type ethnographique, sauf qu'au lieu «d'observer les pratiques humaines en société» (Arborio et Fournier, 2010) ou plutôt les pratiques humaines qui font société pour paraphraser le propos de Bruno Latour, je souhaite observer les pratiques matérielles et discursives qui participent à la construction d'une réalité spatiale, la région des Carpates. La méthodologie que j'ai utilisée se base ainsi pour beaucoup sur les méthodes d'enquête ethnographique. Les manuels de géographie portant sur les méthodologies qualitatives et plus spécifiquement sur les enquêtes ethnographiques sont limités et se trouvent essentiellement dans la littérature anglophone (je me suis notamment basé sur les ouvrages de Crang et Cook, 2007; et de Phillips et Hardy, 2002). Dans la littérature francophone je me suis donc essentiellement appuyé sur des manuels de méthodologie en sociologie (Arborio et Fournier, 2010; Beaud et Weber, 2010; Kaufmann, 2008) et sur des articles scientifiques rédigés par des ethnologues, sociologues et quelques géographes (notamment Beaud, 1996; Buire, 2012; Demazière, 2007; Petit, 2010).

Le corpus de données que j'ai recueilli dans cette recherche est divers et repose sur trois types de matériaux:

- Une observation participante du travail ordinaire du secrétariat par intérim de la Convention des Carpates et de ses échanges avec les autres acteurs institutionnels du processus de construction régionale. Mon observation participante s'est déroulée pendant quatre mois, de janvier à avril 2011, au bureau régional du PNUE à Vienne qui assure la charge par intérim du secrétariat de la Convention des Carpates. Pendant ces quatre mois, j'ai pu assister à la plupart des réunions du bureau, suivre les conférences et groupes de travail organisés dans le cadre de la Convention et réaliser des entretiens avec les principaux salariés y travaillant avec qui j'ai noué des contacts privilégiés. J'ai pu suivre le travail quotidien de chacun des membres du secrétariat et les accompagner lors de leurs nombreux déplacements. J'ai également pu collecter de nombreuses publications, écrites ou iconographiques produites par le bureau depuis le début du processus de régionalisation dans les Carpates.

- Des entretiens semi-directifs auprès de salariés des institutions sélectionnées et d'experts scientifiques mobilisés par eux. Les entretiens ont été enregistrés et retranscrits pour permettre une analyse des discours des divers acteurs sur la façon dont les enjeux environnementaux ont été problématisés à l'échelle régionale, sur les connaissances et compétences mobilisées et sur les arguments avancés pour justifier la pertinence de ces régions de projet et la légitimité des actions de l'institution.
- Enfin, des publications, sous forme écrite ou iconographique. Il s'agit notamment de rapports du secrétariat, d'expertises scientifiques, de procès-verbaux de réunion et de documents de travail produits pendant ce processus d'institutionnalisation par le secrétariat et ses partenaires institutionnels. L'objectif était d'effectuer des analyses de ces documents internes et externes et des expertises scientifiques produites, et de les croiser avec les informations recueillies lors des entretiens pour compléter ma connaissance du processus d'éco-régionalisation et appréhender le rôle spécifique joué par les discours et les images dans la production de preuves, particulièrement lors du diagnostic environnemental.

3.1 Observation participante et entretiens compréhensifs

Observation directe

La géographie humaine a une longue tradition des méthodes d'observation directe (Blanckaert, 2004). L'observation directe consiste à aller sur son terrain, «à être physiquement présent dans la situation» pour observer et rendre compte de manière minutieuse des pratiques «se déroulant en temps réel» des acteurs (Arborio et Fournier, 2010, p. 7). L'observation directe s'appuie ainsi sur le principe de «l'adoption d'une démarche ethnographique, où la construction des matériaux d'enquête et le travail d'élaboration théorique doivent être réalisés par le même chercheur» (Savarese, 2006, p. 65). L'observation est donc dite directe car elle est effectuée par le chercheur lui-même et ne repose pas sur des intermédiaires pour récolter ses données, comme dans le cas d'entretiens. L'observation directe nécessite une durée d'enquête suffisamment longue pour permettre l'immersion du chercheur et observer la variété de pratiques, ainsi qu'un terrain d'étude limité dans l'espace et dans le temps pour permettre «l'exercice d'une attention soutenue [et] considérer un ensemble circonscrit de faits, d'objets de pratiques dans l'intention d'en tirer des constats permettant de mieux les connaître» (Arborio et Fournier, 2010, p. 9). Ce travail d'enquête permet généralement l'élaboration de comptes rendus et de descriptions détaillés des pratiques et interactions sur son terrain.

L'observation directe est une méthode qui repose donc sur une forte implication du chercheur sur son terrain et des possibilités d'accès permanent à celui-ci. Elle comporte plusieurs avantages par rapport aux méthodes d'entretien. Elle permet justement un accès direct au terrain et ainsi de «résister aux constructions discursives des interviewés en permettant de s'assurer de la réalité des pratiques évoquées en entretien» (Arborio et Fournier, 2010, p. 8). Elle peut aussi permettre d'observer des pratiques que les enquêtés ne penseraient pas à mentionner lors d'un entretien, par exemple parce qu'elles leur paraissent triviales. Elle est donc particulièrement pertinente pour étudier les façons de faire dans un contexte circonscrit, comme celui du secrétariat de la convention des Carpates. Utilisées de manière complémentaire, ces deux méthodes de recueil de données permettent une analyse fine d'un processus en train de se faire. Ainsi, si mon observation directe du fonctionnement du secrétariat vise à rendre compte des pratiques et interactions sociales gestuelles ou verbales, de mettre au jour le cadre contraignant normatif qui les oriente, ainsi que les ressources que les acteurs mobilisent dans leurs pratiques (Arborio et Fournier, 2010, p. 47-48), les entretiens approfondis me permettent de recueillir le sens et les motivations que les acteurs donnent à leur pratique au-delà des propos en situation (Arborio et Fournier, 2010, p. 48).

Les articles traitant des méthodes d'enquête spécifiques à l'observation directe d'organisations internationales sont encore peu nombreux (Müller, 2012). Il existe cependant une littérature intéressante écrite principalement par des anthropologues qui ont notamment organisé un récent numéro spécial de la revue de Presses de Sciences Po *Critique internationale* (Bendix, 2012; Müller, 2012). Par ailleurs, Lucile Maertens, doctorante en sciences politiques à Sciences Po Paris et à l'université de Genève, a également rédigé un article intéressant revenant sur les méthodes de son observation participante effectué au sein du siège européen du Programme des Nations Unies pour l'Environnement à Genève, dont je m'inspire pour expliciter les différentes étapes de ma recherche (Maertens, 2012). Ces différents articles proposent quelques pistes de réflexion pour effectuer une enquête au sein de ces institutions longtemps considérées comme des «boîtes noires» (Maertens, 2012, p. 10) dans les sciences sociales. Regina Bendix (2012) par exemple se concentre sur les réunions de négociation au sein de ces institutions et met en avant quatre spécificités dont devrait tenir compte le chercheur lors de son enquête au sein des institutions internationales et qui me semblent pertinentes dans mon cas d'étude: la lenteur, la densité, la communication et la spatialité.

Une des spécificités de l'arène internationale est la lenteur des travaux qui y sont menés, lenteur due en partie à la lourdeur des procédures. Cette lenteur présente un avantage et un inconvénient pour le chercheur souhaitant mener un travail d'enquête. Premièrement, elle implique un renoncement. Il faut souvent renoncer à vouloir suivre une prise de décision de bout en bout car les procédures peuvent prendre des années avant de déboucher. Dans mon cas, le travail du secrétariat implique un nombre d'acteurs plus réduit que celui d'une grande organisation internationale et j'ai pu ainsi suivre sur une période entrecoupée de deux ans les réunions portant sur l'adoption d'une stratégie macro-régionale pour les Carpates, épisode que je relate au chapitre 5 de cet ouvrage. Malgré cette possibilité de suivre les discussions sur un temps relativement long, le dossier n'est toujours pas refermé et la possibilité de voir une stratégie macro-régionale basée sur le cadrage de la Convention reste incertaine. Cette lenteur dans les négociations est également un avantage. Elle laisse le temps au chercheur de s'imprégner de la question, d'observer les stratégies des acteurs, d'analyser les discours et les relations de pouvoir en jeu et de prendre le temps de la réflexion. Elle permet ainsi une description détaillée des mécanismes de décision.

L'organisation internationale est également un site d'observation dense. Si mon travail d'observation s'est déroulé sur un site unique, les acteurs présents, notamment lors des réunions officielles du secrétariat sont de natures différentes (scientifiques, ONG, négociateurs, experts nationaux, membre du secrétariat…) et proviennent de lieux et de contextes bien différents qu'il s'agit de prendre en compte. Par ailleurs, des institutions extérieures sont souvent mobilisées pour leur expertise scientifique et participent à la rédaction des rapports qui sont diffusés ensuite pendant ces réunions et qui serviront de base aux discussions. Le secrétariat n'hésite pas à faire appel à cette expertise externe et deux membres du bureau à Vienne sont directement affiliés à un institut de recherche appliquée. Il devient donc essentiel pour le chercheur d'appréhender les réseaux de relations et d'influence des acteurs présents, dont les intérêts sont souvent variés et dont la spatialité dépasse bien souvent le cadre de la région elle-même.

L'observation directe au sein des institutions internationales doit également prendre en compte la spécificité de la communication au sein de ces institutions. «La capacité communicationnelle est la principale qualification exigée par la négociation internationale» écrit Regina Bendix (2012, p. 33) et celle-ci prend deux formes distinctes: Le langage et la documentation écrite. Le langage est un composant essentiel des négociations internationales. Chaque mot est pesé et discuté avant de pouvoir apparaitre dans les documents officiels, car chaque mot est porteur d'une valeur particulière. La maîtrise de la parole et qui plus est de l'anglais bureaucratique propre à ces réunions est donc un atout majeur pour les acteurs de la scène internationale. L'observateur doit donc être particulièrement attentif aux jeux de langage, aux temps et aux prises de parole. Par ailleurs, jai déjà évoqué ci-dessus l'importance des rapports d'experts utilisés dans le cadre des réunions, mais la documentation produite par le secrétariat et ses partenaires est autrement plus riche et prend des formes variées: agendas, cartes, comptes rendus, brouillons de décisions ou encore documents stratégiques qui sont autant d'outils d'analyse pour le chercheur.

Enfin, l'observateur devrait tenir compte de l'ordonnancement spatial des acteurs et du lieu. Chaque acteur est par exemple symboliquement placé à un endroit prédéfini en fonction de son statut. L'image est particulièrement saisissante lors des réunions interministérielles pendant les Conférences des Parties. Au premier rang, assis sur des sièges confortables autour d'une table, les représentants des ministères et les chefs de délégation des organismes internationaux. Juste derrière, assis sur des chaises, les chefs négociateurs des différents pays et les membres du secrétariat. Puis encore plus loin, serrés dans les espaces restants, les observateurs et les stagiaires. D'autre part, l'unicité de lieu, la lenteur des procédures et la régularité des réunions engendrent une certaine «intimité spatiale» (Bendix, 2012, p. 36) entre les participants, intimité d'autant plus forte qu'ils se côtoient régulièrement. Lors de mes trois mois d'observation, j'ai ainsi appris à identifier cette «communauté» d'acteurs qui participent pour certains depuis le début au processus de construction des Carpates et à m'y intégrer progressivement.

L'observation directe peut être ainsi une méthode précieuse pour qui souhaite ouvrir la «boîte noire» des organisations et en découvrir la diversité d'acteurs et de pratiques. Elle m'est particulièrement utile pour analyser de manière pragmatique les façons de faire la région du secrétariat et enrichir les recherches empiriques de la nouvelle géographie régionale qui restent limitées à ce sujet.

Si le chercheur est directement immergé dans le terrain qu'il étudie, l'observation directe ne doit cependant pas être considérée comme une méthode plus neutre et objective que la conduite d'entretiens. Le chercheur pratiquant l'observation doit assumer que ce qu'il peut observer ne constitue que ce qu'on veut bien lui montrer, que son observation dépend en partie de sa capacité et de ses catégories de perception et que la description qu'il en fera ne sera jamais une transcription neutre et objective des faits observés. Il doit donc renoncer à l'illusion d'observer et de décrire la réalité des faits et assumer la part de subjectivité inhérente à toute observation et compte rendu: «la description ethnographique n'est jamais un simple exercice de transcription ou de ‹décodage›, mais une activité de construction et de traduction au cours de laquelle le chercheur produit plus qu'il ne reproduit» (Laplantine, 2010, p. 39). L'observation est donc par définition contextualisée et ce contexte doit être explicité. Ainsi, si l'observation directe est une pratique de recherche faiblement normée, sa légitimité scientifique repose sur une «technique contraignante de recueil de matériau et une pratique réflexive conduisant à sa mise en ordre analytique» (Arborio et Fournier, 2010, p. 9). Cela signifie que le chercheur doit respecter un certain nombre de règles dans la collecte du matériau et expliciter les différentes étapes de son processus d'enquête: choix du terrain, sa durée, sa position dans l'observation et la négociation de sa place sur le terrain d'étude, ainsi que la manière de récolter et d'analyser les données. Avant de passer à l'explicitation de ces différentes étapes de l'enquête ethnographique, je souhaite apporter quelques considérations théoriques et réflexives concernant ma pratique des entretiens.

Les entretiens compréhensifs

L'entretien est une méthode complémentaire à l'observation directe pour saisir du discours, car elle permet «d'atteindre le sens» que les acteurs accordent à leurs pratiques et de saisir «les motivations qui ont conduit à leur mise en place» (Petit, 2010, p. 16). D'autre part, l'entretien permet également de reconstituer une situation qui ne serait pas saisissable par d'autres moyens. Il est en effet très rare que le chercheur puisse observer le processus qu'il souhaite étudier de bout en bout et, même si tel était le cas, il ne saurait saisir toute la complexité des pratiques à l'œuvre. L'entretien est donc de ce point de vue nécessaire pour compléter les informations dont dispose le chercheur sur le processus qu'il observe. Depuis les travaux en ethnométhodologie, le statut du discours collecté est cependant questionné. Le discours est reconnu comme étant d'abord un discours individuel, un énoncé forcément subjectif qui ne permet pas au chercheur de reconstituer la réalité qu'il souhaite étudier et n'autorise qu'une reconstruction subjective de celle-ci. Le discours ne doit ainsi pas être compris comme le reflet de la réalité sur laquelle il porte. L'objectivité du discours est dès lors considérée comme illusoire quelles que soient les méthodes de validité appliquées et sa standardisation un mythe.

Cette perspective considère donc que le discours ne peut être dissocié de son contexte particulier d'énonciation et que la relation de l'entretien constitue toujours une situation «extra-ordinaire, au sens le plus littéral du terme» (Mondada, 2000, p. 96-97). Le discours étant une toujours une reconstruction subjective de la réalité, la personne interrogée ne devrait ainsi pas être considérée comme un témoin, produisant un témoignage d'une réalité qu'il serait possible de recouper à la manière des historiens. Raconter c'est ainsi toujours sélectionner, choisir les événements que l'on souhaite mettre en avant et en laisser certains autres de côté.

Si le discours est inséparable du sujet qui le prononce, qu'il est forcément contextualisé et subjectif, quel statut lui donner dans ma recherche et comment l'analyser? Les travaux de l'ethnométhodologie et de la pragmatique linguistique préconisent de considérer les enquêtés comme des sujets qui construisent leur monde social (Silverman, 1993, p. 90) et le langage «comme un moyen d'ordonner le monde social, de l'organiser, de le catégoriser, de lui donner du sens, de le construire» (Demazière, 2007, p. 95). De ce point de vue, le langage n'existerait pas indépendamment de la réalité sociale ou spatiale qu'il désigne, mais participerait à sa matérialisation. Dès lors, le social ou le spatial doivent être considérés comme indissociables du discours porté sur eux. La question de la légitimité de l'analyse de matériau subjectif n'est ainsi plus pertinente dès lors que l'on ne considère pas le discours comme une description d'une réalité déjà présente, mais comme «une prise de position sur la question proposée, l'expression d'un sujet parlant qui signifie et qui agit en disant les choses, un acte de construction en situation d'une vision du monde» (Demazière, 2007, p. 95). Didier Demazière conclut cette proposition ainsi:

> [...] explorer et reconstruire les univers de sens suppose de considérer le langage comme un véhicule du sens, comme une ressource pour produire de la signification, comme un outil de catégorisation, comme un vecteur d'interprétation subjective, c'est-à-dire d'appropriation du monde (Demazière, 2007, p. 97).

Les entretiens que j'ai menés peuvent être qualifiés d'approfondis et de compréhensifs. Les entretiens ont duré généralement au minimum une heure avec des personnes en grande partie identifiées lors de mon observation participante et avec qui j'ai pu établir un premier lien de confiance, soit pour avoir noué une relation directe parfois amicale, soit simplement par le fait de s'être rencontré à plusieurs reprises lors de réunions ou d'événements en lien avec mon contexte de recherche. L'entretien compréhensif est tiré des méthodes d'entretiens semi-directives, c'est-à-dire que l'entretien n'a pas été établi selon un déroulement prédéterminé par une grille de questions préparées à l'avance. Cette méthode s'appuie sur l'hypothèse «qu'il existe une relation entre le degré de liberté laissé à l'enquêté et le niveau de profondeur des informations qu'il peut fournir» (Michelat, 1975, p. 231). Dans la méthode de l'entretien compréhensif explicitée notamment par Jean-Claude Kaufmann (2008), l'enquêteur s'engage cependant activement dans l'entretien et assume ce statut. L'entretien compréhensif brise en ce sens le «mythe» (Beaud, 1996) de la neutralité de l'enquêteur. Il n'est pas l'acteur passif dont la présence devrait être la plus faible possible, mais il «s'engage activement dans les questions, pour provoquer l'engagement de l'enquêté» (Kaufmann, 2008, p. 19). L'enquêteur fait preuve d'empathie et de curiosité pour encourager la personne interrogée à se livrer. «Les ‹bons› entretiens sont moins liés à des qualités techniques ‹abstraites› qu'à la capacité de l'enquêteur à susciter et à obtenir – même maladroitement, même en transgressant les consignes ‹techniques› – la confiance de l'enquêté qui, seule, conduira au recueil d'un matériau suffisamment riche pour être interprété» (Beaud, 1996, p. 244). Plusieurs fois je me suis retrouvé à établir un lien de connivence avec la personne interrogée, riant à une de ces remarques ou faisant preuve de compréhension face à une situation vécue difficilement par la personne. Parfois, j'ai été amené à donner mon opinion sur un sujet voire à acquiescer tacitement à une opinion émise par la personne interrogée avec laquelle je n'étais pourtant pas d'accord, l'objectif étant de susciter la confiance de cette personne pour qu'elle puisse se livrer pleinement.

La méthode de l'entretien compréhensif assume ainsi que l'enquêteur ne peut d'aucune façon être neutre et s'engage dès lors de manière active dans l'entretien. La neutralité de l'enquêteur est un leurre et «une relation d'entretien se construit de bout en bout, ce dès la première prise de contact, et elle se réfléchit en permanence» (Beaud, 1996, p. 245). Dès lors, «la subjectivité du chercheur n'est plus considérée comme un obstacle ou un biais pour la collecte de matériaux, mais comme un outil de ce recueil» (Demazière, 2007, p. 92). Si l'objectif avoué de l'entretien compréhensif est de «briser la hiérarchie» entre l'enquêteur et l'enquêté pour établir une discussion ouverte sur un plan d'égalité, les positions doivent rester claires dans l'entretien, il ne s'agit pas de jouer un jeu ni de tomber dans du bavardage. Il s'agit d'un exercice d'équilibre délicat, comme le souligne Jean-Claude Kaufmann:

> [...] pour atteindre les informations essentielles, l'enquêteur doit en effet s'approcher du style de la conversation sans se laisser aller à une vraie conversation: l'entretien est un travail, réclamant un effort de tous les instants. L'idéal est de rompre la hiérarchie sans tomber dans une équivalence des positions: chacun des deux partenaires garde un rôle différent (Kaufmann, 2008, p. 48).

Comme dans la méthode des entretiens semi-directifs, la grille d'entretien sert avant tout de guide pour le chercheur et l'entretien s'effectue généralement sous la forme d'une conversation ouverte, en partie guidée par l'enquêteur. L'entretien n'est donc pas effectué question par question et il est rare que j'aie dû utiliser une des questions rédigées sur ma grille. D'ailleurs la plupart du temps ma grille de questions s'est résumée à certains mots-clés ou grands thèmes que je souhaitais voir aborder. Cela ne signifie cependant pas que la grille soit inutile, bien au contraire. Elle m'a permis de poser le cadre de ma recherche et d'être au clair avec les informations que j'aimerais recueillir et approfondir. La grille de question ne doit pas cependant pas être considérée comme un instrument purement technique n'influençant pas le déroulement de l'entretien, elle lui donne généralement un aspect plus formel qui selon les informations que l'on souhaite recueillir et le type de personnes interrogées peut constituer un frein à une discussion libre entre l'enquêteur et l'enquêté (Beaud, 1996). Au contraire, la grille peut également être un gage de sérieux auprès de personnes possédant un certain capital culturel et social (Beaud, 1996, p. 239), ce qui s'est vérifié et s'est révélé utile dans mon cas, car la plupart des personnes interrogées bénéficiaient d'un emploi fixe dans une organisation internationale.

Dans tous les cas, dans le cadre de l'entretien compréhensif l'enquêteur doit être avant tout à l'écoute des informations données par la personne interrogée, lui permettant d'enchaîner ses idées sans la couper et formuler ses questions à partir du matériau formulé par la personne sans toutefois perdre de vue le cadre qu'il a préalablement rédigé. C'est ainsi un exercice extrêmement difficile car il nécessite une écoute attentive permettant de se plonger dans les informations données et une réflexion et interprétation continue autorisant la formulation de nouvelles questions «à chaud». Il ne faut ainsi pas casser la dynamique de transmission de la personne interrogée tout en réussissant à éclaircir un point mal compris ou à développer un aspect peu encore traité. Mener un entretien est ainsi un exercice fatiguant et je n'ai généralement pas réussi à réaliser plus d'un entretien par jour.

Le déroulement des entretiens

Le début de l'entretien est toujours un exercice difficile qui pose les bases de l'établissement d'une relation de confiance entre enquêteur et enquêté. Au début de mes entretiens, j'ai généralement choisi de commencer par présenter le cadre de ma recherche, puis indiqué le déroulement de l'entretien de type compréhensif en précisant que dans ce type d'entretien l'idéal est que la personne interrogée puisse répondre à toutes nos interrogations sans qu'on ait besoin d'en formuler plus qu'une. L'objectif de cette première partie un peu procédurale visait à éviter des représentations erronées du déroulement de l'entretien et à mettre à l'aise les personnes interrogées dans la posture de celui ou celle qui a toute la liberté pour raconter. Avec le recul, je pense que cette mise au point a été fort utile, car elle permet d'une part de poser le cadre de l'entretien en cassant la représentation de l'entretien traditionnel sous forme de questions et réponses que peuvent avoir certaines personnes interrogées et d'autre part, de libérer la parole de l'enquêté en la légitimant.

D'autre part, je commence la plupart du temps mes entretiens en demandant à la personne de me raconter son parcours personnel de formation jusqu'à sa prise de fonction actuelle. Certains estiment que ces questions personnelles dès le début de l'entretien peuvent déstabiliser les personnes interrogées voire les bloquer. L'expérience acquise me montre au contraire que les gens aiment généralement bien parler d'eux et que l'exercice de se raconter peut d'emblée établir un rapport de confiance avec l'enquêteur qui peut libérer plus facilement la parole de la personne interrogée par la suite. Il est possible cependant que certaines personnes se montrent réticentes à cette pratique. Il convient alors de ne pas insister et de commencer par sa première question. Dans la plupart des cas cependant le dispositif fonctionne bien et j'ai bien souvent remarqué que les parcours personnels des personnes interrogées peuvent fournir des indications très précieuses sur leur positionnement ou leurs pratiques actuelles.

L'enclenchement de l'enregistreur peut constituer un moment délicat lors des entretiens et provoquer une coupure dans l'élan de la personne interrogée. Mes entretiens ont rarement été spontanés et ont la plupart du temps été planifiés à l'avance par une prise de rendez-vous. Cet instant n'a ainsi généralement pas constitué une rupture dans la discussion ou une gêne pour la personne interrogée, car il était dès le début établi que nous nous rencontrions pour un entretien et que celui-ci serait enregistré.

La plupart des entretiens ont été menés en anglais, langue de travail de la majorité des personnes interrogées. Mener un entretien dans une langue qui n'est pas la sienne est toujours chose difficile. On peut passer à côté de certains éléments, mal interpréter un propos, avoir de la peine à se faire comprendre par son interlocuteur ou encore perdre le fil de la conversation. Dans le cadre d'entretiens compréhensifs la langue peut également constituer une barrière pour installer une connivence avec la personne interrogée. On se fatigue également plus vite, car l'entretien demande une attention encore plus soutenue dans une autre langue. Pratiquer des entretiens compréhensifs en anglais aurait ainsi pu se révéler difficile et compromettre ma démarche. J'ai eu la chance cependant de passer six mois à l'université de Californie Los Angeles dans le cadre de mon travail de mémoire master un peu plus d'année avant de mener mon observation directe. J'avais donc acquis une certaine maitrise de la langue et déjà eu l'occasion de réaliser des entretiens semi-directifs en anglais. Je connaissais donc bien ces difficultés. Lors de mes premiers entretiens j'ai ainsi rédigé une grille légèrement plus détaillée que pour mes entretiens en français, afin de permettre de m'y raccrocher si je venais à perdre le fil. Plus les entretiens se sont succédés, plus j'ai acquis de confiance et plus je me suis familiarisé avec le vocabulaire de travail des personnes interrogées. J'ai ainsi pu peu à peu me détacher de ma grille. Par ailleurs, pour une grande partie des personnes interrogées l'anglais bien qu'étant leur langue de travail quotidienne n'est pas non plus leur langue maternelle. Ainsi, généralement au bout de quelques minutes voyant que ni l'un ni l'autre n'était anglophone, et qu'aucun de nous n'allait juger l'autre s'il faisait des fautes, la parole se déliait et la conversation prenait une tournure plus naturelle.

Le contexte dans lequel est effectué l'entretien influence également le contenu du discours formulé par les interlocuteurs. De fait «les conditions d'établissement de la relation d'enquête sont essentielles à restituer si l'on veut objectiver la relation enquêteur/enquêté et comprendre le déroulement de l'entretien» (Beaud, 1996, p. 238). Il faut donc dans la mesure du possible tenir compte de cette influence dans l'interprétation que l'on peut faire de ces entretiens. Dans mon cas la plupart du temps les entretiens ont été effectués directement sur le lieu de travail des personnes interrogées, ce que Stéphane Beaud interprète souvent comme la caractéristique d'entretiens menés avec des personnes possédant «un certain pouvoir social» et qui ont «davantage tendance à vouloir en imposer le lieu – comme leur bureau ‹splendide› et bénéficier du prestige qui y est associé» (Beaud, 1996, p. 238). Si le rapport de pouvoir entre enquêteur et enquêté ne doit pas être nié, généralement dans le cas d'une enquête associée à une observation participante le bureau perd une partie de son statut symbolique de domination puisqu'il est également quotidiennement pratiqué par l'enquêteur.

Par ailleurs, amener à réfléchir les personnes interrogées sur leurs propres pratiques n'est pas un exercice facile, surtout quand il s'agit pour eux d'analyser leur ‹routine› (Hitchings, 2011). Il m'a semblé que les interroger sur leur lieu de travail leur permettait d'être directement immergés dans le contexte sur lequel ils étaient interrogés et ainsi en confiance et en situation pour pouvoir amorcer une discussion approfondie. On peut supposer que cette immersion ne facilite pas le recul nécessaire à l'analyse de ses propres pratiques, mais rien n'indique qu'un entretien hors du lieu de travail quotidien favorise mieux cet aspect réflexif. Par ailleurs, à plusieurs reprises, des personnes ont ainsi pu mobiliser des matériaux extérieurs pour soutenir un argument, compléter une affirmation ou simplement vérifier un élément. Cette possibilité pratique laissée aux personnes interrogées de se déplacer librement dans un environnement qu'ils connaissent et de mobiliser différents matériaux au cours de l'entretien augmente il me semble la confiance de la personne interrogée et la richesse du contenu qu'elle délivre. Les seuls entretiens qui ont été menés en dehors des lieux de travail l'ont été lors de réunions ou conférences. Ces entretiens ont généralement eu lieu pendant les pauses dans les couloirs, dans des conditions souvent inconfortables et bruyantes. De plus, les personnes interrogées peuvent à tout moment être appelées par d'autres personnes et n'ont généralement que peu de temps à disposition pour répondre aux questions. Le contenu des entretiens s'en est ressenti et souvent la richesse en a été moindre.

Enfin, la temporalité de l'entretien est un élément important à prendre en compte, spécifiquement lors d'entretiens compréhensifs. Lors de mes premières prises de contact j'ai généralement prévenu mes interlocuteurs que l'entretien durerait environ une heure et pris de mon côté toute la matinée ou l'après-midi, afin de laisser suffisamment de temps pour que la discussion puisse s'établir sans pression. Les rares fois où il n'a pas été possible d'effectuer ce contact préliminaire et d'établir les bases temporelles de l'entretien, par exemple lors des entretiens effectués pendant des conférences, la discussion a souvent dû être interrompue soit par un élément de contexte externe, soit par l'interlocuteur lui-même qui n'avait pas pris conscience de l'implication que l'entretien que je lui demandais exigeait. D'autre part, la durée de l'entretien favorise également la mise en place d'une relation de confiance avec la personne interrogée. Il m'est souvent arrivé de voir des personnes débiter des phrases toutes faites au début de l'entretien puis se relâcher progressivement, se laissant aller à des opinions plus personnelles. Comme le souligne Stéphane Beaud, «l'inscription de l'entretien dans un temps long permet qu'il se déroule, non pas selon un ordre prédéterminé, mais en obéissant à un certain nombre de phases» (Beaud, 1996, p. 249): round d'observation pour faire connaissance et briser la glace; rythme de croisière, mais avec des changements d'angle et bifurcations; fin de l'entretien, moment généralement propice aux confessions ‹intimes›.

3.2 Enquêter au cœur d'institutions internationales

Choix de l'approche et du terrain

L'observation directe est souvent associée à ce qu'Anselm Strauss appelle la «Grounded Theory», la théorie ancrée sur le sol, basée sur les faits. Cette perspective considère ainsi que les hypothèses de travail se construisent tout d'abord à partir du terrain dans une démarche inductive, car on ne peut jamais savoir à l'avance ce que le terrain réserve. «On tourne le dos à un raisonnement hypothético-déductif pour privilégier l'induction» (Arborio et Fournier, 2010, p. 9); ainsi pensée, «bernier» (Becker, 2006, p. 12). Des hypothèses prédéfinies menaceraient de biaiser l'observation en incitant le chercheur à se concentrer sur certains éléments et à passer à côté d'autres tout aussi importants.

Je ne partage pas complètement cette position. Je préfère suivant la proposition de Stéphane Beaud et Florence Weber de parler d'un «va-et-vient entre théorie et empirie, entre fabrication des données et fabrication des hypothèses, entre vérification des données et vérification des hypothèses» (Beaud et Weber, 2010, p. 273). Lorsque je suis arrivé sur mon terrain d'enquête, j'avais déjà effectué de nombreuses lectures théoriques, défini un angle d'approche et établi des premières hypothèses, certes encore générales, mais qui devaient guider mon travail de recherche. Une partie de mon objet d'étude était délimité, je savais que je voulais étudier le processus de construction régionale, et sans avoir aucune idée de ce que j'allais trouver sur place et du rôle du secrétariat de la Convention des Carpates dans ce processus, j'avais déjà quelques idées générales en tête qui devaient constituer des pistes de recherches possibles: le rôle de la production de connaissances scientifiques, ou l'importance de la cartographie par exemple. Certaines hypothèses ont été reformulées pendant mon observation, d'autres ont été construites à partir du terrain et mon objet de recherche s'est construit peu à peu m'ouvrant à de nouveaux champs théoriques. Mais plusieurs hypothèses ont également été validées et certaines se sont même renforcées pour prendre une position centrale dans ma recherche comme dans le cas du rôle de l'expertise scientifique et des pratiques qui y sont liées. Il serait ainsi faux dans mon cas de prétendre que ma démarche a été essentiellement inductive et que mes propositions théoriques se sont construites à partir de mon terrain. Il s'agit plutôt d'une dynamique de réflexion constante à partir de perspectives théoriques connues et de nouveaux éléments apparaissant progressivement au fil de l'enquête.

Il est par contre vrai de dire que le choix de mon angle d'approche a été en partie influencé par la possibilité d'effectuer une enquête de terrain. Le choix de mon terrain de recherche a été en grande partie dicté initialement par le projet de recherche sur lequel j'ai été engagé, mais il est également largement circonstanciel. Lorsque j'ai débuté ma thèse dans le programme de recherche *Glorete* en décembre 2009, il était convenu avec mon directeur que je me concentrerais principalement sur les stratégies régionales de trois organisations internationales actives dans le domaine de l'environnement en Europe Centrale: le PNUE, le WWF et l'Union Internationale pour la Conservation de la Nature (UICN). Le cadre initial de ma recherche questionnait l'identification d'entités territoriales d'échelle régionale par ces institutions pour mener à bien leurs projets environnementaux et s'intéressait particulièrement aux référentiels utilisés pour justifier et légitimer ces pratiques avec une attention spécifique à la production de connaissances scientifiques et à la production cartographique mobilisée pour mener à bien ces projets. Mes premiers entretiens ont été réalisés en 2010 dans cet objectif au sein des sièges de ces organisations situées à Genève pour le PNUE-Europe et en périphérie dans la petite ville de Gland pour le WWF et l'UICN. Assez rapidement cependant, nous avons discuté au sein du groupe de recherche de l'opportunité d'effectuer une observation plus fine des activités d'une de ces organisations.

Des contacts préliminaires avaient été noués par le groupe de recherche avec le directeur du bureau de Vienne du PNUE, qui administre le secrétariat par intérim de la Convention des Carpates, dans le cadre d'une précédente thèse au département portant sur les espaces protégés transfrontaliers et dont la chercheuse avait eu la chance de suivre le début des négociations pour une Convention des Carpates. Un premier contact a été établi avec le directeur du secrétariat au mois d'août 2010 et il a très rapidement été convenu de la possibilité d'effectuer une observation participante de quatre mois au sein de l'institution à partir de janvier 2011.

Quatre mois me semblait une durée suffisante pour m'immerger dans mon terrain d'étude et entrevoir la variété des pratiques du secrétariat. Par ailleurs, l'année 2011 correspondait également à la tenue de la troisième Conférence des Parties en mai à Bratislava, le timing de l'observation était donc parfait pour observer en plus des activités quotidiennes du secrétariat l'organisation de la conférence et d'assister aux diverses réunions préparatoires.

Le choix de mon terrain d'enquête est donc un choix pragmatique, mais il est également motivé par trois raisons dans le cadre de ma recherche: premièrement, il offre l'opportunité de suivre, sur le terrain, le travail d'un bureau sous-régional du PNUE et d'observer son fonctionnement au quotidien, notamment dans ses rapports avec les autres institutions et acteurs de la région des Carpates et avec le bureau régional européen du PNUE. Deuxièmement, le bureau assure depuis maintenant dix ans (2004-2014) la charge de secrétariat par intérim de la Convention des Carpates, ce qui en fait une institution centrale du processus de construction régionale et un bon point de départ pour en étudier l'institutionnalisation. Enfin, Vienne est également le centre du bureau régional du WWF pour la région du Danube et des Carpates, qui a été très actif pour promouvoir une coopération environnementale à l'échelle de la région: j'ai pu à plusieurs occasions le visiter et m'entretenir avec ses membres. Vienne est également un point géographique central en termes d'accessibilité, vers Genève, Bruxelles, Bratislava et des villes de la région des Carpates.

Ce choix de mon terrain d'enquête n'est pas anodin car il a considérablement redéfini le cadre spatial et théorique de ma recherche. Une redéfinition géographique de mon terrain en premier lieu: la possibilité d'effectuer une observation des travaux du secrétariat a impliqué un recentrement de mes recherches sur la région des Carpates, qui était initialement une région d'étude parmi d'autres en Europe Centrale, au même titre que les initiatives de coopération autour du Danube par exemple. Cette centration géographique a inévitablement transformé mon objet de recherche. Au lieu de partir des organisations pour étudier leurs stratégies spatiales sur le terrain, je partais du terrain pour regarder par qui, comment et pourquoi il avait été identifié comme une entité spatiale pertinente pour la construction d'une région de projet environnemental.

C'était donc un renversement total de perspective, qui a d'une part écarté un de mes trois sujets initiaux d'enquête hors du champ de mes recherches, étant donné que l'UICN n'est pas présente dans les Carpates, et d'autre part, nécessité de nouvelles recherches bibliographiques pour la reformulation de mon projet de recherche. J'ai certes pu réutiliser une grande partie de mes premières lectures théoriques, sur la notion de région, sur le rôle de la science et de la production cartographique, mais un nouveau champ, a priori peu ou pas étudié par la nouvelle géographie régionale, s'ouvrait à moi par l'exploration des pratiques d'un secrétariat dans ce processus de construction régionale. Que signifie être un secrétariat d'une convention régionale transnationale? Comment «fait-on» de la région au quotidien? Avec quelles ressources? Au travers de quelles interactions?...

Prise de contact et négociation du rôle

L'observation directe peut prendre différentes formes. Elle peut être effectuée de manière déclarée, mais également menée incognito; l'enquêteur peut participer à la situation qu'il étudie en endossant un rôle particulier ou rester plus en retrait. Dans tous les cas, il n'est jamais totalement extérieur à la situation qu'il observe et sa présence même cachée influence le déroulement des actions et interactions qu'il entend observer. L'enquêteur doit donc très tôt définir avec les personnes enquêtées quel sera son rôle d'observateur et de quelle manière il entend ou non participer à la situation étudiée. Chaque statut a ses avantages et ses inconvénients. Mener une observation «à couvert» permet certes de réduire l'influence de la présence de l'enquêteur sur les pratiques qu'il étudie, mais il s'agit d'une position difficile qui peut rendre l'exercice d'observation éprouvant surtout sur la durée. L'observation incognito ne permet pas non plus de créer des «alliés» (Arborio et Fournier, 2010), c'est-à-dire des relations privilégiées avec des personnes qui connaissent l'objet de la recherche et sont susceptibles de fournir à l'enquêteur des informations ou des interprétations intéressantes, parfois confidentielles. La différence entre observation incognito et à découvert est de toute manière souvent ténue. Lors d'une observation déclarée, l'enquêteur est bien souvent amené à rencontrer au quotidien de nombreux acteurs qui n'ont pas conscience de son statut. A moins de présenter sa position à chaque fois, le statut de d'observation n'est bien souvent déclarée qu'à un cercle d'initiés. Lorsque j'ai pu assister à des réunions d'experts et de représentants gouvernementaux organisés par le secrétariat, j'ai par exemple souvent été considéré par les acteurs comme un représentant de celui-ci. Parfois même, l'acronyme du secrétariat avait été inscrit à côté de mon nom sur les documents officiels. Il m'a quelquefois été donné l'occasion de me présenter et du coup d'expliciter mon statut de chercheur mais cela n'a bien souvent pas été le cas. Dans ce cas, malgré mon statut déclaré d'observateur au sein du secrétariat je me suis retrouvé incognito pour un grand nombre d'acteurs qui ont poursuivi leurs pratiques sans prêter attention à ma présence.

Dans mon cas la question du statut ne se posait pas en raison du contact privilégié dont je bénéficiais; il était clair dès le début que mon observation serait déclarée. De toute façon lors d'une observation au sein d'une institution internationale l'option incognito est rendue difficile par la difficulté d'accès aux bâtiments internationaux et correspondrait plutôt au cas d'un membre de l'institution qui initierait des recherches. Le bureau de Vienne de l'organisation internationale se situe au centre international de Vienne. Il s'agit d'un des quatre sièges de l'organisation des Nations Unies dans le monde avec New-York, Nairobi et Genève. Le centre qui se situe un peu à l'écart du centre-ville abrite donc plusieurs organisations internationales dont l'Agence internationale de l'énergie atomique dans un complexe sécurisé. Effectuer une observation directe des activités du secrétariat par intérim n'est donc pas chose aisée. L'accès aux bâtiments du centre internationale n'est possible que muni d'une accréditation après être passé au contrôle de sécurité. Pour entrer au centre international et pouvoir ensuite circuler librement il me fallait donc un statut officiel reconnu. En accord avec le directeur du bureau de Vienne, j'ai donc choisi d'opter pour une demande de stage auprès du bureau régional pour l'Europe du Programme des Nations Unies pour l'Environnement et de passer par la procédure de recrutement officielle, facilitée par mes contacts préalables. Contrairement à Lucile Maertens (2012), je n'ai ainsi pas dû passer un entretien de cinquante minutes pour obtenir une place.

Une fois mon statut clarifié, restait encore la question de mon rôle en tant que stagiaire au sein de l'institution. Le degré de participation peut en effet varier énormément d'une observation à l'autre. Certains chercheurs ont privilégié une posture engagée dans leur recherche participant pleinement à la construction de l'objet qu'ils étudient, voire devenant même l'objet de recherche qu'ils étudient. C'est le cas d'Irène Hirt (2008) par exemple qui s'est retrouvée cartographe au service des populations mapuches, participant ainsi au processus de construction d'un territoire autochtone qu'elle étudiait. A l'inverse de cette posture plutôt radicale, le chercheur peut également prendre le parti de n'être qu'observateur des situations qu'il étudie sans y participer. Il prend cependant le risque de se mettre en retrait et de n'être pas pleinement intégré à l'équipe. Dans mon cas on peut parler d'une «observation participante minimale» (Arborio et Fournier, 2010, p. 31) dans le sens où j'ai participé à certaines activités et on m'a confié certaines tâches mais ma contribution générale est restée plutôt faible.

Mon rôle au sein du secrétariat s'est tout d'abord négocié en amont. Afin de ne pas être cantonné à des tâches peu substantielles comme peuvent l'être certains stagiaires au sein des institutions internationales, nous avions convenu avec le directeur du secrétariat d'un thème de recherche qui pouvait à la fois l'intéresser dans ces travaux, contribuer à ma thèse et sur lequel je pouvais porter une attention spécifique durant cette période. Un heureux concours de circonstances a fait que le secrétariat était en pleine réflexion sur l'opportunité du développement d'une stratégie macro-régionale basée sur la Convention des Carpates, thématique qui correspondait à la fois à mes intérêts pour ma thèse et à ceux de mon groupe de recherche de l'université de Genève. Une réunion importante organisée par le secrétariat devait avoir lieu sur ce thème en janvier 2011 à Bruxelles et pouvait constituer dès lors un point de départ idéal pour mon observation de quatre mois. Cette opportunité m'a permis de négocier ma place de jeune chercheur au sein de l'institution malgré mon statut officiel de stagiaire et c'est ainsi que je me suis présenté à mes collègues à mon arrivée au bureau de Vienne.

Quelques jours après mon arrivée j'ai soumis une proposition de recherche au directeur du secrétariat sur cette thématique que nous avons ensuite discutée ensemble. Cette étape s'est révélée extrêmement précieuse pour la suite de mon observation, car elle m'a permis d'expliciter et de discuter ouvertement de ma démarche de recherche avec le directeur et d'en étudier la pertinence. Il s'est rapidement avéré en effet que les attentes du directeur quant à mon rôle au sein du secrétariat ne correspondaient pas exactement avec le type de travail que je pensais mener sur place. Il ne s'agissait pas d'une retenue du directeur par rapport à mon travail d'enquête mais au contraire d'attentes trop élevées par rapport à ce que je pouvais apporter. Le directeur du secrétariat avait en effet imaginé que j'allais procéder à une évaluation du processus macro-régional et lui proposer des pistes d'actions concrètes. De mon côté, si j'étais prêt et motivé à participer au processus en effectuant par exemple quelques recherches et en contribuant à l'écriture de rapports, je ne me voyais pas concentrer tous mes efforts pour effectuer une recherche appliquée visant à élaborer des pistes d'actions pour le secrétariat. L'apport de mes observations s'inscrivait plutôt dans une démarche réflexive sur les pratiques du secrétariat que je pensais, peut être naïvement, pouvoir être bénéfique à l'organisation.

Cette discussion au tout début de mon enquête s'est révélée essentielle pour la suite de mon observation. D'une part, elle a permis de dissiper le malentendu sur le rôle que je pouvais endosser durant ces quatre mois, d'autre part elle m'a permis de faire du directeur un «allié» précieux pour la suite de mon observation. En effet, une fois l'objet de ma recherche explicité, le directeur s'est montré sensible et intéressé à la démarche que je lui proposais d'établir. Il est ensuite plusieurs fois venu spontanément vers moi au cours de ces quatre mois pour partager ses réflexions et me montrer des éléments de ses pratiques quotidiennes qui pourraient être utiles à mon observation. Il est ainsi devenu au fil du temps une source d'information extrêmement précieuse à ma recherche. Grâce à cet interlocuteur privilégié, en haut de la hiérarchie et compréhensif par rapport à mes recherches, j'ai pu bénéficier d'un accès très libre à toute la documentation interne se trouvant sur l'intranet de l'organisation et d'un accès facilité à toutes les réunions organisées pendant ces quatre mois. Au fur et à mesure de ma présence sur place, une vraie relation de confiance s'est construite avec le directeur, qui m'a permis de pouvoir souvent échanger de manière informelle sur ses impressions et sentiments et récolter ses confidences et anecdotes. L'épaisseur des descriptions que j'ai pu réaliser sur certaines situations observées tient en grande partie à la qualité de la relation que j'ai pu nouer avec lui.

Au final, j'ai été très peu sollicité par le secrétariat pour effectuer des tâches en parallèle à mes observations. J'ai participé à l'actualisation d'un rapport sur le processus de régionalisation dans les Balkans, effectué quelques comptes rendus de réunion et quelques autres tâches peu substantielles comme la traduction en français d'un discours du directeur régional du PNUE pour l'Europe lors d'une conférence.

Lieux de travail et observation quotidienne

Le bureau détaché du PNUE à Vienne occupe une toute petite place dans le complexe de bâtiments du centre international. A mon arrivée en janvier 2011, le secrétariat n'était composé que de neuf personnes occupant six bureaux: le bureau du directeur, celui de la secrétaire, un bureau pour un responsable de programme adjoint, un autre composé d'une équipe d'experts de l'académie européenne de Bolzano (EURAC) et deux petits bureaux où étaient placés les consultants et stagiaires. Toutes les activités quotidiennes se déroulent entre ces six bureaux à l'exception des réunions et conférences dans le cadre du fonctionnement institutionnel de la Convention qui se déroulait dans les salles mises à disposition par le centre international. Du fait de sa taille relativement modeste et de cette unité de lieu, mon travail d'enquête a été largement facilité et m'a permis une observation méticuleuse des activités du secrétariat.

Afin d'établir une relation de confiance avec les autres employés et de me fondre dans la culture de l'organisation dans laquelle je débarquais, j'ai veillé à toujours respecter les consignes horaires et le code vestimentaire en vigueur, comme n'importe quel employé. Je venais donc chaque jour au bureau entre 8h30 et 9h, et ne repartait pas avant 18h. Je portais chemise et pantalons et le veston et la cravate les jours de réunions et de conférences, selon le code vestimentaire en vigueur. Rapidement, je suis devenu un stagiaire comme un autre auprès des autres employés et mon statut d'observateur a été oublié. J'étais intégré à l'équipe en place qui partageait avec moi leurs impressions sur leur travail, la Convention et même leurs relations avec leur supérieur hiérarchique.

A mon arrivée au bureau de Vienne, le bureau des stagiaires était déjà plein et j'ai été placé dans le grand bureau avec les deux membres d'EURAC. Je ne le savais pas encore, mais ce placement s'est révélé très stratégique pour mon travail d'observation. Les deux membres de la cellule d'EURAC ont des responsabilités importantes au secrétariat. Ils montent et gèrent le suivi des projets les plus importants de la Convention et sont en contact quotidien avec le directeur du secrétariat et le chef de programme adjoint qui passent plusieurs fois par jour dans leur bureau pour dicter leurs consignes ou discuter d'une situation particulière. Je bénéficiais dès lors d'un point d'observation privilégié pour étudier les façons de faire du secrétariat, surtout qu'aucun d'eux ne faisait véritablement attention à moi. Une fois seulement, lors d'une discussion concernant la relation du secrétariat avec certains ministères en préparation de la Conférence des parties, il m'a été demandé de sortir du bureau. Le reste du temps, j'ai ainsi pu suivre toutes les interactions entre les différents membres du secrétariat. Par ailleurs, un de ces experts EURAC était également chargé du suivi des relations avec les institutions européennes et donc du projet de stratégie macro-régionale auquel je portais une attention particulière. J'ai rapidement sympathisé avec ces deux experts ce qui m'a permis d'établir une relation de confiance avec eux et de nouer des liens d'amitié sincères. Ces nouveaux «alliés» à ma recherche m'ont permis d'établir de nouveaux points de vue sur la situation observée.

Mon observation a porté sur les activités quotidiennes du secrétariat avec donc un intérêt spécifique pour le processus macro-régional. J'ai été particulièrement attentif aux interactions entre les différents acteurs et leurs relations avec d'autres institutions, ainsi qu'aux ressources mobilisées dans leurs activités. Comme le soulignait Regina Bendix, les réunions de négociation ont également été des moments importants d'observation, qui m'ont notamment permis de saisir toute l'influence du secrétariat sur le processus des Carpates. J'ai par ailleurs souvent discuté de manière informelle avec mes collègues sur leurs pratiques et leur ressenti, entretiens sans prise de note, mais que je me chargeais de retranscrire de mémoire ensuite dans mes notes.

3.3 Sources d'information et méthodes d'enquête

Carnet de terrain

Chaque fois que possible, je retranscrivais les éléments observés avec le plus de détails et de précisions possibles dans un carnet de terrain. Cette prise de note quotidienne concernait mes observations de la journée et discussions avec mes collègues, mais également mes ressentis et certaines pistes théoriques que je voyais émerger ou qui pouvaient m'aider à appréhender ce que j'avais observé. Suivant les recommandations de Stéphane Beaud et Florence Weber, je faisais «feu de tout bois» et laissait le tri de ces informations pour la fin de mon observation. Mon carnet de terrain n'a cependant pas le même statut qu'un vrai carnet de terrain d'une enquête ethnographique. Celui d'Irène Hirt (2008) par exemple comporte près de 500 pages après un peu moins de deux ans d'observation. Dans mon cas, il ne s'agissait que d'une source de données parmi d'autres. Mes quatre mois d'enquête au sein du secrétariat m'ont permis de constituer un carnet d'une quarantaine de pages dactylographiées, de réaliser douze entretiens compréhensifs et de collecter près de 2.5 Go de documentation.

Participation à des événements et réunions

Mon carnet de terrain a été complété par les comptes rendus des nombreuses réunions auxquelles j'ai eu la chance d'assister. Durant mes quatre années de recherche j'ai ainsi eu l'opportunité de suivre plusieurs réunions organisées par le secrétariat, notamment pendant mes quatre mois d'observation à Vienne, et plusieurs de ses partenaires. J'ai également pu assister à une Conférence des parties à Bratislava ainsi qu'à un forum scientifique organisé par le réseau de scientifiques des Carpates «Science for the Carpathians» à Stara Lesna en Slovaquie. J'ai par ailleurs eu la chance de pouvoir suivre plusieurs réunions organisées par le PNUE et le secrétariat de Vienne en vue de lancer un processus de coopération environnementale similaire aux Carpates dans les Balkans, dont une rencontre interministérielle organisée pendant la onzième Conférence Alpine à Brdo en Slovénie.

Ces différents événements constituent pour moi des sources d'information de première main, précieuses pour appréhender les dynamiques d'acteurs et les jeux de pouvoir. Par ailleurs, assister à ces conférences m'a permis de rencontrer la communauté de personnes gravitant autour du processus des Carpates et de me faire connaître, pour au fil des conférences apparaître comme une figure normale de ces événements et établir avec certaines personnes un rapport privilégié. Cela s'est avéré utile pour collecter des informations lors de discussions informelles autour d'un verre ou pour prendre rendez-vous pour des entretiens ultérieurs. A plusieurs reprises, j'ai également directement mené des entretiens pendant ces réunions.

Les réunions et conférences auxquelles j'ai assisté sont les suivantes dans l'ordre chronologique :

- Conférence de lancement de la stratégie européenne pour la région du Danube à Ulm (Allemagne), 1-2 février 2010 ;
- Réunion d'experts en vue de la préparation de la conférence ministérielle sur l'arc dinarique et ses régions avoisinantes, le 9 novembre 2010 à Ljubljana (Slovénie) ;
- 3ème réunion du Comité de mise en œuvre de la Convention des Carpates à Vienne (Autriche), 17-18 janvier 2011 ;
- Réunion du groupe de travail sur le développement spatial « Moving towards a Carpathian Strategy » à Bruxelles (Belgique), 25 janvier 2011 ;
- 3ème Conférence des parties de la Convention des Carpates à Bratislava (République Tchèque), du 25 au 27 mai 2011 ;
- 11ème Conférence des Parties de la Convention Alpine et Conférence dinarique intitulées « Les Alpes en tant que potentiel de développement européen – un avenir commun » à Brdo pri Kranju (Slovénie), du 7 au 9 mars 2011 ;
- Groupe de travail entre l'initiative environnement et sécurité et l'UICN sur leurs initiatives respectives en Europe de l'Est, en Europe du Sud-Est et au Sud du Caucase, à Gland (Suisse), le 27 juin 2011 ;
- Participation au 2ème Forum Carpaticum, ainsi qu'au comité directeur du réseau de scientifiques des Carpates, « Science for the Carpathians », du 30 mai au 2 juin 2012 à Stara Lesna (Slovaquie) ;

- Réunion du groupe de travail sur le développement spatial «Towards a EU Strategy for the Carpathian Region», au comité des régions à Bruxelles, le 28 mai 2013;
- Participation au 2ème Comité directeur du projet «Carpathian Unite», le 11 décembre 2013 à Cracovie (Pologne).

Entretiens

26 entretiens en tout ont été collectés durant ce projet de recherche entre novembre 2009 et mai 2013. 4 entretiens ont été menés par Isabelle Mauz, auprès de représentants du PNUE-GRID. Un entretien a été mené par Raphaël Pieroni dans le cadre du premier *Forum Carpaticum.* Un autre a été mené auprès d'un représentant d'EURAC conjointement avec Gilles Rudaz et Jörg Balsiger et deux entretiens au siège européen du PNUE ont été effectués avec Bernard Debarbieux. Enfin un entretien a été mené collectivement lors d'un séminaire de recherche au département. Le reste des entretiens a été mené individuellement. Les entretiens ont duré généralement de une heure au minimum jusqu'à près de deux heures pour certains. Quatre entretiens supplémentaires menés au siège de l'UICN et un autre au PNUE-GRID n'ont finalement pas été utilisés après la réorientation thématique de ma thèse sur les Carpates. Ils n'apparaissent donc pas dans ce tableau. Les entretiens sont résumés dans le tableau ci-dessous. Ils sont classés par organisation avec à chaque fois le numéro de l'entretien et ont été anonymisés. Le tableau indique la fonction de chacune des personnes interrogées, la date et le lieu de l'entretien, ainsi que la personne qui a réalisé les entretiens et la langue dans laquelle ils ont été effectués.

Organisation (n°)	*Fonction*	*Date*	*Lieu*	*Enquêteur (langue)*
Commission Européenne	DG Regio	26.05.2011	Bratislava	SG (FR)
EURAC (1)	Chercheur	30.05.2012	Stara Lesna	SG (ANG)
EURAC (2)	Expert	04.04.2011	Vienne	SG (ANG)
EURAC (3)	Directeur institut	29.05.2012	Stara Lesna	SG+GR+JB (ANG)
EURAC (4)	Directeur institut	26.05.2011	Bratislava	SG (ANG)
GRID (1)	Liaison université	12.01.2010	Genève	IM (FR)
GRID (2)	Liaison université	09.11.2009	Genève	IM (FR)
GRID (3)	Chef d'unité	08.12.2009	Genève	IM (FR)
GRID (4)	Chercheur	16.09.2010	Cracovie	RP (ANG)
GRID (6)	Spécialiste données	02.2010	Genève	IM (ANG)
GRID (7)	Chercheur	11.12.2013	Cracovie	SG (ANG)
PNUE (1)	Directeur régional	08.03.2011	Brdo	SG (FR)
PNUE-SICC[29] (2)	Directeur	03.03.2011	Vienne	SG (ANG)
PNUE (3)	Gestion Ecosystème		Genève	IM (ANG)
PNUE (4)	EnvSec	07.03.2011	Genève	SG (ANG)
PNUE-SICC (5)	Chef de programme	21.04.2011	Vienne	SG (ANG)
PNUE (6)	Ancien directeur régional	05.05.2011	Genève	SG (ANG)
PNUE (7)	Expert	07.03.2011	Genève	SG+ BD (FR)
UICN (2)	Directeur sous-régional	26.05.2011	Bratislava	SG (ANG)
UICN (3)	Directeur régional	24.02.2010	Gland	SG (ANG)
UICN (5)	Coordinateur Europe	23.08.2010	Gland	SG (FR)
WWF (1)	Directeur bureau sous-régional	14.03.2011	Vienne	SG (ANG)
WWF (2)	Ancien directeur	09.01.2013	Genève	Coll. (FR/ANG)
WWF (3)	Ancien Chef de programme	20.04.2011	Vienne	SG (ANG)
WWF (4)	Directeur régional	16.08.2011	Gland	SG (ANG)
WWF (5)	Coordinateur programme	13.04.2011	Vienne	SG (ANG)
WWF (6)	Directeur stratégie de conservation	13.05.2013	Gland	SG (ANG)
27 entretiens au total				

Tableau 1 : Liste des entretiens réalisés.

29 SICC : secrétariat par intérim de la Convention des Carpates.

Tous ces différents types de matériaux peuvent être analysés en termes de discours. J'appréhende dans cet ouvrage les pratiques discursives au sens large, comme un ensemble d'énoncés oraux et écrits allant du matériau récolté lors des entretiens, aux différents rapports et expertises publiés, à la production de cartes, aux discussions informelles captées, jusqu'aux comptes rendus de réunions, tous pouvant être considérés comme des pratiques discursives visant à justifier ou à légitimer des objets ou des actions, et être analysées en tant que tels. L'approche que je défends dans cet ouvrage appréhende ainsi tous ces différents types de matériaux collectés comme des discours qui participent à la construction des Carpates comme une région de projet environnemental. Cette approche, inspirée des courants constructivistes de l'analyse de discours, s'intéresse donc au rôle des discours dans la construction sociale de la réalité et cherche à identifier «les façons dont les discours garantissent que certains phénomènes sont créés, réifiés et considérés comme acquis et parviennent à constituer une ‹réalité› (Phillips et Hardy, 2002, p. 21). Comme discuté plus haut dans ce chapitre, le discours participe à la construction de la réalité sociale et spatiale qu'il énonce. Mon journal de terrain, mes entretiens, les documents récoltés et mes comptes rendus de réunion constituent autant de matériaux collectés qui participent de la construction de la région et me permettent de tenter de retracer le processus dans son ensemble et de saisir comment une structure socio-spatiale prend forme et s'institutionnalise progressivement aux travers de pratiques matérielles et discursives multiples.

Le processus de retranscription des entretiens – tout comme l'écriture des observations dans son carnet de terrain – peut être considéré comme la première étape de l'analyse de discours. La retranscription permet de s'imprégner totalement des situations observées et de la parole des personnes interrogées et suscite bien souvent de nouvelles réflexions et hypothèses. Combien de fois j'ai dû prendre mon carnet de notes en réécoutant un entretien pour inscrire une nouvelle piste de recherche que je jugeais alors formidable. Si pendant l'entretien on est souvent amené à réfléchir et réagir à chaud à ce que nous dit notre interlocuteur, leur réécoute, comme la relecture des notes de terrain par ailleurs, permet une analyse à froid de l'interaction. Bien souvent j'ai été surpris par un propos formulé que je n'avais pas du tout noté lors de l'entretien et qui se révèle extrêmement précieux pour ma recherche et offre une nouvelle piste d'analyse. Le processus de retranscription a parfois suscité de grandes frustrations, lorsqu'on se rend compte que l'on n'a pas identifié un élément intéressant sur le moment qui aurait pu être approfondi. La retranscription des entretiens a également une valeur formative, car elle permet une évaluation a posteriori du type de questions que l'on pose et de la manière dont on les mène. J'ai ainsi à mon avis trop attendu avant de retranscrire mes premiers entretiens, car leur écoute m'a fait réaliser que j'interrompais souvent trop rapidement les silences ne laissant pas l'opportunité à la personne interrogée de continuer son propos si elle le souhaitait. La prise de conscience de cette erreur m'a permis de la corriger en établissant un truc tout simple: lors de silence, je prends généralement le temps de regarder ma grille de questions avant de relancer la discussion laissant ainsi à la personne interrogée le temps de compléter son propos si elle le souhaite. Lors des entretiens suivants j'ai pu ainsi constater, combien le silence permettait en fait à l'interlocutrice d'interroger ce qu'elle venait de dire et de préciser ou compléter son propos amenant souvent des éléments précieux.

Je n'ai malheureusement pas pu effectuer le travail de retranscription dans sa totalité, notamment en raison de la barrière de la langue. Plusieurs entretiens ont en effet été menés en anglais, qui est la langue de travail généralement utilisée dans les organisations internationales. Mes connaissances linguistiques sont suffisamment bonnes pour dialoguer et travailler en anglais, mais la retranscription des entretiens s'est révélée être un exercice autrement plus difficile et fastidieux. Pour ne pas perdre trop de temps et d'énergie la moitié de mes entretiens en anglais ont ainsi été retranscrits par une personne extérieure. Conscient qu'il ne s'agissait pas d'une situation idéale j'ai mis en place une procédure pour me permettre de m'imprégner au maximum de ces entretiens. Dans un premier temps, j'ai toujours essayé de faire retranscrire ces entretiens peu de temps après les avoir menés pour avoir toujours l'entretien en tête une fois la retranscription terminée. Une fois l'entretien restitué, j'ai essayé de le relire au plus tôt, ce qui m'a ainsi permis bien souvent d'entendre la voix de la personne que j'avais interrogée pendant que je lisais le document et de me replonger pleinement dans l'entretien. L'exercice ne permet certes pas de remplacer l'expérience de la retranscription de ses entretiens mais il m'a, il me semble, permis de ne pas trop dépersonnaliser cette étape importante de l'analyse.

Si la retranscription constitue en quelque sorte la première étape de l'analyse du matériau récolté, la deuxième étape consiste généralement à mettre en ordre les données, c'est-à-dire à les classer selon certaines thématiques récurrentes et à faire ressortir certaines catégories conceptuelles. Dans les faits, il s'agit souvent de coder les différents types de discours récoltés au moyen d'un logiciel informatique spécifiquement destiné à ce travail de traitement de données qualitatives tel qu'ATLAS.TI ou TAMS Analyzer, un logiciel gratuit développé pour les systèmes d'exploitation mac ou linux. Le codage s'effectue généralement en deux étapes, une première étape pour faire ressortir les thématiques au sein d'un entretien, souvent selon les propres termes employés par la personne interrogée, une deuxième étape pour mettre en lien et croiser ces thématiques avec les autres entretiens retranscrits, et faire ressortir une catégorisation plus conceptuelle des différents discours. Lorsque le nombre d'entretiens à traiter est important, ces logiciels sont particulièrement utiles car ils facilitent le travail de mise en ordre des données. Je me suis également vite rendu compte que l'utilisation de ces logiciels validés par la communauté scientifique est très largement perçue par les chercheurs comme un gage de scientificité et un moyen de légitimer leur analyse. De ce que j'ai pu voir en géographie cependant, ces logiciels sont rarement utilisés à leur pleine capacité analytique et servent généralement comme un moyen commode d'éviter «de devoir recourir aux stylos, à la colle et aux ciseaux» (Petite, 2011, p. 117).

Les entretiens ont été menés dans ma recherche en complément de l'observation participante effectuée, ainsi que de l'analyse des documents officiels produits par les différents acteurs de la construction institutionnelle des Carpates. Si ces entretiens ont été de durée plutôt longue, leur nombre est resté limité. Après plusieurs tentatives laborieuses avec le logiciel libre TAMS de convertir mes retranscriptions en format *txt* et pour les coder directement et les entrer dans le logiciel, puis de comprendre le fonctionnement des fonctions de classement et de recherche, j'ai finalement décidé délibérément de renoncer à l'utilisation de logiciel et de procéder à l'analyse de mes entretiens à la main selon les méthodes traditionnelles. J'ai donc entrepris de relire une nouvelle fois tous mes entretiens munis d'un surligneur et d'un stylo, mettant en évidence sur chacun des entretiens les thématiques qui ressortaient du discours de mes interlocuteurs. J'ai ensuite entrepris de lister toutes ces thématiques et de les classer selon certaines grandes catégories que j'ai définies en fonction du matériau présent. J'ai ensuite créé sur mon ordinateur des fichiers thématiques regroupant les discours des différents acteurs selon ces grandes catégories, puis selon les sous-thématiques qui y étaient associées. Ce travail de codage manuel m'a certainement pris plus de temps qu'en utilisant les logiciels à disposition, mais j'y vois deux avantages. En premier lieu, il m'a permis de dépasser mon manque de connaissance et je dois l'avouer ma répulsion dcs outils informatiques. En deuxième lieu, j'ai la faiblesse de croire que cette méthode longue et fastidieuse de lecture et relecture de mes entretiens m'a permis d'acquérir une connaissance plus fine de mon matériau de recherche qui m'a été utile à sa mobilisation dans l'analyse au fil des chapitres. Ces fragments d'entretien sont mobilisés au fur et à mesure pour soutenir les arguments avancés dans cet ouvrage.

Chapitre 4
L'objectivation des Carpates

Le processus d'éco-régionalisation des Carpates a été en grande partie mené par deux organisations environnementales transnationales, le WWF et le Programme des Nations Unies pour l'Environnement (PNUE).

Ce premier chapitre revient sur les propositions de ces deux organisations pour définir les Carpates, comme une région de projet environnemental pertinente pour mener à bien leurs actions territoriales et sur les raisons de leur engagement dans ce processus d'éco-régionalisation. J'entends ainsi montrer comment, à partir de cadrages très différents, elles ont réussi à converger sur une proposition de région commune et à initier la signature d'un traité international visant à la protection et au développement durable de la région des Carpates. Je montrerai d'une part que les pratiques scalaires de ces organisations, loin d'être définies *a priori* par des stratégies territoriales, sont au contraire souvent le résultat de compromis et d'un processus d'identification plus tâtonnant et, d'autre part, que le processus de définition d'une entité «naturelle» est un processus avant tout politique de délimitation impliquant toujours quantité de travaux préalables et des négociations sur la nature de l'entité spatiale en fonction des objectifs et des cadrages variés mobilisés par les acteurs assis à la table des négociations.

Ce chapitre revient donc sur le processus d'objectivation des Carpates comme région de projet environnemental. Il se base principalement sur l'analyse des rapports et publications des différentes institutions impliquées dans ce processus, ainsi que sur l'analyse des discours recueillis durant mes entretiens. Avant de débuter l'analyse empirique il convient de discuter des champs de recherche spécifiquement mobilisés dans ce chapitre, puis d'exposer les hypothèses qui ont guidé sa rédaction.

4.1 Cadrage et politiques scalaires

Les récentes études sur les politiques d'échelles offrent des perspectives intéressantes pour appréhender la façon dont les acteurs interagissent pour institutionnaliser des propositions de régions de projet. Il ne s'agit cependant pas de revenir à une analyse multi-échelle ou multi-niveaux que les approches relationnelles et le concept d'agencement nous invitent justement à dépasser. Les récents travaux sur les concepts d'échelle et de cadrage offrent des perspectives nettement plus prometteuses.

Le concept d'échelle est central en géographie. Cependant, c'est également un des concepts les plus difficilement définissables, tant il a été utilisé de différentes manières, parfois contradictoires. En cartographie, le concept d'échelle réfère au symbole placé généralement en bas de carte et qui établit le rapport entre la distance sur la carte et la distance de l'espace géographique qu'elle figure. Plus l'étendue de la surface représentée par la carte est grande, plus l'échelle cartographique est petite. En langage commun, au contraire, le concept d'échelle réfère généralement à l'étendue spatiale d'un phénomène. On dira, par exemple, qu'il s'agit d'une catastrophe à grande échelle pour signifier que l'étendue spatiale de la catastrophe est vaste. En géographie le concept d'échelle a également souvent été associé à celui de niveau, pour désigner des échelons hiérarchiques souvent administratifs (par exemple, communes – villes – cantons) et appréhendé comme «une hiérarchie spatiale imaginée verticalement emboitée» (Marston et al., 2005, p. 420). Entendu de cette façon, le concept d'échelle renvoie alors à un niveau de structuration spatiale fixe, ce que de nombreux auteurs ont jugés problématique (Howitt, 1998; Marston, 2000; Sayre, 2005). Cette confusion a incité certains auteurs à questionner la pertinence même de l'utilité du concept en géographie et de proposer «une géographie humaine sans échelle» (Marston et al., 2005) ou d'utiliser le concept d'agencement à la place (Del Biaggio, 2013).

La raison de cette confusion est à chercher, selon Adam Moore (2008), dans le fait que la plupart des chercheurs qui conçoivent le concept d'échelle comme contingent et socialement construit, l'utilisent de fait comme une catégorie existante et fixe. Pourtant, comme le souligne Adam Moore «il n'est pas nécessaire de maintenir un engagement vis-à-vis de l'existence des échelles pour analyser les politiques scalaires» (Moore, 2008, p. 213). Analyser les politiques d'échelles requiert d'adopter une démarche qui n'appréhende pas les échelles comme une catégorie analytique existante a priori, mais plutôt comme une catégorie de pratiques et à se concentrer sur «les pratiques scalaires des acteurs sociaux» (Moore, 2008, p. 213), «plutôt que sur les pratiques se produisant à différentes échelles» (Mansfield, 2005, p. 468). Les géographes n'auraient-ils pas appliqué le tournant pratique des sciences sociales à l'étude des échelles? Danny MacKinnon propose ainsi de parler de politiques scalaires plutôt que de politiques d'échelles étant donné que «ce n'est pas souvent l'échelle en soi qui est le premier objet de contentieux mais plutôt des processus spécifiques et des pratiques institutionnalisées qui sont elles-mêmes différemment échelonnées» (MacKinnon, 2011, p. 21).

Considérer le concept d'échelle comme une catégorie de pratiques revient alors à se poser la question de savoir comment des acteurs engagés dans des «politiques scalaires» tentent d'imposer leur représentation du monde en construisant et mobilisant des échelles spécifiques pour façonner leurs connaissances et leurs actions, et à chercher «dans quelles narrations scalaires, les classifications et les schémas cognitifs contraignent ou permettent certaines manières de voir, de penser et d'agir» (Moore, 2008, p. 214). L'analyse en termes de politiques scalaires combinent donc à la fois production de connaissance, car les acteurs «cadrent et définissent et dès lors constituent et organisent la vie sociale» (Moore, 2008, p. 218) et perspectives (ou intentions) d'actions, car ils «cristallisent certains arrangements socio-spatiaux dans les consciences et les pratiques dans le but de poursuivre des objectifs sociaux, politiques ou culturels» (Moore, 2008, p. 218). Politiques scalaires et politique de connaissance sont ainsi intimement liés (Neumann, 2009).

Dans cette perspective, le concept d'échelle offre des possibilités d'utilisation intéressantes lorsqu'il est associé à celui de cadrage pour souligner le rôle des processus cognitifs et discursifs. Le concept de cadrage[30], largement utilisé dans les disciplines de la science politique, de

30 Inspiré des travaux du sociologue Erving Goffman (1974).

la sociologie et de la géographie désigne le processus par lequel des individus, des groupes sociaux et des organisations évaluent une situation, identifient les problèmes et mobilisent des ressources pour les résoudre, notamment dans le cadre de la mise en place de politiques publiques (Snow et Benford, 1988)[31]. Marc Mormont définit le cadrage d'un problème comme «l'ensemble des opérations par lesquelles se définissent les paramètres de sa définition, le temps et l'espace pertinents, mais aussi la place des acteurs, les intérêts en jeu» (Mormont, 2006, p. 306). De ce point de vue, une région de projet ou un système scalaire particulier peut être identifié comme le résultat de processus de cadrage. Les échelles ne sont ainsi pas «une réalité extérieure attendant d'être découverte, mais une manière de cadrer des conceptions de la réalité» (Delaney et Leitner, 1997, p. 94). Chaque proposition d'échelle trouve ainsi sa source dans un cadrage de référence construit et mobilisé par ailleurs, qu'il est important d'identifier et d'analyser. Cadrages et politiques scalaires sont ainsi des processus intrinsèquement liés, ce qui a amené certains auteurs à parler de «cadre d'échelle» ou «cadrage d'échelle»[32] pour analyser les processus par lesquels des acteurs définissent l'étendue spatiale d'un problème et de ses solutions possibles (Kurtz, 2003; Larsen, 2008; Mansfield et Haas, 2006).

Cette manière de voir a ainsi amené certains à analyser les régions et les échelles comme le résultat de pratiques discursives. Dans son étude sur les pratiques scalaires d'activistes de justice environnementale, Hilda Kurtz définit ainsi le cadrage d'échelle comme «les pratiques discursives

31 Certains auteurs, principalement en sciences politique utilisent le concept de référentiel comme outil analytique pour souligner la dimension cognitive de la construction de politiques publiques et des systèmes de valeurs dont elles sont porteuses (Jobert et Muller, 1987 notamment). L'approche par référentiel met ainsi l'accent sur les discours des acteurs et les systèmes de références qui les sous-tendent, conçus comme un ensemble limité de représentations (Chevallier, 2008, p. 8). Je lui préfère le concept de cadrage dans ce présent travail, qui me semble plus dynamique et plus à même de souligner les pratiques des acteurs sans les figer dans des cadres cognitifs rigides préexistants. Selon la perspective développée notamment par Marc Mormont (2006, p. 216), les cadrages des acteurs ne sont ainsi pas donnés au départ, mais se construisent dans l'action. Il s'agit véritablement d'une co-construction des acteurs et des objets de l'action.

32 «scale-frame» ou «scale framing» dans la littérature anglophone.

qui construisent des liaisons sensées (et actionnables) entre l'échelle à laquelle le problème social est expérimenté et l'/les échelle/s à laquelle/lesquelles il peut être adressé ou résolu politiquement» (Kurtz, 2003, p. 894). Henrik Larsen utilise le concept de manière similaire dans son étude sur la construction d'une région environnementale autour de la mer Baltique quand il note que «les préoccupations environnementales sont à bien des égards cadrées et recadrées comme des objets spatiaux pour la mise en place de politiques au travers de processus de configuration scalaire» (Larsen, 2008, p. 2000). Le processus de cadrage peut être spécifique à certains acteurs, mais des acteurs aux cadrages différents peuvent aussi éventuellement converger autour d'un projet au travers d'une proposition commune. Les différents cadrages peuvent également être contestés lorsque différents porteurs de projet rivalisent sur la raison d'être de la proposition de région ou du système scalaire envisagé. De ce point de vue, «les politiques d'échelles peuvent souvent prendre la forme de cadrages rivaux» (Delaney et Leitner, 1997, p. 95). Dès lors, la construction et la mobilisation de cadrages d'échelles et «les contestations sur les cadres d'échelles sont des objets d'enquête importants dans les dynamiques des politiques scalaires» (Moore, 2008, p. 218).

Dans cet ouvrage et suivant la proposition de Bernard Debarbieux, Jörg Balsiger et Martin Price (2013), je propose d'utiliser le concept d'échelle[33] entendu comme un système de référence spécifique, «une façon de connaître le monde» (Jones, 1998, p. 28), qui réfère «à un assemblage de niveaux et aux relations qu'ils entretiennent à l'intérieur d'un type d'échelle spécifique» (Debarbieux et al., 2013, p. 5), et à l'analyser au travers des pratiques des acteurs engagés dans des politiques scalaires. Richard Howitt (1998) utilise la métaphore musicale de l'échelle de musique qui renvoie à un jeu de note dont la valeur dépend du système de relation entre les notes pour définir dans une perspective similaire le concept d'échelle comme un système de relations. Le processus de configuration scalaire peut ainsi être défini comme un processus par lequel

33 Pour des raisons de simplification je n'utiliserais pas la terminologie cadrage d'échelle (scale-framing), même s'il est entendu dans ce travail que les pratiques scalaires des acteurs seront analysées au travers de leur manière de cadrer un problème et ses solutions et inversement.

les acteurs organisent leur connaissance de la réalité en termes spatiaux, leur recherche de légitimité et leurs actions selon leurs cadrages respectifs de cette même réalité. Le concept de reconfiguration scalaire[34] renvoie alors moins à un changement de niveau des politiques spatiales qu'à un changement de cadrage de ces politiques (Debarbieux et al., 2013), chaque cadrage ayant sa propre logique spatiale.

Concevoir les échelles de cette façon ne s'oppose pas à une analyse relationnelle de la construction régionale, comme le souligne Harriet Bulkeley dans un article sur la géographie de la gouvernance environnementale: «les lectures scalaires et en réseau de la spatialité ne sont pas nécessairement opposées, mais peuvent être mutuellement constitutives (Bulkeley, 2005, p. 898). Ainsi, d'une part «ce qui constitue le régional, l'urbain ou le local n'est pas contenu à l'intérieur d'un territoire physique particulier mais plutôt socialement et politiquement construit comme tel, à l'intérieur et entre des réseaux d'acteurs configurés de manières variées, mais d'autre part également le processus même d'enrôler des acteurs et des réseaux particuliers dans des constructions scalaires fait partie des politiques de configuration scalaire» (Bulkeley, 2005, p. 884). Pour paraphraser Adam Moore, le problème n'est pas tant d'analyser en termes de politiques scalaires les pratiques de réseaux d'acteurs mais de considérer les échelles comme des catégories analytiques existant a priori (voir également Latham, 2002; Legg, 2009 pour des discussions plus détaillées de l'analyse relationnelle des politiques scalaires).

La théorie de l'acteur-réseau s'insère donc parfaitement dans une approche relationnelle des échelles. L'échelle selon une approche topologique de la théorie de l'acteur-réseau n'existe plus en soi, elle n'a de sens que si elle est reliée aux acteurs qui la pratique et la construise. Cette conception rejoint les propositions d'Adam Moore que j'ai explicitées plus haut. Comme le souligne Bruno Latour, le changement d'échelle ne constitue pas le déplacement d'un niveau à un autre qui se situerait au-dessus, il consiste à changer les associations que des sites peuvent avoir entre eux. Ainsi, «déterminer à l'avance l'échelle reviendrait à s'en tenir à une mesure unique et à un cadre de référence absolu; mais ce que nous voulons mesurer, c'est le travail de *mesure* lui-même; ce que nous voulons

34 «Rescaling» dans la littérature anglophone.

suivre à la trace, c'est le travail de *déplacement* d'un cadre de référence à un autre» (Latour, 2006, p. 271, emphases originales), travail effectué par les acteurs eux-mêmes. Les échelles ne sont pas prédéfinies en amont mais construites par les connexions que les acteurs établissent: «l'échelle est ce à quoi parviennent les acteurs en *s'échelonnant*, en *s'espaçant* et en *se contextualisan*t mutuellement grâce au transport incessant de traces spécifiques par des véhicules spécifiques» (Latour, 2006, p. 268, emphases originales).

La gouvernance environnementale offre de ce point de vue un champ d'investigation particulièrement intéressant à analyser en termes de politiques scalaires, en raison notamment de la diversité des acteurs en jeu et de la nature des entités à analyser (Balsiger et VanDeveer, 2010). Il existe une récente, mais déjà riche littérature sur le sujet. Certains auteurs ont ainsi analysé en termes scalaires l'identification et la délimitation de ces nouveaux espaces de régulation basés sur des entités naturelles comme des bassins versants (Lebel et al., 2005; Molle, 2009; Sneddon et Fox, 2006), des bassins hydrologiques (Cohen et Harris, 2014; Cohen et Bakker, 2014), des mers entières (Bialasiewicz et al., 2013; Ciuta, 2008; Larsen, 2008), des espaces protégés transfrontaliers (Fall, 2005) ou des régions de montagnes (Debarbieux, 2009, Debarbieux et Rudaz, 2010, Debarbieux et al., 2013); certains ont à l'inverse mis en avant la construction du local comme «une stratégie des acteurs de la mondialisation qui cherchent à territorialiser leurs politiques» (Rodary, 2003, p. 109) pour justifier et légitimer des politiques de conservation de la biodiversité; enfin, d'autres ont souligné combien la production d'échelles et la production de nature sont deux processus inséparables de la gouvernance environnementale (McCarthy, 2005) et combien la nature et les transformations environnementales sont parties intégrantes des politiques scalaires (Neumann, 2009; Swyngedouw, 2002). Dans tous les cas, ces auteurs ont généralement appelé à dépasser les approches conventionnelles pour analyser comment les acteurs étatiques et non étatiques interagissent entre eux et avec l'entité naturelle pour construire ces régions de projet environnementale au travers de pratiques discursives et institutionnelles.

Hypothèses

- La région de projet environnemental des Carpates n'est pas une entité naturelle existant à priori mais une construction sociale, matérielle et discursive, le résultat d'un processus dynamique d'institutionnalisation.
  - Ce processus d'éco-régionalisation est le résultat d'une convergence (partielle) d'acteurs hétérogènes, basés en différents lieux, et agissant selon des stratégies et des spatialités différentes. Ce processus de construction implique ainsi une grande diversité d'acteurs qui ne sont pas tous intentionnellement concernés par la construction régionale et qui peuvent dépasser le cadre de la région elle-même.
  - Ces régions de projet peuvent parfois être pensées en amont, par exemple sur la base de critères naturalistes (écorégions), mais le plus souvent il s'agit d'un processus d'identification et de construction fait de tâtonnements, d'essais et d'erreurs, sans méthodologie précise et/ou prédéfinie, et souvent en fonction des opportunités.
  - Ce processus de convergence et de tâtonnements peut aboutir à la création de régions de projet sous un cadre institutionnel et juridique intergouvernemental dur, mais avec des cadrages spatiaux et argumentatifs souvent encore très approximatifs et un fonctionnement restant encore à inventer.
  - La science et l'expertise scientifique sont considérées comme indispensables par les acteurs pour justifier et légitimer leur proposition de région. L'expertise scientifique est notamment mobilisée pour justifier le cadrage de la proposition de région, mettre en avant la spécificité des défis partagés et le besoin de coordonner les politiques à l'échelle de la région.

4.2 Premières mobilisations environnementales transnationales

Lorsque le WWF ouvre son bureau de programme Danube-Carpates en 1998 pour y lancer une année plus tard la «Carpathian Ecoregion Initiative» (CEI) qui initiera le premier processus de coopération environnementale prenant comme objet la chaîne de montagne, de nombreuses initiatives environnementales transfrontalières existent déjà dans la région. Si l'année 1998 marque un tournant dans ce processus d'éco-régionalisation, l'idée d'une coopération transnationale existait depuis plusieurs années. Je propose de revenir sur ces premières initiatives qui ont posé les premiers jalons de la construction des Carpates comme région de projet environnemental[35].

A la suite de la chute du mur de Berlin en 1989 et celle progressive des régimes communistes, le développement de la coopération environnementale transfrontalière va en effet s'accélérer en Europe de l'est et les Carpates vont progressivement devenir l'objet de politiques environnementales coordonnées. La transition vers la démocratie au début des années 1990, va permettre à de nombreux mouvements environnementaux locaux de se constituer officiellement en association et de participer à l'élaboration des politiques publiques environnementales. L'ouverture des frontières nationales va également favoriser l'arrivée de nombreuses organisations transnationales environnementales gouvernementales et non gouvernementales, telles que l'UICN et le WWF qui vont encourager les initiatives de coopération transnationale (Carmin et Hicks, 2002; Carmin et VanDeveer, 2004; Carmin et Fagan, 2010; Turnock, 2001). Par ailleurs, de nouvelles institutions politiques de visée régionale et de nouveaux mécanismes de financement européens régionaux et internationaux vont être progressivement mis en place pour soutenir la transition économique et environnementale des ex pays communistes.

35 Il ne s'agit pas de constituer une liste exhaustive des initiatives environnementales ayant un lien de près ou de loin avec les Carpates. Il s'agit d'une sélection des initiatives environnementales ayant une visée transnationale ou tout du moins transfrontalière ayant émergé pendant la période 1989-2001 en lien avec le processus d'éco-régionalisation des Carpates. Ces différentes initiatives sont notamment résumées dans la chronologie sélective de la coopération pan-Carpates présentée en annexe.

En 1989 est ainsi créé la «Central European Initiative», un forum de coopération intergouvernemental des pays de l'Europe de l'est et du centre. Il a été créé sous l'impulsion des gouvernements autrichien, hongrois, italien et de l'ex-Yougoslavie[36] et comprend dix-huit membres en 2013. Son but est à l'origine de favoriser l'intégration européenne de ces pays en encourageant les initiatives de coopération régionales et en développant des projets. Un fond de coopération alimenté par les pays membres et l'Union Européenne a été spécifiquement créé dans ce but. A la suite de la signature de la Convention des Carpates en 2003 et de son entrée en vigueur en 2006, l'initiative a défini comme une des priorités de son plan d'action 2007-2009 la coopération dans les régions de montagne et a apporté un appui financier au développement de la Convention, avec laquelle un protocole d'accord a été signé en 2006[37].

La plus importante cependant de ces institutions politiques, pour le processus d'éco-régionalisation des Carpates, est certainement le processus «Environment for Europe» (EfE) lancé en 1991 par les Ministres européens en charge de l'environnement au château Dobris, proche de Prague en République Tchèque actuelle (Tchécoslovaquie à cette période). Le processus EfE est un partenariat des Etats membres à la Commission économique des Nations Unies pour l'Europe (CEE), des institutions européennes, d'organisations internationales et d'organisations non gouvernementales spécifiquement dédiées aux questions environnementales[38]. Les projets du processus EfE ont été dans un premier temps soutenus financièrement par le programme d'aide communautaire aux pays d'Europe centrale et orientale (Phare), qui constituait alors le principal instrument financier de la stratégie de préadhésion pour les pays d'Europe centrale candidats à l'adhésion à l'Union européenne, et mis en œuvre au travers de la mise en place du «Regional Environment Center for Central and Eastern Europe» (REC) en Hongrie pour promouvoir la coopération environnementale dans la région.

---

36 <http://www.cei.int/>, consulté le 19 août 2013.

37 Voir chapitre suivant.

38 <http://www.unece.org/env/efe/welcome.html>, consulté le 8 avril 2014.

A la suite de la signature de la Convention des Carpates en 2003, c'est avec le REC et le Ministère italien de l'environnement et du territoire, puis dès 2004 avec EURAC, que le bureau de Vienne du PNUE signera un accord pour soutenir la mise en place de la Convention dans le cadre d'un partenariat Alpes-Carpates. Le projet terminé en 2008 donnera lieu à trois publications destinées aux gouvernements de la région : un rapport sur les délimitations possibles de l'étendue spatiale de la Convention, un guide de mise en œuvre revenant sur les différents articles du traité et une évaluation comparative des situations législatives et administratives dans les différents pays en lien avec l'application du traité.

Le processus EfE établit également un cadre de discussion et de coopération internationale pour la protection de l'environnement qui réunit les Ministres de l'environnement de manière régulière. Il constitue ainsi un événement important dans l'agenda, un jalon, pour toutes les initiatives de coopération environnementales transnationales dans la région. Entre 1991, date de la première conférence à Dobris et 2003, date de la signature de la Convention, cinq conférences EfE se sont succédé, soit en moyenne une tous les deux voire trois ans.

Ainsi, en 1993 un plan d'action environnemental pour l'Europe Centrale et de l'Est a été mis en place lors de la deuxième conférence du processus à Lucerne en Suisse. En 1995, lors de la troisième conférence à Sofia une stratégie européenne pour la diversité biologique et paysagère soumise par le Conseil de l'Europe a été adoptée comme cadre de référence pour la préservation de la diversité biologique et paysagère[39] et pour la mise en œuvre de la Convention sur la diversité biologique adoptée en 1992 au premier sommet de la terre à Rio. Un des principaux objectifs de la stratégie est l'établissement d'un réseau écologique paneuropéen dans les dix ans, en partie basé sur des initiatives existantes telles que les réseaux d'espaces protégés « EMERALD » établis en 1989 dans le cadre de la Convention de Berne relative à la conservation sauvage et du milieu naturel de l'Europe de 1979 et « Natura 2000 » établi en 1992 par la directive

39 Déclaration des Ministres de l'environnement de pays de la région de la Commission économique des Nations Unies (CEE), Un environnement pour l'Europe, Sofia, 25 octobre 1995. Disponible sur internet: <http://www.unece.org/fileadmin/DAM/env/efe/history%20of%20EfE/SofiaF.pdf> et consulté le 8 avril 2014.

habitats du Conseil de l'Europe et la stratégie des parcs pour la vie de l'UICN développée pour l'Europe en 1994, qui identifie spécifiquement l'Europe Centrale et de l'Est comme priorité d'action.

Pour la quatrième conférence organisée en juin 1998 à Aarhus au Danemark, la Déclaration de Cracovie soutenant le besoin d'une coopération régionale autour des montagnes des Carpates a été formellement envoyée à tous les Etats membres du processus. La déclaration de Cracovie formulée par le Centre Européen pour la Conservation de la Nature, en coopération avec l'UICN et l'institut polonais de Conservation de la Nature, lors de la conférence internationale «The Green Backbone of Central and Eastern Europe» en février 1998, souligne «les opportunités historiques qui existent en Europe centrale et de l'est pour protéger le patrimoine naturel restant» (Nowicki, 1998, p. 258) et appelle à la mise en œuvre d'un réseau écologique paneuropéen dans la région. La conférence de Cracovie identifie explicitement les régions du bassin du Danube et des montagnes des Carpates comme possible terrain de coopération (Nowicki, 1998, p. 260). Enfin, la cinquième conférence du processus EfE organisée à Kiev en mai 2003 constituera une échéance importante lors des négociations vers une Convention des Carpates qui sera finalement signée lors de la conférence.

Initiatives nationales et régionales

En parallèle à ce processus intergouvernemental, de nombreuses initiatives visant à développer la coopération environnementale transnationale autour des montagnes des Carpates sont lancées au niveau national et régional. En 1990 déjà, «Ecological Bricks for Our Common House in Europe» un partenariat de près de 40 organisations non gouvernementales locales et régionales soutenues par WWF Autriche attire l'attention sur 23 aires territoriales, dont une partie se situent sur le massif montagneux, en vue de développer des projets de coopération environnementales transfrontalière sur l'ancien rideau de fer. On peut considérer ce projet comme l'origine de l'initiative «the Green Belt Initiative» lancée en 2002 par l'agence fédérale allemande de conservation de la nature, l'ONG les Amis de la Terre, en partenariat avec l'UICN. Une année plus tard, la première réserve de biosphère tripartite dans l'Est des montagnes des Carpates entre la Slovaquie, la Pologne et l'Ukraine en 1991 voit le jour avec le financement du Fond pour l'Environnement Mondial (UNESCO, 2003). La réserve de biosphère des Carpates de l'Est sera par la suite sélectionnée comme projet pilote de la «Carpathian Ecoregion Initiative» (CEI) lancée par le WWF en 1999 (UNESCO, 2003, p. 36). Plusieurs autres réserves de biosphère transfrontalières seront également mises en place au début des années nonante[40].

En 1991 également, voit le jour une des premières organisations non gouvernementales qui s'intéresse aux Carpates et dépasse le cadre local. L'ACANAP «Association of Carpathian National Parks and Protected Areas» fondée par un scientifique slovaque, ancien directeur du parc national des Tatras (Niewiadomski, 2010). Le but de l'association tel que défini dans ses statuts est de rassembler les administrations des parcs nationaux, des réserves naturelles et des aires protégées intéressées «à développer sur les principes de l'intérêt commun la protection de la nature des montagnes des Carpates» (cité par Niewiadomski, 2010, p. 18). Il s'agit de la première tentative d'établir un réseau institutionnel de coopération entre espaces protégés dans les Carpates, douze ans avant la constitution du Réseau d'Espaces Protégés des Carpates[41] dans le cadre de la Convention des Carpates en 2003. Un des objectifs principaux poursuivi par ACANAP était de promouvoir l'échange d'information et la communication autour de la protection de la nature dans les Carpates. L'association a organisé plusieurs conférences, mis en place un bulletin d'information, «Carpathi», et publié la première étude sur les espaces protégés prenant comme objet la chaine de montagne dans son ensemble en 1999[42] (Niewiadomski, 2010, p. 18). Si ACANAP est reconnu par certains acteurs comme une des «grassroots initiative[43]» de la coopération régionale environnementale autour du massif des Carpates, l'initiative s'est cependant arrêtée prématurément à la fin des années 1990 faute de financements.

40 Les réserves de biosphère de Kronose/Karkonosze en 1992 entre la République tchèque et la Pologne et celle des Tatras en 1993 entre la Pologne et la Slovaquie notamment. Le plus ancien espace protégé transfrontalier dans la région date cependant de 1932 déjà, à la frontière polonaise et slovaque (Turnock, 2002).

41 Carpathian Network of Protected Areas (CNPA).

42 Voloscuk, I., (ed.) (1999), National Parks and Biosphere Reserves in Carpathians: The Last Nature Paradises. ACANAP. Tatranska Lomnica.

43 GRID 7, Décembre 2013.

Une des explications selon Zbigniew Niewiadomski (2010) est à chercher d'une part, du côté du statut légal d'ACANAP comme organisation non gouvernementale qui aurait empêché tout financement gouvernemental et, d'autre part, de l'absence de financement européen de type Interreg disponible à cette période.

A la suite de ces initiatives pionnières, les initiatives de coopération environnementale transnationale dans la région des Carpates vont se multiplier dans les années nonante. En 1993, c'est la création de l'eurorégion des Carpates, sur le modèle des eurorégions européennes de l'Ouest[44]. L'eurorégion des Carpates regroupe des autorités locales de Hongrie, de Pologne, de Roumanie, de Slovaquie et d'Ukraine, soit cinq des sept signataires de la Convention des Carpates, en vue de favoriser la coopération transfrontalière entre les différentes localités, également sur le plan environnemental. L'impact de l'Eurorégion est semble-t-il resté limité (UNESCO, 2003). Toutefois, dans les années 2010 et avec le développement de la Convention des Carpates, l'eurorégion des Carpates semble avoir trouvé un second souffle autour d'un engagement au côté de la Convention en faveur d'une stratégie macro-régionale pour les Carpates et de la création d'un programme de coopération territoriale spécifique aux Carpates dans le programme de financement territorial européen à l'horizon 2020[45].

---

44 «Les eurorégions peuvent être considérées comme des entités territoriales transfrontalières dont l'objectif est de créer un espace intégré à travers des politiques spécifiques d'aménagement du territoire dans divers secteurs: économie locale, réseaux sociaux, activités culturelles, institutions scolaires, réseaux de transport, protection et conservation environnementale» (Tabarly, 2007). Le conseil de l'Europe a donné sa validité juridique européenne aux eurorégions en 1980. La structure des eurorégions varie selon leur fonctionnement et leur structure juridique. Selon la classification proposée par Perkmann et Sum (2002), l'eurorégion des Carpates a une intensité de coopération plutôt faible sur une aire géographique large et doit être ainsi plutôt considérée comme une communauté de travail, c'est-à-dire plus proche des forums de partage d'expériences, avec des projets concrets limités. L'eurorégion des Carpates n'a pas eu de personnalité juridique formelle jusque dans les années 2000 (l'eurorégion a été formellement établie en Pologne en 2001, en Ukraine en 2007 et en Slovaquie en 2009, les parties roumaines et hongroises n'avaient toutefois pas encore de personnalité juridique en 2013).

45 The Carpathian Euroregion Development Strategy "Carpathian Horizon 2020", Working Document, January 2013.

Le développement des organisations environnementales non gouvernementales

En 1995, l'Initiative pour la Protection des Grands Mammifères en Europe[46] initiée par le WWF et soutenue financièrement par le WWF Pays-Bas et WWF international met en place un réseau ouvert d'organisations non gouvernementales, d'institutions nationales et d'experts en faveur de la conservation de la population de cinq espèces emblématiques et de leurs habitats[47]. C'est au travers de cette initiative que WWF s'est progressivement intéressé aux Carpates et a établi son programme pour le Danube-Carpates en 1999 (Turnock, 2001). Les Carpates ont en effet été rapidement identifiées, au même titre que les Alpes, comme une région clé pour la conservation des grands mammifères[48]. A la suite d'un projet pilote dans la partie roumaine des Carpates («The Carpathian Large Carnivore Project»), une évaluation de la situation des espèces importantes a été préparée par le WWF pour les Carpates en 1999 dans le cadre de la «Carpathian Ecoregion Initiative».

De nouvelles organisations environnementales non gouvernementales de visée régionale voient également le jour à cette période, soutenues en partie par le partenariat environnemental pour l'Europe Centrale (EPCE)[49], un consortium fondé en 1991 par cinq fondations hongroise, polonaise, slovaque, tchèque et, depuis 2000, roumaine. Le consortium a pour objectif de soutenir le développement d'une société civile active dans la région en participant au financement d'organisations environnementales non gouvernementales, ainsi que des projets de conservation communautaires. Il s'agit d'une des principales sources de financement pour des petits projets de coopération environnementale en Europe Centrale

---

46 Large Carnivore Initiative (LCIE): <http://www.lcie.org/Home.aspx>, consulté le 8 avril 2014. L'initiative fait désormais partie de la commission pour la survie des espèces de l'UICN.

47 L'ours brun européen, le lynx d'Eurasie, le lynx ibérique, le loup et le glouton.

48 Conseil de l'Europe, 2001, Convention on the conservation of European wildlife and natural habitats, Presentation of the Large Carnivore Initiative for Europe (LCIE), disponible en ligne: <http://www1.nina.no/lcie_new/pdf/634991397629909269_COE%20LCIE%20presentation%202001.pdf>, consulté le 8 avril 2014.

49 Environmental Partnership for Central Europe (EPCE).

entre 1991 et 2002, soutenant près de 2'100 projets à hauteur de 10 millions de dollars (Samec, 2002, p. 22). En 1997, EPCE a ainsi soutenu la déclaration de Cracovie et la constitution de «Carpathian Bridge», une fédération d'ONG entre l'Ukraine, la Slovaquie et la Pologne centrée sur la conservation de la biodiversité dans les Carpates.

L'année suivante, en 1998, la «Carpathian Heritage Society», une initiative polonaise soutenant la protection et la reconstruction du patrimoine naturel et culturel des montagnes des Carpates, voit également le jour (Niewiadomski, 2010). Enfin, en 1997 «Carpathian Unite» une déclaration collective de parlementaires hongrois, polonais, roumains, slovaques et ukrainiens réunis à Varsovie appellent pour la première fois à une coopération pour la protection et le développement durable à l'échelle géographique des Carpates.

La reconnaissance des enjeux spécifiques des régions de montagne au niveau mondial

Le processus d'éco-régionalisation des Carpates s'enracine également dans la reconnaissance des enjeux spécifiques des régions de montagne au niveau mondial et régional, ainsi que dans le développement des premières initiatives transnationales.

Après des décennies de discussion et de lobbying soutenu principalement par la Commission Internationale pour la Protection des Alpes (CIPRA) fondée dès 1952, la Convention internationale pour la protection des Alpes, communément appelée Convention Alpine (CA), est signé en novembre 1991 à Salzbourg par l'Allemagne, l'Autriche, la France, l'Italie, le Liechtenstein et l'Union Européenne, rejoints par la Slovénie en 1993 et Monaco en 1994. Il s'agit du premier traité international pour la protection coordonnée d'un massif de montagne. La CA a ensuite été largement promue comme modèle en Europe et dans le monde (Debarbieux et Rudaz, 2010). La rédaction de la Convention des Carpates a été ainsi directement inspirée par le modèle alpin et d'autres projets régionaux similaires ont été lancés dans les Balkans ou au Caucase. La Convention Alpine a par ailleurs soutenu le processus des Carpates en organisant le partenariat Alpes-Carpates pendant la Présidence italienne à la CA en 2002 et en organisant une réunion de partage d'expérience entre experts des Alpes et des Carpates à Bolzano en juin 2002[50].

Une année après la signature de la CA, à la conférence des Nations Unies pour l'environnement et le développement en 1992 à Rio («Conférence de Rio»), les représentants des gouvernements, des organisations internationales gouvernementales et non gouvernementales ont adopté l'Agenda 21, un plan d'action mondial en faveur du développement durable. Le chapitre 13 de l'Agenda 21 «Gestion des écosystèmes fragiles: mise en valeur durable des montagnes» est exclusivement centré sur les problématiques liées aux régions de montagne et montre pour la première fois une reconnaissance mondiale des besoins et spécificités des régions de montagne dans un document intergouvernemental. Ce chapitre marque également un changement important dans la manière de percevoir et concevoir les politiques de montagne, des approches sectorielles vers des approches intégrées de développement durable (Debarbieux et Price, 2008; Rudaz, 2011).

A la suite de la conférence, des consultations intergouvernementales sur les politiques de développement durable en régions de montagne ont été organisées sur chaque continent. Les résultats de ces consultations ont été présentés à l'Assemblée des Nations-Unies lors d'une session spécifique sur la mise en œuvre des décisions de Rio en 1997. Le rapport européen[51] a été en partie écrit par l'Union Internationale pour la Conservation de la Nature (UICN) qui a également joué un rôle important dans la rédaction de la Convention Alpine en 1991. Le rapport soutient le développement d'une coopération internationale vers le développement durable en zone de montagne mentionnant explicitement les montagnes des Carpates comme terrain possible d'action. En 1995, plusieurs organisations non gouvernementales soutenues par l'administration fédérale de la coopération en Suisse et un petit groupe d'experts scientifiques (Debarbieux et Price, 2008) créent le Forum International sur la Montagne à Lima au Pérou. Le Forum rassemble des organisations et des experts qui partagent un intérêt commun pour le développement durable en région de montagne.

50 «Sharing the Experience – Mountain Sustainable Development in the Carpathians and in the Alps», Bolzano, Italy 17- 19 June 2002.

51 Final report of the European intergovernmental consultation on sustainable mountain development: towards sustainable mountain development in Europe, FAO, IUCN, Icalpe, Actes de la session finale de Trento, Octobre 1996.

Le Forum Européen sur la Montagne a été créé en 1998 par l'UICN et comprend un forum spécifiquement dédié aux Carpates, qui a permis d'identifier et de rassembler un réseau d'experts intéressés par les enjeux des montagnes de la région (Turnock, 2002, p. 60).

En 1998 enfin, l'Assemblée Générale des Nations Unies invite l'Organisation des Nations Unies pour l'alimentation et l'agriculture (FAO) à coordonner l'organisation de l'Année Internationale de la Montagne (AIM) prévue en 2002, en collaboration avec le Programme des Nations Unies pour l'Environnement (PNUE), l'Organisation des Nations Unies pour l'éducation, la science et la culture (UNESCO) et le Programme des Nations Unies pour le Développement (PNUD). La FAO avait déjà été désignée responsable de la mise en œuvre du chapitre 13 de l'Agenda 21. Cette résolution de l'Assemblée Générale est basée sur une demande du Kirghizstan effectuée en 1997 auprès du Conseil économique et social des Nations Unies (ECOSOC), suite à une série de conférences organisée dans la capitale Bichkek une année auparavant. La résolution de l'ECOSOC adoptée en juillet 1998 invite les organes des Nations Unies à soutenir des accords régionaux et sous-régionaux sur la montagne en mentionnant explicitement que «plusieurs initiatives de pays de montagne dans les régions des Alpes, des Andes, des Carpates, du Caucase, de l'Himalaya-Hindou Kouch et des Pyrénées, fournissent aussi des cadres possible de coopération futurs à l'échelle des chaînes de montagne et des complexes» (ECOSOC résolution, E/1998/68, p. 7).

En somme, un nombre important d'initiatives de coopération environnementale transnationale au niveau international, régional et national ont été lancées dans les années 1990. Suite à la chute du Mur, de nombreuses ONG environnementales locales et nationales avec un intérêt pour la protection des montagnes des Carpates ont vu le jour. Des organisations transnationales environnementales gouvernementales et non gouvernementales, ainsi que des institutions européennes ont également montré un intérêt croissant pour le développement de coopération dans les Carpates. La plupart de ces initiatives ont eu pour objectif la conservation de la biodiversité de la région: les montagnes des Carpates ont été définies comme un objet pertinent pour mettre en place des réseaux d'espaces protégés, pour la protection des grands mammifères, pour la sauvegarde de son patrimoine culturel et naturel et progressivement le massif dans son entier a été reconnu globalement comme une objet pertinent pour mettre en œuvre des politiques de conservation de l'environnement. A la fin des années 1990, lorsque le WWF établit son programme pour la région du Danube-Carpates à Vienne, la coopération environnementale autour des montagnes des Carpates est donc loin d'être négligeable tant du point de vue des institutions en place que des initiatives de coopération. Les Carpates semblent «mûres» pour devenir l'objet de politiques environnementales transnationales coordonnées et intégrées.

4.3 Le WWF et l'approche écorégionale

Le WWF a été la première organisation à développer un programme spécifique prenant pour objet l'ensemble du massif des Carpates comme une unité naturelle cohérente pour la mise en place de politiques environnementales coordonnées. Le premier bureau national du WWF dans la région a été ouvert en Hongrie en 1991. A cette période l'organisation était principalement active dans la région du Danube via son programme «Green Danube» établi en 1992. Cependant, comme je l'ai montré précédemment, le WWF était également présent en Europe Centrale sur des projets spécifiques pour la mise en place d'un réseau d'aires protégées («Ecological Bricks for our Common Future») et pour la protection des grands mammifères avec le lancement de la «Large Carnivore initiative for Europe» en 1995. C'est en 1998 que l'organisation a ouvert son bureau de programme pour le Danube et les Carpates à Vienne («Danube-Carpathian Programme Office», DCPO).

La même année le bureau a lancé un projet sur trois ans (1999-2001) financé principalement par le WWF Pays-Bas, la «Carpathian Ecoregion Initiative» (CEI). La CEI est un partenariat de 50 organisations gouvernementales, non gouvernementales, académiques et scientifiques de sept pays des Carpates[52] engagés à promouvoir la conservation et le développement durable dans la région des Carpates (CEI, 2001, p. 2). Le projet du WWF a

52 Autriche, Hongrie, Pologne, Roumanie, Slovaquie, Tchéquie et Ukraine.

adopté l'approche écosystémique comme principal cadre d'action et a promu le concept d'écorégion pour définir l'entité des Carpates sur des critères naturalistes. Les Carpates sont présentés par l'organisation comme la première expérience écorégionale du WWF en Europe. Ce cadrage spatial est justifié par l'organisation non gouvernementale, car il correspond aux processus biophysiques et que les initiatives environnementales doivent être planifiées en respectant l'aire géographique à laquelle ces processus opèrent. Ainsi selon les promoteurs de la CEI, «ce n'est qu'en travaillant à cette échelle, l'échelle que la nature et les processus naturels utilisent, qu'il est possible de réussir dans l'objectif de réaliser la conservation de la nature et le développement durable» (CEI, 2001, p. 10). Il me semble nécessaire de revenir plus en détail sur l'approche écorégionale promue par le WWF et sa définition.

The Global 200: l'approche écorégionale du WWF

A la fin des années nonante le WWF a adopté le concept d'écorégion, comme référent pour l'identification d'entités spatiales d'action pertinente. Une écorégion est définie par le WWF comme «une large unité de terre ou d'eau contenant un assemblage géographique distinct d'espèces, de communautés naturelles et de conditions environnementales[53]» et la conservation écorégionale comme «un processus soutenant l'organisation et l'action des politiques de conservation à l'échelle de larges régions écologiques[54]». La définition adoptée reste très large: une écorégion est un territoire identifié à des fins de conservation partageant des espèces biologiques similaires et correspondant à l'aire géographique dans le cadre de laquelle les processus écologiques les plus importants interviennent (Olson et Dinerstein, 1998). L'identification et la taille de ces écorégions peuvent donc être très variables selon les espèces et les processus auxquels on se réfère ou la discipline d'appartenance.

L'approche du WWF trouve son fondement scientifique dans les travaux de deux biologistes de la conservation Raymond Dasmann (1972) et

53 <http://wwf.panda.org/about_our_earth/ecoregions/>, consulté le 14 janvier 2013.

54 <http://www.worldwildlife.org/biomes>, consulté le 4 août 2014.

Miklos Udvardy (1975). Dans le cadre d'une série de rapports mandatés par l'UICN, ces deux auteurs ont proposé dans les années 1970 une méthode de classification biogéographique censée rassembler les différentes méthodes scientifiques existantes et permettre une division globale et commune du globe en aires territoriales de conservation clairement identifiées. L'étude de Miklos Udvardy, qui a été préparée comme contribution à l'initiative lancée par l'UNESCO «l'homme et la biosphère», a posé les jalons d'un changement du paradigme d'action des organisations environnementales transnationales comme l'UICN ou le WWF. La conservation de la nature se faisait jusque-là essentiellement dans une logique nationale et privilégiant des indicateurs relatifs à certaines espèces. Leurs recherches vont contribuer à bouleverser ces référents et proposer une nouvelle approche territoriale, mondialiste, qui lie la protection des espèces et la conservation de leur milieu. Selon ces auteurs, il serait en effet possible de diviser le monde en un système global de grandes aires écologiques distinctes pouvant servir de référents aux actions de protection de la nature. Miklos Udvardy (1975, p. 10-11) propose ainsi de diviser le globe en huit grands domaines (*'realm'*) biogéographiques (de la taille de continents) en fonction de caractéristiques géographiques, faunistiques, floristiques et végétationnelles communes, et en 193 provinces biogéographiques qui sont des divisions écosystémiques des différents grands domaines, correspondant à des régions de conservation.

Cette évolution des modèles de protection de la nature, de la protection d'espèces singulières vers la protection et la gestion de milieux, a ainsi contribué à l'émergence de nouveaux concepts (écorégions, biorégions, *hotspots*) pour définir des entités spatiales nouvelles, souvent transfrontalières, comme nouvelles entités de gestion de la conservation environnementale par ces organisations environnementales transnationales. Ces aires nouvelles de conservation sont basées sur l'hypothèse que les frontières politiques ne sont pas appropriées pour conserver efficacement les ressources naturelles, dont les périmètres optimums de gestion transcendent les frontières humaines considérées a contrario comme artificielles[55]. La fin des années 1990 voit apparaître la consécration

55 Pour une discussion plus approfondie sur le sujet, voir notamment le livre de Juliet Fall (2005).

institutionnelle de ces approches par milieu en matière de conservation, avec l'établissement formel par la Convention sur la diversité biologique (CDB) en 1992, de l'approche écosystémique comme cadre d'action des politiques environnementales en matière de conservation. L'approche écosystémique, ou approche par écosystème, se différencie de la notion d'écorégion, par le fait qu'elle inclut des critères sociaux, économiques et politiques dans l'identification de l'aire géographique d'action et reconnaît le besoin d'accorder les frontières « naturelles » des écosystèmes au système institutionnel existant (Shepherd, 2004). Cependant, tout comme pour les écorégions, les critères de délimitation de ces écosystèmes restent pour le moins vagues.

Le WWF a ainsi mis en place le programme « Global 200 » qui propose une priorisation mondiale des actions territoriale de l'organisation en fonction de critères naturalistes. L'identification de ces écorégions est justifiée par des considérations écologiques et basée sur une large consultation d'experts et des publications scientifiques[56] selon le site internet de l'organisation[57]. Le programme « Global 200 » n'a cependant pas été initié par une stratégie territoriale portée par le WWF international. Il est en fait directement inspiré de travaux menés indépendamment par le WWF Etats Unis et de publications du groupe de recherche « Conservation Science Program » un programme de l'antenne nord-américaine de l'organisation environnementale, mené par deux biologistes de la conservation David Olson et Dinertsein (1998)[58]. La liste des 238 est le résultat d'une sélection menée en interne par le WWF international et le WWF Etats-Unis sur la base de la division écorégionale du globe proposée par Olson et al. (2000). 825 écorégions terrestres avaient ainsi été dans un premier temps identifiées dans ce rapport. Ces 238 écorégions ont ensuite été priorisées selon leur degré de d'urgence identifié en termes de conservation (figure 1) : « critique, menacé, vulnérable et relativement stable ou intact ».

56 Voir notamment Olson et Dinerstein (1998) et Olson et Dinerstein (2002).

57 <http://wwf.panda.org/about_our_earth/ecoregions/about>, consulté en avril 2014.

58 Entretien WWF 2, réalisé conjointement avec l'équipe de recherche Glorete, janvier 2013.

Si le WWF présente sur son site cette sélection comme résultant «d'une approche scientifique globale[59]», mes entretiens montrent qu'elle n'est pas basée uniquement sur des critères naturalistes, mais sur une combinaison de critères de priorisation. La sélection des 238 écorégions a suscité deux types de discussions: d'une part, des négociations politiques parfois tendues avec les antennes nationales de l'organisation qui souhaitaient voir leur pays couvert par le programme global, garantie de soutien à long terme de leurs actions:

> We had huge discussions in hearings and often politics come in because some national organisations said: "hey, we are outside an ecoregion". What will happen to us? We discussed for about 2 years, just political discussion effectively because we didn't want to divert from the actual biodiversity value of the ecoregions[60].

D'autre part, la priorisation des écorégions a également suscité des discussions au sein du bureau international en vue de tenir compte à la fois des objectifs globaux définis par le WWF international notamment en termes de protection des forêts tropicales, et de la présence de projets existants menés par le programme international ou via des antennes nationales. Dans ce dernier cas, il s'agit d'orienter la sélection pour consolider des initiatives déjà mises en place par l'organisation plutôt que d'identifier de nouvelles aires prioritaires d'action.

> So, the logic behind the whole thing, during that time, and that's a system that I developed, that we wanted to prioritize our conservation action, in a finite number of ecoregions, where we were well-positioned and we already had maybe field projects or we had local organisations, program offices of national organisations that was a very important aspect: the regionalisation of the organisation and also, like the IUCN, we regionalised in a major way into areas where we believed we were well-positioned to make a difference.[61]

---

59 <http://wwf.panda.org/about_our_earth/ecoregions/about>, consulté en avril 2014.

60 Entretien WWF 2, réalisé conjointement avec l'équipe de recherche Glorete, janvier 2013.

61 Entretien WWF 2, réalisé conjointement avec l'équipe de recherche Glorete, janvier 2013.

Les Carpates, un choix pragmatique

Le cadrage des actions du WWF autour des montagnes des Carpates et le lancement de la «Carpathian Ecoregion Initiative» sont souvent présentés conjointement par le WWF comme l'aboutissement d'une identification préalable de la région par le WWF international dans le cadre de son programme écoregional «Global 200» (voir par exemple, CEI, 2001, p. 4; Nelson, 2004). Ce discours est également relayé par les employés du bureau Danube-Carpates que j'ai pu rencontrer:

> There was someone in the nineties I guess... WWF was trying to find biodiversity ecoregions and one of these two hundreds global important ecoregions were the Carpathians, so based on this our office was built and within the office we wanted to try to push or support NGOs to really work on project at the regional level. So this was the idea with the CEI[62].
>
> Uh... it [the Danube-Carpathian programme] started – from WWF's perspective, it started around... what was it... 1998? I think. When WWF identified the so-called "global 200," the 200 most valuable eco-regions on earth. And they identified the Carpathians as one and the Danube – actually the Danube delta as another[63].

Mes entretiens montrent cependant que l'identification des Carpates comme écorégion s'est principalement faite de manière endogène. Il semblerait en effet que le concept de Global 200 ait plutôt été utilisé a posteriori comme une stratégie de communication pour l'organisation, un «label» scientifique perçu comme un gage de sérieux et d'une légitimité scientifique pour à la fois structurer à l'interne le programme d'actions territoriales de l'organisation, consolider les initiatives existantes et cibler des financements à l'externe:

> The Global 200 was an exercise in consolidating it and making it a nice package and coming up with a good brand, "the Global 200" etc. but they were already there so sure when we opened offices in Vienna for Danube Carpathians we already knew that those were important ecoregions in terms of the world's biodiversity. [...] Whether or not that decision to move it from country to programme office was based upon the development of the Global 200 I can't be certain but my suspicion

62 Entretien WWF 5, avril 2011.

63 Entretien WWF 1, mars 2011.

is not. I'm thinking that a number of our offices were only upgraded to programme office status in the mid-2000s and that was well after the Global 200 so I don't think there was a direct correlation between those two. I think they are all in a sense linked but I don't think there's a direct relationship between identification of biomes and ecoregions and the formal establishment of a certain kind of office[64].

L'identification des Carpates comme écorégion par le WWF semble ainsi ne pas être le résultat d'une stratégie territoriale planifiée par le WWF International à partir d'une configuration scalaire prédéfinie, mais plutôt d'un élargissement progressif des activités du WWF sur la protection des eaux du delta du Danube à la région du Danube inférieur puis aux Carpates. Le cadrage écorégional des Carpates progressivement établi par le WWF est ainsi directement lié à une logique scalaire de bassin versant, plusieurs affluents du Danube trouvant leur source dans les montagnes des Carpates. Il résulte ainsi plus d'un recadrage des actions du WWF pour la protection des eaux du fleuve que d'une identification des Carpates au préalable comme cadre pertinent d'action pour la conservation de la biodiversité. Cette volonté de mettre en place un bureau régional a dans un premier temps été portée de manière *ad hoc* à partir des initiatives existantes dans la région développées par les antennes nationales du WWF international.

From the WWF perspective, it came from – it was the Danube, originally, so the first initiatives were on the lower Danube, called the green – I think was called the Green Danube Project. That was in the 90s – the early 90s, mid-90s. Out of that, though, grew – came the idea – and that was a collection of projects in Austria, in Hungary, in Croatia, the delta area, in the lower Danube and then the Ukraine. [...]. And out of that came the idea then to establish a special program, so WWF Germany had the lead for that project, and then came the idea to actually establish this as a program, so that's when the Danube Program was established. [...] And then soon after that came a much stronger focus on the Carpathians. An important part of that was significant support from WWF Netherlands that gave the financial support that made it possible to set up this Carpathian eco-region initiative, to come up with this among other things. I think without that it probably wouldn't have gotten off the ground[65].

64 Entretien WWF 4, août 2011.
65 Entretien WWF 1, mars 2011.

D'autre part, il semble que le choix du WWF de s'étendre vers les Carpates ait été fortement motivé par des considérations politiques, notamment en termes de financement. Comme je l'ai souligné précédemment dans ce chapitre, la chute des régimes communistes en Europe de l'Est a ouvert un nouveau «marché» pour les organisations environnementales transnationales désireuses d'initier des activités en Europe dans des régions encore peu développées et de bénéficier des canaux de financement établis pour assurer la transition économique mais aussi environnementale de ces pays. De ce point de vue, l'établissement d'un bureau Danube-Carpates constitue une porte d'entrée stratégique au développement des activités de l'organisation dans la région, comme le confirme une des directrices du bureau à cette époque :

> No, no, no [the Danube-Carpathian office was not built because it was one of the 200 eco-regions from WWF]. It was only built because this was with the new developments in Eastern Europe and the WWF saw the potential that there's a need to do something in these countries. [...] At that time in 1998 when we established the Danube-Carpathian program office, there were – yes, the concept of Global 200 was maybe already there but nobody had really thought about the details in Europe[66].

La «Carpathian Ecoregion Initiative»

Ce n'est que dans un deuxième temps avec le lancement de l'initiative écorégionale CEI que les montagnes des Carpates seront cadrées par l'organisation comme une écorégion particulière avec ses problématiques spécifiques, indépendamment des problématiques liées à la gestion des eaux, comme l'explique le représentant du bureau Danube-Carpates à Vienne (Danube-Carpathian Programme Office, DCPO) :

> On the Carpathians, um... I think that came mostly out of this work that WWF did on the eco-regions, identifying that. And then I think it was very much WWF pushing forward originally the Carpathian eco-region initiative that then did the first examination of the Carpathians as "the Carpathians", as an eco-region, that established the Carpathians[67].

66 Entretien WWF 3, avril 2011.
67 Entretien WWF 1, mars 2011.

Le lancement de l'approche écorégionale autour des montagnes des Carpates ne semble donc pas avoir résulté d'une stratégie territoriale planifiée du bureau international du WWF. Il s'agirait plutôt d'une initiative endogène lancée à cette époque par la nouvelle équipe du bureau de programme, qui sensibilisée par l'approche écorégionale intégrée développée par WWF Etats-Unis et voyant l'opportunité de développer une telle approche dans la région aurait proposé au WWF international d'initier une initiative de coopération environnementale coordonnée autour des montagnes des Carpates.

> At that time this concept of "ecoregions" came, mainly from the U.S., and I really liked the approach because until then… uh, WWF was mainly focusing on biodiversity and conservation issues, yeah? And this concept of ecoregions, I liked it that much because it combined also all activities of the socioeconomic issues. And, uh, we had a wetlands and a forest program for eastern European countries to build up and I said "No, actually we need something new, a new approach." And I said "Let's do something for the Carpathians" because WWF was already working a lot on the Danube, along the Danube, since many years. So the Danube was more or less covered, but in the Carpathians there was nothing[68].

La CEI a donc émergé de manière non programmée et n'a reçu à ses débuts qu'un soutien limité du WWF international. Il s'agissait en effet de la première initiative transfrontalière de ce type lancée en Europe par l'organisation. L'approche écorégionale ne constituait pas encore à cette période un cadre de référence suffisamment connu pour être scientifiquement légitime auprès des donateurs pour mener à bien des initiatives environnementales. C'est donc finalement grâce à une opportunité financière offerte par l'antenne nationale néerlandaise du WWF que la «Carpathian Ecoregion Initiative» a pu être lancée[69].

La CEI aura permis au WWF d'identifier et de structurer un important réseau de partenaires locaux et nationaux intéressés à collaborer sur la base de cette approche écorégionale[70] et de développer un ancrage dans

68 WWF 3, avril 2011.

69 WWF 3, avril 2011.

70 Voir la discussion à ce sujet et sur le rôle de l'initiative et plus spécifiquement de sa contribution en termes de production scientifique et cartographique dans la sensibilisation à une coopération environnementale à l'échelle régionale autour des Carpates (chapitre 8).

la région à l'époque inexistant. Des groupes de travail sur la biodiversité et les enjeux socio-économiques de la région ont été mis en place avec des coordinateurs dans chaque pays. Un large processus de consultation a été initié qui a débouché sur la publication d'une première évaluation environnementale du périmètre spatial de l'écorégion « The Status of the Carpathians[71] », et l'adoption d'un plan d'action et d'objectifs à long terme pour la conservation et le développement durable de la région. Plus tard, des bureaux nationaux du WWF ont également été ouverts en Roumanie et en Bulgarie. Une des réalisations principales de la CEI aura certainement été sa participation à la création « d'un public régional » (Metzger, 2013) autour de la proposition écorégionale des Carpates et la création d'un sentiment d'appartenance commun, d'une interdépendance entre les différents acteurs de la conservation.

> We've helped to set up organizations that protect areas, the Carpathians for example, just to develop this sense that yeah, we are the Carpathians and this is our very focused effort to get the Romanians and the Ukrainians and the Slovaks and the Serbians and everybody sitting around and saying, "We are the Carpathians, we are one region, we are important, we all have lots of knowledge and expertise but we need to share it because we're up against monsters in all of our countries, huge forces of government and private sector etc. If we don't get together as one Carpathian team we're not going to get where we need to go"[72].

4.4 Le PNUE: un intérêt stratégique pour la montagne

Le PNUE a été un acteur important du processus d'éco-régionalisation, en particulier sur les écosystèmes marins et côtiers initiants de nombreux accords de coopération environnementale dans le cadre de son programme « mer régional ». Concernant les régions de montagne, le processus d'éco-régionalisation s'est d'abord effectué de manière endogène dans les Alpes avec la signature de la Convention en 1991. La promulgation d'une année

71 *Ibid.*

72 WWF 4, août 2011.

internationale de la montagne (AIM) en 2002 par l'Assemblée Générale des Nations Unies en 1998 a ainsi été perçue par le Programme des Nations Unies pour l'Environnement comme une opportunité de se positionner dans ce processus et d'initier de nouveaux accords de coopération régionaux. L'engagement du PNUE dans les Carpates est donc étroitement lié à l'AIM. L'organisation a ainsi été officiellement mandatée pour développer des initiatives de coopération environnementale en zone de montagne et faciliter le développement d'accords régionaux allant dans ce sens[73].

Une stratégie mondiale d'action pour la montagne a été préparée par le PNUE au printemps 2001[74] comprenant comme principale priorité le développement d'instruments légaux pour la gestion coordonnée de politiques intégrées de développement durable autour des massifs de montagne préalablement définis. Les Carpates sont identifiées dans la stratégie au même titre que le Caucase et l'Asie Centrale, comme une opportunité de développer ce type de coopération dans le cadre de l'AIM. Selon le rapport, le bureau régional européen du PNUE (PNUE-BRE) a en effet été sollicité par le gouvernement ukrainien pour explorer la possibilité de mettre en place une coopération intergouvernementale sur la protection et le développement durable à l'échelle géographique de la chaîne de montagne. Comme le souligne le directeur adjoint du bureau régional, le PNUE ne peut en effet pas intervenir dans une région sans un accord gouvernemental au préalable. Cette contrainte limite les possibilités de l'organisation d'établir des cadres de référence spécifiques pour guider ses initiatives sur le terrain. L'action territoriale du PNUE est donc selon ce responsable au PNUE-BRE par essence une stratégie *ad hoc*, développée en réaction à des opportunités et/ou à des sollicitations nationales:

> [À propos du mode d'identification des entités régionales d'action] C'est une approche complètement pragmatique et ad hoc. [...] Ensuite, il est vrai que l'on travaille à la demande, donc il est difficile de s'échapper de l'approche ad hoc, car on

---

73 « [...] to ensure environmentally sound management in mountainous regions, in particular in developing countries, by strengthening environmental networking and assessments, facilitating regional agreements and encouraging public-private sector cooperation » (UNEP/GC.22/INF/37).

74 The UNEP contribution to the International Year of Mountains 2002: Overview and Strategic Opportunities. UNEP, working document, March 2001.

> ne peut pas vraiment de nous-mêmes décider dans quel lieu on va intervenir. Donc avant qu'on intervienne où que ce soit, il nous faut garantir une base d'accord politique le plus souvent au niveau intergouvernemental, ça se passe un peu plus souvent maintenant au niveau infra-étatique, mais nos interlocuteurs restent essentiellement les gouvernements[75].

Il serait faux cependant de conclure que le PNUE-BRE ne dispose pas de marge d'intervention dans le cadrage des régions d'action. Si le bureau régional ne peut rien entreprendre officiellement sans l'aval des gouvernements concernés, un travail exploratoire est généralement effectué en amont pour identifier les opportunités de coopération et rencontrer les partenaires potentiels. Le bureau régional bénéficie ainsi d'une relativement grande marge de manœuvre pour initier de nouveaux projets, pour autant qu'il existe des financements disponibles à leur réalisation et des gouvernements intéressés à y participer.

> Je pense qu'on a tous une belle liberté pour faire des têtes chercheuses, au moins faire les têtes chercheuses et identifier les opportunités. [...] C'est une souplesse d'intervention dont il faut qu'on profite effectivement. Et pour en revenir à la même chose, notre budget d'activité en tout cas pour le BRE est équivalent à zéro. Donc le travail de mobilisation de ressources est assez énorme, pour pouvoir mettre en œuvre des activités car on n'a quasiment rien[76].

L'identification des Carpates comme opportunité pour initier une coopération transnationale semble ainsi résulter de ce type de pratiques. Mes entretiens révèlent ainsi une approche plutôt pragmatique, centrée sur les possibilités de coopération autour des massifs de montagne, mais sans méthodologie précise ni cadrage fixé au préalable. Des premières réflexions au sein du bureau régional pour l'Europe ont ainsi eu lieu au début des années 2000 à la suite de la promulgation de l'année internationale de la montagne. Les montagnes représentent alors une opportunité d'action intéressante pour le PNUE-BRE, car le processus d'éco-régionalisation des massifs de montagne est encore émergent et des fenêtres d'opportunité existent pour se positionner de la même manière que dans le cadre des écosystèmes marins et côtiers, comme le référent en matière de coopération

75 Entretien PNUE 7, avril 2013.
76 Entretien PNUE 7, mars 2011.

intergouvernementale. Les montagnes sont « sexy politically », et « nobody can be against it[77] », selon les mots d'un ancien directeur régional.

> We had the regional director trying to build something from scratch, from nothing, with a very small budget from Europe. So they were looking at Europe and saying "What can UNEP do here?" It was river basins, rivers are dominated by the UNECE, and… and the Danube and the Rhine conventions, so there [was] nothing to do. But finally we [had] an Alpine convention in Europe, but it [was] the only mountain convention in Europe and basically worldwide. So what about the other mountain areas ? Aha, let's have a look at it. Yeah, there is the Carpathians, Caucasus, central Asia…interesting. Might be good because the International Year of the Mountains is coming in 2002. Maybe it's a good way to get some money from the Germans. Let's try to put together a program. And so this idea was flying around there but nobody knew exactly what to do with it[78].

Plusieurs discussions informelles ont été initiées avec les gouvernements de la région avant qu'une demande formelle ne soit effectuée par le gouvernement ukrainien auprès du PNUE-BRE à la suite du sommet de Bucarest organisé par le WWF en avril 2001. Les conférences internationales ont constitué l'arène privilégiée des représentants du PNUE-BRE pour approcher les gouvernements et connaitre leurs intentions sur l'éventualité de développer une éventuelle Convention régionale. C'est dans ce cadre que le gouvernement ukrainien a manifesté l'intérêt de lancer ce processus :

> We approached them in the framework of the meeting. We used other meetings where they were present. For example in the UNECE meetings, in the UNECE there is a committee on environmental policy which meets regularly in Geneva, so we went there and we took them aside and talked to them. And some of them liked it; the Ukrainians were very active also to have it. Because it's always good to have a deadline. And since we knew that this Kiev conference was coming up and Ukraine wanted to have a flagship to present, they were a very good – we came with this idea without – that it might be a good idea, but in this bureaucratic world you need some highlight or some event to work towards, and this Kiev conference helped[79].

Le PNUE-BRE aura donc été particulièrement proactif contrairement à ce que le rapport de l'organisation laissait entendre. C'est lui qui a initié les premières discussions intergouvernementales et qui a poussé pour

77 Entretien PNUE 6, octobre 2012.
78 Entretien PNUE 2, mars 2011.
79 Entretien PNUE 2, mars 2011.

l'avancement d'un processus de coopération dans les Carpates. L'identification des Carpates comme cadre pertinent d'action par le PNUE résulte donc à la fois d'une identification pragmatique de l'opportunité d'une coopération dans la région par le bureau régional européen (et de son action de lobbying) et d'un intérêt gouvernemental à y participer.

Les conditions d'engagement du PNUE et des Etats

Plusieurs conditions ont été réunies pour l'engagement des Etats avec le PNUE-BRE dans ce processus de coopération régionale. Premièrement, l'organisation internationale dispose de compétences légales reconnues. Le développement d'accords de coopération intergouvernementaux est partie intégrante du mandat du PNUE. L'organisation internationale est active sur de nombreux accords internationaux et administre le secrétariat de plusieurs conventions internationales comme la Convention sur la diversité biologique (CDB) et la Convention sur le commerce international des espèces de faune et de flore sauvages menacées d'extinction (CITES). La plupart des chefs de projets du bureau régional européen que j'ai pu rencontrer ont par ailleurs une formation juridique.

Par ailleurs, l'importance de la Convention Alpine et des pays alpins dans ce processus n'est pas à négliger comme je le mets en évidence tout au long de cet ouvrage. Mes entretiens ont montré que dès les premières discussions au sein du PNUE-BRE, la Convention Alpine a servi de modèle à la conception d'une Convention des Carpates. L'exemple alpin a été très tôt mentionné par les gouvernements et ce dès le sommet de Bucarest en avril 2011[80]. Le texte final de la Convention des Carpates est ainsi largement inspiré de «sa grande sœur» alpine. Par ailleurs, les pays alpins dans le cadre de l'AIM ont donné un soutien financier indispensable au lancement du processus des Carpates, comme le confirme un ancien directeur du PNUE-BRE:

> The other start is informal, your ongoing contacts and discussions, and people launch ideas. When you find the right constituency, there are people who are will-

80 Voir plus loin dans ce chapitre.

> ing to stick their neck out and support it and to finance it. And on the Carpathians it was of course very good because we had Italy, Switzerland, and France, all three interested in supporting. So we had almost automatically a donor base for starting this exercise. That was very good[81].

Enfin, tous les pays des Carpates à l'exception de l'Ukraine sont au début des années 2000 sur le chemin d'une intégration européenne (la République tchèque, la Hongrie, la Pologne et la Slovaquie sont entrés dans l'Union en 2004, la Roumanie en 2007 et la République de Serbie a officiellement obtenu le statut de candidate à une adhésion en mars 2012). Ces perspectives d'intégration ont certainement créé des motivations particulières au développement d'un accord de coopération environnemental sur les Carpates. D'un point de vue légal, les pays qui souhaitent adhérer à l'Union doivent transposer «l'acquis communautaire[82]» au sein de leur législation nationale avant leur intégration effective. Cela concerne également l'acquis environnemental, qui inclut notamment la politique agricole commune (PAC), les politiques d'utilisation du sol (en conformité avec la directive Natura 2000) et des directives environnementales spécifiques (la directive cadre sur l'eau, la directive habitats faune et flore). La transposition de l'acquis communautaire peut constituer un défi politique et financier important pour les pays. De ce point de vue, le développement d'un cadre de coopération régional environnemental peut être perçu positivement comme un outil offrant un contexte propice l'harmonisation des lois environnementales nationales aux standards européens. Enfin, comme le mentionne ce représentant du PNUE-BRE, l'Union Européenne est signataire) de la Convention Alpine ce qui peut représenter pour certains pays en voie d'accession une motivation à développer des instruments similaires dans la région des Carpates:

> The main interesting part, I think, was that it was before they joined the EU. As I already told you. So they were already very open to these kinds of things, and it was a cooperation that they knew they would carry into the EU. A different link to the

81 Entretien PNUE 6, mai 2011.

82 « L'acquis communautaire correspond au socle commun de droits et d'obligations qui lie l'ensemble des États membres au titre de l'Union européenne», <http://europa.eu/legislation_summaries/glossary/community_acquis_fr.htm>, consulté le 10 avril 2014.

EU. They said "The EU has it; we don't have it" so maybe they didn't understand that the Alpine convention is not so beloved in the EU or whatever. So this was part of it. And also for Ukraine, this was the interesting part, I think. So that was part of it[83].

Par ailleurs, les pays candidats à l'accession bénéficient de fonds européens spécifiques qui permettent d'importants investissements dans le domaine environnemental. L'accès aux financements européens constitue de ce fait un argument financier important pour mobiliser les gouvernements. Depuis 1997, une section spécifique des programmes européens de coopération territoriale Interreg concerne directement la coopération transnationale, particulièrement dans le domaine de l'environnement. La mise en place d'une coopération environnementale transnationale dans les Carpates doit donc être placée dans son contexte économique et politique plus large comme le souligne ce représentant du WWF:

In Europe the reality is, if you're not part of the EU family, at least up until this year it's looked this way, you're not going anywhere, right? I mean everybody wants to get into the EU and the EU is one big happy family which sticks together and thinks together so if you want to do conservation work in Romania and Bulgaria the government understands very quickly that if you propose a program which is Romania-specific, the chances of it being looked upon favorably by Brussels are less than if that's part of a program which is a Bulgaria-Romania-Ukraine coherent program addressing a regionalized issue in one part of the EU as opposed to specific national interests. People will see that immediately and are very happy to go along with it. If they thought they could get easy money, and sometimes they can, but if they thought they'd get easy money for a purely narrow, nation-specific program they'd be happy to do that. Who wants to get involved with all those other countries? It just gets complicated. But the reality is the EU likes to see regionally coherent stuff funded and developed and is ready to give big money for that[84].

Finalement, l'engagement du PNUE et des Etats dans ce processus d'écorégionalisation a également été rendu possible par l'existence d'une communauté d'acteurs «régionaux», pour reprendre la terminologie de Jonathan Metzger, préexistante, soit qu'ils soient mobilisés autour de la proposition écorégionale du WWF, soit dans le cadre de propositions antérieures. Il existe ainsi un petit groupe de partenaires identifiables, des représentants nationaux liés à une institution scientifique ou à la gestion

83 Entretien PNUE 2, mars 2011.

84 Entretien WWF 4, août 2011.

de parcs naturels pour la plupart, qui ont participé aux premières réunions et que l'on retrouve encore actuellement lors de certaines séances de groupes de travail ou lors de grandes conférences. Certains font également partie du collectif de scientifiques «Science for the Carpathians» créé à la suite de la Convention[85]. Ce petit groupe de partenaires enthousiastes, que j'ai plusieurs fois eu la chance de rencontrer lors de mon observation participante à Vienne, se sont mobilisés pour faire avancer cette nouvelle proposition de Convention des Carpates dans leurs pays respectifs. Ils constituent avec les représentants du secrétariat actuel de la Convention une force stable de la coopération régionale, un véritable «public régional».

> And so... in the Carpathian process, the convention process, there is a core mafia out of the country that is dealing with it. They are all very enthusiastic, they are willing to stick out their necks in their own administration and try and get things done because they have a feeling that they are servicing a cause. And that is a team. Because you see in the meetings, you know, in the meetings of the Carpathian meetings, it is a team. The people are very enthusiastic[86].

En somme, il est difficile d'identifier un élément particulier dans le succès de la proposition de région du PNUE. Il s'agit d'une combinaison de facteurs, institutionnels, politiques, financiers et relationnels qui a rendu possible la transformation d'un problème existant en un enjeu public commun et le lancement de ce processus de coopération environnementale et l'objectivation des Carpates, comme le confirme cet ancien directeur du PNUE-BRE:

> It's like I said with the regionalization, it is always very difficult to draw strict lines and say where something starts. It's always interaction that makes these things emerge. The right people, the right time, the right donors, and whatever that makes these things emerge. And of course the problems, the basic problems that you address, the real problems in the mountains were there for a long time but nobody paid too much attention to it. I mean, the poverty was there, it did not change, and people were crying out to get some assistance, but it only came to a sort of process. It's the same with the Environmental Change Convention, it's the same with the other conventions, these things are there as problems and then at a certain moment, politically, people pick it up and it starts to become an issue[87].

---

85 Je reviendrais sur ce collectif au chapitre 8.

86 Entretien PNUE 6, mai 2011.

87 Entretien PNUE 6, mai 2011.

4.5 Construire la région de projet des Carpates

Au début des années 2000, il existe ainsi deux propositions de région environnementale pour les Carpates basées sur deux cadrages différents: l'approche écorégionale proposée par le WWF et l'approche par massifs soutenue par le PNUE.

Les deux propositions bénéficiaient d'importants soutiens. Le WWF a réussi à structurer une importante communauté d'acteurs, notamment scientifique autour de sa proposition et était en relation avec le gouvernement roumain. Le cadrage proposé par le PNUE bénéficie quant à lui de la fenêtre d'opportunité ouverte par l'année internationale de la montagne et du soutien de plusieurs gouvernements, et plus particulièrement du gouvernement ukrainien.

Les deux institutions vont donc devoir cependant se concerter pour réussir à converger autour d'une proposition pouvant réunir le plus d'acteurs autour d'elle et ensuite la matérialiser dans un cadre institutionnel et/ou juridique «dur» afin de stabiliser cette communauté d'acteurs émergente.

Vers une Convention des Carpates: le sommet de Bucarest

Des représentants du WWF-DCPO et du PNUE-BRE se sont rencontrés pour la première fois au cours de l'année 2000 pour discuter de leurs engagements respectifs dans la région. Les premières rencontres ont été informelles dans le cadre de conférences internationales. Les deux organisations ont rapidement convergé sur la possibilité de développer un cadre légal pour la protection et le développement durable de la région, sans toutefois en définir le cadrage spatial.

Du point de vue du PNUE, il était important de pouvoir bénéficier de la renommée du programme écorégional du WWF et de son réseau de partenaires scientifiques dans ce processus d'éco régionalisation comme le confirme un membre de l'organisation internationale.

> At this time XX of the Danube Convention was the head of the WWF secretariat – of the WWF program, the Danube-Carpathian program. He was the head boss, and

> he had a very good strong, acknowledged, powerful program. And together with the Romanian government they put together this whole huge exercise. And there was some precursor work done by WWF. So they were building this initiative, the Carpathian Eco-region Initiative, it was called CEI at this moment. So they were much bigger than us. They were large; they were a large program and we came with the idea of a convention and today I like to say that they gave the idea of a convention. In reality it was different. We went to them and [said] "We want to make a convention. Are you interested? Are you going to help us?" and they were open enough to basically say "Yeah, we think it's a good idea. And we'll even put a small sentence into the Bucharest Declaration." [...] And so that is how it started, and then we had very active - so they were actively supporting the idea[88].

L'initiative du PNUE-BRE a été reçue également très positivement par les représentants du WWF-DCPO qui réfléchissaient également à cette période au développement d'un cadre légal de coopération pour matérialiser leur proposition. Le développement d'une Convention pouvait ainsi constituer la concrétisation de la CEI et potentiellement augmenter la visibilité du travail du WWF dans la région pour attirer de nouvelles possibilités de financement.

> And I remember, uh, as the Carpathian eco-region initiative worked that well I was already invited all over the world to all international conferences, externally. So if people had some regional programs, I was invited. But also internally, in WWF board meetings when they had it. So I was quite well-known and I had a chance to discuss it with many people all over the world. And then I decided, let's try if there is an interest for a convention, and at that time I got to know [the head of the UNEP Interim Secretariat of the Carpathian Convention]... and he said yeah, he would support And we decided, let's make a side event at the Bucharest Summit to present the idea and listen [to] what each of the countries - what position they have towards it[89].

> It's important because it's kind of a natural thing that we can and should do, as an international organization [to support this kind of transnational initiative]. It's where our strength is and our added value is, I would say. [...] And have been very involved in pushing that forward and in actually implementing it, in fact. And the reason why we can do that - I mean, I think it probably needs an organization like ours to push something like that forward because the impetus won't come from the governments, that's pretty clear. So they support it and so on, but they always

88 Entretien PNUE 2, mars 2011.
89 WWF 3 avril 2011

> need somebody pushing it, and just getting them to have a meeting together is not always so easy, so it needs another organization. [...] There, too, I think it needs a... it doesn't have to be necessarily WWF, but it needs some organization pushing it from above or below, so to speak[90].

Les deux organisations se sont ainsi rapidement mises d'accord sur un plan d'action coordonné pour mobiliser un grand nombre de partenaires autour de cette proposition. Une division du travail informelle s'est ainsi très vite établie: au WWF le soin de mobiliser son réseau de partenaires locaux et au PNUE celui de convaincre les gouvernements de se lancer dans cette initiative à l'occasion du sommet interministériel sur l'environnement et le développement durable dans les régions des Carpates et du Danube[91] organisé par WWF-DCPO et le gouvernement roumain à Bucarest en avril 2001. Ce sommet devait être à l'origine le prolongement d'une initiative lancée par le WWF avec le soutien du gouvernement roumain visant à l'établissement d'un couloir vert le long du bas Danube entre la Roumanie, l'Ukraine, la Bulgarie et la Moldavie. Il a finalement conduit au lancement officiel du processus d'institutionnalisation de la région de projet des Carpates. Une véritable stratégie de communication a ainsi été mise sur pied et un important travail de lobbying a été effectué par les deux organisations pour élargir la thématique du sommet à la région Carpates (fort du succès de la CEI) et pour promouvoir le développement d'un accord de coopération intergouvernemental. Ce travail de réseautage a été la clé du succès pour cette représentante du WWF-DCPO:

> Yeah... we had... we had a relatively very good planning in the Carpathian ecoregion initiative on all levels so more or less a lobbying strategy, when to contact best, whom in which country and so on, but we had also a very well-planned media strategy, communication strategy. And I think another important fact was that we built up this network of all these working groups in the countries and they used their position also to lobby inside the country. So we actually covered all levels, no? Inside the country we had our lobbyists and then we had UNEP lobbying the government and we had international NGOs lobbying for it, so... it was actually...yeah and I think networking was the main success factor for this. And I still realize that

90 WWF 1, mars 2011.

91 Summit on Environment and Sustainable Development in the Carpathian and Danube Region, 29 and 30 April 2001, Bucharest, Romania.

> these networks we built up at that time are still working. Now when I'm coming to a country like Romania, somewhere, people still know me. It's interesting. So, they are working[92].

Cette dernière référence à l'existence de ce réseau d'acteurs autour de la proposition de région, qui fonctionne encore actuellement, renvoie ainsi beaucoup au processus de stabilisation du public régional conceptualisé par Jonathan Metzger et que j'ai explicité dans la partie théorique de cet ouvrage. La stabilisation du public régional passe d'une part par la constitution d'une communauté d'acteurs et la singularisation d'une proposition de région. On peut ainsi suggérer que la convergence du PNUE et du WWF autour d'une proposition de région et la mobilisation et structuration de leurs réseaux respectifs d'acteurs en vue du sommet de Bucarest autour de cette proposition constitue un bon exemple du processus de stabilisation d'un public régional. La publication de rapports et de documents iconographiques par le WWF a certainement participé à cette stabilisation. Je montrerai plus en détail ce rôle dans le chapitre 8.

La coopération entre le WWF et le PNUE a abouti à une déclaration d'intention des Ministres de l'environnement de la région lors du sommet de Bucarest en avril 2001. La partie du sommet sur les Carpates a essentiellement servi à présenter les activités développées par la CEI depuis 1999. Le sommet a réuni 14 chefs d'Etats et Ministres de la région, ainsi que des organisations internationales comme la Banque Mondiale, la Commission économique des Nations Unies pour l'Europe (CEE-ONU), le Programme des Nations Unies pour le développement (PNUD), le PNUE et la Commission européenne. Les gouvernements ont adopté à cette occasion une déclaration d'intention dans laquelle ils «encouragent» et «soutiennent»

> [...] les activités pour développer de nouveaux instruments régionaux intergouvernementaux en vue de la conservation et du développement durable de la région des Carpates, en considérant particulièrement dans cet objectif la célébration de l'année internationale de la montagne en 2002, ainsi que la conférence ministérielle du processus «environnement pour l'Europe» à Kiev en 2003[93].

92 WWF 3, avril 2011.

93 Declaration on Environment and Sustainable Development in the Carpathian and Danube Region, Bucharest, 30 April 2001, 2a.

Le déclin du WWF-DCPO

Au sortir du sommet de Bucarest le WWF-DCPO constitue un acteur majeur du processus d'éco-régionalisation. Il dispose de nombreux relais scientifiques, plusieurs soutiens financiers importants et, associée au PNUE-BRE, l'organisation a réussi à initier un processus de coopération environnementale au niveau intergouvernemental dans la région. Pourtant, ce sommet va coïncider avec le déclin de l'influence de l'organisation et de sa proposition de région et la (re-)prise en main du processus par le PNUE-BRE. Ce changement de leadership s'explique en partie par la nature intergouvernementale du processus qui s'enclenche, mais également en raison de problèmes internes au WWF-DCPO. A la fin de l'année 2001, des tensions entre WWF-DCPO, WWF Autriche et WWF International ont poussé au départ l'ensemble des membres du bureau WWF-DCPO et la fin de la CEI et de sa communauté d'acteurs régionaux. A la fin de l'année 2002, la CEI ne rassemble ainsi plus que 3 à 4 organisations non gouvernementales actives dans le partenariat alors qu'elle en comptait une cinquantaine début 2001. Les activités du WWF-DCPO vont également subir un important coup d'arrêt après ce départ collectif début 2002 et il faudra attendre plusieurs années pour que l'organisation reprenne de l'influence dans la région. Les raisons de cette implosion sont difficiles à établir. Il semblerait qu'elle résulte en partie d'une volonté de prise de contrôle par le WWF Autriche, qui abrite dans ses locaux à Vienne le WWF-DCPO, des activités à succès du bureau de programme et notamment sur la CEI. Plusieurs années après, la question reste encore sensible comme le montre cet extrait d'entretien avec une ancienne collaboratrice:

> This was fights internally in the management, so probably we were too successful. But some other managers tried to overtake and there were several… I sometimes have the feeling that… some people couldn't accept that we became that famous. And wanted really to overtake things, and we were not in agreement with that, no. And there were some not nice things that happened, but I don't want to talk about these things. There were not nice things and we… we decided to leave the organization and then maybe as you mentioned before, then there was a time when you didn't hear anything from WWF, this was exactly that time because they didn't know what to do. […] The pity was, when we left WWF, the doors were opened to everybody. The World Bank wanted to finance us, IKEA wanted to finance us,

UNEP wanted to finance us, UNDP wanted to finance us, it was really a pity. But most of the funds were lost because there was no follow-up then, at that time. And only then, step by step, they started the revival of the Carpathian initiative, which is now the CERI and they are becoming again more powerful[94].

Cette implosion du bureau WWF-DCPO et de l'initiative CEI au début des négociations vers une Convention des Carpates a laissé le champ libre à la proposition de région du PNUE-BRE, qui a ainsi pu mener le processus d'éco-régionalisation. Le WWF-DCPO a été impliqué avec le PNUE-BRE jusque dans la préparation des premiers documents de travail en vue des premières réunions intergouvernementales. Les premières cartes qui ont servi de base aux négociations sur le cadrage spatial de la Convention reprenaient ainsi la proposition écorégionale du WWF. Ensuite, un nouveau groupe de collaborateurs est arrivé au WWF-DCPO, mais il semble que la connaissance, la motivation et le réseau développés par les anciens collaborateurs du bureau, qui avaient été les initiateurs de la mise en place de l'approche écorégionale par le WWF dans les Carpates et de la CEI, aient été difficilement remplaçables comme le reconnait également ce membre du PNUE-BRE:

Well, we gave them a little and then we started to go a little bit and then we used them to – I think to prepare some papers, some studies we did with them, I can't remember which one it was. But then the program collapsed. And for legal problems, institutional problems, fighting within WWF between headquarters and them, and between WWF Austria and the international program, whatever. It turned out that the whole team was about to rent a new office; they were about to register CEI as a legal entity or whatever; and the whole thing was killed by WWF. And [the director] went, and XXX who was the Carpathian coordinator also went. They left. And yeah, and so they – of course there were successors, so – I don't want to go into personal things now. They were two or three successors, coordinators for the Carpathian things, but it never got back to this profile that it had had before. I mean, they were involved in organizing this heads of state summit as the confidence of the government was – all the different times it was. But they were really very serious players. And after this collapse it took them years to somehow recover again[95].

La CEI a repris à nouveau ses activités en 2005 avec une nouvelle équipe sous la direction de l'institut d'écologie appliquée Daphne en Slovaquie

94 WWF 3, avril 2011.

95 Entretien PNUE 2, mars 2011.

qui participait déjà au partenariat initial et sous un nouvel acronyme, CERI. La CERI a été légalement établie en Slovaquie, son secrétariat étant basé à Bratislava depuis 2006. Sans le soutien du WWF et sans le réseau d'associations locales et nationales mis en place entre 1999 et 2001 par le WWF-DCPO, les activités de réseautage de la nouvelle CERI paraissent limitées bien que l'organisation a participé à certains projets liés à la Convention des Carpates. On ne recense plus d'activités depuis 2009 sur le site internet de l'organisation[96] et selon un des initiants du processus des Carpates, l'initiative est devenue un «virtual network». Depuis la fin de ce partenariat il n'y a plus eu à ma connaissance de réseau environnemental actif d'organisations non gouvernementales qui auraient pu proposer des propositions de région alternatives.

Les négociations intergouvernementales: cadrage et modalités institutionnelles

A la suite du sommet de Bucarest, le gouvernement ukrainien en collaboration avec le PNUE a organisé une première rencontre informelle avec des représentants gouvernementaux nationaux à Kiev en novembre 2001 pour discuter de l'opportunité d'une convention pour la protection et le développement durable de la région des Carpates et de ses modalités. Durant cette première réunion les représentants nationaux ont formellement demandé au PNUE de continuer à assister et à faciliter le processus de négociation, ainsi que de préparer une première version de la Convention des Carpates pour discussion.

Les négociations intergouvernementales ont donc officiellement débuté en 2002, soutenues par plusieurs pays (Autriche, Italie, Liechtenstein, Pays-Bas et Suisse), des organisations non gouvernementales (le réseau alpin d'espaces protégés, le Forum européen pour la montagne, le REC et WWF-DCPO dans un premier temps) et des institutions académiques (institut Daphne et l'Académie Européenne de Bolzano). Cinq réunions ont été successivement organisées en moins d'une année pour aboutir à

96 <http://www.carpates.org/>, consulté le 15 avril 2014.

la signature à Kiev en novembre 2003 de la Convention: Bolzano en juin 2002, Vaduz en octobre 2002, Genève en décembre 2002, Vienne en février 2003 et une nouvelle fois à Bolzano en mars 2003.

C'est sur la base d'un premier document préparatoire préparé par le PNUE-BRE que les premières consultations ont débuté. Les deux premières réunions ont servi de base pour définir le cadre général des négociations: définir le cadrage thématique et les modalités institutionnelles de la future coopération. Les comptes rendus de ces réunions laissent sans surprise apparaître combien ces premières discussions de cadrage se sont inspirées du texte de la Convention Alpine et de son fonctionnement pour identifier ce qui avait fonctionné dans le contexte alpin et pouvait être transposable aux Carpates, comme le confirme également un ancien négociateur présent lors de ces réunions:

> We could use the Alpine Convention as the pattern, see which of the Alpine Convention› solutions could work also in the Carpathian reality upon some modifications and learn from certain shortcomings during the Alpine Convention's implementation[97].

La première réunion de négociation en juin 2002 a été organisée à l'Académie européenne de Bolzano (EURAC), siège du secrétariat technique de la Convention Alpine et a été soutenue par le Ministère italien de l'environnement et du territoire, l'Italie assurant à cette période la présidence de la Convention Alpine. Plusieurs experts alpins ont participé à cette première réunion au titre évocateur: «Sharing the Experience: Mountain Sustainable Development in the Carpathians and in the Alps».

La protection et le développement durable de la région ont dès le début du processus été un objectif partagé par tous les participants. Dès la première réunion informelle en 2001 à Kiev, il était clair que les gouvernements ne soutiendraient pas une Convention exclusivement centrée sur la protection de la biodiversité et souhaitait voir mis en place une coopération intégrée sous le principe du développement durable. Les représentants nationaux ont partagé leurs inquiétudes d'entraver le développement économique de la région en mettant trop l'accent sur les besoins de protection de la nature. Les experts nationaux se sont rapidement mis d'accord

97 Entretien GRID 7, décembre 2013.

sur le cadre général d'une approche intégrée incluant une large palette de thématiques[98]. Le tourisme durable, la protection de la biodiversité et le développement économique local durable ont été identifiés comme des priorités d'action pour la future coopération. Un premier accord a déjà pu être trouvé sur le contenu des articles thématiques dès la deuxième réunion en octobre 2002 à Vaduz[99].

Les délégués gouvernementaux ont également dû se mettre d'accord sur les modalités institutionnelles de la coopération qu'ils souhaitent mettre en place: convention avec protocoles, convention-cadre avec des protocoles négociés au fur et à mesure, charte, projets de coopération transnationale ou encore réseaux thématiques. Durant le sommet de Bucarest, un consensus était apparu pour inscrire la proposition de région dans un cadre juridique dur et favoriser l'adoption d'un accord intergouvernemental régional de coopération. Inspiré de l'exemple alpin, les négociateurs ont choisi d'opter pour une convention-cadre lors de la première réunion de négociation à Bolzano en juin 2002. La Convention-cadre ne contient que des déclarations générales qui doivent par la suite être spécifiées dans des protocoles thématiques de mise en œuvre. Il s'agit donc de la formule d'un cadre juridiquement dur, mais d'un contenu mou. Les négociateurs ont choisi contrairement au processus alpin de négocier les protocoles d'application au fur et à mesure, afin de faciliter le processus de négociation en proposant un texte «easily adoptable[100]» par les gouvernements, selon un des négociateurs nationaux.

98 Integrated approach to the land resources management (art. 3), Conservation and sustainable use of biological and landscape diversity (art. 4), Spatial planning (art. 5), Sustainable and integrated water/river basin management (art. 6), Sustainable agriculture and forestry (art. 7), Sustainable transport and infrastructure (art. 8), Sustainable tourism (art. 9), Industry and energy (art. 10), Cultural heritage and traditional knowledge (art. 11), Environmental assessment/information system, monitoring and early warning (art. 12), Awareness raising, education and public participation (art. 13).

99 Information note on the status of cooperation for the protection and sustainable management of the Carpathian mountains, Economic and Social Council, Economic Commission for Europe, Committee on environmental policy, ad hoc preparatory working group of senior officials "environment for Europe", Fifth session, Geneva 19-21 February 2003.

100 Entretien PNUE 6, mai 2011.

Une première version de la Convention des Carpates a été soumise aux délégués nationaux en février 2003 à Vienne, puis finalisée lors de la dernière réunion de négociation en mars 2003 à Bolzano. Au final, les négociations auront duré moins d'un an pour aboutir à la signature de la Convention cadre pour la protection et le développement durable des Carpates (Convention des Carpates) en mai 2003 à Kiev par sept pays: la Hongrie, la Pologne, la République Tchèque, la Roumanie, la Serbie, la Slovaquie et l'Ukraine.

Quel cadrage spatial pour la région des Carpates?

Dès la première réunion informelle en novembre 2001 à Kiev les négociateurs ont été invités à réfléchir à une définition commune de la proposition de région des Carpates. Contrairement au processus alpin où chacun des pays disposait d'une définition précise de sa zone de montagne, il n'existait pas de telle classification dans la majeure partie des pays des Carpates. Il a donc fallu construire la délimitation de la région de projet sur une base nouvelle. Plusieurs définitions étaient à disposition des négociateurs.

Au niveau international, le PNUE a tenté dès juillet 2000 dans le cadre de son programme pour l'Année Internationale de la Montagne avec le Centre de surveillance de la conservation de la nature (WCMC) de construire un consensus sur une définition scientifique mondiale des massifs de montagne, qui pourrait servir de référent à ses initiatives régionales. Après une large consultation le PNUE-WCMC met au point une définition simple prenant comme critères principaux l'altitude et la pente: tout lieu au-dessus de 2500m est potentiellement considéré comme étant une zone de montagne et pour les lieux en dessous de ce seuil, le critère de pente est essentiel pour obtenir une telle classification (Kapos et al. 2000). Cette classification a depuis largement été adoptée par les institutions internationales. Selon Debarbieux et Rudaz (2010), cette proposition ne coïncide cependant pas toujours avec les définitions qui ont pu être adoptées par des Etats, car trop générique, elle ne tient pas compte de la spécificité des contextes locaux.

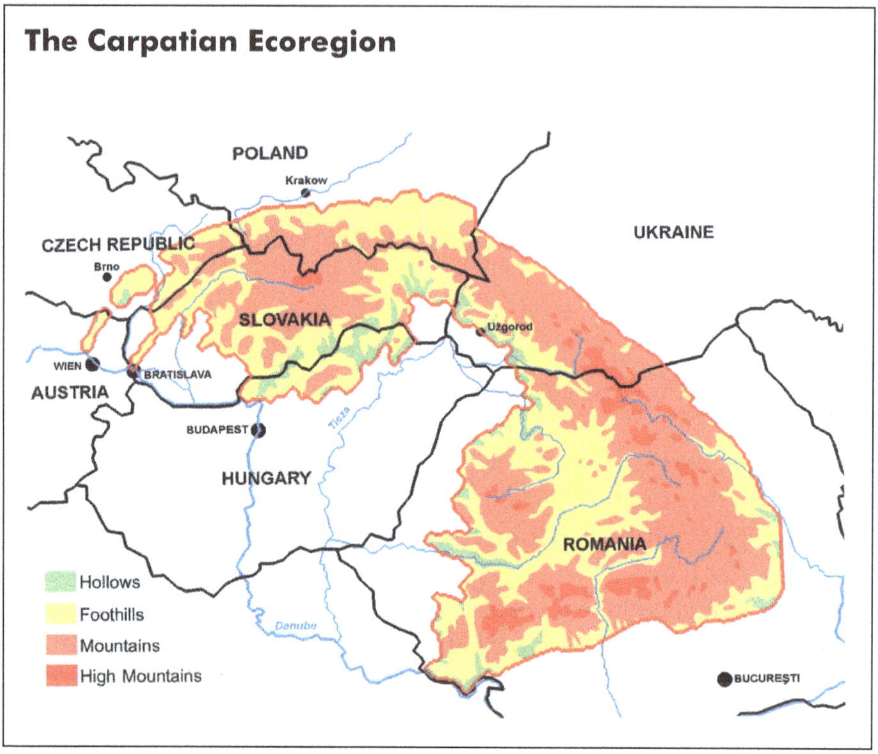

Figure 1 : L'écorégion des Carpates selon le WWF : « The Status of the Carpathians » (2001).

L'étude «The Status of the Carpathians», réalisée après une large consultation auprès de 50 partenaires dans le cadre de l'initiative CEI du WWF-DCPO et publié en 2001, propose un état des lieux de la région sur le plan environnemental et socio-économique. La CEI adopte l'approche écorégionale pour délimiter les Carpates qui s'étend sur sept pays de l'Autriche à la Roumanie et sur près de 210'000 km^2 (figure 1). La Serbie est absente de cette définition, alors qu'elle est signataire de la Convention, par contre la limite nord-ouest des Carpates semble s'arrêter à proximité de Vienne. Les critères de délimitation utilisés restent relativement flous[101].

101 Pour une discussion plus approfondie sur le cadrage spatial de cette carte du WWF, voir chapitre 8.

Figure 2: Les Carpates selon Kondracki (Encyclopédie Britannica, 2012).

A la suite du sommet de Bucarest c'est cependant sur la base de la proposition de région du WWF que les premières réflexions sur la délimitation spatiale de la future Convention ont été engagées, en l'absence donc de la Serbie, mais également de l'Autriche, Vienne n'ayant pas émis le désir d'y participer. Six pays étaient donc initialement inclus dans le cadrage spatial de cette proposition de convention-cadre régionale.

L'inclusion a posteriori de la Serbie dans le cadrage spatial de la Convention semble résulter d'un tâtonnement assez curieux. Cette décision semble avoir été basée sur le livre « Karpaty », une référence scientifique reconnue dans la région et écrite en 1978 par le géographe polonais Jerzy Kondracki[102]. Kondracki divise les Carpates en plusieurs sous-massifs et distingue ainsi les Carpates occidentales (intérieures et extérieures), les Carpates orientales (intérieures et extérieures), les Carpates méridionales,

102 Kondracki, J. 1978. Karpaty. Warszawa,Wydawnictwa Szkolne i Pedagogiczne, 271 p.

les Carpates occidentales roumaines et le plateau de Transylvanie, sur des critères géomorphologiques et géologiques. Dans son avant-propos de 1978 le géographe avance que suivant une définition strictement géologique les Carpates s'étendent de l'Autriche jusqu'à la Serbie. Jerzy Kondracki a ensuite repris cette proposition dans l'entrée qu'il a rédigée sur les Carpates dans l'encyclopédie Britannica (figure 2), avec une délimitation plutôt grossière de la région qui descend profondément au Sud dans le territoire Serbe.

Ce serait à partir de cette proposition, consultée «par hasard» par un des négociateurs, peu de temps avant la première réunion d'experts en novembre 2001 qu'aurait émergé l'idée d'inclure la Serbie au processus de négociation:

> At the time the most reliable or best known – also in other Carpathian countries – scientific publication on the whole Carpathian Mountains was a book written by a Polish geographer Jerzy Kondracki. [...] In the original Polish edition I found one interesting sentence in the pre-word part, saying that in fact the geological formations of the Carpathians stretch even further, across the Danube, to the territory of Serbia, and form the East Serbian Mountains extending to the Timok river valley. But in his book he decides to focus on the "main body" of the Carpathians. At that time Serbia was still federated with Montenegro, and I thought that it would be great to organize Carpathian meetings at the Adriatic coast, and immediately informed [the head of the UNEP – interim secretariat of the Carpathian Convention] about this discovery – which resulted in the invitation for Serbia to join... and Serbia was not hesitating long, as they wanted to break the international isolation, lasting after the war. And the obvious benefit of having Serbia on board is that they link also the Carpathians with the Balkan Mountains, so it's a perfect continuity[103].

Au-delà de l'anecdote impossible à vérifier, la référence à l'ouvrage de Jerzy Kondracki témoigne de la volonté d'ancrer la délimitation retenue dans une réalité scientifiquement validée. L'inclusion de la Serbie dans le cadre de la proposition de région s'est ainsi effectuée sur le tard et semble résulter de motivations plutôt géopolitiques. Une Serbie partie prenante de la Convention des Carpates permettait de faire le lien avec les montagnes de l'arc dinarique et des Balkans plus au sud où le PNUE-BRE souhaite également initier un processus d'éco-régionalisation autour des massifs.

103 Entretien GRID 7, décembre 2013.

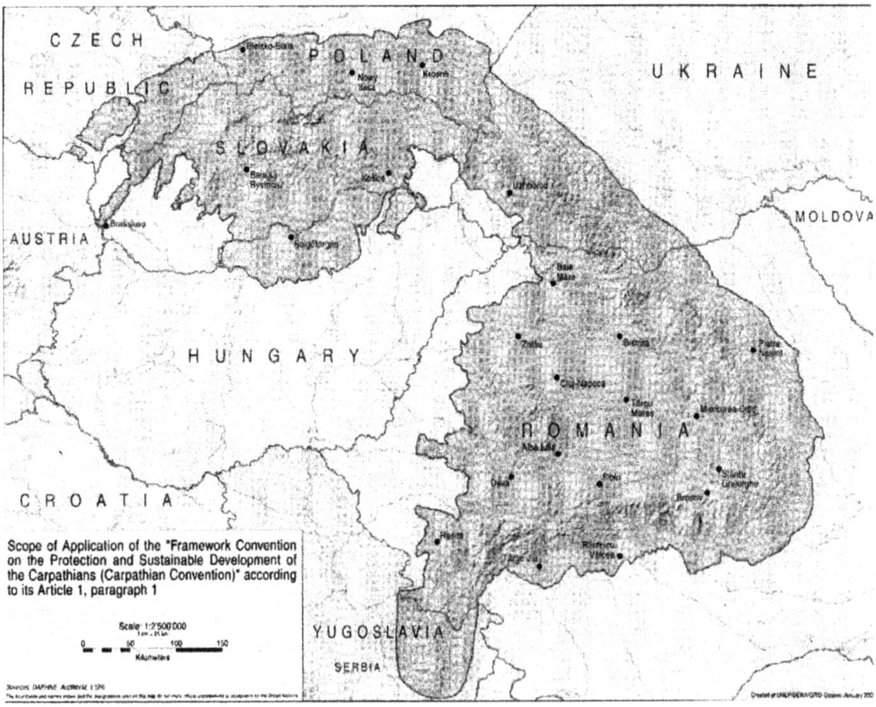

Figure 3 : 1ère proposition cartographique de délimitation préparée en janvier 2003 (tirée de Fall et Egerer, 2004).

Il est ainsi intéressant de noter que la Serbie sera l'un des soutiens du PNUE lors de la conférence de Brdo en 2011, qui verra la Slovénie reprendre la main sur la proposition de région de ce processus d'éco-régionalisation au détriment de l'organisation intergouvernementale[104].

La première carte diffusée par le PNUE en janvier 2003 pour servir de proposition de base aux négociateurs semble confirmer la version d'une inclusion *in extremis* de la Serbie au processus. Cette carte (figure 3) a été produite par un cartographe du PNUE/DEWA/GRID – Genève en janvier 2003. Le cadrage spatial est calqué sur la proposition écorégionale du WWF avec simplement deux modifications : l'exclusion de la partie autrichienne des Carpates – au nord-ouest la région des Carpates s'arrête

104 Voir chapitre 9.

ainsi exactement à la frontière – et l'extension en Serbie, semble-t-il tracée à la main et qui correspond presque à l'identique à la proposition de Jerzy Kondracki dans l'encyclopédie Britannica. Plus de la moitié de l'étendue spatiale de la région de projet des Carpates se trouve sur le territoire roumain sur cette première version.

Cette carte a été discutée et commentée par les différents représentants nationaux et suite à cette première consultation une deuxième carte a été produite et présentée en mars 2003 lors de la quatrième réunion de négociation à l'Académie européenne de Bolzano (Fall et Egerer, 2004). De nombreuses modifications y sont visibles (figure 4) montrant un recentrage progressif du cadrage spatial sur une définition plus strictement montagneuse des Carpates, qui se rapproche de l'approche par massif proposée initialement par le PNUE. La partie serbe a été réduite et précisée par rapport à la première délimitation manuscrite. La référence à la Yougoslavie a disparu suite à la dissolution de la république yougoslave en février 2003 et est remplacée par la nouvelle fédération de la Serbie-Monténégro[105] et sa capitale Belgrade qui apparaît désormais également sur la carte. La plus importante modification concerne la surface de la Roumanie dont une large partie correspondant au plateau transylvanien a été supprimée de cette deuxième carte. La proposition de région forme désormais un « u » sans sa partie sud, excluant des villes comme Cluj ou Sibiu du champ d'application de la Convention. Plusieurs explications de cet important changement peuvent être avancées. La première, avancée par Fall et Egerer (2004), est financière. Il s'agit de la crainte de la Roumanie de voir liée la contribution financière des Etats Parties à la surface de leur territoire compris dans la délimitation spatiale, sur le modèle adopté par la Convention Alpine[106]. Plus cette surface est grande et plus la contribution financière annuelle requise pour financer le fonctionnement de la Convention est importante. L'adoption de la proposition de région du WWF aurait impliqué une contribution financière de la Roumanie de près de la moitié des contributions totales. Le gouvernement roumain avait donc intérêt à limiter la surface de son territoire dans le champ d'application de la Convention.

105 Puis, République de Serbie à la suite de l'indépendance du Monténégro en juin 2006.

106 Le modèle alpin prend en compte la surface, la population et le produit national brut pour déterminer le montant des contributions financières.

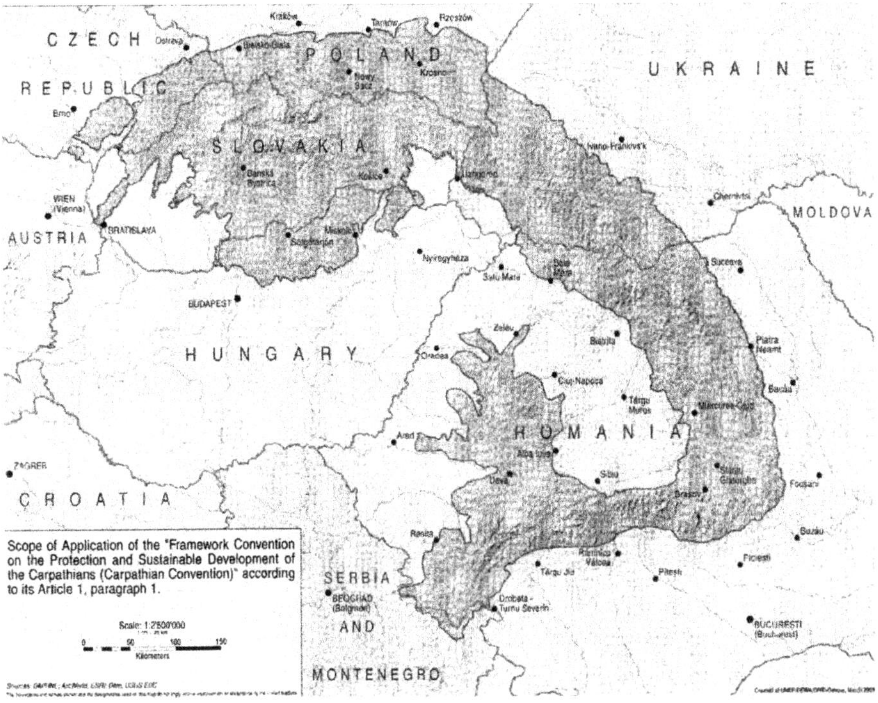

Figure 4: 2ème proposition cartographique de délimitation préparée en mars 2003, (tirée de Fall et Egerer, 2004).

Par ailleurs, la région du plateau transylvanien est une région source de tension historique et actuelle entre la Roumanie et la Hongrie. La Transylvanie a été cédée sous la contrainte par la Hongrie à la Roumanie par le traité de Trianon en 1918 qui marque la désintégration de l'empire austro-hongrois à la fin de la première guerre mondiale. De nombreuses minorités hongroises y vivent encore et ce rattachement du plateau à la Roumanie fait régulièrement l'objet de tension entre les deux Etats. La mise en place de l'article 11 de la convention sur la préservation et la promotion du patrimoine culturel et des cultures traditionnelles locales pouvait potentiellement s'avérer sensible pour le gouvernement roumain dans cette perspective.

Enfin, le plateau transylvanien concentre un nombre important de sites d'exploitation minière d'or, dont l'impact environnemental reste important. En janvier 2000, près de la ville de Baia Mare en Roumanie a eu lieu l'une des plus importantes catastrophes écologiques de ces dernières années : un accident sur le site d'une exploitation minière a provoqué le déversement de près de 100'000 m^3 d'eau polluée au cyanure dans les rivières situées à proximité selon les chiffres de la Cour Européenne des Droits de l'Homme[107]. La pollution s'est ensuite diffusée dans les eaux hongroises par la rivière Mures jusqu'à la Tisza, pour contaminer ensuite le Danube jusqu'à la Mer Noire.

Les modifications proposées par la Roumanie ont provoqué une tension sur cette question transylvanienne avec les négociateurs hongrois qui souhaitaient voir le plateau intégré au traité. Les divergences se sont cristallisées autour de la signification de « la région des Carpates » établie à l'article 1 de la Convention[108]. Pour la Hongrie, la région des Carpates devait être définie scientifiquement sur une base écorégionale et inclure le plateau transylvanien. Le gouvernement roumain soutenait quant à lui une définition plus étroite centrée sur la montagne et demandait l'adoption de l'expression « les montagnes des Carpates » au lieu de simplement « les Carpates » dans le texte de la Convention pour expliciter cette position. Ces divergences ont abouti à une réserve officielle du gouvernement roumain qui considère que « la région des Carpates » établie à l'article 1 de la Convention désigne spécifiquement « l'aire des montagnes des Carpates[109] » définie sur le territoire roumain selon des critères biologiques et physico-géographiques, ainsi que socioéconomiques liés à une réduction potentielle de l'utilisation du sol et de la relation des populations locales avec leur environnement, conformément aux critères de la Communauté européenne concernant la délimitation des régions biogéographiques alpines[110]. Le renvoi à la définition de la communauté européenne fait référence à la classification biogéographique des régions européennes pro-

---

107 Arrêt de chambre Tatar c. Roumanie, 27 janvier 2009, <http://hudoc.echr.coe.int/sites/eng/pages/search.aspx?i=003-2614940-2848779#{%22itemid%22:[%22003-2614940-2848779%22]}>, consulté le 15 avril 2014.

108 The Convention applies to the Carpathian region (hereinafter referred to as the "Carpathians") to be defined by the Conference of the Parties, article 1, Carpathian Convention, 22 May 2003.

109 Carpathian mountain area.

110 Reservation of the Government of Romania to the Framework Convention on the Protection and Sustainable Development of the Carpathians, Kiev, 22 May 2003.

posée par le «European Topic Centre for Nature Protection and Biodiversity» pour la direction générale environnement dans le cadre de l'initiative européenne Natura 2000.

L'enjeu de la question transylvanienne a bloqué tout accord entre les négociateurs. Dès lors, et contrairement à la Convention Alpine qui s'appuie sur une carte en annexe pour définir les entités institutionnelles incluses dans le champ d'application, l'article 1 de la Convention des Carpates débute avec une «purposefully vague definition» (Fall et Egerer, 2004, p. 98) du périmètre d'application dans le but de continuer à faire avancer le processus. Cet exemple souligne la question hautement politique de la délimitation des frontières et rappelle que loin d'exister a priori attendant d'être découverte, la région de projet environnemental des Carpates n'est pas déterminée par la nature mais est avant tout une construction politique s'insérant dans un contexte historique et social et résultant des pratiques scalaires d'acteurs variés.

4.6 Synthèse de ce chapitre

Ce premier chapitre de la partie empirique s'est principalement intéressé aux pratiques spatiales du WWF et du PNUE pour identifier et définir leurs propositions de région des Carpates.

J'ai montré que la région de projet environnemental des Carpates n'est pas une entité naturelle existant à priori mais une construction sociale, matérielle et discursive, le résultat d'un processus dynamique de configuration scalaire. Ce processus d'éco-régionalisation est le résultat d'une convergence (partielle) d'acteurs hétérogènes, basés en différents lieux, et agissant selon des cadrages et des spatialités différentes. Ce processus de construction implique ainsi une grande diversité d'acteurs qui ne sont pas tous intentionnellement concernés par la construction régionale et qui peuvent dépasser le cadre de la région elle-même. Ces régions de projet peuvent parfois être pensées en amont, par exemple sur la base de critères naturalistes (comme les écorégions), mais le plus souvent il s'agit d'un processus de configuration scalaire d'identification et de définition fait de tâtonnements, d'essais et d'erreurs, sans méthodologie précise et/ou prédéfinie, et souvent en fonction des opportunités. Ce processus de convergence et de tâtonnements peut aboutir à la création de régions de projet sous un cadre institutionnel et juridique intergouvernemental dur, mais avec des cadrages spatiaux et argumentatifs souvent encore très approximatifs et un fonctionnement restant encore à inventer.

J'ai ainsi tout d'abord montré que l'identification des Carpates par le WWF comme entité pertinente pour la mise en place de politiques environnementales ne résultait pas d'une identification a priori dans le cadre du programme écorégional Global 200, mais d'un recadrage des pratiques de l'organisation sur la question de la protection des eaux du Danube qui l'a amené à adopter une approche par bassin versant pour cadrer ses actions et à intégrer les montagnes des Carpates dans ce nouveau cadrage. C'est progressivement et par une initiative endogène que l'approche écorégionale a été adoptée pour définir une proposition de région propre aux enjeux environnementaux des montagnes des Carpates. Dans le cadre de la «Carpathian Ecoregion Initiative» (CEI), le WWF a pu structurer un réseau de partenaires autour de sa proposition et participer à la construction d'un public régional.

Concernant le programme Global 200, j'ai montré qu'il a été mobilisé par le WWF International comme un outil stratégique de communication pour légitimer son action scientifiquement a posteriori et obtenir des financements. Le concept d'écorégion apparait ainsi avoir plutôt été utilisé dans le contexte des Carpates comme un label garantissant le sérieux du projet et justifiant la proposition de région basée sur des critères naturalistes, plutôt que comme un outil scientifique de planification territoriale des actions de l'organisation non-gouvernementale. Mes entretiens ont montré que la priorisation des écorégions dans le cadre du programme Global 200 résultait plutôt d'une combinaison de critères, politiques, financiers et naturalistes.

J'ai ensuite montré que le PNUE a formulé une proposition de région différente au début des années 2000. Le PNUE a pragmatiquement saisi l'opportunité stratégique de l'année internationale de la montagne en 2002, pour mobiliser son approche par massif afin de définir son projet de région et se positionner dans le processus d'éco-régionalisation autour des régions de montagne. Par son statut d'organisation intergouvernementale il a réussi à mobiliser la plupart des gouvernements en faveur de sa proposition.

Ces deux institutions ont rapidement identifié l'opportunité de coopérer pour rassembler un «public régional» autour de la formulation d'une proposition de région commune. Cette proposition s'est matérialisée sous la forme d'une proposition de coopération environnementale intergouvernementale dans le cadre d'un traité international lors du sommet de Bucarest en avril 2001 organisé par le WWF. La singularisation de la proposition de région a coïncidé avec la stabilisation d'un public régional derrière le projet.

A la suite du sommet cependant, des tensions internes à l'organisation ont eu raison de la CEI et ont abouti à la démission de l'ensemble du bureau Danube-Carpates du WWF au début des négociations sur la future convention. Le PNUE a ainsi pris seul le leadership sur la proposition de région et a mené le processus de négociation. Les représentants nationaux se sont très rapidement mis d'accord sur le cadrage thématique de la proposition de région en favorisant une approche intégrée de développement durable par peur d'entraver le développement économique de la région. Ils ont également favorisé un cadrage spatial plus centré sur le massif de montagne se rapprochant ainsi de la définition proposée initialement par le PNUE.

L'adoption d'une définition commune par tous les négociateurs a cependant échoué en raison de tensions géopolitiques entre deux des Etats Parties. Les négociateurs ont ainsi adopté une définition vague pour avoir la flexibilité d'adapter le cadrage spatial en fonction de leurs cadres nationaux de référence respectifs Aucune définition commune n'a cependant pour l'instant pu être trouvée entre les différents gouvernements pour définir précisément la proposition de région. Malgré ce différend, la Convention des Carpates a été signée par tous les pays le 22 mai 2003 à Kiev.

Chapitre 5
La Convention des Carpates

Ce chapitre est le premier portant directement sur les pratiques du secrétariat par intérim de la Convention des Carpates (SICC). La majorité des informations présentées ici et dans les chapitres suivants résulte de l'observation participante que j'ai pu effectuer au sein du secrétariat de janvier à mai 2011, ainsi que du nombre important de documents que j'ai pu récolter. Certaines observations ont également été faites durant les réunions et conférences organisées par le secrétariat pendant cette période. Je m'appuierai de manière complémentaire sur mes entretiens pour détailler certains aspects ou préciser le sens de certaines pratiques observées.

La plupart des recherches sur la construction de région de projet environnemental se sont concentrées sur l'analyse de l'identification et la construction de ces entités en se concentrant généralement sur les différents systèmes scalaires mobilisés et sur les négociations quant à la définition du cadrage de l'entité spatiale (chapitre 4). S'il s'agit à n'en pas douter de processus importants à considérer, ce ne sont cependant qu'une modalité du processus d'éco-régionalisation. Il convient de considérer également les pratiques discursives et matérielles des acteurs visant à performer la région, le rôle de la science et de l'expertise scientifique dans le processus et des éléments matériels tels que les cartes et les bases de données. Les travaux de géographie ont cependant relativement négligé ces différents éléments, une lacune que je propose de combler dans les prochains chapitres de cet ouvrage.

Avant d'aller dans le détail de l'analyse des pratiques matérielles et discursives du secrétariat, il me semble utile de familiariser le lecteur avec le fonctionnement institutionnel du traité et le réseau d'acteurs sur lequel le secrétariat peut s'appuyer dans ce processus d'éco-régionalisation. C'est l'objectif de ce chapitre. Je commencerai par une présentation des quelques recherches ayant portées sur l'analyse des secrétariats internationaux, ainsi que des hypothèses qui vont guider les prochains chapitres. Ensuite, j'introduirai le secrétariat, son organisation et ses fonctions, ainsi que les enjeux liés à son emplacement et à son administration. Je détaillerai ensuite le fonctionnement institutionnel du traité et le rôle que joue le secrétariat dans cette optique. Enfin, je présenterai les acteurs principaux de l'agencement des Carpates qui tous participent au fonctionnement institutionnel du traité.

5.1 Les secrétariats «nouveaux» acteurs internationaux

Dans le cas du processus d'éco-régionalisation des Carpates, c'est le secrétariat par intérim de la Convention des Carpates qui agit comme le ‹porte-parole› de la région, pour reprendre la proposition de Jonathan Metzger et Peter Schmitt (2012). Mais le rôle du secrétariat ne se limite pas à être le porte-parole de la région. Dans le cadre de cet ouvrage j'entends particulièrement m'intéresser aux pratiques matérielles et discursives du secrétariat par intérim de la Convention des Carpates dans le processus d'éco-régionalisation. Cette partie de mon analyse sera particulièrement ethnographique et résultera de mes observations de ces pratiques sur le terrain. Il me semble néanmoins nécessaire de regarder comment ces institutions ont été analysées dans la littérature. J'ai déjà suggéré l'opportunité de concevoir le secrétariat comme une organisation frontière, et d'étudier ses pratiques à l'interface entre science et politique, en élargissant le concept également aux pratiques scalaires des différents acteurs du processus régional. Le rôle premier du secrétariat reste cependant d'assurer le fonctionnement institutionnel du traité: le secrétariat convoque les réunions des groupes de travail et des Conférences des Parties et assure le rôle de médiateur; il prépare des rapports et les points à discuter à l'agenda; il tisse des liens institutionnels avec d'autres traités et institutions et étend ainsi le réseau de la Convention; il coordonne la mise en œuvre de la Convention et développe des projets; enfin il assure l'interface entre la production de connaissances scientifiques à l'échelle régionale et le processus politique de construction régionale. Il est à ce titre un acteur essentiel du processus d'éco-régionalisation des Carpates.

La littérature scientifique sur les pratiques des secrétariats est cependant rare, spécifiquement dans le contexte de l'analyse de processus d'éco-régionalisation. Ainsi, seul Stacy VanDeveer (2011) mentionne dans une analyse des réseaux de coopération environnementale autour de la mer Baltique, le rôle qu'a joué l'organe institutionnel de la Convention pour la protection du milieu marin dans la zone de la Mer Baltique (Convention d'Helsinki), HELCOM, dans la structuration d'un réseau d'acteurs politiques et scientifiques, contribuant à la diffusion de normes et de principes et à la consolidation de la région.

Les travaux les plus aboutis sur le rôle des secrétariats sur la gouvernance environnementale au sens large se trouvent dans le champ des relations internationales (voir par exemple Bauer 2006, Bauer et Andresen 2010 ou Biermann et Siebenhüner 2009). Ces récentes études sont en partie basées sur les travaux de Michael Barnett et Martha Finnemore (2004) qui ont montré que les secrétariats devaient être considérés comme des acteurs politiques à part entière dans le champ des relations internationales. Ces recherches s'interrogent généralement sur les performances des secrétariats et sur leur influence dans l'élaboration des politiques publiques. Les travaux de Rosemary Sandford (1994, 1996) sont certainement ceux qui ont été le plus poussés sur ce sujet et qui ont le plus détaillé le rôle des secrétariats dans la gouvernance environnementale. Rosemary Sandford souligne notamment le maintien de larges réseaux à l'intérieur et à l'extérieur du traité comme un facteur déterminant de l'influence que peut avoir le secrétariat et de sa capacité à lever des fonds et monter des projets (Sandford, 1996, p. 9).

Intéressés par l'influence des secrétariats de traités internationaux (qu'ils appellent bureaucratie internationale environnementale) sur l'élaboration des politiques environnementales globales, Franck Biermann et Bernd Siebenhüner (2009) ont récemment proposé un état de la littérature sur le sujet et mis en évidence trois sources d'influence des secrétariats : une influence cognitive, en premier lieu : par la compilation, la synthétisation et la distribution de connaissances scientifiques et techniques (rapports, bases de données, publications scientifiques, déclarations de presse), les secrétariats contribueraient à la modification des systèmes de croyance (Biermann et al., 2009, p. 47), au cadrage et à la mise à l'agenda des problèmes. Cette fonction serait grandement dépendante de la crédibilité et de la neutralité apparente de l'institution (Bauer 2006, Depledge 2007, Sandford 1996).

Une influence normative ensuite, qui est en partie liée à la capacité de production et de diffusion de connaissances, mais pas seulement. Lors des négociations internationales, le secrétariat fournit des conseils techniques, identifie des options, veille à la bonne organisation et à la logistique de l'événement et par là-même participe à la construction de normes sur une thématique spécifique, que cela soit lors de la mise à l'agenda du problème et au début des négociations et dans un deuxième temps dans la phase de mise en œuvre. Le secrétariat participe également à la priorisation des thèmes (Sandford, 1996). La rédaction des brouillons, souvent repris avec peu de modifications, est identifiée comme une influence normative majeure des secrétariats pendant les négociations et conférences internationales (Depledge, 2007). Le rôle du président de séance sur la tenue des négociations est également mis en avant par Johanna Depledge (2007) et surtout par Jonas Tallberg (2010) qui souligne l'accès privilégié aux ressources fournies par les membres du secrétariat qui permet au président de séance de diriger et d'influencer les négociations.

Une influence d'exécution enfin, qui relève d'un mandat plus opérationnel, d'une assistance à la mise en œuvre du traité, soit par la coopération avec d'autres entités actives sur le terrain, soit par la diffusion d'information et de connaissance lors de campagnes de sensibilisation ou d'ateliers, soit par des programmes de renforcement des capacités administratives ou légales des Etats ou collectivités locales ou régionales afin de faciliter la mise en œuvre des règles de droit internationales, soit enfin par une assistance technique et informationnelle sur les meilleures pratiques ou par un transfert de technologie (Biermann et al., 2009, p. 48-49).

Ces quelques travaux montrent la variété de rôles et de pratiques du secrétariat dans le fonctionnement institutionnel de la Convention qui s'étendent bien au-delà de sa fonction de ‹porte-parole› de l'entité régionale. Ils mettent également en lumière l'influence qu'il peut jouer dans la conduite du traité et de ses orientations stratégiques, faisant de lui un acteur central du processus d'éco-régionalisation. Ces différents travaux constituent ainsi des pistes intéressantes de recherche qui ont servi de base à mon observation des pratiques matérielle et discursives par lesquelles le secrétariat de la Convention des Carpates performe la région au quotidien.

Hypothèses:

- La stabilité de la région de projet dépend en grande partie dans son fonctionnement institutionnel, de sa capacité à déployer ses effets et de sa faculté à intégrer les propositions de région parfois concurrentes sous un même cadrage. La région est performée par une variété de pratiques matérielles et discursives. Ce processus vise à consolider et à enrichir le cadre de coopération régional nouvellement créé et à stabiliser l'agencement des Carpates dans l'espace et dans le temps.
    - Elle implique des formes de performance socio-matérielle variées – relationnelles (réseaux denses de relations entre acteurs, constitutions de réseaux de scientifiques), opérationnelles (projets), institutionnelles (protocoles, création de nouvelles institutions régionales) et matérielles (cartes, publications, bases de données) – toutes ensemble étant susceptibles d'institutionnaliser la région de projet. Plus ce processus continue: se poursuit, plus la région est performée et se distingue des autres régions. On peut ainsi dire que la région prend de ‹l'épaisseur›.
    - La mise en place de ces formes de performance est effectuée dans le contexte des Carpates principalement par l'organe institutionnel de la Convention, le secrétariat par intérim administré par le PNUE qui joue dès lors un rôle essentiel dans le processus d'institutionnalisation. Ce processus de stabilisation est un processus complexe impliquant une multitude de pratiques d'acteurs, provenant de mondes différents, agissant suivant des systèmes scalaires variés et poursuivant des objectifs parfois concurrents. Le travail du secrétariat peut ainsi s'apparenter à celui d'une organisation frontière agissant à l'interface entre science et politique et tentant de réconcilier les différentes demandes. L'action du secrétariat dans le processus d'institutionnalisation ne peut donc pas être entièrement planifiée, elle est par essence située et s'apparente plutôt à un bricolage constant, fait de tâtonnements et d'essais et d'erreurs. Elle poursuit cependant un double objectif: consolider à la fois la région et l'institution qui mène ce processus.

5.2 Le secrétariat par intérim de la Convention des Carpates

Organisation et fonctions: le double mandat du bureau de Vienne

En 2011, le personnel du bureau de Vienne était composé de neuf personnes travaillant pour la plupart à plein temps, mais engagées sur des mandats et contrats variés. Sur les neuf membres présents, cinq étaient engagés sur des contrats à durée indéterminée, dont deux sur le budget du secrétariat, un sur celui du PNUE, deux enfin, envoyés par l'Académie européenne de Bolzano (EURAC) qui a détaché depuis 2009 deux de ses membres à Vienne pour assister le secrétariat. Les quatre autres postes se répartissaient entre stagiaires et consultants engagés périodiquement sur des contrats à durée déterminée. Il s'agit donc d'un secrétariat relativement petit au vu de la diversité de ses mandats, mais dont la taille correspond à celui de la Convention Alpine.

Du fait du nombre réduit d'employés, l'organisation du bureau est assez simple. Les deux membres travaillant sous la direction de l'Académie européenne de Bolzano partagent le même bureau et sont en relation étroite avec le secrétaire général. Une consultante complète leur bureau, en grande partie dédié à la mise en place et la coordination de projets en lien avec la convention (voir chapitre suivant). Ils assistent également le secrétaire général pour mener les négociations lors de conférences et groupes de travail spécifiques à certains protocoles. Tous officient sous la coordination directe du secrétaire général, appointé par le PNUE-BRE et qui représente le Secrétariat par intérim de la Convention des Carpates (SICC) à l'extérieur lors des conférences et rendez-vous stratégiques sur les montagnes. Un responsable adjoint de programme est spécifiquement chargé de la région du sud-est européen et de l'initiative environnement et sécurité qui s'y rapporte géographiquement. Les quatre stagiaires et consultants sont affectés à des projets ou thématiques spécifiques: ils aident à l'organisation des conférences et des groupes de travail, ainsi qu'à la logistique générale du secrétariat.

La nationalité des membres du secrétariat reflète l'influence des pays alpins dans le processus des Carpates. Le secrétaire général est autrichien, comme la majeure partie du personnel engagé localement. Le responsable de programme est italien et a travaillé pour EURAC et le Ministère italien de l'environnement avant d'être engagé par le secrétariat. Les deux membres de la cellule EURAC sont autrichien pour le premier et italien pour le second. La consultante engagée spécifiquement au montage de projets complète la présence italienne au SICC. Seuls certains stagiaires et consultants proviennent parfois de la région. Une des stagiaires était ainsi bulgare et une consultante roumaine. La langue de travail commune est l'anglais: lors de mon observation au siège du secrétariat, seul un membre du SICC parlait une langue des Carpates. Il s'agissait d'une consultante engagée sur des projets particuliers et vivant à Vienne depuis plusieurs années. Les Parties ne doivent donc pas être formellement représentées au sein du SICC, ce qui peut renforcer l'impression que le secrétariat est éloigné des intérêts particuliers de la région de projet. Un acteur national engagé dans le processus des Carpates depuis les premières négociations m'a ainsi confié que la présence ou l'absence d'employé(e)s en provenance de la région des Carpates influait directement sur l'efficacité de celui-ci:

> My observation from those 10 years is that the performance of the ISCC [Interim Secretariat of the Carpathian Convention], especially in the Carpathian-related issues, depends on the ISCC staff composition: the more Carpathian nationalities' representatives, aware of the Carpathian reality, able to communicate in Carpathian languages..., and in general more personally motivated to act for the Carpathians than people of other, "Western", nationalities, were present at the Vienna International Center – the better was the ISCC performance in the Carpathians[111].

De ce point de vue, le déplacement du siège du secrétariat au sein des Carpates évoqué plus bas dans ce chapitre pourrait contribuer à une meilleure intégration régionale du secrétariat.

Le bureau de Vienne assume une grande diversité de rôles la plupart du temps très complémentaires. Son mandat de secrétariat est officiellement défini à l'article 15 de la Convention, qui établit deux des trois fonctions principales que Franck Biermann et Bernd Siebenhüner (2009) ont identifiées: une fonction administrative de soutien à la mise en œuvre du traité (organisation des conférences, élaboration de rapports, soutien technique) et une fonction cognitive (recherche, communication et information). L'article 15 établit également une fonction de représentation

111 Entretien GRID 7, décembre 2013.

(lien avec d'autres secrétariats, institutions internationales ou conventions). Le secrétariat n'a donc pas a priori de fonction opérationnelle, bien que le soutien à la mise en œuvre du traité puisse prendre différentes formes. Le mandat du secrétariat n'inclut pas non plus le lancement de projets d'envergure, bien que, je le montrerai dans le chapitre suivant, cela soit une fonction essentielle de ses activités. Ce mandat reste très général et correspond à la plupart de ceux des autres secrétariats de traité environnemental (Biermann et Siebenhüner, 2009), ainsi qu'à celui de la Convention Alpine, bien que le mandat de ce dernier soit défini bien plus en détail par une décision de la Conférence Alpine (VII/2).

En complément de ce mandat de SICC, le bureau de Vienne est également le référent montagne au sein du PNUE-BRE ainsi que son point de contact pour les pays d'Europe centrale et du sud est. A ce titre, il officie comme bureau régional pour le sud-est européen de l'initiative internationale environnement et sécurité (ENVSEC), un partenariat conclu par six organisations internationales – l'organisation pour la sécurité et la coopération en Europe (OSCE), le centre environnemental régional pour l'Europe centrale et de l'est (REC), la commission économique pour l'Europe (CEE-ONU), l'organisation du traité de l'Atlantique Nord (NATO), le PNUE et le Programme des Nations Unies pour le développement (PNUD) – qui lie protection de l'environnement et prévention des conflits par la promotion de la coopération régionale dans des zones à risques. Enfin, le bureau de Vienne est également le centre de référence environnemental du partenariat global pour la montagne et assure également la liaison pour le PNUE avec les organisations internationales basées à Vienne. Le bureau de Vienne poursuit donc un agenda plus large que celui de la Convention, couplant un engagement thématique (la montagne) et géographique (les Carpates et le sud-est européen) pour le PNUE, qui autorise une forte complémentarité dans ses actions.

Malgré la complémentarité de ces mandats, le statut du bureau du PNUE à Vienne-SICC[112] qui doit à la fois prendre en compte la volonté des

112 Nous utiliserons la dénomination ‹SICC› pour référer strictement à l'organe en charge des activités de secrétariat de la Convention des Carpates, alors que la dénomination ‹bureau de Vienne› sera utilisé dans un sens plus large en référence aux autres mandats, souvent complémentaires, dont ce bureau a la responsabilité en parallèle à celui de SICC.

Parties, les intérêts de la Convention et ceux du PNUE n'est pas sans créer de tensions. Bien qu'indépendant et au service des Parties, le secrétariat est d'ailleurs souvent perçu comme une unité du PNUE par certaines organisations non gouvernementales actives dans la région[113]. Formellement pourtant, si le bureau de Vienne est bien un bureau détaché (‹outposted office›) du PNUE-BRE et entretient une relation constante avec celui-ci, le SICC ne répond au niveau de ses activités que de la Conférence des Parties. Au niveau financier, le PNUE ne participe pas au fonctionnement du secrétariat. Seul un poste d'assistante administrative est mis à disposition. Si le secrétaire général a bien été appointé par le PNUE, il est cependant payé sur le budget du secrétariat et pas sur les projets obtenus. Comme le confirme un responsable du PNUE-BRE, «il faut faire très attention à ne pas mélanger les financements [...] donc la réponse à la question c'est une réponse de gestion[114]». Cette réponse de gestion dans la plupart des conventions administrées par le PNUE prend la forme d'un fond en fiducie qui permet d'éviter le mélange des financements et de garantir l'indépendance financière du secrétariat dans la gestion de la Convention.

Dans les faits cependant, cette tension entre les secrétariats et l'agence internationale qui les administre dépasse la simple question de la gestion des financements. Il existe un vrai questionnement de fond des secrétaires généraux sur leur relation avec le programme des Nations Unies pour l'environnement et leur insertion dans le programme de travail de l'organisation. Du point de vue de certains secrétariats, la conduite des conventions est une compétence exclusive des COP et ne peut de ce fait être soumis au siège de l'agence qui l'administre:

> Sometimes it's not really understood. They [UNEP Nairobi] are not supposed to question why I am working now on small railways in the Carpathians. No, this is not their business. Not the business of the UNEP governing council, not the business of the UNEP quality assurance section. Basically, I was told 'you are an integral part of the program', but I told them 'in the case of the Carpathians our program of work is done by the Carpathian Convention Conference of the Parties and not by you'. And this was a very hard argument for them to swallow[115].

---

113 Entretien informel non enregistré avec un membre d'une ONG environnementale internationale active dans la région.

114 Entretien PNUE 1, mars 2011.

115 Entretien PNUE 2, mars 2011.

Cette volonté d'autonomie dans la conduite de leurs projets semble selon les dires du SICC[116] largement partagée par les autres secrétariats administrés par le PNUE, comme celui de la Convention sur la Diversité Biologique par exemple. Dans le cas des Carpates, elle ne s'accompagne cependant pas d'une volonté d'indépendance par rapport au programme des Nations Unies. Au contraire, le SICC est conscient des avantages qu'il tire du PNUE en termes de réseau, de professionnalisme et de visibilité sur la scène internationale. La critique porte sur la relation entre les deux institutions mais le lien affectif des membres du SICC avec le PNUE reste fort :

> I am UNEP, I am proud to be UNEP, I am defending UNEP, but it has to be understood that in reality the Carpathian Convention is an international organization which requested UNEP to service [so] you have to service the secretariat and not the other way around[117].

La localisation du secrétariat

La question de l'emplacement du secrétariat permanent de la Convention des Carpates est presque aussi épineuse que les questions relatives à son champ d'application. Elle n'est d'ailleurs toujours pas résolue, plus de dix ans après l'adoption du traité et sept ans après son entrée en vigueur. La décision de l'établissement du secrétariat permanent devait être établie à l'entrée en vigueur du traité, soit à la première COP en 2006, conformément à l'article 15 paragraphe 1 de la Convention. A la suite de la signature du traité en 2003 à Kiev, les Etats Parties ont ainsi mandaté le PNUE, pour l'administration d'un secrétariat par intérim afin d'organiser la première Conférence des Parties (COP1) en 2006 (UNEP/CC/COP1/17). Durant cet intérim le secrétariat a été financé par le soutien volontaire des Parties au traité, pour un montant annuel total de 150'000 dollars.

C'est le secrétariat par intérim de la Convention des Carpates qui a été chargé du processus de sélection des villes prêtes à accueillir le nouveau

116 Il est entendu que ces informations proviennent d'échanges informels avec les membres du secrétariat et qu'il ne s'agit point d'une position officielle de celui-ci. C'est afin de respecter l'anonymat de ces personnes que j'utilise l'acronyme SICC comme s'il s'agissait d'une personne en particulier.

117 Entretien PNUE 2, mars 2011.

secrétariat permanent et de l'établissement de critères de sélection. Deux possibilités ont été envisagées: un secrétariat basé dans un des Etats Parties à la Convention ou un secrétariat rattaché à une ou plusieurs agences internationales et basé au siège de celle(s)-ci. Un questionnaire portant sur le cadre légal du fonctionnement du secrétariat et de son personnel, des infrastructures proposées et des équipements du site en termes de visibilité et d'accessibilité notamment a été distribué aux Etats éventuellement intéressés. En vue de la COP1, trois candidatures ont été formellement déposées au SICC: Braşov en Roumanie, Banska Bystrica en Slovaquie et Chernivtsi en Ukraine. Aucun consensus[118] n'a cependant été trouvé durant la COP1, les Etats signataires estimant la question «prématurée[119]». Il semble que des considérations géopolitiques liées à la peur de voir un des pays dominer la Convention ont empêché la conclusion d'un accord sur la question:

> For obvious reasons [the countries failed to agree on the administration and location of the secretariat]: the Carpathian Convention process has officially been initiated by Ukraine, but they are having not a single Secretariat in Kyiv, while Romania, which is harboring more than a half of the Carpathians, has the ambition to lead or take over... This is why Ukraine would never let Romania have the Secretariat, and the opposite is true[120].

Durant la conférence, les Etats signataires ont cependant affirmé leur volonté d'établir le secrétariat dans un pays signataire de la Convention et de trouver une solution à la COP2. Dans l'attente d'une telle décision, le secrétariat par intérim est basé à Vienne suite à une proposition de financement autrichien. Cette décision est motivée par des considérations logistiques (présence d'autres organisations internationales et bonne accessibilité en termes de transport), et politique (Vienne peut être considérée comme un emplacement temporaire neutre externe à la région).

Vienne est le siège de nombreuses agences, organisations et commissions internationales dont *l'International Commission for the Protection of the Danube River* (ICPDR), qui est un partenaire important de la stratégie macro-régionale européenne pour le Danube et dont le

118 La décision doit être prise par consensus.

119 «not be ripe for a decision», UNEP/CC/COP1/17.

120 Entretien GRID 7, décembre 2013.

périmètre spatial englobe les montagnes des Carpates. Le secrétariat par intérim de la convention des Carpates et le secrétariat de l'ICPDR ont leurs bureaux à proximité, ce qui peut faciliter les échanges entre les deux institutions, quoique durant ma période d'observation il ne m'ait pas été donné de voir de tels échanges. Le SICC bénéficie ainsi, jusqu'à maintenant, d'un emplacement central géographiquement, bien relié au réseau européen de transport, proche des Carpates et des autres secrétariats internationaux.

La seconde Conférence des Parties à Bucarest en juin 2008 devait donc être l'occasion de prendre une décision sur le secrétariat permanent de la Convention. Pourtant, en dépit de l'actualisation détaillée des trois offres envoyées au SICC, aucun consensus n'a pu être atteint en amont et durant la COP2, notamment en raison d'une procédure d'attribution peu claire (Broggiato et Church, 2008, p. 271), repoussant une nouvelle fois toute prise de décision. Durant la conférence, la possibilité d'un secrétariat administré de façon permanente par le PNUE-BRE a été pour la première fois ouvertement posée par les représentants du bureau régional européen de l'organisation.

Le processus a été quelque peu relancé avant la troisième Conférence des Parties avec la demande faite au secrétariat par la Slovaquie d'organiser une consultation informelle des Ministres sur le sujet durant la COP3 en 2011 à Bratislava. Cette troisième Conférence des Parties n'a cependant pas non plus abouti à une avancée significative. Les Etats ont pourtant une nouvelle fois affirmé l'urgence et la nécessité de trouver un compromis sur le sujet sans pour autant proposer de solutions pour y parvenir. Il semble que les enjeux géopolitiques soient trop importants pour arriver à un accord. Bien que cette situation ne puisse continuer de manière permanente, le *statu quo* actuel est préféré à une résolution difficile et forcément insatisfaisante pour les parties recalées.

Quelques signaux tendent cependant à montrer une évolution sur la question : à l'issue de la COP3, les Etats ont formellement demandé au SICC de mettre en place des critères transparents de sélection et d'organiser un groupe de travail afin d'avancer dans le processus (DECISION COP3/15). Des visites des lieux ont enfin été organisées et une comparaison des budgets prévisionnels des trois propositions, incluant également le fonctionnement actuel du SICC et la possibilité de rapatrier le secrétariat à

Genève sous l'égide du PNUE-BRE a été discuté lors du comité de mise en œuvre de la Convention en 2012, ravivant un peu l'espoir d'une décision à la COP4 en 2014.

Administration et budget

Depuis les premiers rapports sur l'établissement d'un secrétariat permanent avant la première Conférence des Parties en 2006, la question de son administration a été séparée de la question de son emplacement. Le PNUE-BRE a ainsi toujours laissé la porte ouverte à un secrétariat administré de façon permanente par son institution même s'il devait être déplacé dans un des Etats Parties[121]. C'est également ce qu'indique le rapport préparé par le SICC en vue de la COP1 sur l'établissement d'un secrétariat permanent, qui souligne qu'en règle générale dans la pratique internationale «la majorité des accords internationaux restent institutionnellement liés à une ou plusieurs agences internationales, spécialement celles qui ont soutenu le processus de négociation» (UNEP/CC/COP1/17, Point 21). C'est également le cas d'autres secrétariats internationaux (Convention sur la biodiversité, Protocole de Montréal) ou régionaux (Mer Caspienne) qui sont administrés par le Programme des Nations Unies pour l'Environnement.

Malgré le déménagement probable du secrétariat dans un pays des Carpates, la question de son administration par le PNUE reste donc ouverte et soutenue publiquement par le SICC:

> While the choice for an independent Secretariat requires a decision on its location, a choice for UNEP to continue to administer the Secretariat of the Convention in Vienna can be made independently of the decision on its permanent location[122].

Une proposition formelle dans ce sens a été soumise lors de la troisième Conférence des Parties à Bratislava en 2011.

En attendant une éventuelle administration permanente du secrétariat de la Convention des Carpates par le PNUE, un fond en fiducie (*'trust*

121 Entretien non enregistré avec un ancien responsable du PNUE-BRE.

122 Secrétaire général du SICC, CCIC Report, 2010.

fund') administré par le PNUE a été établi lors de la troisième COP en 2011. Le fond en fiducie est un instrument financier souvent utilisé dans les pays anglo-saxons qui permet à un administrateur de détenir et de gérer des fonds au profit d'une autre personne ou organisation selon les souhaits de ces derniers. Il s'agit d'une pratique relativement courante dans le cas de conventions internationales administrées par une ou plusieurs agences internationales, car le fond en fiducie permet de garantir l'indépendance des bénéficiaires (la COP et le secrétariat dans le cas présent) dans la gestion du budget de la convention par rapport à l'agence qui l'administre (le PNUE en l'occurrence). Dans ce cas, le rôle de l'agence internationale est principalement celui de trésorier et n'a pas de contrôle sur les projets financés dans le cadre du fond. La Conférence des Parties renforce ainsi son pouvoir sur la gestion du budget qu'elle alloue à la Convention.

Le montant total annuel des contributions au fond s'élève à environ 390'000 dollars sur la période 2012-2014, soit en guise de comparaison moins de la moitié du budget de la Convention Alpine. Les contributions volontaires des Parties s'élèvent elles à 195'000 dollars. Seule une partie du personnel du secrétariat est donc financée par la contribution des Parties, il s'agit du secrétaire général et d'un responsable adjoint de programme. Les contributions ne couvrent cependant pas leurs rémunérations qui sont complétées par d'autres mandats. Les autres employés sont financés soit directement par le PNUE qui salarie une assistante administrative, soit par EURAC, soit via des projets transnationaux. Si une importante partie du budget total est dévolue aux ressources humaines (près de la moitié), une part non négligeable est affectée, sans surprise, à l'organisation des conférences et des groupes de travail de la convention.

Fonctionnement administratif

La première fonction d'un secrétariat est de veiller au bon fonctionnement du traité auquel il est lié. Dans le cadre de la convention des Carpates, ce soutien revêt formellement trois formes: organisation des Conférences des Parties (COP) et des conférences préparatoires; élaboration de rapports sur la mise en œuvre de la convention et de documents de travail pour les groupes thématiques; soutien technique aux États le demandant et lors des conférences par la collecte et la diffusion d'informations et de données.

Tous les trois ans environ, le secrétariat organise, en collaboration avec le pays assurant la présidence du traité, une Conférence des Parties qui réunit les Ministres des États signataires de la Convention. Il s'agit pour la plupart du temps des Ministres de l'environnement, mais ils peuvent également être représentés par des adjoints ou des secrétaires d'Etat. Chaque ministre est accompagné d'une délégation pouvant aller jusqu'à dix personnes selon les conférences. Seule une partie de la conférence qui peut s'étaler sur plusieurs jours est réservée aux ministres. Les sessions plénières passent en revue les décisions préparées lors des comités de mise en œuvre et qui vont être adoptées par les ministres. Des séminaires thématiques sont organisés en parallèle présentant en général les nouveaux projets et les partenaires scientifiques ou institutionnels de la Convention. Les COP peuvent également être l'occasion pour le secrétariat de faire venir des acteurs stratégiques autour d'une thématique spécifique (l'accès aux fonds européens en 2011) afin d'essayer de les impliquer dans les activités de la Convention.

Les COP sont ainsi l'occasion de rassembler l'ensemble du réseau d'acteurs liés de près ou de loin à la Convention. Une septantaine d'observateurs officiels ont ainsi participé à la dernière COP à Bratislava en plus des délégations nationales. La liste des observateurs inclut de nombreuses ONG, des organisations internationales, des représentants d'autres «pays de montagne,» notamment alpins, des universités et institutions scientifiques, ainsi que des représentants de parcs nationaux. La participation des collectivités locales ou régionales est plutôt faible, bien qu'elle constitue une priorité pour le SICC depuis 2011[123].

La COP est à la fois l'organe décisionnel suprême de la convention et l'aboutissement de trois années de travail orchestré par le secrétariat et la présidence. Ses tâches consistent à faire le point sur l'avancement de la mise en œuvre, à adopter les nouveaux protocoles ou organes convenus, à décider du programme de travail et du budget et à élaborer les orientations politiques futures. Dans les faits toutefois, tous les documents de travail sont généralement préparés en amont de la COP et discutés dans les

123 Voir chapitre 6, gouverner par les projets.

différents groupes de travail. Le document contenant les décisions que la COP doit formellement adopter est bien évidemment le document le plus important. Afin de limiter au maximum les possibilités de situation conflictuelle sur les décisions qui sont adoptées, celles-ci sont préparées et discutées bien en amont par les représentants nationaux afin de proposer un texte acceptable par toutes les Parties. Il y a ainsi communément peu de modifications dans les brouillons transmis par le secrétariat pendant la COP et les débats sont limités au minimum. Dans le cas de la Convention des Carpates, la COP revêt une dimension essentiellement symbolique. Elle n'en est pas moins une étape importante pour évaluer l'avancement du processus de la Convention des Carpates.

Les décisions se préparent dans un premier temps dans *les groupes de travail thématiques* réunissant des délégués du SICC, les experts désignés par les points de contacts nationaux et des observateurs, souvent des organisations non gouvernementales spécialisées dans le domaine concerné. Les groupes de travail correspondent aux thématiques adoptées par la Convention. Il y a donc autant de groupes de travail que de protocoles adoptés ou en discussion, avec deux exceptions: le groupe de travail sur le développement spatial qui porte sur des enjeux plus larges que ceux de la Convention et le groupe de travail sur l'adaptation au changement climatique qui a été récemment proposé dans le cadre d'un projet européen. Etant donné que seuls trois protocoles ont été adoptés pour l'instant, dont deux à la dernière COP en 2011 à Bratislava, la majorité des discussions des groupes de travail auxquels j'ai assisté se concentre sur l'écriture des protocoles thématiques. Dans le cas où des décisions spécifiques sont discutées, les groupes de travail s'appuient en général sur un premier rapport rendu soit par le SICC, soit par des ONG ou des institutions spécialisées dans le domaine. Le contenu du rapport est ensuite discuté collectivement. Il est rare que les experts nationaux produisent eux-mêmes ces rapports.

Les réunions durent en général une journée et se déroulent dans des lieux qui alternent entre les différents pays et le siège du secrétariat à Vienne. Seules les dernières séances du groupe de travail sur le développement spatial ont eu lieu à Bruxelles car les travaux de ce groupe sont directement dirigés vers les institutions européennes[124]. Les groupes

124 Voir chapitre 7, sur les stratégies macro-régionales.

de travail se réunissent en général une fois par année mais la fréquence des réunions dépend du développement de la thématique spécifique au groupe dans le cadre de la Convention. Ainsi, le groupe de travail sur la biodiversité, premier protocole adopté par la Conférence des Parties en 2008 et entré en vigueur en 2010, s'est réuni sur une base régulière depuis 2007. A contrario, le groupe de travail sur l'agriculture durable, le développement durable et la foresterie, soutenu financièrement par la FAO dans le cadre du programme SARD-M («Sustainable Agriculture and Rural Development in Mountain Regions»), s'est arrêté à la fin du projet en 2009. La thématique de la foresterie sur laquelle un Protocole a été adopté à la troisième Conférence des Parties en 2011 a désormais son propre groupe de travail thématique qui se réunit en moyenne une fois par an. De manière générale, la constitution des groupes thématiques et la fréquence de leurs réunions sont directement liées avec le développement des protocoles thématiques de la Convention ou l'obtention de projets spécifiques.

La séance des groupes de travail est généralement ouverte par le secrétariat qui en présente les enjeux. Après un tour de table d'introduction, la matinée est régulièrement réservée aux présentations de spécialistes et praticiens des enjeux de la thématique ou de leurs activités dans le domaine. C'est l'occasion pour certaines ONG de présenter leurs travaux et de se faire connaître par les experts nationaux. L'après-midi est réservé aux discussions sur le rapport lui-même. Les recommandations des experts portent à la fois sur le contenu et sur la forme. Le degré d'expertise et le niveau des discussions dépendent grandement des compétences des experts appointés par leurs pays respectifs. Dans les séances auxquelles j'ai pu assister, ce sont principalement les ONG qui ont émis les propositions de fond. A la fin du groupe de travail, le secrétariat est en charge de faire le procès-verbal de la séance et la synthèse des propositions qui sera validée par le groupe.

Le texte est ensuite discuté au moins une seconde fois lors *du comité de mise en œuvre* de la convention (CCIC en anglais) qui regroupe les représentants gouvernementaux des Parties, ainsi qu'un rapporteur de chaque groupe de travail. Des observateurs accrédités peuvent également être présents durant ces séances. Depuis 2008, le comité de mise en œuvre se réunit au moins une fois par an, généralement à Vienne et est officiellement en charge de veiller au respect des obligations du traité, de proposer l'adoption de nouveaux protocoles et de développer de nouvelles stratégies. Les réunions se tiennent sur plusieurs jours, car l'avancement de la mise en œuvre de chacune des thématiques de la Convention est abordé. Il s'agit à la fois de vérifier que les décisions de la dernière COP sont bien appliquées et de préparer la prochaine Conférence des Parties. Lors de ce second examen, le comité ne regarde ainsi généralement que peu le contenu du rapport préparé par le groupe de travail et se concentre spécifiquement sur les décisions, recommandations et conclusions politiques qu'il doit valider avant leur approbation par les Ministres lors des COP. Les positions des délégués sont en principe discutées et préparées à l'avance au sein des ministères. Afin d'éviter au maximum les discussions et potentielles situations de conflit pendant la COP, les représentants nationaux doivent essayer de prendre en compte les positions de toutes les Parties et arriver à un consensus minimum acceptable. Une décision n'est ainsi généralement pas soumise à la COP si les délégations nationales n'ont pas réussi à trouver de positions communes.

Généralement, toutes les décisions sont prises par consensus de manière tacite: après discussion, le Président de la séance se tourne vers les représentants et leur demande s'ils ont des commentaires avant de passer à la décision suivante. Si un consensus ne devait pas être atteint pendant la séance, des discussions bilatérales ou trilatérales entre le secrétariat, la Présidence et la partie qui conteste un point de la décision peuvent avoir lieu ultérieurement. Le comité peut également décider de renvoyer le rapport au groupe de travail afin de formuler de nouvelles propositions. Dans toutes les réunions auxquelles j'ai pu assister, un consensus a été atteint durant le CCIC. Le président de séance et le secrétariat jouent de ce point de vue un rôle de médiateur important, en facilitant les discussions et en proposant des modifications au texte discuté pendant les séances. Un coordinateur du secrétariat se charge de cette tâche et peut ainsi montrer en continu l'état d'avancement des discussions. Lors de discussions informelles sur le sujet avec certains experts nationaux des groupes de travail thématiques, j'ai suggéré l'hypothèse d'une faible implication des Etats dans le fonctionnement institutionnel du traité. Les deux experts interrogés ont cependant tous deux démenti cette affirmation et la question reste donc ouverte.

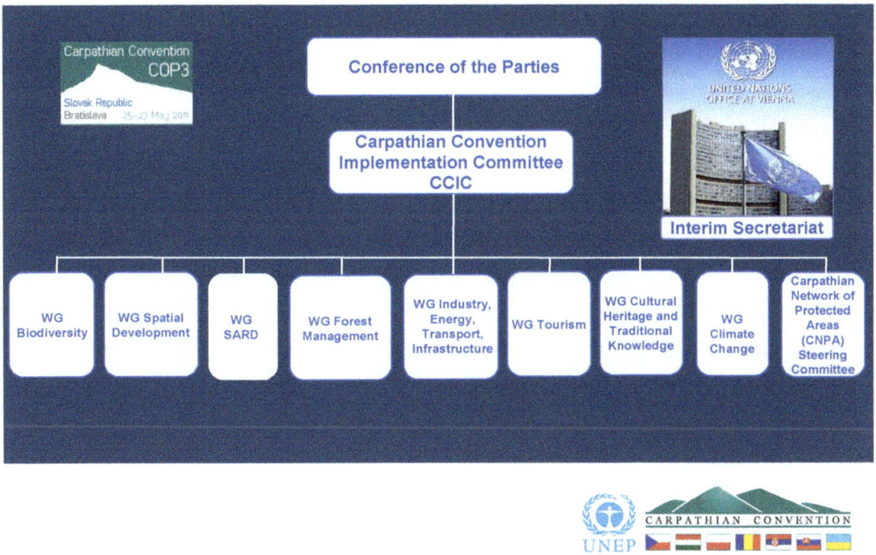

Figure 5: Structure institutionnelle de la Convention tel que présentée par le PNUE-SICC[125].

Le CCIC reste cependant un organe intermédiaire politiquement important, puisqu'il est chargé de réviser et de trouver un consensus sur les décisions qui seront prises à la COP.

Le secrétariat intervient à chacune des étapes de ce processus où son influence est discrète mais importante. Il donne les premières impulsions, participe à la priorisation des thèmes, organise les consultations, prépare les brouillons, diffuse des rapports et des données sur le thème abordé, participe ensuite à la transformation du brouillon, discute de l'agenda et se charge enfin de la réécriture du papier, qui sera envoyé à la prochaine étape du processus. Il s'agit donc là d'un rôle actif et central et d'une influence normative importante que je souhaite exposer dans cet ouvrage.

125 Présentation du secrétaire général du SICC lors du forum Carpaticum, le 30 mai 2012 à Stara Lesna, Slovaquie.

5.3 Réseauter pour exister

Les activités de représentation ainsi que le développement et le maintien de réseaux politiques ou scientifiques constituent une grande partie des activités du secrétariat, notamment de son secrétaire général. J'ai montré qu'elles représentent une part importante de son budget. Le réseau de coopération autour de la chaîne des Carpates est vaste, bien qu'encore naissant et inclut des acteurs à des échelons politiques variés qu'ils soient publics ou privés, politiques, financiers, techniques ou scientifiques[126]. Ensemble ils forment un agencement d'acteurs plus ou moins stabilisé qui dépasse largement le cadre de la région de projet elle-même. Une partie des acteurs de ce réseau a déjà été présentée dans les chapitres précédents, d'autres le seront dans les chapitres suivants. Il me semble cependant important à ce stade du manuscrit d'approfondir l'analyse de cet agencement des Carpates et d'entrer dans le fonctionnement détaillé des activités du secrétariat. Cette analyse se concentrera sur les acteurs humains et institutionnels de cet agencement. Cela ne signifie pas pour autant que la matérialité soit oubliée dans cet ouvrage. Les pratiques matérielles et discursives du secrétariat ont fait l'objet d'une attention spécifique qui transparaît dans les descriptions que j'en fais. Par ailleurs, certaines ressources matérielles spécifiques, comme les cartes, feront l'objet d'une attention particulière dans les chapitres suivants.

A vrai dire, l'agencement que je souhaite mettre en évidence dépasse le cadre des activités de la Convention pour trois raisons: en premier lieu, ce réseau d'acteurs ne se limite pas aux partenaires travaillant dans le cadre de la Convention (groupes de travail, projets), mais implique des institutions extérieures sur des objectifs plus larges que le fonctionnement institutionnel de la Convention, comme la défense des intérêts des régions de montagne au niveau mondial et européen (par exemple au travers du partenariat sur la montagne) ou la promotion d'une stratégie macro-régionale (en collaboration avec l'AEM). Il s'agit en réalité de multiples

126 Nous différencions la relation «technique» de la relation «scientifique» par la mobilisation de compétences techniques spécifiques, généralement cartographiques ou bureaucratiques.

réseaux. Deuxièmement, l'agencement a été en partie mis en place par les collaborateurs du bureau de Vienne. Dans certains cas, comme pour le réseau scientifique *Science for the Carpathians* (S4C), c'est le bureau de Vienne qui a lancé les impulsions nécessaires à sa création[127]. Dans d'autres cas, comme pour la réalisation de l'évaluation environnementale de la région (*Carpathian Environment Outlook*), c'est directement le réseau du PNUE qui a été mobilisé. Enfin, il n'entre pas dans le cadre de cet ouvrage d'effectuer une revue large de tous les acteurs mobilisés dans ce processus d'éco-régionalisation[128]. Cet ouvrage se concentre principalement sur les initiatives portées par les organisations transnationales sélectionnées, qui sont donc placées au centre de l'analyse.

Le périmètre spatial de la région des Carpates quelque soit sa délimitation, ne coïncide pas avec l'aire dans laquelle se déploie le réseau des Carpates. Certains acteurs agissent sur la région de projet tout en étant basés à l'extérieur de son cadrage spatial. Le réseau des Carpates est ainsi particulièrement externalisé, et ce depuis l'origine. Dans le contexte des Carpates, les principaux acteurs du projet débordent largement le périmètre régional et agissent sur/pour la région depuis une variété de localités situées à l'extérieur de celle-ci: le WWF-DCPO est par exemple basé à Vienne, le PNUE-BRE à Genève puis à Vienne également par son antenne pilotant le secrétariat et EURAC à Bolzano. Des institutions telles que la Commission européenne ou la Convention Alpine ont exercé et exercent encore une grande influence sur la Convention des Carpates depuis leurs sièges politiques à Bruxelles et à Innsbruck.

Mon observation au bureau de Vienne montre que le développement et la structuration d'un large réseau ‹des Carpates› sont des objectifs poursuivis par le secrétariat piloté par le PNUE et que l'on qualifierait volontiers de vital à sa stabilisation ainsi qu'à l'institutionnalisation de

127 Voir le chapitre 8 sur la constitution d'un réseau scientifique régional.

128 Le réseau développé par le bureau de Vienne n'est ainsi pas l'unique réseau opérant sur l'ensemble des Carpates. Le réseau des espaces protégés (CNPA) est par exemple un réseau en soi couvrant l'ensemble de la région et ayant une structure propre distincte du réseau des Carpates développé par le secrétariat. Mais c'est le choix effectué dans ce travail de se concentrer sur le fonctionnement de la Convention des Carpates, qui a formellement donné naissance à une région des Carpates tel que stipulé à l'article 1 du traité.

la région de projet. Le réseautage participe en effet à la fois (1) de la reconnaissance externe et interne de la Convention auprès des autorités politiques nationales, des collectivités locales et régionales, ainsi que des institutions internationales; (2) du fonctionnement institutionnel du traité et de sa mise en œuvre effective; (3) de son financement. Le réseautage du bureau de Vienne participe également à (4) la stabilisation du PNUE comme acteur clé de la Convention des Carpates et plus largement de la régionalisation environnementale en zone de montagne.

Le réseautage du bureau de Vienne

Le réseautage est donc une activité importante du Bureau de Vienne et beaucoup de temps et de moyens lui sont consacrés, comme je l'ai montré précédemment. À titre d'illustration, près de 20 % du budget 2012-2014 est prévu pour des activités de coopération, avec d'autres institutions internationales ou avec des organisations non gouvernementales, notamment dans le cadre de protocoles d'entente et de collaboration (‹memorandum of understanding› et ‹memorandum of cooperation›). Ce pourcentage important (le double, à titre de comparaison, de celui dévolu par la Convention Alpine à ce poste en 2009 et 2010) confirme l'importance pour une convention régionale relativement récente de développer des partenariats et structurer un réseau, à la fois pour faciliter la mise en œuvre de la Convention et pour faire exister la région dans un système régional plus large. Les premières années de la Convention, ce poste a pu ainsi représenter près de 35 % des dépenses budgétaires totales (en 2008 par exemple). 10 % du budget est également prévu pour l'organisation de conférences et de réunions et 5 % du budget couvre les frais de transport. Au final, si l'on inclut les conférences organisées dans le cadre du fonctionnement de la Convention qui sont également des possibilités de rencontres et de tisser des liens pour le secrétariat, c'est près de 35 % du budget 2012-2014 qui est consacré à des activités pouvant être assimilées en tout ou en partie à des activités de mise en réseau.

Il est difficile de représenter ce que cela signifie en termes d'activités quotidiennes car l'agenda du secrétaire général se planifie généralement de semaine en semaine, voire de jour en jour, mais plus rarement de mois en mois. Il m'a donc été difficile de quantifier cette activité, même lors de mes quatre mois d'observation. En prenant comme indicateur les conférences et réunions qui ont soit été organisées par le secrétariat, soit dans lesquelles il a été invité où dans lesquelles il est intervenu, on peut cependant obtenir quelques informations utiles sur l'importance de ces activités de réseautage. J'ai ainsi pu obtenir le rapport d'activité 2009 du bureau de Vienne destiné au PNUE-BRE[129] qui révèle quelques informations intéressantes. En 2009, selon mes calculs, le secrétariat rapporte avoir participé à vingt-huit conférences, séminaires ou réunions, soit plus de deux par mois. Huit étaient organisées dans le cadre du fonctionnement institutionnel de la Convention (réunions des groupes de travail, du comité de mise en œuvre ou du réseau d'espaces protégés par exemple). L'année 2009 n'était pourtant pas censée être une année chargée puisque se situant juste après la deuxième Conférence des Parties et deux années avant la suivante (les années précédant les Conférences des Parties sont généralement chargées en réunions).

Les vingt réunions et conférences restantes se sont donc déroulées hors du cadre de fonctionnement de la Convention, soulignant l'importance de ce travail de réseautage pour le bureau de Vienne. Elles se répartissent entre des activités du bureau de Vienne autour de la montagne (Conférences autour des problématiques montagne, réunions autour de la diffusion du modèle Carpates vers le Caucase ou les Balkans), des mandats spécifiques au PNUE (Journée environnementale de l'environnement), des réunions à Bruxelles sur des thématiques variées, mais en lien avec la montagne ou les Carpates (Parlement et Commission Européenne), ainsi que des réunions en relation avec des partenariats du secrétariat avec d'autres institutions (Convention sur la diversité biologique, Convention de Ramsar, Convention Alpine).

La courbe totale des conférences et réunions ne semble pas près de faiblir. A titre d'exemple, rien que pour l'année 2013, année de préparation avant la quatrième Conférence des Parties, le nombre de réunions programmées en lien direct avec les organes de la Convention s'élève à dix-huit (douze pour l'année 2012), en grande partie en raison du

129 UNEP Vienna – Interim Secretariat of the Carpathian Convention, Activities 2009, rapport obtenu lors de mon stage d'observation.

développement des groupes de travail et de la rédaction de nouveaux protocoles. Malheureusement, il ne m'a pas été possible d'obtenir une quantification du nombre de conférences et réunions hors du cadre de fonctionnement de la Convention, ce qui m'aurait permis d'évaluer si le nombre important constaté en 2009 était particulier ou reflète une activité régulière du bureau de Vienne hors du cadre de la Convention. Les données pour ces activités ne sont pas indiquées sur le site de la Convention mais figurent dans les rapports d'activités du bureau, que je n'ai malheureusement pas pu obtenir sur l'intranet du secrétariat.

Ces activités de réseautage du bureau de Vienne, on le voit, sont importantes et prennent différentes formes, reflétant le double mandat institutionnel et thématique de ce bureau (secrétariat par intérim de la Convention et bureau thématique du PNUE pour la montagne). Les partenaires impliqués dans ce réseau des Carpates ont ainsi des profils mais aussi des statuts variés. Il s'agit autant d'organisations internationales que d'institutions scientifiques ou techniques, des conventions internationales, des réseaux de parcs nationaux, des institutions politiques nationales ou régionales ou des organisations non gouvernementales.

Pour chaque institution les liens que tisse le secrétariat peuvent prendre différentes formes. Ils peuvent être *formalisés* (dans le cadre d'accords de coopération) ou rester *informels;* l'objet de la relation peut également varier: *politique*, *scientifique*, *technique* ou *financier*, sans qu'aucun de ces types n'en exclue un autre. Ainsi, la relation avec les institutions européennes peut à la fois être d'ordre politique lorsqu'il s'agit de développer une stratégie macro-régionale ou de renforcer les relations entre l'Union et la Convention *ou* d'ordre financier lorsqu'il s'agit de développer des projets dans le cadre des appels à projets de la Commission. La relation peut également être d'ordre financier *et* politique avec la même institution, lorsque le secrétariat par intérim fait pression au niveau de la Commission pour le développement d'un Espace Carpatique dans les prochains programmes de financement territorial européen. De même, l'Association Européenne des Élus de Montagne (AEM) peut être à la fois un partenaire technique *et* politique du secrétariat, lorsqu'il soutient le lobbying du secrétariat pour une stratégie macro-régionale des Carpates et lorsqu'une de ses consultantes rédige en partie un plan d'action pour la région sur mandat du secrétariat. Finalement, le réseau que construit le secrétariat peut être de nature *interne* (entre des partenaires dans le cadre du fonctionnement de la Convention, lors de projets, de groupes de travail ou avec les gouvernements) ou *externe*, tourné vers l'extérieur (entre la Convention et des institutions extérieures à celle-ci, comme la Convention Alpine par exemple).

Mes observations n'ont pas pu montrer que ces activités de réseautage s'effectuent selon une stratégie prédéfinie par le bureau; au contraire elles semblent s'établir en fonction de l'évolution des différents partenaires et l'apparition de nouvelles opportunités[130]. Plusieurs priorités peuvent cependant être dégagées du travail de réseautage du bureau de Vienne depuis la mise en place de la Convention, qui seront illustrées au fil de ce chapitre[131] : le maintien du réseau constitutif de la région ; le développement des relations avec l'Union Européenne qui exerce un rôle et une influence de plus en plus grands sur la Convention; la structuration d'un réseau scientifique régional et transnational[132]; le développement des liens avec les collectivités régionales.

Le maintien du réseau constitutif de la Convention

Le réseau constitutif de la Convention des Carpates, correspond au réseau d'acteurs impliqués dès l'origine, plus ou moins activement dans la mise en place du traité et son développement. Ces acteurs ont été identifiés au fil de ce chapitre et du chapitre précédent, il me semble cependant utile de les rappeler brièvement ici afin de présenter ensemble tous les acteurs de ce processus qui reviendront de manière régulière au fil des chapitres suivants.

Les sept États des Carpates: Dans l'ordre alphabétique, la Hongrie, la Pologne, la République Tchèque, la Roumanie, la Serbie, la Slovaquie et l'Ukraine. Ce sont les États signataires du traité, représentés par leurs Ministères respectifs en charge de l'environnement. L'Ukraine et la

130 Les chapitres sur les stratégies macro-régionales (7) et sur le développement de réseaux scientifiques (8) montrent bien cet aspect opportuniste du développement des activités de réseautage.

131 Ces cinq priorités ont été identifiées à partir de mes observations du fonctionnement du bureau de Vienne, ainsi que des entretiens menés avec ses membres.

132 Détaillé au chapitre 8.

Roumanie ont joué un rôle particulièrement décisif dans le processus de négociation.

Le Bureau régional pour l'Europe du PNUE (PNUE-BRE) : Le rôle de l'organisation internationale a déjà maintes fois été mis en avant dans cet ouvrage. Il a été une des institutions motrices du processus qu'il continue largement de piloter depuis le bureau de Vienne.

Le Bureau de programme Danube-Carpates du WWF (WWF-DCPO) : Basé à Vienne, WWF-DCPO reste encore un acteur clé de la région et a progressivement reconstitué un important réseau de partenaires depuis la démission des membres du bureau en 2002. Il collabore régulièrement avec le secrétariat, dans le cadre de projets ou de groupes de travail sur les thématiques liées à la biodiversité ou la foresterie principalement.

La Convention Alpine (CA) : Le premier traité international de niveau régional autour d'une chaîne de montagne est considéré comme la ‹ grande sœur › de la Convention des Carpates qui s'en est largement inspirée lors des négociations. Un mémorandum de coopération entre les deux conventions a par ailleurs été signé après la ratification de la Convention des Carpates en 2006.

Académie Européenne de Bolzano (EURAC) : La coopération entre EURAC et le secrétariat est certainement une des plus abouties et la plus institutionnalisée avec l'ouverture d'un bureau technique EURAC au sein du bureau de Vienne en 2009 spécialisé dans le montage de projets[133]. Soutenu par le Ministère italien de l'environnement et du territoire, l'institut de recherche a très tôt utilisé son expérience dans le contexte alpin et les compétences qu'il a pu y développer au service des Carpates.

Ministère italien de l'environnement et du territoire : Le Ministère italien a depuis le début soutenu logistiquement et financièrement le processus des Carpates. En 2002, c'est sous sa présidence qu'est signé le partenariat avec les Alpes et c'est encore lui qui a permis l'organisation des réunions préparatoires à Bolzano. Il a également financé un projet à hauteur de 400'000€, entre 2004 et 2008 afin de favoriser la mise en œuvre de la Convention (*Support to the Implementation of the Carpathian Convention*), qui a donné lieu à un certain nombre de publications développé par EURAC et le REC.

133 Voir chapitre 6.

Le gouvernement autrichien: Le Ministère autrichien en charge de l'environnement a également soutenu les négociations pour la Convention des Carpates et a organisé une des réunions préparatoires. Depuis 2004, le secrétariat par intérim est basé à Vienne et dispose d'un soutien logistique du gouvernement autrichien.

Regional Environmental Center for Central and Eastern Europe (REC): L'organisation a été créée à la chute du mur afin d'assister les pays d'Europe centrale et de l'est dans leur transition au niveau environnemental. Ses objectifs ont évolué dans les années 2000 avec l'expansion de l'Union Européenne à l'Est, vers la transposition de l'acquis communautaire européen au niveau environnemental des pays en voie d'accession. Le REC a soutenu le processus des Carpates entre 2002 et 2008 notamment dans le cadre du projet soutenu par le Ministère Italien. Il a notamment publié en collaboration avec EURAC le «Handbook on the Implementation of the Carpathian Convention», en anglais et dans les langues nationales de la Convention, ainsi que «A Heightened Perspective: Regional Assessment of the Policy, Legislative and Institutional Frameworks Implementing the Carpathian Convention» en 2007.

Daphne Institute of Applied Ecology: L'institut de recherché a été fondé en 1993 à Bratislava en Slovaquie. Il est rapidement passé d'un institut centré sur la recherche en écologie appliquée à une organisation de conservation de la nature au sens large. L'institut Daphne, notamment par son directeur, a participé aux premiers travaux sur les Carpates dans le cadre de l'initiative écorégionale des Carpates (CEI) pilotée par le WWF au début des années 2000 et dont le secrétariat est désormais hébergé à l'institut Daphne. Un protocole d'entente (*Memorandum of Understanding*) a par ailleurs été signé par le directeur de l'institut au nom du CERI (le nouveau nom du CEI depuis son déménagement) avec le secrétariat par intérim à la suite de l'entrée en vigueur de la Convention. L'institut a en partie réalisé les premières cartes de la publication «The Status of the Carpathians» du WWF en 2001. L'institut a également participé aux premières réunions préparatoires de la Convention et continue à travailler avec le secrétariat au sein de projets spécifiques.

Institutions/ Relations	Interne/ Externe	Localisation	Type Institutions	Relation Formelle/ Informelle	Relation Pol./Scient./Fin
États Carpates	Interne	Sept Pays signataires	Ministères	Formelle (Traité)	Politique et Financière
PNUE BRE	Externe	Genève	OI[134]	Formelle (COP)	Politique et Technique (GRID)
WWF-DCPO	Externe	Vienne	ONGT[135]	Informelle (Projets)	Politique et Scientifique
Convention Alpine	Externe	Innsbruck	Secrétariat	Formelle (MoU[136])	Politique
EURAC	Externe	Bolzano	Institut de recherche	Formelle (MoU)	Technique
Italie	Externe	Rome	Ministère	Formelle	Politique et Financière
Autriche	Externe	Vienne	Ministère	Formelle	Politique et Financière
REC	Interne	Hongrie	ONGT	Informelle (Projets)	Scientifique et technique
Daphné	Interne	Bratislava	Institut de recherche	Informelle (Projets)	Scientifique et technique

Tableau 2 : Réseau Constitutif de la Convention des Carpates – relations avec le SICC.

Un réseau au profil plutôt international et externe à la région

Le profil de ce réseau constitutif est particulier (tableau 2) et contraste avec celui de la Convention Alpine (voir Del Biaggio, 2013), qui comprenait des États plus forts et un réseau d'institutions régionales et locales plus dense. Dans le cas des Carpates, il s'agit d'un réseau d'institutions très internationalisé et basé principalement à l'extérieur de la région elle-même. Ainsi à l'exception des États signataires de la Convention, seul le REC, qui est tout de même une organisation transnationale fondée par des acteurs externes, et Daphne dont le rôle a été mineur, sont basés dans le

134 OI = Organisation Internationale.

135 ONGT = Organisation Non-Gouvernementale Transnationale.

136 MoU = Memorandum of Understanding.

cadre spatial de la région de projet. La majorité des acteurs ayant participé à la mise en place de la Convention est extérieure à la région de projet elle-même et provient très largement de pays alpins (Italie, Autriche et Suisse). La diffusion de l'expérience alpine vers l'Est par certains de ces principaux acteurs est une explication évidente de la forte concentration des acteurs alpins dans l'éco-régionalisation des Carpates. La Convention Alpine a très tôt fait partager son expérience au niveau politique et scientifique lors de réunions pendant le processus de négociation de la Convention des Carpates et EURAC tire en grande partie sa légitimité à intervenir dans le contexte des Carpates de son expérience alpine et des compétences techniques qu'elle a pu développer dans son contexte. L'éco-régionalisation des Carpates a également bénéficié du soutien financier autrichien, suisse, néerlandais et du Liechtenstein.

La diffusion du modèle alpin n'est cependant pas la seule explication à la forte internationalisation du réseau constitutif des Carpates. L'éco-régionalisation des Carpates a été principalement menée par deux organisations transnationales intergouvernementales (PNUE) et non-gouvernementales (WWF). Cette forte présence internationale a, de l'avis des personnes interrogées, largement facilité le développement de la Convention. *A contrario*, la faible présence d'acteurs « de la région » augmente le besoin de légitimité intérieur du secrétariat par intérim quant au fonctionnement de la Convention. La mobilisation des collectivités locales et régionales était une des priorités du secrétariat lors de mon observation en 2011.

Si les relations avec certains de ces acteurs ont été formalisées (des mémorandums de coopération ont été signés avec EURAC et la Convention Alpine), dans la moitié des cas la relation s'effectue dans le cadre de projets et des groupes de travail de la Convention. WWF, REC et Daphne ont largement participé aux réunions préparatoires de la Convention et ont fait partie du *Carpathian Project*, qui a mis en place les structures actuelles de la Convention. Le WWF a également beaucoup influencé la rédaction du Protocole sur la biodiversité et est une des institutions leaders du projet Bioregio. Le développement de projets est un moyen privilégié par le secrétariat pour maintenir la coopération avec son réseau constitutif et développer son réseau de partenaires[137].

---

137 Voir chapitre 6.

Dans le cadre du fonctionnement institutionnel de la Convention, de nombreux partenaires spécialisés sont en relation avec le secrétariat, dans les groupes de travail thématiques ou mobilisés sur des projets spécifiques. Ensemble, ils constituent un réseau d'acteurs et d'institutions engagés à différents niveaux dans le fonctionnement institutionnel de la Convention.

Dans le cadre de projets, les partenaires mobilisés sont principalement liés aux gouvernements ou à des organisations internationales. L'accès aux institutions locales et aux organisations non gouvernementales reste limité[138]. La présence d'organisations non gouvernementales et d'institutions locales et régionales est plus visible dans les groupes de travail de la Convention. Plusieurs ONG régionales ou transnationales ont ainsi grandement influencé les discussions sur des thématiques précises et ont parfois largement participé à la rédaction des protocoles de la Convention. C'est le cas du WWF-DCPO et de l'organisation des Nations unies pour l'alimentation et l'agriculture (FAO) sur les questions de biodiversité et de foresterie, des ONG CEEWEB (un réseau d'ONG en Europe Centrale et de l'Est) et Ecological Tourism in Europe (ETE) sur l'élaboration d'une stratégie de tourisme durable et la rédaction du protocole correspondant, de l'AEM sur les discussions macro-régionales, ou de l'ONG the Northern Alliance for Sustainability (ANPED) sur le développement d'un protocole sur les questions de patrimoine culturel. L'intervention de ces ONG dans le cadre des groupes de travail peut prendre plusieurs formes. Il peut s'agir d'une présentation des activités de l'organisation et des problématiques spécifiques aux Carpates, de la participation aux débats, mais également d'une participation directe à la rédaction des stratégies et protocoles thématiques de la Convention[139]. Bien souvent la participation de ces organisations combine ces trois formes d'intervention.

Cette implication des ONG au fonctionnement institutionnel du traité est largement promue et publicisée par le PNUE-SICC à l'extérieur, comme une preuve de l'ouverture spécifique et de la bonne gouvernance de la Convention :

138 Voir chapitre 6.

139 Voir chapitre 7.

> In that sense [the involvement of NGOs in the institutional functioning of the Convention] the Carpathian process is rather unique, because I do not know any type of convention process that has such an excessive NGO constituency. You know, the countries are incredibly open in bringing NGOs in there. They take part in negotiations, on the protocols, whatever, they bring all these issues. The tourism protocol was partly done by an NGO, run by an NGO. The biodiversity program, it's the same. It was building a lot on the input. And so that is rather unique in the process, that the intergovernmental process is supported by a very broad NGO constituency[140].

La faible participation des ONG dans le cadre des projets de mise en œuvre de la Convention est donc compensée par une influence forte en amont sur l'identification et le cadrage des problèmes, ainsi que sur la rédaction des stratégies de mise en œuvre. Cette participation dans le fonctionnement institutionnel de la Convention est facilitée par le statut accordé aux observateurs de la Convention. Aucune procédure formelle, aucun critère précis n'a été mis en place pour sélectionner les observateurs de la Convention, contrairement à la Convention Alpine, où les possibilités pour des ONG d'accéder au statut d'observateurs sont limitées à des associations basées sur le sol alpin et de nature transfrontalière[141]. L'article 14.5 reste ainsi très vague sur les conditions d'admission en tant qu'observateur, seul un intérêt pour les questions liées à la Convention semblant ainsi demandé:

> The Parties may decide to admit as observers at the ordinary and extraordinary sessions of the Conference: (a) any other State, (b) any national, intergovernmental or non-governmental organization the activities of which are related to the Convention. The conditions for the admission and participation of observers shall be established in the Rules of Procedure. Such observers may present any information or report relevant to the objectives of the Convention[142].

140 Entretien PNUE 6, mai 2011.

141 Règlement intérieur de la Conférence des Parties contractantes (Conférence Alpine), article 3: La Présidence adresse sur leur demande aux Nations Unies, leurs institutions spécialisées, au Conseil de l'Europe, à tout Etat européen ainsi qu'à toute association transfrontalière de collectivités territoriales alpines une invitation à participer, en qualité d'observateurs, aux sessions de la Conférence alpine.

142 Article 14.5 de la Convention cadre sur la protection et le développement durable des Carpates (Convention des Carpates).

Les règles de procédure ne précisent pas quelles pourraient être les conditions d'admission et une grande liberté est laissée au secrétariat dans ce choix: «the Secretariat shall endeavour to provide opportunities for effective public participation in decision making under this Convention[143]». Dans les faits, un simple courriel et une présentation de l'intérêt pour les Carpates de son institution suffisent généralement à obtenir le statut d'observateur de la Convention. Ce statut permet ensuite d'assister à la plupart des réunions des différents groupes de travail, ainsi qu'aux Conférences des Parties, favorisant ainsi l'engagement des ONG et des institutions plus locales dans le fonctionnement institutionnel de la Convention, bien que pour ces dernières, le coût des déplacements puisse constituer un frein à leur participation[144].

Leur participation aux groupes de travail et aux deux dernières Conférences des Parties a été qualifiée de plutôt «enthousiaste et régulière» par le secrétaire général de la Convention. Certaines institutions ont été très actives dans les groupes de travail spécialement quand des possibilités de financement existent, par exemple dans le cadre de projets. L'enjeu de la participation de ces institutions, et plus généralement des acteurs de la région, semble ainsi plus lié aux capacités de financement que peut offrir la Convention qu'aux conditions d'accès et de participation à ses différents organes, qui semblent relativement ouvertes.

Le développement de partenariats institutionnels

Enfin, depuis la ratification de la Convention en 2006, le PNUE-SICC s'est engagé dans le développement de nombreux partenariats avec d'autres institutions, des ‹partenariats stratégiques› selon le site de la Convention[145]. Ces partenariats sont établis avec des institutions externes aux organes de la Convention et revêtent différentes formes: des partenariats avec d'autres conventions, des appuis scientifiques ou techniques et le développement de réseaux scientifiques et de réseaux de partage d'expérience. La plupart

143 Règles de Procédure de la Convention des Carpates relative à l'article 14.5.

144 Le chapitre sur les stratégies macro-régionales (7) montrera que la participation des ONG et des institutions locales est plutôt limitée.

145 <http://www.carpathianconvention.org/partnerships.html>, consulté le 12 août 2013.

du temps ces partenariats ont été formalisés dans le cadre de protocoles d'entente et de coopération. Neuf institutions partenaires ont été identifiées et sont présentées dans le tableau 3.

Institutions/ Relations	Interne/ Externe	Localisation	Type Institutions	Relation Formelle/ Informelle	Relation Pol./Scient./Fin
CEI	Mixte	Trieste	Forum inter-gouvernemental	Formelle (MoU[146])	Politique et Financière
CDB	Externe	Montréal	Traité International	Formelle (MoU)	Politique et Scientifique (GRID)
Ramsar	Externe	Gland	Traité International	Formelle (MoU)	Politique et Scientifique
ICPDR	Externe	Vienne	Commission	Formelle (MoU)	Scientifique
AEM	Externe	Bruxelles	Association de Lobbying	Informelle (Projets)	Politique et Scientifique
PNUE-GRID	Mixte	Genève/ Varsovie	Centres d'expertise	Informelle (Projets)	Scientifique
S4C	Interne	Cracovie	Réseau scientifique	Formelle (MoU)	Scientifique
CNPA	Interne	Vienne	Réseau partage d'expérience	Informelle (Projets)	Scientifique
CWI	Interne	Slovaquie	Partenariat scientifique	Informelle (Projets)	Scientifique

Tableau 3 : Les partenariats du Bureau de Vienne.

Central European Initiative (CEI-ES) : Un protocole d'entente entre le secrétariat de la CEI et le secrétariat de la Convention des Carpates a été signé en 2006. Tous les pays signataires de la Convention sont membres de la CEI qui a développé un chapitre spécifique dans son plan d'action 2007-2009 sur la coopération entre les régions de montagne. La CEI-ES a également participé au financement du *Carpathian Project* et a soutenu le développement d'une Convention de type similaire en Europe du sud-est[147].

146 MoU = Memorandum of Understanding.
147 Voir chapitre 9.

La Convention sur la diversité biologique (CDB) : La CDB est un traité international entré en vigueur en 1993 à la suite de son adoption lors de la Conférence de Rio en 1992. La plupart des pays mondiaux y a adhéré à l'exception des États-Unis et du Sud Soudan. Elle poursuit trois objectifs principaux : la conservation de la diversité biologique, l'utilisation durable des composantes de la diversité biologique et le partage juste et équitable des avantages découlant de l'utilisation des ressources génétiques[148]. La CDB est une Convention qui a largement été pilotée par le PNUE durant les négociations et son secrétariat, dont le siège est à Montréal, reste institutionnellement attaché à l'organisation internationale. Un protocole d'entente a été signé entre les secrétariats de la Convention Alpine et des Carpates et le secrétariat de la CDB. La coopération fonctionne essentiellement sur la thématique des espaces protégés entre le groupe de travail spécial sur les aires protégées de la CDB et les réseaux de partages alpins et des Carpates propres à cette thématique (Alparc et CNPA) avec pour objectif la mise en œuvre des trois traités dans ce domaine.

La Convention sur les zones humides d'importance internationale (Convention Ramsar) : La Convention de Ramsar est un traité international signé en 1971 dans la ville iranienne du même nom et entré en vigueur en 1975. Il a pour mission « la conservation et l'utilisation rationnelle des zones humides par des actions locales, régionales et nationales et par la coopération internationale, en tant que contribution à la réalisation du développement durable dans le monde entier[149] ». La convention est le seul traité de portée mondiale qui porte sur un type d'écosystème particulier. La Convention a été initiée par trois organisations non gouvernementales, l'UICN, Wetlands International et Birdlife International. Le secrétariat est basé à Gland au siège de l'UICN. Tous ses membres sont affiliés à l'organisation internationale. Comme pour la CDB, un protocole d'entente a été signé en 2006 entre le SICC-PNUE et le secrétariat de la Convention de Ramsar. La coopération a débouché sur la création de la *Carpathian Wetlands Initiative* (voir ci-dessous), un programme commun chargé de la conservation et de la gestion des zones humides dans la région des Carpates.

---

148 <http://www.cbd.int/>, consulté le 19 août 2013.

149 <http://www.ramsar.org/cda/fr/ramsar-home/main/ramsar/1_4000_1__>, consulté le 19 août 2013.

International Commission for the Protection of the Danube River (ICPDR): L'ICPDR, à ne pas confondre avec la Commission du Danube qui gère les aspects liés à la navigation, est l'organe institutionnel établi pour assurer la mise en œuvre de la Convention pour la protection du Danube (*Danube River Protection Convention*). Il a été créé en 1998 à la suite de l'entrée en vigueur de la Convention et est basé au centre international de Vienne et partage le couloir avec le secrétariat par intérim de la Convention des Carpates. Depuis 2000, l'ICPDR est également chargé de mettre en œuvre la directive cadre européenne sur l'eau (EU Water Framework Directive, WFD). La Convention pour la protection du Danube regroupe les onze États riverains, dont font partie les États signataires de la Convention des Carpates à l'exception de la Pologne et de la Serbie. Elle a pour objectif la gestion commune soutenable et équitable des eaux de surface et en sous-sol du Danube[150]. La Commission et le SICC-PNUE ont signé un protocole d'entente en 2010 prévoyant un statut mutuel d'observateur dans chacun des traités, ainsi qu'une collaboration accrue sur la rivière Tisza, un affluent du Danube qui trouve sa source dans les montagnes des Carpates.

Ces partenariats avec d'autres secrétariats internationaux[151] poursuivent une double logique: une logique de représentation tout d'abord. Il s'agit de participer ici à la reconnaissance externe de la Convention des Carpates en l'associant à des traités et des organisations reconnues internationalement, dans le cas de la CDB ou de Ramsar ou régionalement pour l'ICPDR et la CEI-ES. Cette reconnaissance participe de l'établissement et de la stabilisation de la région de projet des Carpates dans le système régional européen comme une échelle d'intervention pertinente. Une logique de positionnement ensuite. Dans le cas des conventions internationales, il s'agit pour le bureau de Vienne de se positionner comme une institution de niveau intermédiaire, une organisation frontière, relais régional du traité global, permettant d'assurer l'articulation et la cohérence des objectifs globaux de ces conventions avec les spécificités régionales, facilitant leur mise en œuvre et de développer des synergies. Dans le cas

150 <http://www.icpdr.org/main/>, consulté le 19 août 2013.

151 On pourrait également ajouter la Convention Alpine déjà citée précédemment dans le réseau constitutif de la région.

du Danube et de la CEI, il s'agit plutôt d'articuler des cadres d'intervention qui se superposent en partie et de trouver des complémentarités et des synergies dans la défense d'intérêts communs.

L'UE un acteur politique central pour le secrétariat

Au travers des actions de ses diverses institutions (Parlement, Conseil, Commission), des perspectives même d'adhésion à l'Union, ainsi que des programmes de financement de coopération territoriale, on retrouve tout au long des chapitres de cet ouvrage le rôle essentiel que joue les institutions européennes, dans les processus d'éco-régionalisation en Europe et spécifiquement dans l'institutionnalisation de la région de projet des Carpates. L'Europe reste la «chasse gardée», le «pré carré[152]» des institutions européennes et il est difficile de composer sans elles aux niveaux politique et financier. C'est donc presque naturellement que l'on retrouve les institutions européennes placées au rang de priorité dans les activités de réseautage du secrétariat par intérim de la Convention des Carpates.

Au niveau politique, le secrétariat s'est engagé depuis la signature de la Convention à ce que l'Union Européenne accède en tant que Partie à la Convention comme elle l'a fait pour la Convention Alpine. Cette accession est principalement symbolique mais elle serait pour le secrétariat une reconnaissance forte du rôle que peut jouer la région de projet dans la coordination des politiques environnementales en Europe Centrale. Cette accession reste encore une priorité pour le secrétariat mais elle n'a pas connu de développement récent comme le confirme son secrétaire général:

> The long-term goal is still to get the EU as a contracting party to the Carpathian convention; there are many key questions still, because we are still far away from that. There's no movement on this, apart from letters from some Carpathian environmental ministers on two occasions inviting the EU to join. We don't know how to do it again, to start the process. I think it has to come from the commission, that the commission makes a proposal to join, but it's obviously not a priority for them.

---

152 Expressions tirées de mes entretiens avec des membres du bureau régional européen du PNUE.

It's not on the agenda at all. So – but this is, I think the direction where we should go. And maybe there will be some openings in the future[153].

L'Union Européenne a joué un rôle central, quoiqu'indirect, dans le développement rapide de la Convention des Carpates, pourtant ses relations avec le PNUE-SICC ont au début été plutôt méfiantes selon les membres du secrétariat, la Convention pouvant apparaître comme un concurrent de l'Union dans la région:

Well, in reality… the EU so far was not favoring any sub-regional process, because it was seeing it as actually an obstacle towards Brussels' power[154].

Le fait que le PNUE soit également derrière l'initiative a pu également être perçu comme un facteur négatif au début du processus, comme me l'a confié informellement plusieurs acteurs du processus. Dans les deux cas, le secrétariat a peiné à obtenir de la crédibilité et de la légitimité.

Well, at the beginning they didn't take us very – we were just appearing [as] a small project, UNEP, and Alpine convention, troublemakers, whatever[155].

Le secrétariat a donc dû développer des activités de réseautage et de lobbying pour réussir à mettre la région de projet des Carpates à l'agenda européen. Ce travail de réseautage s'est construit en passant soit par l'intermédiaire des États Parties au sein des institutions européennes, soit par l'activisme du secrétariat lors de réunions organisées par lui ou de conférences où il est invité. Chaque occasion est bonne pour parler des Carpates comme me l'explique son secrétaire général:

I think with the Carpathian Convention we slowly made a visible, recognized program that now they know about. And, um… we get more and more positive feedback. And again, I think part of our lobbying is because we went and we are within our limited capacity, but we do communicate – we try to communicate as much as possible with – yeah, we have interactions with the parliamentarians, we have interactions with other stakeholders. At any opportunity we pop up and [make] our case. There we are acting a bit like the – we started as a lobbyist and I think now we are one step further in our quality[156].

153 Entretien PNUE 2, mars 2011.
154 Entretien PNUE 4, avril 2011.
155 Entretien PNUE 2, mars 2011.
156 Entretien PNUE 2, mars 2011.

Mes observations tout au long de cette recherche montrent ce travail de fourmi entrepris par le secrétariat: un représentant du secrétariat est régulièrement présent lors des conférences organisées par la stratégie macro-régionale du Danube par exemple, distribuant des publications[157], présentant les contributions de la Convention à la stratégie macro-régionale, ou simplement relevant son importance dans ce processus. Le message martelé est systématiquement le même: les montagnes des Carpates sont une entité naturelle unique du point de vue de leur biodiversité mais elles doivent faire face à des défis environnementaux communs, nécessitant ainsi la mise en œuvre de politiques coordonnées de développement durable sur le périmètre géographique de la région de projet. La Convention des Carpates est de ce point de vue un outil juridique cohérent de niveau intermédiaire, à même d'articuler les objectifs environnementaux européens aux spécificités régionales des Carpates. Les représentants de la Commission européenne sont par ailleurs à chaque fois invités à participer aux Conférences des Parties où des événements parallèles sont spécifiquement créés sur une thématique en lien avec l'Union. Deux réunions du groupe de travail thématique sur le développement spatial se sont également déroulées à Bruxelles même[158]. Enfin, une déclaration conjointe avec le secrétariat de la Convention Alpine a également été communiquée à Bruxelles en 2009 en faveur d'un développement des stratégies macro-régionales autour des chaînes de montagne.

Ce travail systématique semble commencer à porter ses fruits sur le plan politique. La communication avec la Commission s'est améliorée selon les dires du secrétaire général[159] et cela semble se confirmer sur le terrain: plusieurs des représentants de la Commission ont assisté aux réunions des différents groupes de travail de la Convention. Un représentant de la Direction Générale de la politique régionale (DG Regio) a assisté à la troisième Conférence des Parties. Le secrétariat a enfin également été contacté directement par la DG Environnement en 2011 en vue de l'établissement d'un nouveau groupe de travail sur l'adaptation au changement climatique correspondant aux objectifs prioritaires de la Commission[160].

157 Voir chapitre 8.

158 Voir la suite de ce chapitre.

159 Entretien informel non enregistré.

160 Voir chapitre 8.

Dans ce cadre, le secrétariat collabore pour la première fois avec la Commission sur un projet (Carpivia) lancé en 2011 et d'une durée de deux ans, destiné à évaluer la vulnérabilité de la région de projet aux effets du changement climatique[161].

Les réseaux de partage d'expérience

Enfin, la Convention des Carpates bénéficie également dans son fonctionnement institutionnel de deux réseaux scientifiques qui sont également des réseaux de partage d'expérience: le Réseau Carpatique des espaces protégés (*Carpathian Network of Protected Areas, CNPA*), ainsi que l'initiative des Carpates pour les zones humides (*The Carpathian Wetlands Initiative, CWI*). Ces deux réseaux ont été officiellement créés lors de la première Conférence des Parties en 2006 et constituent un des premiers résultats concrets de la coopération intergouvernementale dans les Carpates. Les deux réseaux sont différents sur la forme mais ont un grand nombre de partenaires communs.

Le CNPA a été mis en place sur le modèle alpin du réseau Alparc créé en 1995, qui fonctionne comme un réseau de partage d'expérience entre parcs nationaux alpins et est destiné à favoriser la mise en œuvre du protocole de la Convention Alpine sur la protection de la nature et de l'entretien des paysages. Les deux institutions collaborent étroitement depuis 2001 et Alparc a participé à la mise en place d'un plan de travail et d'une stratégie pour le réseau des espaces protégés des Carpates. Le CNPA peut être considéré comme la continuité de l'initiative d'ACANAP. Il est cependant à l'origine principalement l'œuvre de la «Carpathian Ecoregion Initiative» et du travail mis en place par le WWF depuis 1998 pour développer et fédérer les espaces protégés dans la région. Le WWF continue à contribuer au développement du réseau qui a été soutenu financièrement par le programme 2012 *Protected Areas Programme* (PAP) du WWF international entre 2006 et 2011, sous la coordination du WWF-DCPO. Le CNPA est également soutenu financièrement par des fonds de coopération internationale européens. Depuis 2006, le CNPA est officiellement

161 Voir le site du projet <http://www.carpivia.eu/>, consulté le 19 août 2013.

un réseau affilié à la Convention (Décision COP1/4, °12-13 de la première Conférence des Parties) avec pour objectif notamment la mise en œuvre du protocole sur la biodiversité de la Convention des Carpates. Son comité de gestion est ainsi composé de points de contact nationaux sélectionnés par les Ministères de chaque pays, qui se réunissent deux fois par an.

Le *Carpathian Wetlands Initiative* (CWI) résulte de la coopération entre le secrétariat par intérim de la Convention et la Convention de Ramsar sur les zones humides d'importance internationale. Un protocole d'entente et de coopération a été signé entre les deux institutions en 2006 qui officialise la création d'un programme conjoint pour la protection des zones humides dans les Carpates, le CWI. Soutenu par l'agence nationale pour l'environnement slovaque, le projet a été discuté dès la conférence de Merano sur le développement durable en 2003 et a ensuite été développé dans plusieurs réunions organisées par le CNPA et WWF notamment. Le CWI a pour objectif principal d'opérer comme un programme régional pour les Carpates de la Convention Ramsar et de participer à la mise en œuvre du protocole sur la biodiversité de la Convention des Carpates. Le CWI est un partenariat d'institutions coordonné par l'agence gouvernementale slovaque de protection de la nature et qui comprend quatre types d'institutions: les Ministères des gouvernements de la région des Carpates; des secrétariats internationaux (Convention Carpates et Ramsar); des organisations intergouvernementales (International Commission for the Protection of the Danube River (ICPDR), CNPA et le réseau d'espaces protégés du Danube); enfin les organisations non gouvernementales importantes qu'on retrouve régulièrement dans le processus des Carpates (CERI, Daphne, IUCN, Wetlands International, WWF et le REC).

Si ces deux réseaux n'ont pas été directement mis en place par le bureau de Vienne, leur développement accompagne celui de la Convention. CNPA a été développé par une organisation non gouvernementale internationale, le WWF, déjà bien active par ailleurs dans le processus régional des Carpates, puis s'est progressivement rapproché du processus institutionnel en devenant à part entière un organe externe du traité, assurant la cohérence du réseau avec les objectifs du traité international. Le CWI a été créé sous l'impulsion d'une agence gouvernementale nationale et des représentants de la Convention de Ramsar. Discuté depuis 2003, soit au début du développement institutionnel de la Convention, CWI a travaillé à l'articulation des objectifs entre les deux traités opérant à des niveaux différents, mais complémentaires. Ces deux réseaux sont complémentaires. Le CWI est une démarche plus institutionnelle regroupant des représentants gouvernementaux et des grandes organisations internationales, alors que CNPA rassemble essentiellement des représentants de parcs nationaux et régionaux et de réserves de biosphère. Ensemble ils regroupent une partie importante des acteurs de la protection de la biodiversité dans les Carpates et constituent de ce point de vue un relais essentiel au bureau de Vienne pour la mise en œuvre du protocole sur la biodiversité.

5.4 Synthèse du chapitre

Ce chapitre avait pour principale vocation de familiariser le lecteur avec le fonctionnement institutionnel du traité et de son secrétariat par intérim, avant de présenter et d'analyser dans les chapitres suivants les pratiques matérielles et discursives observées.

Trois aspects importants de ce fonctionnement peuvent toutefois être relevés. D'une part, le secrétariat *ad intérim* de la Convention des Carpates est administré par le PNUE-BRE. La question de l'emplacement et de l'administration d'un secrétariat permanent reste ouverte. Le PNUE-BRE s'est toutefois positionné pour poursuivre son administration sur une base permanente.

D'autre part, le secrétariat participe activement au fonctionnement institutionnel du traité. Il rédige les rapports qui serviront de base à la prise de décision, il mène les discussions, prépare l'agenda et influence certaines orientations stratégiques. Le SICC dispose ainsi d'une influence à la fois normative et cognitive sur le fonctionnement du traité.

Enfin, le secrétariat est engagé de manière volontaire dans le développement d'un réseau d'acteurs variés pour la Convention, comprenant des partenaires politiques, techniques et scientifiques. J'ai montré que l'objectif est double pour le secrétariat: il s'agit d'établir la région de projet des Carpates dans un système régional plus vaste et d'autre part de stabiliser sa position en assurant le fonctionnement institutionnel du traité.

L'analyse du réseau constitutif des Carpates montre que l'émergence de cette région de projet est plutôt le résultat de pratiques descendantes d'organisations environnementales transnationales pour la plupart basées à l'extérieur du cadre spatial de la région elle-même.

Ce chapitre suggère une conceptualisation possible du secrétariat en tant qu'organisation-relais[162] selon la proposition de Beatrice Crona et John Parker (Crona et Parker, 2012) à savoir une organisation reliant différents acteurs de différents mondes opérant à différents niveaux et pouvant mobiliser différentes échelles. Le secrétariat cherche en effet activement à se positionner comme une organisation de niveau intermédiaire permettant à la fois d'articuler les objectifs globaux des grandes conventions internationales avec les spécificités régionales facilitant leur mise en œuvre et d'articuler des cadres d'intervention qui se superposent en partie pour trouver des complémentarités et des synergies (cet aspect sera particulièrement visible dans le chapitre portant sur les stratégies macro-régionales).

162 Plusieurs auteurs réfèrent au concept «d'organisation relais» pour désigner des organisations reliant différents acteurs de différents secteurs opérant à différents niveaux et mobilisant différentes échelles notamment dans le contexte de la gouvernance environnementale. Voir à ce sujet la discussion au chapitre 8 de cet ouvrage.

Chapitre 6
Gouverner par les projets[163]

La mise en œuvre de la Convention est l'une des fonctions exécutives du secrétariat identifiées par la littérature scientifique (Biermann et Siebenhüner 2009) et une condition de fonctionnement et de légitimité pour la région de projet des Carpates. La faiblesse financière du budget de la Convention oblige cependant le secrétariat à mettre au point des solutions originales pour développer des compétences particulières dans ce domaine. Ce chapitre se concentrera sur l'étude des pratiques du secrétariat dans ce domaine et montrera le rôle fondamental des projets[164] pour performer la région de projet des Carpates, ainsi que pour stabiliser le rôle du PNUE dans ce processus d'éco-régionalisation.

Prenant pour exemple un projet développé pendant mon observation participante, j'analyserai en détail les étapes du montage de ce projet, de la définition initiale du projet à l'identification et à la structuration d'un réseau de partenaires, ainsi que les compétences spécifiques nécessaires à l'obtention des fonds de coopération transnationale européens. Je montrerai le caractère bricolé des pratiques du secrétariat dans ce domaine et la double dépendance de la région de projet aux réseaux du PNUE et aux canaux de financement européen. L'intégration des collectivités régionales dans le processus d'éco-régionalisation est identifiée par ailleurs comme un enjeu futur primordial pour la stabilité de la région de projet sur le long terme.

163 Titre inspiré de l'ouvrage de Pierre Lascoumes et Patrick Le Galès, «Gouverner par les instruments», Presses de Science Po, 2005.

164 Ce mode de fonctionnement n'est pas sans rappeler les travaux de Luc Boltanski et Eve Chiapello (1999) qui ont identifié l'organisation par projets comme la nouvelle valeur de référence du management post-industriel et dont le réseau constitue la figure idéale. Luc Boltanski et Eve Chiapello décrive l'organisation par projets comme «une entreprise dont la structure est faite d'une multitude de projets associant des personnes variées dont certaines participent à plusieurs projets. La nature même de ce type de projets étant d'avoir un début et une fin, les projets se succèdent et se remplacent, recomposant, au gré des priorités et des besoins, les groupes ou équipes de travail.» (Boltanski et Chiapello, 1999, p. 158).

Monter des projets, une nécessité de fonctionnement

Le budget de fonctionnement du secrétariat dépend en grande partie de la contribution volontaire des Parties. Au vu des ressources économiques limitées des États de la région et du statut intérimaire du secrétariat, cette participation reste cependant relativement faible et ne lui permet pas d'opérer pleinement. Le financement repose environ pour deux tiers sur la contribution annuelle des Parties à la Convention, soit un budget régulier de 195'000 euros en 2012, divisée en parts égales entre les Parties (30'000 euros chacune), à l'exception de la Serbie qui verse une contribution moindre (de 18'500 euros précisément), en raison de la portion réduite du périmètre de la Convention sur son territoire. Ce mode de financement à parts égales diffère de celui adopté par la Convention Alpine en quotes-parts (fonction du pourcentage du périmètre de la Convention sur le territoire des États), en raison de l'incertitude régnant quant à l'administration et à l'emplacement du secrétariat et des réticences de la Roumanie à adopter ce mode de fonctionnement, le pays couvrant plus de 40 % de la surface totale des Carpates selon les définitions[165].

Le reste du budget repose majoritairement sur le développement de projets, complété également par un soutien financier autrichien, en raison de la présence du secrétariat sur son territoire. Le développement de projets sur plusieurs années piloté par le bureau de Vienne lui permet ainsi de compléter son budget et d'améliorer les capacités de fonctionnement du secrétariat. Plus qu'une activité annexe, le montage de projets est devenu une activité nécessaire, tant le budget régulier fixe ne permet pas de couvrir les frais d'un secrétariat de convention. Le financement par projets peut ainsi considérablement augmenter la marge de manœuvre financière du secrétariat. En 2008 et 2009 par exemple, le budget s'élevait respectivement à environ 700'000 et 630'000 dollars à contribution financière des Parties constante (195'000 euros), et ceci en raison de l'obtention d'un projet européen d'envergure. Le budget annuel 2012-2014 du nouveau fonds en

165 Dans le document préparé par EURAC (Ruffini et al., 2006) pour atteindre un accord sur l'étendue d'application de la Convention, 43% des Carpates seraient roumaines selon les délimitations nationales proposées. En utilisant la définition écorégionale du WWF ce chiffre pourrait être nettement plus élevé.

fiducie repose ainsi pour près d'un tiers sur les apports du projet européen «Bioregio» obtenu par le secrétariat en 2011.

Un mode de fonctionnement partagé par d'autres organisations internationales

Ce mode de fonctionnement par projet n'est cependant pas spécifique au bureau de Vienne; il est par exemple partagé par le bureau de programme Danube-Carpates du WWF (WWF-DCPO), de même que par le bureau régional du PNUE à Genève, comme je l'ai montré dans le chapitre 4. WWF-DCPO a par exemple un mode de fonctionnement similaire. Seul 10 à 20% du budget du bureau basé à Vienne provient du réseau WWF, dont environ la moitié en provenance du WWF international, soit moins de 10% du budget total du bureau. Le financement en provenance du siège est en diminution constante depuis une dizaine d'années. Le reste du budget repose majoritairement sur le développement de projets financés par l'Union Européenne ou par des agences gouvernementales. A la différence du secrétariat, WWF-DCPO peut également compter sur près de 20% de financements privés, principalement de grandes compagnies telles que IKEA ou Coca Cola soutenant des projets spécifiques, respectivement autour de la gestion des forêts et de la protection des zones humides de la région.

Si ce mode de développement peut convenir à un secrétariat de Convention, qui y trouve une source de capacité d'action et d'autonomie vis-à-vis des gouvernements, il n'est pas sans poser problème à une organisation telle que le WWF, habituée à travailler librement sur le terrain en fonction des besoins identifiés par l'organisation et des opportunités d'action. Le fonctionnement par projet réduit l'horizon temporel et la liberté d'action du bureau qui doit désormais agir selon le cadre du projet ou du mandat posé par les investisseurs. Une perte d'autonomie et de flexibilité donc pour l'organisation non gouvernementale, comme l'explique un des responsables du bureau du WWF-DCPO à Vienne:

> So in the past we had much more – a much greater percentage of support from WWF, from the WWF network, which tended to be relatively – which tended to be program-supported, so it was more flexible, so we could respond to needs much more easily. And that has been going down steadily and being replaced by project

> support, but then the result of the project support is that we then become much more… inflexible, which is an issue for some of the stuff that we work on, the more political issues we work on[166].

L'Europe n'étant cependant pas une priorité d'action pour le WWF international[167] et les capacités à lever des fonds dans les pays des Carpates restant limitées, ce mode de financement est appelé à perdurer pour WWF-DCPO, s'il veut assurer sa pérennité. En cela le bureau rejoint les préoccupations du bureau de Vienne du PNUE.

6.1 Le projet comme mode de fonctionnement

Le système de financement par projet de la Convention a été mis en place et soutenu par le bureau du PNUE à Vienne dès son ouverture en 2004. En 2006, le bureau du PNUE développe en collaboration avec un organisme privé polonais le premier projet transnational européen basé sur l'aire géographique de la région de projet des Carpates. Aux yeux du secrétariat par intérim, ce projet a ainsi participé à l'établissement de la région de projet dans le paysage politique européen et constitué les bases futures de son développement :

> This project [the Carpathian Project] was a precursor project in the European spatial development's circles. It has helped to identify the Carpathian area as a potential cooperation area in Europe for the future[168].

Ce projet transnational de plusieurs millions d'euros a été accepté en 2006 dans le cadre des programmes de coopération territoriale transnationale INTERREG IIB, à la fin de la période du programme financier 2000-2006. Le projet a été entièrement monté par le bureau de Vienne du PNUE à l'époque et ne dépendait donc pas encore formellement du secrétariat de la Convention des Carpates, comme le confirme l'actuel secrétaire géné-

166 Entretien WWF 1, mars 2011.
167 Voir chapitre 4.
168 Entretien PNUE 2, mars 2011.

ral. Il aura toutefois été essentiel à la mise en place des instances nécessaires au fonctionnement institutionnel de la région de projet (groupes de travail et comité de mise en œuvre) et au développement des premiers protocoles d'application du traité:

> The «Carpathian Project», as such, is not a Carpathian project, but a UNEP's project in the Carpathians. We used it to build the Carpathian Convention as the intergovernmental platform into the Carpathian project. So the idea was that we have several work packages, one on data collection, another on collecting strategies, and the intergovernmental platform, that would then consult, discuss the strategies and develop the protocols. The development of the basics for all the protocols we have available now was done through the Carpathian Project[169].

Ce premier projet a été essentiel à la performation de la région de projet. Il a permis au secrétariat de mobiliser un large réseau d'organisations environnementales autour du projet de région, de construire une expertise environnementale transnationale à même de légitimer le projet, de mettre en place l'infrastructure institutionnelle de la convention, de participer à la création d'une identité Carpates centrée sur les montagnes et enfin de cadrer les orientations stratégiques futures[170].

Le projet compte cinq volets principaux: l'établissement d'une base de données et d'un état des lieux de la région; le développement de propositions politiques transnationales; la sensibilisation et l'éducation; et le renforcement des capacités institutionnelles. Il a abouti à la production d'un nombre important de publications, sur lesquelles je reviendrai plus en détail dans les prochains chapitres de cet ouvrage, (dont «the Carpathian Environment Outlook» et VASICA), qui contribuent à la construction d'une expertise scientifique et politique environnementale justifiant et légitimant le cadrage de la région de projet.

La première partie du projet a consisté à établir une base de données régionale et un état des lieux de la situation environnementale et socio-économique de la région. De nombreuses données ont été récoltées par le PNUE dans les différents États de la région et ont servi à la

169 Entretien PNUE 2, mars 2011.

170 Ces différents aspects sont développés plus en détail dans le chapitre 8 traitant du rôle de l'expertise scientifique et de la cartographie au processus d'éco-régionalisation. Je les présente ici brièvement.

publication d'une évaluation régionale de l'environnement des Carpates, sur le modèle des évaluations globales développées par les agences du PNUE. Le document centré sur les problématiques environnementales contribue à légitimer l'existence d'une région cohérente d'un point de vue environnemental et nécessitant le développement de politiques spécifiques de nature transnationale. Il participe également à la création d'une expertise environnementale de la région par le PNUE et à la structuration d'un réseau de partenaires nationaux et locaux dans ce projet. En plus de ses partenaires habituels tels EURAC ou le WWF, un réseau de 19 partenaires, pour la plupart des institutions scientifiques nationales a pu être constitué autour du PNUE par ce projet, permettant à l'organisation internationale de nouer de nombreux contacts et d'établir peu à peu la légitimité de la région de projet.

Cette dépendance à l'égard de financements extérieurs pour la mise en place de la région de projet à ses débuts a donc paradoxalement renforcé la position du PNUE, qui s'est affirmé progressivement comme un acteur central du processus d'éco-régionalisation des Carpates et de la coopération environnementale transnationale autour des chaînes de montagne en général. La crédibilité acquise grâce à l'obtention de ce projet a assuré sa légitimité à prendre en charge le SICC et à continuer son développement dans cette direction. Ce mode de fonctionnement pose néanmoins la question de la stabilité de la région de projet sur le long terme, si les institutions européennes devaient ne plus pouvoir en financer la mise en œuvre ou si le PNUE venait à devoir lâcher le SICC au profit d'un secrétariat permanent tenu par un État des Carpates. Un autre modèle de développement devrait alors certainement être mis en place pour assurer la continuité de la Convention.

EURAC, un expert… en montage de projets

Le montage de projets européens implique des procédés administratifs généralement coûteux en temps et en énergie et demandent des compétences techniques bureaucratiques pointues comme je le montrerai dans la suite de ce chapitre. Les deux employés du secrétariat travaillant au PNUE ne disposent pas d'expérience dans le montage de projets de ce type. C'est pourquoi le PNUE a fait appel à son partenaire EURAC pour développer des compétences spécifiques dans ce sens au sein du secrétariat. Les deux membres d'EURAC, juristes de formation, qui composent le bureau détaché de l'institution à Vienne spécifiquement dédié au montage de projets, ont pour principal cible les fonds européens de coopération territoriale et prennent en charge l'ensemble du montage administratif des projets de mise en œuvre de la Convention.

La collaboration avec EURAC a débuté dès les négociations pour l'établissement de la Convention. L'Académie de Bolzano accueille déjà une partie du secrétariat de la Convention Alpine et a une longue histoire de coopération avec cette institution. Comme Je l'ai déjà évoqué dans les chapitres précédents, EURAC est également soutenu par le Ministère italien de l'environnement et du territoire qui a apporté son soutien financier pour organiser les négociations sur la Convention des Carpates entre 2002 et 2003. Deux des réunions de négociation, la première « Sharing the Experience – Mountain Sustainable Development in the Carpathians and in the Alps », ainsi que la dernière où la version finale de la Convention a été finalisée se sont ainsi déroulées à Bolzano, au siège de l'académie.

À la suite de la signature de la Convention, le secrétariat a initié la signature d'un accord de coopération entre les deux institutions sur un nombre important de thématiques, faisant d'EURAC le partenaire scientifique et technique principal du secrétariat par intérim de la Convention des Carpates: description et représentation (*description and depiction*) de la région des Carpates; préparation de documentation sur les questions financières institutionnelles et de règles de procédure de la Convention; évaluations politique, légale et institutionnelle de la Convention; collaboration avec le PNUE sur des initiatives thématiques dans le cadre des partenariats sur la montagne; préparation du *Carpathian Environment Outlook*, notamment des cartes; soutien à l'organisation et la préparation de conférences; développement et maintenance du site web de la Convention; enfin, proposition d'un logo et d'une charte graphique pour la Convention[171].

171 Memorandum of Cooperation between the United Nations Environment Programme – Interim Secretariat of the Carpathian Convention (UNEP Vienna-ISCC) and the European Academy EURAC. 2004.

La collaboration s'est étendue au fil des projets et EURAC a offert son expertise technique notamment en matière cartographique sur plusieurs autres mandats. On retrouve ainsi les experts d'EURAC derrière la plupart des cartes des différentes brochures et rapports édités par le secrétariat[172]. La coopération entre les deux institutions s'est encore renforcée en 2009 avec l'établissement du bureau détaché au sein du bureau du PNUE à Vienne. Le mandat formel des deux membres de l'institution détachés à Vienne est de «fournir un appui technique au secrétariat dans la mise en œuvre de la Convention». Dans les faits, les deux employés sont principalement chargés du montage de projets transnationaux européens. Ils étaient également assistés par une consultante italienne lors de mon stage d'observation. Ces trois personnes avaient pour objectif d'identifier des opportunités de projet sur des thématiques préalablement identifiées par le secrétariat, de regrouper et de coordonner des partenaires autour de ces thématiques et de monter des projets au niveau européen. Les deux experts ont également chacun un mandat complémentaire spécifique déterminé avec le secrétariat. Il s'agit dans les deux cas de développer des relations avec des institutions extérieures à la région, la Convention Alpine pour l'un et les institutions européennes pour l'autre.

Ces deux experts sont juristes de formation et l'un d'eux est doté d'une expérience de travail au sein des institutions européennes. L'expérience de juriste est un précieux atout dans le montage de projets européens qui nécessitent des compétences légales fortes et une bonne connaissance des institutions communautaires. Si EURAC offre également son soutien dans l'organisation de réunions et de conférences, c'est donc surtout son expérience des programmes de financement européens qui est ainsi essentielle pour le secrétariat comme l'indique un des membres de la cellule EURAC à Vienne:

> I think we are an important support for all the activities developed by UNEP Vienna Office. They can count on the scientific expertise of EURAC, but we also create opportunities, like in the case of BIOREGIO, the opportunity to develop a big project. When the secretariat decided to build a big project implementing the biodiversity protocol, of course EURAC was involved, because it has the capacity and the

172 Ces différents documents iconographiques sont détaillés dans le chapitre 8 sur le rôle de la cartographie dans le processus de construction régionale.

> experience to do so. [...] So I would say that we create opportunities, we create all the conditions to develop some activities according to our competences[173].

Cette situation particulière offre une combinaison qu'on qualifierait volontiers de «gagnant-gagnant» pour le secrétariat par intérim et l'Académie européenne. En effet, plus il y a de projets européens acceptés, plus le secrétariat par intérim du PNUE obtiendra des fonds pour faciliter l'institutionnalisation de la région de projet et plus sa légitimité sera renforcée. Simultanément, plus il y aura de projets d'envergure, plus EURAC obtiendra de mandats en contrepartie sur ces projets et plus il pourra se profiler comme un acteur clé du domaine auprès de partenaires potentiels. Les deux institutions travaillent donc de concert pour assurer leur stabilisation conjointe comme des acteurs centraux de l'éco-régionalisation des Carpates et plus largement des zones de montagne, comme en témoigne un des membres de l'académie européenne travaillant au siège du secrétariat:

> [...] so we brought economic advantages, activities with a strategic advantage from this point of view, we enlarged the networking of EURAC, for example we are now discussing the drafting of a memorandum of understanding with UNIDO, so either strengthening or establishing new very important partnerships. And in general, I think we really increased a lot the notoriety of EURAC in the region. And this is very important because of course it can be that later other institutions will ask EURAC to develop some projects or to involve EURAC in some projects with other institutions in the region[174].

EURAC bénéfice ainsi du réseau du PNUE pour étendre ses contacts au niveau international et régional et se profiler comme un acteur scientifique et technique important sur les enjeux politiques, scientifiques et légaux autour des régions de montagne. Cet accord de coopération et la constitution d'un bureau à Vienne pérennisent ainsi la position privilégiée d'EURAC dans la construction de la région de projet, qui bénéficie de sa position auprès du secrétariat par intérim pour développer de nouvelles activités et gagner «en notoriété». Simultanément, le SICC piloté par le PNUE tire également profit de son partenariat avec

173 Entretien EURAC 2, avril 2011.
174 Entretien EURAC 2, avril 2011.

l'Académie européenne. Les moyens du secrétariat en termes financiers et humains sont limités et la coopération avec EURAC lui offre une assise technique et scientifique «gratuite» ainsi que des moyens importants et une expérience dans le processus d'éco-régionalisation alpin qu'il lui aurait été impossible de trouver chez un partenaire local ou régional. EURAC a également développé des compétences importantes en matière cartographique notamment au sein de l'institut de télédétection appliquée (*Institute for Applied Remote Sensing*) et surtout de l'institut de développement régional (*Institute for Regional Development and Location Management*), auxquels sont rattachés les deux membres de la cellule à Vienne. Ces compétences ont permis à l'institution de participer à la majeure partie de la production iconographique de la Convention des Carpates et bien souvent de piloter cette production.

Ce qui est intéressant et ressort des entretiens menés avec les deux membres de la cellule EURAC à Vienne, c'est la constante référence au PNUE, plutôt qu'au secrétariat par intérim lorsque la discussion porte sur les projets montés par EURAC au sein du SICC. Décrivant le type d'activité qu'il est amené à mener au sein du secrétariat, un membre d'EURAC déclare ainsi:

> From the other side, it is project development [that he is responsible for], mainly projects linked to the implementation of the Carpathian Convention, where UNEP mainly, and EURAC are involved, where UNEP offers of course the platform of the secretariat and EURAC offers its expertise in project management and development.

Et plus loin:

> In general the objective is that there is a project with UNEP and EURAC, even though it is not compulsory that the project has to have our leadership. [...] For UNEP and EURAC the idea is to develop common knowledge [within these projects][175].

Cette référence au PNUE plutôt qu'au secrétariat apparaît très clairement dans les activités liées au montage et au pilotage de projets, renforçant l'impression que d'une part il s'agit plus d'un partenariat entre le PNUE et

175 Entretien EURAC 2, avril 2011.

EURAC que d'un partenariat avec le secrétariat de la convention et d'autre part, que ce type d'activités essentielles pour la stabilisation de la région de projet relève d'un mode de fonctionnement propre à l'organisation internationale.

6.2 Petite ethnographie du montage de projet

Deux importants projets européens montés par EURAC ont été acceptés par les fonds de coopération territoriale européens. «Access2Mountains» est un projet transnational entre les Alpes et les Carpates et vise à favoriser un tourisme durable dans ces régions. «Bioregio» a été accepté début 2011 par le même fond de coopération européenne et vise à la mise en œuvre du Protocole sur la biodiversité entré en vigueur en 2011 dans six des sept pays signataires de la Convention. Le projet inclut 24 partenaires pour près de 3 millions d'euros. Il est coordonné par une organisation non gouvernementale roumaine, mais est largement piloté par le bureau projet du secrétariat, en collaboration également avec le bureau Danube-Carpates du WWF (WWF-DCPO). Ce projet constitue le premier projet de mise en œuvre effective d'un Protocole de la Convention des Carpates. C'est au travers de cet exemple que je vais suivre les étapes du processus de montage de projets au niveau européen pour pouvoir analyser les particularités de ce mode de fonctionnement.

Identifier la thématique au gré des opportunités

L'identification de la thématique sur laquelle développer le projet constitue la première étape du montage de projet. Cette identification de la thématique porteuse passe souvent par des sources intermédiaires qui peuvent être autant des rencontres, des financements à disposition ou plus simplement des possibilités offertes par le texte de la Convention lui-même. De manière générale cependant, le montage de projets n'est pas planifié, ni organisé au bureau de Vienne. Il survient au gré des opportunités et se développe en fonction du personnel à disposition, de sa disponibilité et de ses compétences. Nous sommes ici plus dans une stratégie du ‹bricolage›, faire au mieux avec les outils à disposition que dans une stratégie élaborée en amont, avec des priorités thématiques, la planification de projets, par le secrétariat ou le PNUE. Ces impulsions thématiques peuvent être de différentes sortes et intervenir à différentes niveaux. Lors de mon immersion au sein du bureau de Vienne du PNUE, j'ai ainsi pu identifier trois types d'impulsions thématiques différentes dans le développement de nouveaux projets: des impulsions des Etats ou des partenaires de la Convention lors de conférences et ou de réunions; des impulsions provenant du secrétariat lui-même; des impulsions extérieures à la Convention.

Les impulsions pour la création de projets proviennent en premier lieu souvent de partenaires de la Convention. Le *Carpathian Project*, par exemple, a vu le jour presque par hasard, après que le secrétaire général a trouvé sur internet un projet lancé par des partenaires indépendamment de la Convention[176]. Au-delà de l'anecdote, les partenaires historiques tels que le WWF, le Regional Environmental Center (REC) par exemple, sont souvent à l'origine de projets lancés par la Convention. Plus généralement cependant, les discussions ont lieu pendant les groupes de travail ou des conférences liées de près ou de loin à la Convention. Les conférences facilitent les discussions informelles et permettent souvent le lancement de nouvelles idées, comme le confirme un membre du secrétariat:

> So it could be also a discussion with the guy from the ministry or a partner [to launch a new project]. But, it's difficult for the guy to call [the Head of the Secretariat] and say "Let's do this." This is difficult. But it's easier that it can come from a meeting. Usually many of these ideas come from a meeting. Or maybe from another organization from the region, this is [also] easier[177].

Les conférences offrent des plateformes de rencontres et de discussions qui se font souvent autour d'un verre, pendant la pause-café, ou après la conférence, où le secrétaire général est bien souvent pris d'assaut par les partenaires présents. Dans le cas du projet Bioregio par contre, l'impul-

176 Anecdote tirée de l'entretien PNUE 2, mars 2011.
177 Entretien PNUE 5, avril 2011.

sion est d'abord venue de l'intérieur du secrétariat et visait à mettre en œuvre la Convention avec l'entrée en vigueur du premier protocole, le Protocole sur la biodiversité[178] :

> The idea was with Bioregio Carpathian to go further, to do a project implementing really the only protocol at that time [the biodiversity protocol][179].

Si l'objectif de base d'opérationnaliser la Convention a été clairement défini en amont par le secrétariat, une grande marge de manœuvre a été laissée au représentant d'EURAC en charge du projet quant au contenu dudit projet et au choix des partenaires. Le mandat donné par le secrétariat était vaste : le projet devait porter sur la mise en place de corridors écologiques reliant les différentes régions des montagnes des Carpates entre elles. Sans être spécialiste des questions de biodiversité, le juriste d'EURAC a rapidement eu la responsabilité de ce projet qu'il a pu développer avec une large autonomie :

> Concretely it was like this: that UNEP exactly told me this. "XXX, the idea is to develop a project with this objective." And they, let's say, gave me guidelines on how to develop the project. And on the basis of this, I developed the project concept. So I wrote, on the basis of my knowledge and what is written in the biodiversity protocol, etc., a first concept of the project. The main objectives, the main activities should be developed, and also on the basis always, of course, of the recommendations of UNEP and possible good partnerships for this project[180].

Au final, le membre d'EURAC s'est largement appuyé sur le Protocole de la Convention pour développer le contenu du projet. Sous son impulsion le projet Bioregio a ainsi pris une autre dimension élargissant la thématique des corridors écologiques à d'autres aspects du Protocole sur la biodiversité comme la mise en place d'une base de données thématique, la promotion des ressources naturelles de la région de projet et la participation des acteurs locaux au projet.

---

178 Protocol on Conservation and Sustainable Use of Biological and Landscape Diversity to the Framework Convention on the Protection and Sustainable Development of the Carpathians.

179 Entretien EURAC 2, avril 2011.

180 Entretien EURAC 2, avril 2011.

Si dans le cas présent le mandat de base du secrétariat était clair bien que très large, ce n'est en revanche pas toujours le cas. Il arrive que des projets surviennent par le hasard d'une recherche sur internet d'une stagiaire dont le seul mandat était de «regarder ce qu'elle trouvait d'intéressant sur les forêts dans les Carpates[181]» et qui tombe sur un projet intéressant en développement au WWF-DCPO, qui fera par la suite l'objet d'un partenariat officiel avec le secrétariat de la Convention.

Le projet Bioregio a aussi évolué en fonction des impulsions en provenance de l'extérieur de la Convention. Le contenu du projet a en effet également été fortement influencé par les appels à projet en provenance des institutions européennes. Il s'agissait de coller au plus près des thématiques demandées par la Commission pour avoir le maximum de chances de succès dans l'obtention du financement. En amont de la rédaction du contenu du projet, les priorités des programmes européens de coopération territoriale ont donc été analysées et le projet construit en fonction de ces priorités, comme l'explique encore une fois le juriste d'EURAC:

> It was good that since the beginning we thought and we developed the concept of the project knowing already what was asked of the program. This was very important. One of the main criteria of positive evaluation for projects under this program is that, exactly, you match what the EU asks, because they make an investment, so they want that you develop what exactly they ask. So it helps a lot to, let's say, direct a bit the writing of the project concept[182].

Les rapports entre projet et bailleurs sont ici inversés et on sent toute l'importance que prennent les programmes de financement européen dans le développement de telle région de projet. L'écriture du projet et de ses thématiques n'est pas effectuée en fonction des seules priorités du terrain, mais se fait dès le début en tenant compte des exigences des fonds de coopération européens. On est ici clairement dans une démarche opportuniste, visant à maximiser les chances de réussite du projet en mettant au mieux en adéquation les attentes et priorités du bailleur avec les besoins de la région de projet.

181 Notes de mémoire d'un entretien oral, non retranscrit par écrit.
182 Entretien EURAC 2, avril 2011.

A ce stade-là, il n'est donc pas question de consulter les partenaires locaux, les organisations environnementales actives dans la région ou les institutions nationales pour déterminer les besoins du terrain. La définition des objectifs et des thématiques prioritaires du projet se fait essentiellement par les porteurs de projet sous l'impulsion du secrétariat et des contraintes de financement extérieurs à la Convention. Certains projets peuvent même être directement mis en place par les institutions européennes puis repris et développés par le secrétariat. C'est le cas du projet Carpivia par exemple, un projet de la Commission européenne visant à favoriser l'adaptation de la région de projet des Carpates au changement climatique[183]. Le projet mobilise le cadrage spatial du *Carpathian Environment Outlook*, mais a été mené indépendamment de la Convention. Les contacts entre les coordinateurs du projet et le secrétariat ont été plus tardifs et ont notamment mené à la création d'un groupe de travail au sein de la Convention spécialement dédié à la thématique.

Dans les trois cas (impulsion de partenaires, du secrétariat, d'institutions extérieures), un responsable de projet est nommé au sein du secrétariat. Il bénéficie d'une grande autonomie dans la rédaction et assure le développement du projet de manière indépendante. Le porteur de projet n'a bien souvent pas de compétences scientifiques spécifiques sur la thématique et utilise de ce fait des sources très variées pour «bricoler» son élaboration. Malgré ce caractère très situé du montage de projets et le flou entourant bien souvent l'identification des thématiques, le secrétariat garde un contrôle tout au long du processus. Les responsables de projets échangent ainsi quotidiennement avec le secrétaire général sur l'avancée du projet, les écueils et les priorités à développer et rien ne se fait sans son aval. Cette structure est certainement facilitée par la taille relativement petite du secrétariat qui permet la délégation tout en facilitant le contrôle des activités effectuées.

183 Le développement de ce projet à l'échelle de la région de projet des Carpates, sur la base du cadrage défini par la Convention est par ailleurs un exemple significatif de l'établissement progressif de la région de projet dans le paysage territorial européen. Nous reviendrons plus en détail sur ce point lors du chapitre 8 traitant du rôle de l'expertise et de la cartographie dans ce processus d'éco-régionalisation.

La deuxième étape du montage consiste en l'identification et la mise en place d'un réseau de partenaires locaux et internationaux compétents pour la coordination et la mise en place du projet. Le projet Bioregio comprend ainsi vingt-quatre partenaires, pour la plupart en provenance des sept pays des Carpates. La coordination du projet a été confiée à un partenaire roumain. C'est également le pays le plus représenté au sein du projet avec cinq institutions parties prenantes. Par ailleurs, Bioregio comprend trois partenaires basés en Autriche (le SICC, le WWF-DCPO et l'agence pour l'environnement autrichienne) et deux partenaires italiens (l'institut pour le développement régional d'EURAC et le Ministère italien pour l'environnement). Ces cinq partenaires extérieurs à la région sont les partenaires historiques et privilégiés du secrétariat et du PNUE, des membres du réseau constitutif de la Convention. Ces partenaires sont considérés comme essentiels à la viabilité du projet par le responsable de Bioregio, soit pour des raisons politiques, soit pour l'expérience et les compétences qu'ils ont acquises dans le domaine dans d'autres régions. C'est le cas par exemple du WWF ou d'EURAC qui bénéficie également d'une légitimité dont profite le projet:

> It is important to have a global NGO [WWF] that was also active in the Alps and of course we and UNEP work in close cooperation with them and already had a project together like the Carpathian Project. They have many contacts, they are very important as an NGO, also for consultancy. Because our idea was to have - so mainly organizations from the region, this was very important - to have some organizations that brought other experience and expertise on other projects. For example EURAC is also part of the big e-connect project, a project on ecological connectivity in the Alps that is anyway linked for many activities with Bioregio[184].

Les autres types d'institutions impliquées dans le projet sont assez variés. On retrouve les Ministères représentant les Etats dans la Convention des Carpates, des agences nationales pour la protection de l'environnement, une agence régionale, des institutions académiques et scientifiques et des administrations de parcs nationaux. L'objectif poursuivi par le responsable est d'avoir un spectre de partenaires aussi diversifié que possible, à la fois

---

184 Entretien EURAC 2, avril 2011.

pour pouvoir bénéficier de compétences élargies dans le projet et d'assurer la représentation de chacun des pays parties prenantes. La plupart des ministères en lien avec la Convention sont également sur la liste des partenaires. Ils constituent le garant institutionnel du projet. Par contre, aucune ONG, à l'exception du WWF n'est partie prenante, une absence justifiée par le responsable de projet à la fois pour des raisons d'éligibilité dans les programmes européens et par la présence justement du WWF qui endosse pour l'occasion le rôle de porte-parole des ONG locales de la région :

> [About the lack of local NGOs] It was because... the good thing of having WWF-DCPO is that anyway they have contacts in all the countries. They have focal points in almost all the Carpathian countries. So it was – and also because – this is a problem for me, if you want to go beyond the concrete side, over-eligibility. Because for the NGOs, it was a bit more difficult for eligibility of partners to participate, because they are considered private, and the private have to found a public institute financing their part that is not covered by the – the financing of the project is not covered by the European Union[185].

L'identification des partenaires s'effectue généralement sur le tas en fonction du réseau d'acteurs de la région de projet : soit lors de conférences et réunions thématiques en lien avec la Convention où les membres du secrétariat peuvent rencontrer de nouveaux partenaires, soit à travers le réseau de partenaires existants, soit par les points de contact nationaux du secrétariat. Dans les faits, c'est surtout par ce dernier canal que s'effectue l'identification des partenaires locaux et nationaux des projets. Les points de contacts nationaux sont des personnes ou des institutions identifiées par les ministères de chaque pays et devant servir de relais au secrétariat dans les pays respectifs. Les points de contact nationaux changent selon les thématiques mais sont généralement en relation avec le secrétariat depuis plusieurs années. Lorsque le secrétariat cherche à trouver des partenaires dans le cadre d'un projet sur une thématique précise, il fait généralement appel aux points de contacts nationaux qui relaient dans leurs réseaux respectifs.

Ce système relativement courant dans les conventions internationales permet au secrétariat de bénéficier d'un vaste réseau de partenaires dans chacun des pays préalablement identifiés et sélectionnés et directement mobilisables. Cependant, tous les partenaires locaux sur ce projet sont

185 Entretien EURAC 2, avril 2011.

donc liés de près ou de loin aux Ministères de l'environnement, qui peuvent ainsi exercer une forme de contrôle sur les institutions partenaires aux projets. Il n'est ainsi pas possible pour le secrétariat de contacter une ONG locale ou nationale sans l'accord préalable du point de contact national et donc indirectement du Ministère, limitant les possibilités de travailler avec des organisations qui seraient trop revendicatrices :

> Of course if the Ministry was against this specific partner for some reason, no. Of course not [we could not invite it]. If they say "This partner is not really good, another one is better," we should have followed their advice, because they know of course very well the most capable institutes there[186].

L'accès aux institutions locales et aux organisations non gouvernementales reste ainsi limité dans le cadre de projets. Sur les vingt-quatre partenaires que comprend le projet Bioregio, seules huit institutions, principalement des universités et des parcs nationaux, ne sont pas directement liées aux agences gouvernementales alors que selon l'initiateur du projet au secrétariat l'un de ses principaux objectifs était justement « the involvement of the stakeholders in the region [and] to develop the already existing network in the Carpathians[187] ».

La situation est similaire dans d'autres projets pilotés par le secrétariat. Sur les dix-neuf partenaires et observateurs du projet Access2Mountain, seuls quatre ne sont liés ni à un Ministère, ni à une agence gouvernementale, limitant *de facto* la participation d'institutions locales à la mise en œuvre de la Convention. Si la coordination du projet Bioregio a été confiée à une institution roumaine, le projet reste ainsi très largement piloté depuis le secrétariat, comme le confirme sans ambages son secrétaire général :

> In the case of Bioregio, we built it as a convention. So we took the role of a service provider, helping in capacity-building to build up a Romanian partner as a lead partner to – and all of the other partners in the region in one of the biggest sectors to come with a hopefully successful project[188].

Le responsable de projet d'EURAC a entièrement coordonné le montage du projet depuis Vienne et rédigé son contenu, l'identification des partenaires

186 Entretien PNUE 2, mars 2011.

187 Entretien EURAC 2, avril 2011.

188 Entretien PNUE 2, mars 2011.

a été effectuée par le secrétariat et les points de contacts nationaux. Le contrôle de la mise en œuvre du projet revient également au secrétariat qui rapporte les avancées au comité de mise en œuvre. La Commission Européenne n'ayant pas de moyens suffisants pour une vérification sur le terrain de la mise en œuvre du projet, celle-ci est largement dévolue au coordinateur, lui-même partie prenante au projet. On reste donc dans un contrôle pour le moins léger.

Intégrer les collectivités régionales et locales

J'ai montré que la plus grande difficulté pour le PNUE-SICC en termes de structuration d'un réseau au service du fonctionnement de la région de projet est certainement l'implication des collectivités locales et régionales dans le processus. Pourtant, leur participation est essentielle à la mise en œuvre d'une convention de ce type, car les capacités de mise en œuvre sont bien souvent très largement détenues par ces collectivités et ne peuvent dépendre uniquement de projets ponctuels développés par de grandes organisations internationales (voir pour le cas alpin, Rudaz et Debarbieux, 2013). Les collectivités locales et régionales n'ont été pour l'instant que très faiblement impliquées dans le processus d'éco-régionalisation des Carpates qui souffre de ce point de vue d'un déficit démocratique. Contrairement à l'exemple alpin, ces collectivités ne se sont pas organisées en un réseau de collectivités sur le périmètre spatial de la région de projet[189]. Elles n'ont pas participé à la définition de la région de projet, ni au processus de négociation, ni à la rédaction de la Convention et de ses premiers protocoles. Elles sont donc restées très largement en retrait d'un processus d'éco-régionalisation dont elles ne voyaient pas le bénéfice. Afin de réparer ce manque, des formations sur les enjeux et implications de la Convention au niveau local et régional ont bien été organisées par le REC en 2008 dans chacun des pays Parties, mais il manque assurément d'informations, de sensibilisation et de renforcement des capacités à ces niveaux pour favoriser leur engagement. Pour l'instant, la région

189 Alliance dans les Alpes est un réseau de communes à l'échelle alpine créé en 1997 : <http://www.alpenallianz.org/fr>, consulté le 10 mai 2014.

de projet des Carpates se repose trop sur les agences gouvernementales et des organisations transnationales telles que le WWF pour bénéficier d'un réseau efficace au niveau local et régional dans le cadre de la mise en œuvre de la Convention.

Le secrétariat cherche ainsi encore à trouver les moyens pour approcher directement les collectivités, comme l'explique le secrétaire général du secrétariat :

> Well, with the national actors it's easier [to collaborate with] because we started with our national focal point. It was a very small group. Mainly people from biodiversity… Or strategic units in the ministry of environment as our focal point. […] When it comes to the regional authorities, it's a little bit more complicated because there we still have to do a lot of work and there we are at the beginning of this process and we are still struggling with how to do it[190].

Pour accepter de s'impliquer dans le fonctionnement institutionnel d'une région de projet à la réalisation de laquelle elles n'ont guère pris part, les collectivités doivent pouvoir en retirer un bénéfice. C'est l'argument financier de l'accès aux canaux de financement européen qui est sans surprise mis en avant par le secrétariat pour les attirer et entamer une collaboration dans le cadre de projets. Le secrétariat souhaite ainsi réussir à se positionner comme une institution de niveau intermédiaire entre les bailleurs de fond au niveau européen et les acteurs locaux et régionaux de la région, un « fournisseur de service » comme l'explique le secrétaire général :

> I mean, I was thinking "Let's make a summit of the region," [for the regional authorities] but who's going to pay for that ? Who's going to come ? How are you going to translate ? What's the purpose of it ? Many people already do this. The Council of Europe does regional… and then you look deeper at all these different organizations, the euro-regions, and you find out there's very little substance. And then maybe this might be the good approach, and we have experienced that. Here we have the regional members ; in Bioregio we have regional members, let's turn our services into a service provider to them. And I think [that] would be a good approach because then it becomes marketable[191].

Au final, deux événements ont été organisés pour attirer ces collectivités : une réunion parallèle dans le cadre de la troisième Conférence des Parties,

190 Entretien PNUE 2, mars 2011.

191 Entretien PNUE 2, mars 2011.

en 2011, mais qui n'a pas rencontré le succès escompté de l'aveu même de son organisateur; la réunion du groupe de travail sur le développement spatial en 2013 à Bruxelles sur les stratégies macro-régionales qui a laissé entrevoir un intérêt des collectivités pour ce processus, comme je le montrerai au chapitre suivant. Leur intégration et leur participation seront sans doute une des clés de la légitimité et de la stabilité de la région de projet sur le long terme.

Le montage de projets européens requiert des compétences techniques, une assise financière et une légitimité acquise par l'expérience

Une fois la thématique identifiée, le contenu esquissé et les partenaires trouvés, le projet doit encore être monté. Monter des projets requiert un lourd travail administratif. Le dossier de candidature du projet Bioregio comporte ainsi plus de 140 pages. De son développement à son acceptation, la procédure aura duré trois ans. Le dossier comprend un résumé du projet et de son plan financier, une présentation détaillée de chaque partenaire, de son apport au projet, ainsi que de son financement, une description détaillée des objectifs, spécificités et limites du projet ainsi que de sa contribution au programme européen, une description des différents modules du projet (*work packages*), un budget détaillé avec l'ensemble des dépenses prévues pour chaque partenaire, un plan de travail, une liste d'indicateurs pour évaluer le projet et une dizaine d'annexes soutenant le projet.

Ce dossier de candidature complet est donc assez lourd administrativement et requiert plusieurs compétences nécessaires à son élaboration. La première compétence est une compétence linguistique: c'est d'abord l'absolue nécessité de maîtrise de l'anglais. Le dossier de candidature est rédigé en totalité dans cette langue; il n'est pas possible pour un acteur des Carpates de monter un projet dans sa langue natale. Le langage utilisé est d'autre part souvent très technique et bureaucratique avec de nombreuses abréviations, qui nécessitent un long apprentissage pour qui souhaiterait se lancer. Il faut maîtriser et différencier ce que sont les ‹*outcomes*›, ‹*results*›, ‹*priorities*›, se plier aux exigences bureaucratiques de l'administration communautaire, des règles qui souvent ne sont pas écrites mais nécessaires pour entrer dans le cadre d'un dossier de candidature.

La maîtrise de l'anglais bureaucratique n'est cependant de loin pas l'unique compétence requise dans le montage de projet. Il faut avant tout bien connaître les spécificités légales et institutionnelles des mécanismes de financement européen. Les partenaires doivent par exemple être sélectionnés en fonction de leur appartenance géographique au programme européen de financement. Si des partenaires, comme la Serbie dans le cadre de Bioregio, en sont exclus car le pays n'est pas encore membre de l'Union Européenne, des solutions doivent être trouvées avec d'autres instruments financiers existants tels l'instrument d'aide de préadhésion (IAP). Afin de faire participer l'Ukraine, pays extérieur à la zone européenne, mais Partie de la Convention, c'est cette fois-ci la politique de voisinage de l'Union qui doit être mobilisée, ce qui n'est pas sans poser des problèmes d'une grande complexité technique comme tente de l'expliquer le responsable du projet Bioregio au secrétariat :

> Ukraine is a neighbor country, so it has the instrument for the neighboring country. But, for example, in the scope there are no funds available for the neighboring countries, so the way Ukraine was involved in the project is that it's co-financed by one of the EU partners. In this case, Romania. The partner is the State Agency of Protected Areas; the Agency of Protected Areas of Ukraine is co-financing their activity by the Romanian partner. With limits. Because the co-financing is actually only travel, accommodation, and external experts. Those specific expenses. So to conclude this issue about the possible participation of the partnership, it is not easy to build a consortium with partners from the region because some of them are not part of the program area, so they can participate only with limits and they have to give more documents, etc.[192].

Plusieurs sources de financement se croisent donc au sein d'un même projet déposé au programme de financement européen de coopération territoriale. La complexité ne s'arrête cependant pas là. Les programmes européens ne financent qu'à 85 % les partenaires du projet. Pour chaque partenaire engagé il faut donc trouver 15 % de financement externe, généralement public pour assurer le budget. Par ailleurs, la requête aux fonds européens de coopération territoriale dans le cadre de projets transnationaux demande un « minimum threshold of project value », c'est-à-dire que les institutions européennes ne financent que des projets

192 Entretien EURAC 2, avril 2011.

d'une certaine ampleur, généralement d'un million d'euros au minimum selon le secrétaire général de la Convention. Etant donné qu'un niveau de contribution d'au moins 15% est attendu, cela signifie 150'000 euros de contributions entre les institutions parties au projet. Cela exclut *de facto* des possibilités de financement européen la majorité des institutions locales voire nationales. Le montage et le bouclage du budget deviennent dès lors un art compliqué où chaque dépense doit être explicitée et budgétée selon les sources de financement. Près de trente pages y sont consacrées dans le dossier de candidature de Bioregio.

Une fois le projet monté, il faut encore passer devant une commission d'évaluation, le *Joint Technical Secretariat*, une institution spécialement créée par la Commission Européenne pour faire une première évaluation des projets en amont, rejeter ceux qui n'auront aucune chance et formuler des recommandations aux autres. Cette première évaluation est cruciale car elle représente une première sélection des projets qui devront ensuite compléter leur dossier de candidature. Elle porte sur la qualité du projet déposé, sa compatibilité avec les directives et priorités européennes, ainsi que le sérieux des partenaires proposés (en termes de financement, de représentativité régionale et de crédibilité).[193] Que le choix des partenaires soit un critère de sélection n'est pas a priori un élément nouveau. Ce qui ressort cependant de mon entretien avec le responsable du projet Bioregio, c'est la question de l'expérience des partenaires et de leur crédibilité. Selon le responsable du projet, la crédibilité est en effet un élément important du processus de sélection qui s'acquiert par l'expérience antérieure dans des projets européens. Plus un partenaire a de l'expérience dans des programmes de financement européen, ou plus un partenaire est ‹connu› et reconnu comme crédible et sérieux sur la scène européenne ou internationale, comme le PNUE, plus le projet aura de chances d'être sélectionné :

> I think it's very important yes [the credibility of the partners]. I mean they know us, they know we are serious and the job will be done, we know how it works. Yes credibility is important, but experience too[194].

193 Cette liste de critères n'est pas exhaustive mais est celle identifiée par un des responsables de projets au sein du secrétariat.

194 Entretien EURAC 2, avril 2011.

6.3 Le projet, instrument de stabilisation du PNUE?

Ce développement suscite néanmoins certaines questions. En premier lieu, ce système par projets favorise indirectement l'emprise du PNUE et de l'EURAC sur les organisations environnementales de la région. Si le montage de projets bénéficie à ces organisations qui touchent une partie du bénéfice redistribué, il n'en conforte pas moins un système qui voit dans les pays d'Europe centrale et de l'est les canaux de financement européens contrôlés par de grandes organisations transnationales aux compétences techniques, financières et scientifiques reconnues au détriment des organisations en provenance de la région de projet même. Le degré d'expertise accumulé par ces organisations internationales est tel qu'il est difficile voire impossible pour une organisation environnementale nationale ou locale de les concurrencer lors de la mise au concours de projets transnationaux. Ainsi, en se voulant défenseur du renforcement des capacités des institutions locales et nationales, ce système participe indirectement au renforcement de la position des acteurs exogènes à la région de projet et limite les possibilités des acteurs endogènes à développer des capacités techniques dans ce sens.

Les organisations environnementales endogènes sont ainsi obligées de travailler dans le cadre de référence proposé par le secrétariat par intérim piloté par le PNUE et ses partenaires privilégiés. L'agenda est négocié entre les États de la région de projet et ces organisations exogènes ce qui limite les possibilités de ces groupes de promouvoir leur agenda propre en fonction des enjeux locaux qu'ils sont à même d'identifier par leur travail sur le terrain.

Ce système mis en place par le PNUE participe par ailleurs de ce que je propose d'appeler la «légitimité à crédit» de l'organisation intergouvernementale. Tant que l'opérationnalisation de la Convention est assurée, le PNUE peut continuer à piloter l'institutionnalisation de la région de projet. Le secrétariat est ainsi amené à développer des compétences spécifiques semblables à un bureau de projet privé, à devenir un «*service provider*» selon les termes employés par le secrétaire général. La Convention des Carpates apparaît dès lors comme un intermédiaire privilégié de niveau régional, cadrant les priorités environnementales de la région de projet en coopération avec les institutions européennes et les États des Carpates et redistribuant les fonds aux organisations environnementales avec qui elle collabore. Le tout piloté par une organisation intergouvernementale qui assure sa pérennité dans le projet par cette voie. Le montage de projets participe donc de la stabilisation du PNUE en tant qu'acteur principal de la Convention des Carpates en même temps que de l'institutionnalisation de la région de projet. Une stabilité relative cependant, qui ne tient qu'à la capacité du bureau de Vienne à continuellement se renouveler et développer la Convention, une obligation de fonctionnement donc.

L'Union Européenne, canal principal de financement

Enfin, comme je l'ai montré tout au long de ce chapitre, la majorité des projets décrochés par le secrétariat par intérim de la Convention et tous les plus gros projets transnationaux développés à ce jour (*Carpathian Project, Access2Mountains, Bioregio*) ont été financés par les programmes de financement européens de coopération territoriale transnationale. Tout au long de mes entretiens, de nombreux acteurs ont souligné combien il était encore plus difficile de récolter des fonds pour des projets en Europe, comparé aux autres continents sans passer par les fonds européens eux-mêmes, surtout dans le cas de projets transnationaux. Cela met en lumière la dépendance du bureau de Vienne à ce type de fonds pour la mise en œuvre de la Convention et plus généralement la performation de la région de projet des Carpates, comme confirme le secrétaire général :

> You know, it's only EU money that looks into transnational cooperation in Europe. That's why it's very important [for the Carpathian Convention][195].

S'il permet d'assurer des fonds importants, ce type de financement ne garantit pas un financement stable sur le long terme de la Convention, augmentant la fragilité de sa mise en œuvre et remettant en question la stabilité de la région de projet sur le long terme. Les initiatives pour

195 Entretien PNUE 2, mars 2011.

le développement d'un «Espace Carpatique» dans le programme financier européen de coopération territoriale[196], sur le modèle alpin, se comprennent d'autant mieux de ce point de vue. Si elles ne sont pas la garantie d'un financement européen, elles permettraient d'orienter celui-ci sur un périmètre spatial englobant la région de projet des Carpates dans sa totalité et facilitant ainsi le financement de projets régionaux transnationaux. Un «Espace Carpatique» faciliterait également les procédures au niveau administratif en incluant tous les pays signataires de la Convention à cet espace.

> So you have the Danube Convention, you have us, you have the Alpine convention, and we are at different degrees now of association and disassociation to these programs. And how does ICPDR now relate to the Danube strategy? There's no funding instrument, so the Danube convention is the Danube strategy but [has] no funding instrument. The Alpine convention has no Alpine strategy but has an Alpine space program as their all funding program. We are the Carpathian convention; we are split into all different kinds of things. We have none of the others, but we are working with it. [...] And what should be the solution? And isn't it that the EU should rather [scale down] and use the conventions that exist in the region? So shouldn't we – wouldn't be the perfect solution not that we simply use what we have there and try to make something the best out of those? Which I think in our context would be a pragmatic approach. [...] Isn't the solution that we try to institutionalize better the relationship of the Carpathian convention with them? Shouldn't they then join the Carpathian convention? Or help us to set up a nice secretariat in the region, take it seriously, join us, and contribute to setting up a more powerful mechanism?[197].

Il y a donc nécessité pour le SICC, et plus largement le PNUE-BRE d'assurer un suivi de recherche d'informations sur tous les nouveaux développements qui peuvent avoir lieu en interne au niveau de l'Union, afin de cadrer au mieux ces initiatives régionales avec les priorités définies par la politique régionale ou la politique environnement et promouvoir ainsi le rôle d'intermédiaire et de coordinateur que le secrétariat PNUE par intérim de la Convention des Carpates entend défendre.

196 Voir au prochain chapitre.

197 Entretien PNUE 2, mars 2011.

6.4 Synthèse du chapitre

La mise en œuvre opérationnelle de la Convention est l'une des fonctions du secrétariat identifiées dans la littérature scientifique (Biermann et Siebenhüner 2009) et une condition de fonctionnement et de légitimité pour la région de projet des Carpates. Les ressources financières des Etats et celles dont dispose le secrétariat étant limitées, le montage et l'obtention de projets transnationaux sont ainsi devenus une fonction centrale du SICC, qui a initié un partenariat avec l'académie européenne de Bolzano dans ce sens et avec un certain succès.

L'obtention du *Carpathian Project* très tôt dans le processus a permis au secrétariat de mettre en place les institutions nécessaires à la stabilité de la région de projet, de réaliser une expertise scientifique à l'échelle de la région pour légitimer sa raison d'être, de développer le premier protocole d'application et de structurer un réseau de partenaires. L'obtention de projets participe ainsi directement au développement de l'agencement des Carpates et à l'institutionnalisation de la région de projet. J'ai montré également qu'elle participe également à la légitimité du PNUE pour piloter ce processus d'éco-régionalisation.

L'analyse approfondie du projet Bioregio montre cependant que l'identification de la thématique et de partenaires, ainsi que la rédaction même du contenu du projet se font souvent « sur le tas », de façon bricolée, en fonction des impulsions variées et de la disponibilité du réseau de partenaires du secrétariat, voire de propositions de stagiaires au sein même du secrétariat.

J'ai également montré que si l'obtention de projets transnationaux permet au secrétariat de structurer un réseau de partenaires autour du projet de région, les collectivités locales et régionales restent majoritairement absentes de ce processus, en raison de contraintes financières, politiques et administratives. Ces dernières jouent pourtant un rôle essentiel dans le processus d'éco-régionalisation, car les capacités de mise en œuvre sont bien souvent très largement détenues par ces collectivités et ne peuvent dépendre uniquement de projets ponctuels développés par de grandes organisations internationales (Rudaz, 2005; Rudaz et Debarbieux, 2013). L'intégration des collectivités régionales dans le processus régional des Carpates est un enjeu futur primordial pour le secrétariat.

Enfin, la gestion par projet du secrétariat pose la question de la stabilité à long terme de la région de projet. La double dépendance à l'expérience et aux compétences techniques du PNUE et de ses partenaires, ainsi qu'aux canaux de financement transnationaux des institutions européennes met en lumière la fragilité du processus d'éco-régionalisation des Carpates. Les initiatives du secrétariat pour le développement d'un « Espace Carpatique », sur le modèle alpin, dans les programmes de coopération territoriale européens que j'entends développer au prochain chapitre se comprend mieux sous cet angle.

Chapitre 7
Les Carpates comme macro-région?

Ce chapitre s'intéresse plus particulièrement aux pratiques spatiales du secrétariat de la Convention des Carpates en lien avec le développement d'un nouvel instrument de coopération territoriale en Europe, les stratégies macro-régionales. Les stratégies macro-régionales sont conceptualisées comme l'émergence d'un nouveau cadre de référence en Europe pour coordonner des politiques intégrées de développement durable à un niveau transnational. Ce recadrage des outils de coopération territoriale transnationale européenne peut participer à la déstabilisation voire à la contestation du cadrage scalaire de la proposition de région existante.

Je souhaite montrer dans ce chapitre comment le secrétariat va au contraire appréhender l'émergence des stratégies macro-régionales comme une opportunité stratégique de développement et piloter la formulation d'une nouvelle proposition de région, sur un périmètre de gouvernance élargi, s'articulant de façon complémentaire à la région de projet de la Convention et s'alignant par ailleurs sur les programmes financiers européens de coopération territoriale. Je montrerai également que l'action du secrétariat s'est principalement effectuée en réaction à cette nouvelle opportunité de développement, sans stratégie planifiée et en bricolant sa proposition de région avec les éléments à sa disposition.

Afin de rendre compte de ces pratiques, je vais m'intéresser à une décision de la COP3 (décision COP3/2) relative au développement d'une stratégie macro-régionale pour les Carpates. Je ne m'intéresserai pas à la décision finale prise par la COP, mais à son élaboration, à la décision en train de se faire et de s'écrire, en m'inspirant des travaux de Bruno Latour sur la fabrique du droit (2002) ou de Vincent Gayon (2009) sur l'écriture d'un rapport sur l'emploi à l'Organisation de Coopération et de Développement Economique (OCDE). Cet intérêt pour le processus de décision va me permettre d'observer les pratiques du secrétariat dans chacune des phases de la conception et de l'écriture et de percevoir les dynamiques à l'œuvre dans un tel processus, invisibles une fois la décision adoptée par la Conférence des Parties. Lors de mon travail d'observation au bureau de Vienne entre janvier et mai 2011, j'ai eu la chance de suivre la partie finale du cheminement de cette décision dans les trois organes institutionnels de la Convention (groupe de travail, comité de mise en œuvre et Conférence des Parties) jusqu'à son acceptation par la troisième COP à Bratislava en juin 2011. C'est sur cette base et en retraçant au mieux les étapes antérieures de ce processus[198] à l'aide de la documentation recueillie et de mes entretiens que je souhaite proposer cet examen.

7.1 Instituer une stratégie macro-régionale pour les Carpates

Le 27 mai 2011, la décision COP3/2 sur le développement spatial (article 5 du traité) adoptée lors de la troisième Conférence des Parties de la convention des Carpates (1) *adopte* les termes révisés du groupe de travail sur le développement spatial (*Working Group on Spatial Development*), (2) *se félicite* des résultats du groupe de travail lors de sa réunion à Bruxelles en janvier 2011, (3) *examine et adopte* le plan d'action stratégique pour les Carpates qui met en lumière le processus de la Convention des Carpates dans le contexte des programmes de financement de la coopération territoriale européenne (4) *soutient* la mise en œuvre et le développement de ce plan d'action comme une contribution importante à la stratégie européenne pour la région du Danube, ainsi qu'aux discussions sur les stratégies macro-régionales existantes et futures. Cette décision est complétée par la décision COP3/10 sur la coopération avec l'Union Européenne qui (1) *se félicite* des références à la région des Carpates et à la Convention dans le plan d'action pour la stratégie européenne pour le Danube; (2) *réaffirme* l'importance et la pertinence de la région des

198 Les étapes antérieures à notre travail de terrain ont été retracées, grâce à l'accès aux collections de tous les rapports et comptes rendus de réunions des organes institutionnels de la Convention ainsi que grâce aux différents entretiens formels et informels menés au bureau de Vienne durant ma période d'observation.

Carpates pour les stratégies macro-régionales du Danube et de la Baltique et (3) *souligne* le besoin de le refléter dans la mise en œuvre de la stratégie pour le Danube et dans les activités futures liées au développement de ces stratégies macro-régionales européennes; (4) *encourage* les Parties, soutenues par le secrétariat à coopérer avec l'Union Européenne en vue de promouvoir un «Espace Carpatique» (*Carpathian Space*) dans les programmes de coopération territoriale européens existants et futurs.

Ces deux décisions de la COP sont riches et comportent de nombreux éléments qu'il convient d'introduire pour bien comprendre le contexte européen en mutation dans lequel elles s'inscrivent et les enjeux qui lui sont attachés. Elles sont importantes car elles peuvent constituer un moment stratégique dans le développement futur de la Convention. En affirmant leur intérêt pour le développement d'une stratégie macro-régionale pour les Carpates sur un périmètre élargi incluant les grandes métropoles aux alentours, via l'adoption du plan d'action stratégique, les États des Carpates marquent leur volonté de mieux s'intégrer dans la nouvelle politique régionale européenne (les stratégies macro-régionales), mais également qu'ils sont prêts à envisager des politiques de développement durable des Carpates de manière intégrée avec les agglomérations urbaines qui entourent la chaîne de montagne. Les Etats des Carpates s'inscrivent ainsi dans la tendance européenne à penser la coopération territoriale sur des périmètres larges autour d'entités naturelles comme le montrent les exemples récents de la Baltique en 2009, du Danube en 2011, de l'Adriatique en 2014 et des réflexions lancées autour des Alpes ou de la Méditerranée (voir par exemple Ágh et al., 2010; Dubois et al., 2009; Bialasiewicz et al., 2013).

Éléments de contexte: stratégie macro-régionale et Espace Carpatique

En premier lieu, la décision COP3/2, complétée par la COP3/10, confirme le soutien déjà exprimé des Etats (voir Décision COP1/13 sur la coopération avec l'Union Européenne) à l'établissement d'un «Espace Carpatique» dans les programmes financiers européens de coopération régionale transnationale. La référence à «l'Espace Carpatique» s'inscrit dans le prolongement du projet transnational européen *Carpathian Project* obtenu par le PNUE en 2006 avec pour objectif à la fois de procéder à un état environnemental des lieux de la région des Carpates sur les thématiques portées par la Convention et l'harmonisation des données sur un espace plus large, «l'Espace Carpatique». Ce dernier est une référence directe à l'Espace Alpin, un programme financier de coopération transnationale INTERREG établi par l'Union Européenne spécifiquement pour les Alpes et les régions environnantes pour la période programmatique 2000-2006 et qui a été prolongé depuis.

Dans le cadre de la coopération transnationale, un zonage a été mis en place par la Commission Européenne afin d'organiser le financement des projets selon des aires de coopérations transnationales, dont l'Espace Alpin. Jusqu'à 2007, les Carpates faisaient partie du programme CADSES (*Central, Adriatic, Danubian and South Eastern European Space*) qui a été divisé en deux parties lors de la période programmatique 2007-2013 (*Central Europe and South Eastern Europe*), coupant les Carpates en deux. Si la majorité des pays se retrouvent à cheval entre les deux programmes, ce n'est pas le cas de la Roumanie et de la Pologne qui se trouvent séparées, chacune dans un programme différent. Bien que ces programmes financiers offrent une certaine souplesse sur le cadrage spatial des programmes qu'ils financent, l'enjeu pour la Convention est de faire reconnaître la région de projet des Carpates sur le modèle alpin comme un périmètre pertinent dans la coopération territoriale transnationale européenne et pouvant pleinement soutenir la mise en œuvre de la Convention. Une telle mesure faciliterait d'une part l'obtention de projets transnationaux à l'échelle de la chaîne de montagne et de ses environs, et d'autre part contribuerait à la reconnaissance de la région de projet Carpates sur la scène régionale européenne. Elle est donc stratégiquement et politiquement importante pour les États des Carpates qui se sont engagés dès la première conférence des Parties et au travers du SICC à soutenir un nouveau zonage dans les programmes financiers européens.

Deuxièmement, depuis 2006 un nouveau cadre de référence pour la coopération territoriale transnationale a été développé par la Commission européenne, les stratégies macro-régionales. Cet outil de bonne gouvernance basé sur un périmètre large, mais sans délimitation précise ne requiert ni nouveau financement, ni nouvelle institution, ni nouvelle législation selon les souhaits de la Commission européenne (Samecki, 2009).

Ces stratégies ont été pensées comme des instruments de coordination des différentes initiatives territoriales actuelles afin de promouvoir des approches intégrées et une meilleure articulation entre les différents périmètres d'intervention. La première stratégie macro-régionale a été développée en 2009 pour la région de la mer Baltique qui a une longue tradition de coopération notamment dans le domaine environnemental; elle a été rapidement suivie par une stratégie dans la région du Danube, puis tout récemment pour l'Adriatique et la Mer Ionienne. Une stratégie est également en préparation pour les Alpes et des réflexions sont menées autour du périmètre méditerranéen (Bialasiewicz et al., 2013).

Les stratégies macro-régionales actuelles sont toutes construites autour d'entités naturelles: bassins versants (Mer Baltique et Mer Adriatique et Ionienne), bassins fluviaux (Danube) et chaîne de montagne (dans le cas encore en discussion des Alpes). Elles ont toutes également comme base une forte dimension environnementale: la coopération sur la Baltique est partie du constat d'un niveau inquiétant d'eutrophisation de la mer; la stratégie du Danube s'est construite sur des objectifs de gestion de l'eau, de la navigation et des polluants. La gestion des défis environnementaux est souvent ainsi considérée comme un bon exemple du besoin de dépasser les cadres institutionnels existants et la possibilité d'initier des coopérations de nature transnationale et dé-sectorialisée. Ces projets macro-régionaux ne sont cependant pas centrés sur les questions environnementales. Au contraire, ils ont la nécessité d'élargir leur cadrage thématique aux enjeux liés aux questions économiques, sociales et d'infrastructure dans la gestion de ces espaces et cherchent à les articuler dans une approche intégrée.

Ce nouvel outil de coopération régionale a rapidement été perçu par le SICC comme une opportunité de développement et de gouvernance élargie pour les Carpates. Selon le SICC, la région de projet des Carpates forme une entité cohérente d'un point de vue environnemental, confrontée à des défis communs, dans une zone géographique appelée à se développer économiquement. La région de projet dispose également déjà avec la Convention d'un instrument institutionnel pouvant piloter sa gestion et assister à la mise en œuvre des programmes, un atout non négligeable dans la mesure où les stratégies macro-régionales européennes ne devraient pas engendrer de nouvelles institutions, mais s'appuyer sur les bases existantes. Par ailleurs, si la stratégie du Danube intègre en partie la chaîne des Carpates dans son plan d'action, elle ne recouvre a priori pas l'ensemble des pays Parties prenantes de la Convention et reste largement centrée sur les problématiques liées à l'eau.

C'est pourquoi le SICC a lancé une réflexion sur les enjeux macro-régionaux pour les Carpates, qui a débuté lors de ma période d'observation à Vienne début 2011. Deux pistes d'action non exclusives ont été évoquées: soit l'adoption d'une stratégie macro-régionale propre aux Carpates à moyen terme, impliquant un recadrage du projet actuel pour coller au mieux aux objectifs de la Commission, soit une meilleure intégration et reconnaissance de la Convention et des enjeux liés à la région dans la stratégie existante pour le Danube. L'enjeu pour la région des Carpates est de réussir à se décentrer des enjeux strictement liés à la montagne pour intégrer des acteurs aux niveaux local et régional sur des enjeux plus larges liés aux questions de développement et sur un espace incluant les grandes agglomérations aux alentours suivant une logique à définir. C'est dans ce cadre que s'insère la décision COP3/2. De manière plus générale, elle s'inscrit également dans la volonté maintes fois répétée des organes de la Convention de se rapprocher de l'Union Européenne (Décision COP3/10).

Aux origines de la décision: du Carpathian Project à VASICA

Pour bien comprendre le cheminement de la décision COP3/2 et de son complément COP3/10, il s'agit de remonter le processus dans lequel elles s'inscrivent. La décision COP3/2 se fonde sur l'article 5 de la Convention des Carpates pour justifier sa position. Pourtant a priori rien dans cet article ne semble indiquer un tel développement. L'article 5 fait partie d'un groupe d'articles thématiques (articles 4 à 13) définissant les domaines de compétences de la Convention. L'article 5 porte spécifiquement sur l'aménagement du territoire (*spatial planning*) et invite les Parties à (1) développer des politiques transfrontalières dans ce domaine, tenant compte des conditions écologiques et socio-économiques des montagnes des Carpates; (2) soutenir la coopération entre institutions locales et régionales afin de développer des politiques d'aménagement du territoire transnationales et communes spécialement dans les zones frontalières; (3) de faire particulièrement attention aux questions liées aux transports, à l'énergie, aux infrastructures de télécommunication, à la conservation et l'utilisation durable des ressources naturelles, à la cohérence des politiques d'aménagement en zone transfrontalière, à la gestion des pollutions transfrontalières, à la planification intégrée de l'utilisation des sols, ainsi qu'aux études d'impact sur l'environnement[199]. Comme tous les articles thématiques d'une convention-cadre, il reste général dans ses objectifs et vagues sur les moyens de mise en œuvre. C'est le rôle des groupes de travail de les détailler dans des protocoles additionnels.

A la suite de l'entrée en vigueur de la Convention, la première COP en 2006 à Kiev (décision COP1/11 para. 4) a décidé d'établir un groupe de travail spécifique sur le sujet, comme pour les autres articles thématiques de la Convention. C'est le secrétariat qui a été chargé de rédiger les premières versions de son mandat.

La première version du mandat préliminaire du groupe de travail sur l'aménagement du territoire a été définie en 2007 de manière très large, à la fois en raison d'une absence de vision claire quant à son futur contenu et à la suite d'un équilibre des forces en présence lors de son élaboration[200]. Il comprend ainsi trois composantes : une composante stratégique, l'élaboration d'une vision de développement spatial pour les Carpates sur le périmètre de « l'Espace Carpatique » ; et deux objectifs généraux de politiques : développer les relations étroites avec la Conférence du Conseil de l'Europe des Ministres responsables de l'aménagement du territoire (CEMAT), dont des représentants devraient être invités à participer aux travaux du groupe de travail ; enfin, la gestion durable des ressources en eau[201].

C'est donc plus tardivement, après la première réunion du groupe de travail thématique en 2008 organisée par le SICC que le mandat du groupe de travail sera progressivement recadré sur le premier de ces objectifs : le développement d'une stratégie de développement spatial transversale pour l'ensemble de la région des Carpates, métropoles adjacentes comprises et intégrant les enjeux liés aux problématiques socio-économiques. Ce recadrage a été validé par les représentants des gouvernements, qui ont

199 Article 5 § 1 à 3 de la Convention des Carpates.

200 Entretien informel avec le secrétaire général de la Convention.

201 Draft Terms of Reference for the Working Group on Spatial Planning, 7 mars 2007.

mandaté le secrétariat afin de poursuivre les réflexions sur la construction d'un «Espace Carpatique» (Décision COP1/13, §5 et 6).

Le recadrage du groupe de travail sur les questions de développement spatial a été largement piloté depuis le bureau du secrétariat. Il s'est en effet principalement effectué sur la base d'un document de travail, VASICA[202], développé et coordonné par le bureau du PNUE à Vienne en partenariat avec un consortium privé polonais, dans le cadre d'un premier projet européen de coopération transnationale INTERREG pour la région des Carpates (*Carpathian Project*), dont le secrétariat était le coordinateur.

Les minutes de la réunion du groupe de travail, qui s'appelait encore ‹aménagement du territoire› en mai 2008 à Vienne, montrent que la majorité des discussions du groupe ont porté sur les enjeux et le contenu de ce document, dans la production duquel le secrétariat a largement été impliqué: il a coordonné l'ensemble du processus de rédaction et a effectué la relecture des différents chapitres. Les parties introductive et conclusive qui cadrent largement le propos du document et en présentent les enjeux ont également directement été écrites par une collaboratrice du secrétariat.

Toutefois, mes entretiens ont montré que la production de VASICA ne résulte pas d'une stratégie planifiée par le secrétariat dans le cadre du *Carpathian Project*[203], mais plutôt d'un compromis de circonstance. A l'origine, en effet deux propositions de projets concurrentes coexistaient pour l'obtention des fonds européens. La première plutôt orientée vers les problématiques socio-économiques et portée par un groupe d'acteurs régionaux sous la coordination d'un groupe de consultants polonais et la deuxième portée par le PNUE et axée sur les problématiques environnementales. La Commission européenne ayant indiqué très clairement qu'elle ne financerait pas deux projets à l'échelle des Carpates, les deux partenariats se sont regroupés et ont porté le *Carpathian Project* aux institutions européennes. L'idée de VASICA et d'un «Espace Carpatique» plus large que celui de la Convention est donc née du rapprochement de ces deux projets et n'était pas initialement portée par le secrétariat. Il s'agit plutôt d'un concours de circonstances et d'une opportunité saisie par le secrétariat d'intégrer dans le cadre de la région de projet des Carpates une

---

202 Vision and Strategies in the Carpathian Area.

203 Voir chapitre 8 pour une analyse détaillée de la production de VASICA.

nouvelle proposition de région basée sur un cadrage différent, comme le raconte son directeur dans ce long résumé de la genèse de VASICA :

> So… it was summer… summer 2005, 2006, I have to see… 2005, no, 2006 it must have been. And it was a quiet summer and I was looking into the internet and all of the sudden I found a homepage of the Carpathian project. And we had nothing to do at this time ; the convention was very new. And I said "What is this ?" […] And all of a sudden I saw that in this same program that I was interested in, the trans-national program, there is an attempt to put together a Carpathian project. And with a strategic discussion of a strategic project entered the development of the Carpathian area, as they called it, a much more development-oriented project but also with a general platform with working groups on tourism, on – I don't know what it was. […]
>
> And then… we succeeded in merging the projects. And the idea was then that, okay, let's make it one project. We say, uh… it should bring the two aspects of the – let's say of the more protection community and the development communities together, and it should create a dialogue and a feedback between these two. And that this could become, let's say, the real soul and spirit of this project, like the energy of it. And you can still see, um… so it's clear that the project as such is – then we discussed the scope, and the Carpathian convention at this moment was clear that we focused more on, let's say, mountains or mountain-defined areas. […]So we [had] the mountainous approach and they had the big Carpathian area approach, so in fact this was how we got involved with this Carpathian space idea. And this developed then throughout the project that, uh, that we said okay – the result of the project was that we said "Okay, we have a core area, we have mountains, but we have also the idea of a mega-region that could interact. There is some potential in this." It's why, I mean, you have it in the VASICA region[204].

Malgré le caractère très situé de la production de VASICA et sa qualité jugée « médiocre » par des scientifiques de la région[205], ce document ambitionne d'être la première stratégie régionale de développement pour l'ensemble de la région des Carpates sur le modèle d'un document semblable préparé pour la mer Baltique en 1994. Il s'agit cependant moins d'une stratégie d'aménagement du territoire que d'une collection d'état des lieux et de recommandations politiques sur un ensemble de thématiques allant de l'agriculture au tourisme en passant par le patrimoine culturel et l'environnement. La plupart des chapitres reprennent les thématiques des groupes de travail de la Convention, avec toutefois une plus large

---

204 Entretien PNUE 2, mars 2011.

205 Voir chapitre 8 pour une analyse détaillée de la production de VASICA.

intégration des enjeux socio-économiques de la région. Plus que dans son contenu, l'apport de ce document est à trouver dans le message transversal qu'il porte: la volonté stratégique de ses auteurs de promouvoir le développement de la région de projet de manière plus intégrée en incluant les grandes capitales de la région par la promotion d'un programme «Espace Carpatique» (*Carpathian Space programme*) sur le modèle de l'Espace alpin dans le programme financier européen de coopération territoriale 2014-2020, afin de faciliter la mise en œuvre de projets.

Le document ayant été rédigé au début des discussions sur l'adoption des stratégies macro-régionale européennes (la stratégie pour la Baltique a été approuvée en 2009), elles ne sont pas mentionnées directement dans VASICA. VASICA s'inscrit cependant dans la même logique et sa référence au processus de coopération engagé sur la mer Baltique est explicite[206]. Quatre ans après sa publication, VASICA est d'ailleurs présenté par le secrétariat au groupe de travail sur le développement spatial comme le document de base dans les réflexions sur une future macro-stratégie pour les Carpates[207], et sur «l'Espace Carpatique[208]», il est cité dans le plan d'action de la stratégie pour le Danube et certains de ses passages sont repris tels quels dans le plan d'action stratégique pour les Carpates adopté par la COP dans sa décision COP3/2. VASICA, document de travail piloté par le SICC n'engageant pas les États Parties, s'est donc progressivement institué comme un document de référence recadrant les discussions sur les orientations stratégiques de développement de la région de projet des Carpates du groupe de travail.

Diffusion et institution des nouveaux objectifs du groupe de travail

Après la première réunion du groupe de travail en mai 2008, le SICC va se charger de diffuser et progressivement valider la proposition de région et les objectifs stratégiques portés par VASICA: en mars 2009, suite à une proposition du secrétaire général, le bureau de la Convention des Carpates

206 Voir par exemple VASICA, 2009, p. 11.

207 Consultative Workshop 'Moving towards a Carpathian Strategy': Présentation de Harald Egerer, secrétaire général du SICC, Bruxelles, Janvier 2011.

208 Meeting of the Bureau of the Carpathian Convention, March 2009.

entérine l'objectif d'un «Espace Carpatique» comme un projet de la ‹*follow up platform*›, c'est-à-dire l'ensemble des futurs projets devant être poursuivis dans le cadre de la Convention. Les impulsions seront ensuite données conjointement avec le secrétariat de la Convention Alpine lors d'un séminaire organisé en septembre 2009 par la Commission européenne à Bruxelles sur ‹la coopération territoriale et la cohésion territoriale› où les deux secrétariats souligneront ensemble la compatibilité de leurs conventions respectives avec l'approche macro-régionale et le besoin d'un programme spécifique aux Carpates pour relever les défis communs à la région[209].

Ces avancées ont été présentées au comité de mise en œuvre en décembre 2009 à Vienne où la dernière version de VASICA est distribuée aux participants. Dans ses conclusions, le CCIC confirme la proposition du SICC de discuter ces opportunités (Espace Carpatique et stratégie macro-régionale) au sein du groupe de travail sur l'aménagement du territoire et donc *in fine* de recentrer le groupe de travail sur le premier de ses trois mandats, à savoir l'élaboration d'une vision de développement spatial pour les Carpates.

Enfin, en janvier 2010 à Ulm, lors du lancement des consultations pour l'élaboration de la stratégie macro-régionale pour le Danube, le SICC y présente officiellement le document de travail VASICA, finalisé sous la forme d'une petite brochure en couleur agrémentée de nombreuses images censées présenter cette proposition de région; à cette occasion, cette brochure sera largement distribuée aux représentants des gouvernements de la région, de l'Union Européenne et des ONG présents. VASICA sera ensuite présenté durant plusieurs réunions préparatoires à la finalisation de la stratégie pour le Danube courant 2010. Un document complémentaire détaillant les apports de la Convention des Carpates et de son futur plan d'action stratégique à la stratégie macro-régionale pour le Danube est également transmis à la Commission européenne par le SICC au nom des États des Carpates. Son titre est explicite: ‹*EU Strategy for the Danube Region: The Carpathian Region – a macro-region forming an integrated part of the Danube region*›. Ce document préparé par le secrétariat fait maintes

209 Progress Report by the Interim Secretariat, Decision COP2/2 Spatial Planning, Article 5 of the Carpathian convention, Vienna, December 2009.

fois référence à VASICA et à «l'Espace Carpatique». VASICA y est une nouvelle fois présenté comme le document de référence des discussions sur une stratégie macro-régionale pour les Carpates:

> The Carpathian Countries are developing an overall Strategy for the entire Carpathian Space in the framework of the Carpathian Convention. This work is based on the VASICA [...], which constitutes the first transnational spatial development document for the entire Carpathian Space[210].

Plus loin dans le texte, le document indique que cette stratégie doit être «further developed by the Carpathian Convention Working Group on Spatial Planning»[211], confirmant ainsi implicitement le recadrage du groupe de travail.

L'idée du développement d'un «Espace Carpatique» et d'une stratégie pour les Carpates intégrés à l'approche macro-régionale européenne a donc progressivement été instituée comme un objectif de la Convention des Carpates et comme le mandat du groupe de travail sur l'aménagement du territoire. La formulation de cette nouvelle proposition de région articulée à la Convention a été largement pilotée par le SICC, en réaction au développement par la Commission Européenne d'un nouvel outil de coopération territoriale transnationale. Le SICC a exercé une influence cognitive et normative forte sur ce processus.

Ce développement se fonde largement sur la base du VASICA, dont mes entretiens ont montré qu'il est plus le résultat d'une action située que d'une production planifiée par le secrétariat. Le document rédigé en 2006 ne fait pas non plus mention du développement des stratégies macro-régionales dont il se veut pourtant maintenant le document de référence pour les Carpates. La qualité de son contenu a par ailleurs été largement critiquée par les acteurs nationaux. Tout ceci suggère une certaine dose de bricolage pour intégrer ou tout du moins articuler au mieux le nouveau cadre de coopération régionale développé par la Commission Européenne avec la proposition de région des Carpates.

---

210 EU Strategy for the Danube Region: The Carpathian Region – a macro-region forming an integrated part of the Danube region. Inputs submitted by UNEP – Interim Secretariat of the Carpathian Convention on behalf of the Carpathian Convention, mars 2010, p. 5.

211 *Ibid.*

Le SICC a pourtant progressivement réussi à mettre la question européenne à l'agenda du CCIC et du groupe de travail aménagement du territoire et contribué par la même occasion à encadrer les discussions s'y rapportant. A l'extérieur du champ de la Convention, l'intérêt de VASICA a également été reconnu par le plan d'action stratégique pour le Danube et par la Commission Européenne en 2011[212]. Le SICC a ainsi progressivement réduit le champ du mandat possible du groupe de travail sur l'aménagement du territoire en le recadrant et le stabilisant peu à peu dans cette direction.

Validation du nouveau mandat du groupe de travail

Le recadrage du groupe de travail sur l'aménagement du territoire ne peut être finalisé que par la validation du comité de mise en œuvre des nouveaux termes de son mandat. La séance se déroule début janvier 2011, mais des discussions préliminaires ont déjà eu lieu sur la base du premier document préparé par le secrétariat en 2007. Le secrétariat souhaite que le recentrage soit clairement établi et défend sa double approche: le groupe de travail doit à la fois soutenir le développement d'une stratégie macro-régionale spécifique aux Carpates (*Carpathian Strategy*) et l'établissement d'un «Espace Carpatique» (*Carpathian Space*) dans le prochain programme financier européen de coopération territoriale.

Les documents en ma possession indiquent que les premières discussions sur la reformulation du mandat du groupe de travail aménagement du territoire ont eu lieu début 2010. Un document en consultation préparé par le secrétariat en mars 2010 montre une nouvelle reformulation complète des trois mandats initiaux autour de cinq grandes thématiques: (1) les programmes financiers européens; (2) la promotion de la stratégie pour les Carpates, de «l'Espace Carpatique» et des relations avec l'Union Européenne; (3) le renforcement de la coopération territoriale au niveau régional; (4) le renforcement de la coopération avec le Conseil de l'Europe; (5) enfin l'évaluation des politiques nationales régionales et des plans de

212 Voir plus loin dans ce chapitre, lors de la réunion du groupe de travail sur le développement spatial le 25 janvier 2011 à Bruxelles.

développement spatial. Les termes du mandat sont classés par objectif et pour chaque thématique deux à trois objectifs sont assignés. Les objectifs sont hiérarchisés sous forme de listes à puces et il est intéressant de voir que les objectifs stratégiques mis en avant par le secrétariat (Espace Carpatique et Stratégie Carpates) sont classés en premier révélant une nouvelle fois le pouvoir normatif de la rédaction des brouillons, puisque ces derniers sont souvent peu modifiés au final. Malgré quelques références ici ou là à des objectifs d'aménagement du territoire, ces nouveaux termes du mandat du groupe de travail tournent très largement autour des objectifs et des opportunités de la relation avec l'Union Européenne (UE), identifiée comme l'acteur clé de la réussite des objectifs de ce groupe de travail. Enfin, on note également la référence à VASICA parmi les documents devant servir de référence au groupe de travail.

Ces nouveaux termes du mandat sont discutés pour la première fois au comité de mise en œuvre en novembre 2010 à Bratislava, puis à Vienne en janvier 2011. C'est lors de ce dernier rendez-vous que les termes finaux du mandat seront validés avant leur adoption à la COP3 en mai 2011 à Bratislava. Les retouches lors de cette séance ont été mineures et concernent principalement la reconnaissance et la consolidation des initiatives régionales existantes dans le texte. La majeure partie des modifications a déjà été effectuée en amont, soit lors du comité de mise en œuvre de novembre 2010, soit après des consultations par email avec les points de contact nationaux. Trois changements importants par rapport à la précédente version sont ainsi déjà visibles dans le texte soumis et validé par le CCIC. Ils orientent un peu plus le mandat du groupe de travail aménagement du territoire vers les relations de la Convention avec les institutions européennes et confirment la stratégie portée par le SICC : le Comité confirme ainsi le soutien à la double approche « Espace Carpatique » et Stratégie, qui est inscrite comme un des résultats potentiels du groupe de travail. Deuxièmement, en plus de VASICA, un plan d'action stratégique préparé par le secrétariat de l'Association des Élus de la Montagne (AEM), présenté dans ses grandes lignes au comité de mise en œuvre en novembre 2010, est reconnu comme une seconde source importante pour la définition du mandat du groupe de travail. Enfin, le comité de mise en œuvre accepte de changer le nom du groupe de travail, qui passe d'aménagement du territoire (*working group on ‹spatial planning›*) à groupe de travail sur le développement spatial (*working group on ‹spatial development›*), instituant le changement de priorité. Ces développements montrent qu'en janvier 2011, date du début de mon observation des activités quotidiennes du secrétariat, la volonté de rapprochement vers les institutions européennes portée par le SICC est déjà bien établie.

7.2 Exercices d'écriture et de cadrage

Des objectifs variés

La première version du plan d'action stratégique pour la région des Carpates a donc été présentée au comité de mise en œuvre une première fois à Bratislava en novembre 2010 et discutée en groupe de travail en janvier 2011 à Bruxelles, soit après l'ultime réunion du comité de mise en œuvre avant la COP (début janvier 2011 à Vienne), contrairement à la pratique habituelle. Ce rendez-vous tardif pour discuter un document devant être présenté et peut-être adopté par la COP s'explique en partie par l'accélération des événements au niveau européen avec le développement d'une stratégie pour le Danube, et sa mise en consultation début 2010, qui ont précipité le développement par le secrétariat de sa propre approche. Cette réunion du groupe de travail est organisée par le secrétariat qui a défini l'agenda, établi les présentations et lancé les invitations.

La réunion du groupe de travail sur le développement spatial à Bruxelles doit en premier lieu permettre de réunir les experts nationaux, des représentants des institutions européennes et des représentants des régions des Carpates pour discuter de ce plan d'action stratégique. Mais l'enjeu est également de nature plus terre à terre pour le secrétaire général, il s'agit plus simplement d'un enjeu de communication :

> To make stakeholders aware of the Carpathian process, including the work on a Carpathian Strategy underpinning the overall objective of creating a Carpathian Space[213].

---

213 Carpathian Convention Implementation Committee, Report of the meeting, Third Meeting, Bratislava, 29-30 November 2010.

En effet, avant cette réunion, le groupe de travail sur le développement spatial ne s'est réuni qu'une seule fois depuis la ratification de la Convention et la majorité des discussions avait porté sur la présentation des résultats du *Carpathian Project* et de la production de VASICA. La validation des nouveaux termes de son mandat a été effectuée par le comité de mise en œuvre (CCIC) et les membres du groupe de travail n'ont pas encore eu l'occasion de discuter ensemble de ces nouveaux développements qui les concernent pourtant au plus haut point.

Le lieu de cette réunion n'a pas été non plus fixé au hasard. Il a été choisi par le secrétariat en concertation avec l'Association des Élus de la Montagne (AEM), afin de pouvoir attirer des représentants des institutions européennes et particulièrement de la Commission qui suivent le processus macro-régional et leur présenter le projet de région des Carpates. Enfin, mes discussions avec des membres du SICC responsable de cette réunion ont également montré que le secrétariat poursuivait un agenda qui lui était propre. Il s'agissait de réussir à faire venir des représentants des régions infranationales des Carpates, qui ont été dans les exemples du Danube et de la Baltique très impliqués dans l'élaboration des stratégies macro-régionales et particulièrement dans leur mise en œuvre. Comme les chapitres précédents le montrent, l'établissement d'une stratégie pour les Carpates a été piloté depuis le bureau du secrétariat à Vienne et n'a donc pas été discuté avec des représentants des collectivités locales ou régionales. La participation des régions au processus était donc un deuxième enjeu important et ce rendez-vous de Bruxelles faisait figure de premier test pour le secrétaire général dans sa capacité à les mobiliser.

Contenu du plan d'action stratégique

Comme c'est généralement le cas dans les réunions de comité ou de groupes de travail les documents à discuter sont préparés en amont par le secrétariat qui peut mobiliser son réseau scientifique et/ou politique pour la rédaction de rapports. Le plan d'action stratégique a ainsi été écrit courant 2010 par le SICC avec ses partenaires avant d'être soumis aux experts gouvernementaux. Dans les faits, c'est une représentante de l'Association des Élus de la Montagne (AEM) qui a été mandatée par le secrétariat pour établir la première version du document. L'AEM a été mandatée pour son expertise des institutions et des politiques européennes spécifiques à la montagne et par sa capacité à mobiliser un important réseau de collectivités locales et régionales notamment au niveau alpin.

Le mandat du secrétariat de la Convention était relativement large selon les informations recueillies auprès de la consultante. Il s'agissait de présenter les orientations futures possibles pour les Carpates dans le cadre des stratégies macro-régionales européennes. Les contacts entre l'AEM et le SICC se sont faits principalement par courriel et le contenu du rapport proposé par sa représentante a été peu retouché par le secrétariat qui a laissé une grande liberté à l'experte dans son travail de rédaction. Seuls les aspects environnementaux du plan d'action ont été quelque peu renforcés par les membres du secrétariat pour mieux entrer dans le cadre argumentatif de la Convention.

Le plan d'action stratégique se présente sous la forme d'un document de travail de quinze pages intitulé *Discussion paper: towards a macro-regional strategy for the Carpathian area.* C'est relativement peu comparé aux nonante pages du plan d'action stratégique développé pour le Danube, mais il s'agit d'un premier document de travail qui a été réalisé dans une période de temps relativement courte. Il comprend trois parties: (1) «*cohérence*: réalité commune et défis dans l'aire des Carpates»; (2) «*coopération*: intégration européenne dans les montagnes des Carpates»; (3) «*coordination*: une aire pertinente pour une stratégie intégrée»; plus une introduction et une conclusion sous forme de recommandations. Le document se présente sous la forme classique d'un rapport de ce type: il cerne d'abord le/les problème(s), identifie la/les solution(s) possible(s) et propose enfin son application dans le contexte défini. Le rapport présente les enjeux de coopération territoriale de manière assez générale, à l'exception de la partie conclusive bien plus spécifique. Comme son titre l'indique, ce papier est en fait plus un document introductif, un état des lieux et une collection de thématiques pour la plupart liées à la Convention qu'un véritable plan d'action stratégique. Seule la partie conclusive propose des objectifs d'action stratégique pouvant guider une future stratégie pour les Carpates.

Dans sa partie introductive, le rapport souligne d'abord la légitimité et la pertinence d'une stratégie macro-régionale pour les Carpates. La question macro-régionale pour les Carpates est cadrée sous l'angle du traité de Lisbonne qui établit l'objectif de cohésion territoriale comme un des objectifs fondamentaux de l'Union Européenne: les stratégies macro-régionales devraient avoir pour objectif la réduction des disparités territoriales au sein de l'Union Européenne en développant des approches plus coordonnées autour d'objectifs et de défis communs à une échelle géographique plus large que les territoires nationaux. Le rapport problématise dès lors les Carpates comme un espace cohérent en soi, car faisant face à des défis environnementaux et socio-économiques importants et communs, pour mettre en œuvre la politique européenne de cohésion territoriale selon l'approche macro-régionale. Ces défis communs sont détaillés dans plusieurs thématiques: tourisme et économie locale, foresterie, rivière et énergie hydraulique, patrimoine naturel et culturel. La plupart de ces thématiques sont directement reprises de VASICA qui est d'ailleurs explicitement mentionné dans le document.

La deuxième partie du document présente les enjeux européens financiers et politiques pour la région de projet des Carpates. Il souligne l'importance des programmes de coopération territoriale européens dans cette optique, en mettant en avant l'absence d'un programme financier spécifique à l'ensemble de la région des Carpates sur le modèle alpin (Espace Alpin). Cette rhétorique était également déjà bien établie dans le document de travail VASICA. Le rapport conclut enfin sur la nécessité de mieux coordonner les outils existants dans la région, en soulignant l'importance de la Convention des Carpates et de son réseau de partenaires dans cette optique.

La partie conclusive, enfin, est la plus intéressante car elle constitue le cœur des propositions du plan d'action. Les recommandations, au nombre d'une quinzaine, sont présentées sous forme de liste à puces classées selon trois thématiques: (1) la considération des spécificités territoriales pour une approche cohérente dans la mise en œuvre des programmes; (2) un renforcement de la coopération territoriale; (3) un renforcement du dialogue et de la coordination entre des acteurs agissant à des niveaux variés. Ces recommandations constituent la partie la plus importante de ce document, celle qui devra être soumise à l'approbation des ministres lors de la troisième Conférence des Parties. Pour chaque objectif, les recommandations détaillent des objectifs généraux de politique publique qui devront être mis en œuvre par des projets spécifiques sur une liste de thématiques extrêmement diverses identifiée par le rapport, qui dépasse largement le cadrage thématique de la Convention et intègre des objectifs économiques et sociaux dans une perspective de développement durable: tourisme, économie locale, risques naturels, prévention et adaptation au changement climatique, agriculture, foresterie, biodiversité, transport, accessibilité, communication, industrie durable et énergie renouvelables, culture et éducation.

Parmi les recommandations on remarque spécifiquement le soutien de l'objectif porté par le secrétariat à l'établissement d'un «Espace Carpatique» ainsi que la volonté de renforcer la Convention des Carpates dans ce processus. La reconnaissance du rôle des collectivités locales et régionales dans la mise en œuvre de la Convention est également inscrite au nombre des recommandations. Le document est complété par une annexe, soulignant les parties de la stratégie pour le Danube qui sont pertinentes pour les Carpates. Le document recommande également de rassembler et de détailler dans une deuxième annexe une liste des projets transnationaux dans les principales thématiques identifiées mettant en œuvre ce plan d'action.

Sans surprise puisqu'il en est le mandataire, ce document porte donc très largement la trace des objectifs mis en avant par le secrétariat qui pilote ces deux propositions de région (Convention et stratégie macro-régionale) de façon complémentaire. Il doit cependant être soumis au groupe de travail qui doit en discuter le contenu.

Séance de retouche: présentation des acteurs

La diversité des acteurs présents à cette réunion de travail dépasse largement les représentants habituels des réunions des groupes de travail de la Convention, reflétant l'actualité et les enjeux larges portés par la question des stratégies macro-régionales. En plus des experts représentant leurs gouvernements, de nombreuses organisations non gouvernementales aux profils variés sont également présentes: des organisations environnementales transnationales (WWF, Nature Friends International, Northern Alliance for Sustainability), des institutions scientifiques régionales (EURAC,

Science for the Carpathians), des lobbys européens montagnards (Association des Élus de la Montagne) ou régionaux (Association des régions frontières d'Europe) et des représentants de parcs nationaux. On retrouve aussi des représentants d'organisations internationales (Organisation Mondiale du Tourisme) et de secrétariats internationaux (Commission Internationale pour la Protection du Danube). Les institutions européennes sont également représentées avec des membres du Parlement, du comité des régions et de la Commission européenne. Ces institutions ont le statut d'observateur et ne peuvent participer directement aux retouches du document. Elles participent cependant aux discussions introductives durant la matinée, présentant les enjeux de la séance dans leurs domaines respectifs et émettant un avis général sur l'orientation du texte. Seuls trois représentants de collectivités régionales provenant de la République Tchèque, d'Ukraine et de Pologne sont présents. Le SICC est représenté par son secrétaire général et un membre de la cellule EURAC à Vienne responsable du dossier européen pour le secrétariat. En tout, une petite trentaine de personnes participe à ce groupe de travail. Toutes ne prennent cependant pas la parole. Les présentations du matin sont réservées aux représentants des institutions européennes, au secrétariat, à l'AEM, au WWF, ainsi qu'à l'Association des régions frontières d'Europe, qui ont été sélectionnés par le secrétariat, qui a la charge d'organiser ce groupe de travail.

On peut remarquer deux positions distinctes dans les interventions et discussions de ces acteurs durant la matinée. Si la plupart souligne l'importance du processus macro-régional au niveau européen, les stratégies pour s'y associer divergent. Une partie des observateurs présents, que je nommerai les ‹Pro-Carpates›, estime que la stratégie macro-régionale pour le Danube ne prend pas suffisamment en compte certains aspects spécifiques aux montagnes des Carpates (comme les questions relevant de l'agriculture et de la foresterie) et appelle les gouvernements des Carpates à se positionner en la matière en développant une stratégie propre aux Carpates, qui pourrait éventuellement compléter celle du Danube. La deuxième partie des observateurs, que j'appellerai les ‹Pro-Danube›, estime au contraire qu'il est utopique de vouloir une stratégie macro-régionale européenne spécifique aux Carpates pour le moment et appelle à intensifier les relations avec la stratégie existante pour le Danube afin de mieux y intégrer les aspects propres aux Carpates.

Ce camp des modérés rejoint dans les grandes lignes le discours de la représentante de la direction générale politique régionale (DG REGIO) de la Commission européenne qui prend également la parole durant la matinée. Celle-ci tente de freiner l'enthousiasme macro-régional qui semble dépasser quelque peu la Commission. La représentante souligne ainsi le besoin de réflexivité sur un processus en train de se faire et dont on ne connaît pas encore les effets et rappelle le principe des trois « non », pas de nouvelles institutions, ni de nouvelles législations, ni de nouveaux financements. Le mécanisme macro-régional ne doit pas être compris comme un nouveau canal de financement de projets. C'est pourquoi elle appelle à une meilleure intégration des Carpates dans la stratégie pour le Danube, d'autant plus qu'elle estime que l'établissement d'un périmètre spécifique d'attribution des fonds européens propre aux Carpates n'est pas à l'agenda pour le prochain programme financier européen.

Le secrétariat défend une position plus inclusive, comme il me l'a confirmé avant la réunion. Pour son secrétaire général, ces deux positions se complètent mutuellement. Son message est que la stratégie pour les Carpates doit être comprise comme un processus à moyen et long terme et qu'à court terme une meilleure intégration dans la stratégie du Danube est tout à fait envisageable, même « désirable ». C'est la position qu'il entend faire passer lors des discussions. La position des experts gouvernementaux est plus difficile à lire durant la séance de la matinée, car ils sont peu mis à contribution. La séance de discussion et de retouche du texte à proprement parler est programmée en fin de matinée et dans l'après-midi. Ce qui paraît acquis cependant, c'est que l'idée même de s'intégrer au processus macro-régional en train de se faire sonne comme un fait établi pour les experts gouvernementaux présents alors même qu'il n'a jamais fait l'objet d'une discussion stratégique approfondie selon le déroulement des faits que j'ai pu établir. Les stratégies macro-régionales ont toujours été montrées comme une opportunité à saisir pour les Carpates par le secrétaire général, sans que les enjeux pour la région de projet ne soient explicités, à l'exception du document stratégique VASICA et du présent plan d'action tous deux pilotés par le même secrétariat.

Discuter le texte

La fin de matinée est consacrée aux discussions autour du document de travail préparé par l'AEM. La discussion est organisée en deux temps: une première partie sur le fond (sur l'opportunité d'un plan d'action stratégique propre aux Carpates) avec la participation des observateurs et la deuxième partie l'après-midi sur la forme (sur le texte en lui-même). Le secrétaire général préside la séance.

La discussion de fond porte principalement sur l'opportunité d'un plan stratégique spécifique aux Carpates et reflète les deux tendances (‹Pro-Carpates› versus ‹Pro-Danube›) observées en début de matinée. Les observateurs participent également aux discussions. Les représentants des régions de Presov (Slovaquie) et d'Olomouc (Ukraine) font valoir la distance géographique et identitaire importante avec les acteurs du Danube. Ils soulignent le manque de liens avec une stratégie qu'ils estiment majoritairement cadrées sur les questions en rapport avec l'eau. Ces deux représentants régionaux, également soutenus par la déléguée polonaise, ne voient a priori pas l'intérêt de renforcer les liens avec la stratégie pour le Danube dont ils sont géographiquement exclus. Le développement d'un plan d'action spécifique aux Carpates est donc jugé nécessaire et légitime au vu des problématiques spécifiques auxquelles ils font face. Ils proposent de mettre plus en évidence les initiatives déjà en place ou en développement. C'est l'objectif de la deuxième annexe au rapport qui présente les projets acceptés ou soumis liés à la mise en œuvre de la Convention.

Le représentant de l'Organisation Mondiale du Tourisme met cependant en avant qu'au vu des discussions en début de matinée, il ne semble pas qu'il y ait de fenêtre d'opportunité pour lancer une stratégie macro-régionale au niveau européen et insiste plutôt sur le besoin de créer une «image des Carpates» dans la stratégie existante pour le Danube. Le secrétaire général prend ensuite la parole et confirme aux représentants régionaux qu'aucune stratégie macro-régionale pour les Carpates n'est possible pour le moment au niveau européen. Il propose cependant de poursuivre le processus au niveau de la Convention et de soumettre ce plan d'action à la prochaine COP. Il reconnaît que les aspects spécifiques aux Carpates doivent également être mieux intégrés à la stratégie du Danube et souligne le travail du secrétariat dans ce sens. La représentante du

WWF enfin met en avant les opportunités dans des thématiques comme l'agriculture ou la foresterie pour développer des projets spécifiques.

Les échanges sont peu nourris et les délégations acceptent rapidement et tacitement la proposition du secrétariat de soumettre le texte à la prochaine COP. Cela semble confirmer que ce séminaire était plus l'occasion d'une première présentation du projet aux institutions européennes, ainsi qu'aux experts nationaux et régionaux qui ont semblé peu au courant des enjeux liés aux stratégies macro-régionales et à la Convention des Carpates.

Une anecdote viendra souligner combien ce projet est avant tout porté par le SICC et peut rester encore très confus pour certains experts présents. Une question en fin de séance est posée par une experte ukrainienne: la représentante se tourne vers le secrétaire général et lui demande ce que peut bien signifier ce terme « d'Espace Carpatique » qu'on retrouve dans les projets de l'annexe 2 et demande si le premier problème de la Convention des Carpates n'est pas d'abord de s'accorder sur une délimitation spatiale et de mettre en valeur les initiatives existantes plutôt que de pousser de nouveaux projets.

Si la question posée en fin de séance a généré de simples rictus embarrassés et a rapidement été écartée par le secrétaire général qui préside la séance, elle révèle bien, de mon point de vue, combien ce plan d'action stratégique et les perspectives de développement spatial futur autour de la Convention peuvent rester encore obscurs pour certains experts du groupe de travail qui n'ont pas été associés aux discussions préliminaires et relèvent avant tout d'une stratégie initiée et pilotée par le secrétariat et en direction des institutions européennes. Ce dernier point sera d'ailleurs reconnu par le secrétaire général lors d'un échange informel après la réunion.

Établir les recommandations à soumettre à la COP

La discussion sur la forme suscite plus de débat. Elle ne porte toutefois pas sur le plan du rapport ni son contenu qui est passé très rapidement au crible, mais principalement sur les recommandations politiques qui seront soumises aux Ministres lors de la prochaine COP. Ces recommandations sont bien souvent la seule chose que les politiques lisent et elles revêtent dès lors un caractère particulier. Elles sont écrites sous forme de listes à puces dans un style direct avec le minimum d'explications pour qu'elles soient compréhensibles. Le verbe employé au début de chaque signe révèle, dans un langage diplomatique bien codifié, où chaque terme compte, le degré d'importance qui sera donné par les Ministres à la liste de mesures. *Envisage* (*Consider*) sera ainsi moins fort que *soutient* (*Support*), qui est moins fort que *adopte* (*Adopt*) et *met en œuvre* (*Implement*). De même, les adverbes associés à chacun de ces verbes ajoutent un niveau de gradation qui sera significatif dans l'évaluation de la portée du document.

Une grande partie du jeu des délégations est d'arriver à un consensus sur une voie moyenne qui satisfera toutes les parties et pourra être adopté par les Ministres. Aucune partie n'est donc encouragée à soutenir une position extrême qui ne passerait pas la rampe d'une adoption à la Conférence des Parties et un consensus mou sur le minimum acceptable se dégage généralement. Il est ainsi rare qu'un texte arrive à la COP sans l'adhésion générale des représentants nationaux.

C'est donc principalement sur ces recommandations que les délégations font part de leurs critiques sur des passages jugés imprécis, ou qui seraient jugés inopportuns par leur gouvernement respectif. Le secrétariat préside les débats, mais ce sont pour la première fois de la journée les délégués nationaux qui en ont la charge. Ici, une déléguée fait enlever la référence aux «natural handicaps» pour parler des régions de montagne pour le remplacer par «specific geographical conditions» moins dégradant à ses yeux et plus conforme au langage communautaire européen actuel. Là, des références trop précises à des politiques à mettre en place sont également remplacées par une terminologie plus vague laissant une grande part à l'interprétation lors de la mise en place des politiques ou sont supprimées tout simplement: «Each mountain related policy should primarily rely on the authorities that are the closest to the territories, citizen, and problems of the relevant mountain region» est ainsi simplement remplacé par «in the most decentralized manner», plus simple et moins précis. La simplicité des recommandations est largement recherchée car elle facilite l'adhésion et la compréhension des représentants ministériels. La référence au «Carpathian massif» est également remplacée par le terme plus générique de «Carpathians» qui ne renvoie à aucun système scalaire spécifique de la région de projet des Carpates, question toujours non résolue au niveau de la Convention et susceptible de heurter les sensibilités ministérielles. Le secrétaire général fait également ajouter une référence à la participation de «stakeholders from the Carpathian regions» dans le développement et la mise en œuvre de projets, soulignant ainsi sa volonté de les impliquer davantage dans l'application de la Convention et dans la stratégie macro-régionale pour les Carpates.

Les changements proposés par les délégations sont importants et visent également à ce que les recommandations restent très générales afin de n'impliquer que faiblement leurs gouvernements respectifs. La marge de manœuvre dans la mise en œuvre de ces déclarations reste ainsi la plus large possible et le consensus est plus facilement atteint. Ainsi la liste de thématiques sur lesquelles des projets devraient être développés, qui avait été inscrite dans les recommandations du rapport par l'expert de l'AEM, a été jugée trop spécifique et insuffisamment discutée par les délégués. Elle a donc été simplement supprimée du texte et remplacée par une référence à la liste des projets en cours ou en développement de la deuxième annexe.

Une proposition retient cependant mon attention car elle touche à la portée de la proposition du secrétariat: sous l'impulsion de l'experte ukrainienne qui s'était manifestée dans la matinée, la mention de *«soutien»* à l'établissement de «l'Espace Carpatique» est remplacée sans discussion dans les recommandations aux Ministres par un plus sobre *«envisage»*, qui atténue ainsi légèrement la portée du soutien à l'initiative. La déléguée, soutenue dans ce sens par une représentante d'une collectivité régionale du même pays propose également de rajouter en annexe une déclaration du 19ème congrès du Conseil de l'Europe des autorités locales et régionales reconnaissant les expériences de politiques de développement durable mises en place actuellement dans les montagnes des Carpates. «We are not creating something new» précise-t-elle et il est important de mettre plus l'accent ici sur l'existant plutôt que sur des stratégies futures.

Cette simple modification rappelle que malgré le pouvoir normatif important du secrétariat, celui-ci reste toujours limité au bon vouloir des Etats dans le cadre d'une Convention internationale. Par une simple modification de verbe, le soutien du plan d'action stratégique à «l'Espace Carpatique» s'atténue quelque peu. Pourtant, les échanges que j'ai pu avoir avec les délégués du SICC après la réunion montrent qu'ils n'ont attaché qu'une importance relative à cette modification. Pour eux l'essentiel a été acquis: les institutions européennes étaient présentes, le plan d'action sera soumis à la prochaine Conférence des Parties et le processus est définitivement lancé. Seul bémol, la faible participation des collectivités régionales à la séance du groupe de travail. Le secrétaire général propose dès lors d'organiser un atelier qui leur sera spécifique à la COP3, afin de les intégrer au processus.

Au final, si le contenu des recommandations se trouve peu modifié, la forme a passablement changé. A l'issue de ces discussions, une synthèse est envoyée aux délégations nationales et au comité de mise en œuvre. Les derniers échanges de courriels permettent de consolider définitivement le document pour son approbation à la COP3. La séance du groupe de travail a permis d'arriver à un consensus sur le premier document de réflexion du plan d'action stratégique pour les Carpates. Le principe de la double approche – stratégie et Espace Carpatique – a été validé par les experts gouvernementaux qui ont également entériné le besoin de développer une approche spécifique à la région de projet tout en renforçant l'intégration des problématiques de la région à la stratégie existante pour le Danube, suivant ainsi l'opinion portée par le secrétariat. De manière générale, le concept même des stratégies macro-régionales et des enjeux qui leur sont liés n'a pas été discuté. L'espace de discussion lors de la réunion s'est en effet rapidement rétréci pour se concentrer sur les recommandations soumises à la prochaine COP.

7.3 Poursuivre la réflexion

Le 28 mai 2013 à Bruxelles a eu lieu la troisième réunion du groupe de travail sur le développement spatial, la deuxième consacrée exclusivement au développement d'une stratégie macro-régionale pour les Carpates. J'ai à nouveau pu assister à cette réunion. Présentée comme un séminaire ('*Workshop Towards a EU Strategy for the Carpathian Region*'), la séance avait pour objectif (1) de présenter le plan d'action stratégique pour les Carpates final adopté à la COP3, ainsi que la relation de la stratégie

Carpates avec les stratégies existantes du Danube et de la Baltique; (2) de discuter d'un premier document préparé par le secrétariat sur les possibles thématiques prioritaires de la future stratégie, ainsi que les actions et projets afférents à entreprendre; (3) de discuter de la possibilité de soumettre une opinion du Comité des Régions à la Commission Européenne, soutenant le développement de la stratégie pour les Carpates. L'organisation du séminaire et la préparation de l'agenda de la journée ont une nouvelle fois été prises en charge par le secrétariat par intérim en collaboration avec l'AEM et le Comité des Régions.

La participation à ce séminaire a été significativement plus élevée tant quantitativement que «qualitativement» par rapport à la précédente réunion du groupe de travail en janvier 2011, qui s'est tenue à Bruxelles également. Entre quarante et cinquante personnes, pour septante inscrits, ont été présentes durant la journée. Si la salle en fin d'après-midi était moins remplie qu'en début de matinée, il reste que près du double de personnes ont assisté à ce séminaire par rapport à la réunion de 2011. Cela peut s'expliquer de deux façons:

Premièrement, les stratégies macro-régionales sont particulièrement d'actualité en mai 2013: la Commission Européenne a confirmé en décembre 2012 le développement d'une stratégie pour la mer adriatique et ionienne et d'autres stratégies sont également en négociation (pour la mer noire, la Méditerranée et les Alpes). Cinq jours avant le séminaire, le Parlement européen a par ailleurs adopté une résolution en faveur d'une stratégie macro-régionale pour les Alpes. Enfin, le rapport d'évaluation des deux premières stratégies macro-régionales commandées par la Commission européenne est sorti juin 2013 et évalue positivement le développement de ce nouvel outil territorial encourageant à poursuivre ce processus.

Deuxièmement, la forte participation récompense également l'intense travail de réseautage entrepris par le secrétariat. Selon les échanges de courriels que j'ai pu obtenir, les premiers contacts ont débuté en avril 2012 déjà pour l'organisation de ce séminaire, auprès du Comité des Régions d'abord, puis avec l'AEM, soit plus d'une année en amont. Les premiers contacts ont été informels et établis durant une conférence internationale avec l'ancienne directrice du Comité des Régions, par ailleurs membre de l'AEM et lors de l'assemblée générale de l'AEM en 2012. Les deux institutions ont rapidement montré leur soutien à des discussions sur une stratégie macro-régionale pour les Carpates et ont accepté d'y participer. Une fois la date fixée, le secrétariat a pu bénéficier du large réseau du Comité des Régions pour contacter des représentants des collectivités régionales afin de s'assurer de leur présence au séminaire.

La diversité des personnes présentes a également sensiblement augmenté, comparé à la première réunion de Bruxelles en janvier 2011. En 2011, on avait une forte présence des organisations transnationales gouvernementales et non gouvernementales; en 2013 la présence des collectivités régionales et des représentants des Carpates est plus marquée. Les initiatives de lobbying lancées par le secrétariat n'y sont peut-être pas étrangères[214], mais la plupart sont présentes pour des raisons opportunistes. De fortes délégations de la partie ukrainienne et polonaise de l'Eurorégion des Carpates, ainsi que de l'association ‹Pro-Carpathia› polonaise sont notamment présentes. Les représentants de l'Eurorégion, qui recoupe la partie orientale des Carpates et s'étend sur cinq pays[215] souhaitent exposer un document de travail ‹*Carpathian Horizon 2020*› qui présente une proposition stratégique de développement alternative pour la région à l'horizon 2020 et que le secrétariat par intérim souhaiterait associer à son projet. Des représentants de la région de Presov (Slovaquie) qui souhaitent accueillir le futur secrétariat permanent ont également fait le déplacement, des représentants des groupements européens de coopération territoriale en Roumanie et en Hongrie, ainsi qu'un représentant du réseau scientifique S4C avec lequel un accord de coopération vient d'être signé.

Pour des raisons certes diverses les collectivités régionales sont ainsi nettement plus variées et nombreuses que lors de la première réunion du groupe de développement spatial deux ans auparavant. Par ailleurs, en plus des délégués nationaux habituels du groupe de travail sur le développement spatial, plusieurs représentations nationales permanentes à Bruxelles sont également présentes, ce qui n'était pas le cas auparavant (Slovaquie, Roumanie et Hongrie). Cette forte représentation provenant des Carpates atteste de l'importance grandissante accordée par ces pays et les collectivités régionales aux stratégies macro-régionales. Au niveau international, toutes les institutions européennes (Commission, Parlement,

214 Voir chapitre 7.

215 Voir le chapitre les Carpates comme région environnementale.

Comité des Régions) sont à nouveau représentées ainsi que les organisations non gouvernementales AEM et AEBR. Le département de géographie et environnement de l'Université de Genève a également été invité à présenter ses travaux sur la gouvernance régionale en zone de montagne.

Le séminaire s'est déroulé sur le même format que deux ans auparavant: des présentations en matinée et l'après-midi réservé à une discussion sur les enjeux de la stratégie macro-régionale pour les Carpates ainsi que sur les thématiques prioritaires proposées pour le plan d'action stratégique futur. Les institutions européennes, l'AEM, l'AEBR, un représentant de la région de Presov (Slovaquie), un collaborateur du département de géographie de l'Université de Genève, EURAC ainsi que le secrétaire général ont pris la parole durant la matinée. Trois éléments nouveaux sont ressortis de ces présentations, qui tendent à un certain optimisme à long terme pour l'évolution du processus macro-régional dans les Carpates: en premier lieu, la confirmation du soutien du Comité des Régions à l'initiative des Carpates. Ce n'est d'ailleurs pas un hasard si le séminaire s'est déroulé au sein du bâtiment du Comité à Bruxelles. Son représentant a proposé la création d'un groupe Carpates au sein du Comité des Régions et a ouvert la porte à la formulation d'une déclaration du Comité dans son ensemble en faveur d'une stratégie macro-régionale pour les Carpates, un instrument qui devrait «être ouvert à tous ceux qui le souhaitent», selon les vœux du représentant.

Deuxièmement, l'évolution prudente de la position de la Commission Européenne. Comme il y a deux ans, le représentant de l'institution européenne, directeur de l'unité sur la cohésion territoriale à la DG environnement, a débuté sa présentation en soulignant la nécessité d'utiliser les cadres existants de coopération et de mieux s'intégrer dans la stratégie du Danube en y développant les aspects spécifiques aux Carpates. Le représentant a également souligné l'impossibilité, selon lui, d'avoir un «Espace Carpatique» dans la période de programme de financement 2014-2020 et donc la nécessité de s'aligner sur les priorités de la stratégie du Danube pour pouvoir bénéficier au maximum des financements de la coopération territoriale européenne. Cependant, la fin de sa présentation laisse penser à un changement, certes léger, dans la position de la Commission Européenne sur le cas des Carpates: le rapport d'évaluation des stratégies sur le Danube et sur la Baltique de juin 2013 doit également permettre de clarifier le concept et de poser les tendances pour le futur. Dans cette optique, l'option Carpates «is still open» a précisé le représentant. En effet, si le rapport est positif et si les Carpates «provide the evidence that they should develop their own strategy, and that they could not be totally acknowledged within the Danube Strategy», alors une stratégie propre à la région pourrait être envisageable, même si à titre personnel, le représentant a répété qu'il n'était pas en faveur d'une prolifération des stratégies macro-régionales.

Pour la première fois depuis le début du processus pour les Carpates, la porte de la Commission Européenne semble légèrement entrouverte. Les promoteurs du processus d'éco-régionalisation des Carpates devront toutefois démontrer la nécessité et la valeur ajoutée d'une telle stratégie. Ce constat doit cependant être relativisé: le représentant de la Commission Européenne à cette séance provient de la Direction Générale environnement généralement plus favorable au processus des Carpates selon un membre du secrétariat. Bien qu'il soit le chef de l'unité relative à la cohésion territoriale, les stratégies macro-régionales relèvent de la Direction Générale politique régionale (DG Regio). Lors de la première conférence de Bruxelles en 2011, c'est la responsable du programme de coopération transfrontalière et transnationale à la DG Regio qui était venue exprimer ses doutes sur la stratégie macro-régionale. Il est difficile d'évaluer à quel point le représentant de la Commission Européenne exprimait le point de vue de l'institution en général ou le point de vue spécifique de sa Direction Générale.

Enfin, dernier élément nouveau, la résolution[216] du Parlement Européen cinq jours avant le séminaire en faveur du développement d'une stratégie macro-régionale pour les Alpes. Cette résolution est importante pour les Carpates sur deux points. Premièrement, c'est la reconnaissance du rôle de la Convention Alpine dans le processus macro-régional alpin. Le point 7 de la résolution souligne ainsi «l'importance d'aligner le contenu de la stratégie pour les Alpes sur la Convention Alpine et ses protocoles ultérieurs». Cette déclaration est perçue très positivement par le secrétaire général de la Convention des Carpates, qui voit dans cette reconnaissance

216 <http://www.europarl.europa.eu/sides/getDoc.do?type=TA&language=FR&reference=P7-TA-2013-229>. Consulté le 6 juin 2013.

du rôle de la Convention Alpine et du besoin d'articuler ces nouveaux espaces de coopération macro-régionaux avec les instruments régionaux existants, l'expression et la validation du modèle qu'il cherche à poursuivre pour les Carpates.

Deuxièmement, et ce point est peut-être encore plus important pour les Carpates, la résolution du Parlement ouvre la porte à des stratégies macro-régionales prenant pour périmètre géographique des régions de montagne. Jusqu'ici en effet, ces stratégies ont été principalement cadrées sur de bassins versants ou de mers régionales. On assisterait là à une ouverture vers d'autres types d'entités naturelles, comme tend à le montrer le point 17 de la résolution du Parlement Européen qui « affirme que le nouveau cadre de coopération macro-régional doit permettre que les handicaps naturels des régions périphériques, comme les régions de haute montagne, deviennent des atouts et ouvrent des possibilités, et qu'il doit favoriser le développement durable de ces régions ».

Ces nouveaux éléments (soutien du Comité des Régions, ouverture de la Commission Européenne, développement de la situation dans les Alpes et soutien aux initiatives en montagne) laissent à penser que des perspectives pourraient exister au niveau européen pour une stratégie propre aux Carpates telle que portée par le secrétariat. La réussite du projet dépendra fortement de la capacité du secrétariat à rassembler et mobiliser les collectivités locales et régionales autour d'un projet commun porté par la Convention des Carpates.

De ce point de vue, la séance de l'après-midi semblait importante. Elle devait a priori permettre de discuter du plan d'action stratégique et de se mettre d'accord sur des thématiques prioritaires communes. La discussion a été organisée par le secrétaire général autour de trois points : (1) Comment rassembler les différentes initiatives (Eurorégion des Carpates et Convention des Carpates) autour d'une proposition commune ; (2) Discuter des thématiques du plan d'action ; (3) Quelles étapes dans le futur (opinion du Comité des Régions, implication de la résolution du Parlement).

La discussion sera au final peu soutenue, avec seulement cinq interventions, plutôt brèves, mais surtout une absence de débat. Trois interventions ont porté sur le contenu avec des propositions de nouvelles thématiques, dont une du représentant de *Science for the Carpathians*, le réseau scientifique des Carpates, sur une meilleure intégration des enjeux liés à la gestion de l'eau dans le plan d'action stratégique proposé. La réunion se terminera même plus tôt que prévu, renforçant l'impression que j'avais eue lors de la dernière réunion du groupe de travail sur le développement spatial, à savoir un processus largement piloté depuis Vienne, une documentation préparée en amont par ce même secrétariat avec ses partenaires et peu de débat lors de ces réunions entre experts.

Cette troisième réunion du groupe de travail s'est révélée être à nouveau plus une présentation des objectifs et avancées du secrétariat et de ses partenaires, qu'une véritable discussion par des experts nationaux sur les enjeux et le contenu d'un futur plan d'action stratégique. Le procès-verbal de la séance ne consacre d'ailleurs qu'une seule page sur huit à la discussion de l'après-midi[217]. Cela renforce l'impression que ce groupe de travail sur le développement spatial sert pour le moment surtout d'instrument de communication et d'opportunité de réseautage politique, au service des objectifs portés en premier lieu par le secrétariat, et en direction des institutions européennes, comme le confirme un des membres du secrétariat ainsi qu'un représentant polonais présent à cette séance :

> The main objective of the Workshop was to find support among the Carpathian Regions Representatives for the promotion of an Opinion of the Comity of the Regions to be submitted to the European Commission supporting the development of such Strategy[218].

> This [the Brussel Meeting] was much more an informative, a public relation meeting, to make people in Brussels know what are the Carpathians and where the Carpathians are located[219].

Si ce qu'avance ce représentant polonais est largement confirmé par mes observations, sa remarque est toutefois surprenante au vu de l'importance que prennent les stratégies macro-régionales dans le développement territorial européen. Son discours laisse à penser que les réflexions sur les enjeux et les opportunités macro-régionales ne sont encore qu'à l'état embryonnaire chez une partie des experts nationaux de ce groupe de travail.

---

217 Workshop 'Towards a EU Strategy for the Carpathian Region', 28 May 2013, Draft Report.

218 Entretien EURAC 2, avril 2011.

219 Entretien GRID 7, décembre 2013.

7.4 Synthèse du chapitre

Par cette analyse du processus d'écriture d'une décision de la Conférence des Parties relatives aux stratégies macro-régionales, j'ai mis en lumière les pratiques scalaires des acteurs du processus d'éco-régionalisation et en particulier le rôle actif joué par le secrétariat des Carpates dans le recadrage de la région de projet en fonction de l'approche macro-régionale.

Le développement de ce nouveau cadre de coopération transfrontalière par la Commission européenne a été perçu comme une opportunité par le secrétariat d'élargir le cadrage initial de la région de projet des Carpates à des enjeux de développement plus vaste, d'inclure ainsi les grandes agglomérations voisines et les collectivités régionales à sa proposition de région, de s'aligner sur les programmes financiers de coopération territoriale et de donner de la visibilité à la région de projet dans le paysage institutionnel européen, participant à son établissement au sens donné par Anssi Paasi (1986).

Le secrétariat cherche ainsi à positionner la Convention comme un intermédiaire légitime entre les institutions européennes et les gouvernements nationaux ou régionaux sur les questions de développement territorial durable dans la région. En se positionnant comme tel, il espère pouvoir montrer qu'il peut contribuer à mieux gérer l'articulation entre ces différentes cadres d'intervention et à renforcer sa position en tant qu'organisation-relais. Par ailleurs, le secrétariat a ensuite réussi à intégrer des propositions de région alternatives (le projet *Carpathian area* et l'initiative *Carpathian Horizon 2020*) derrière le cadrage proposé.

Ce processus de recadrage a été rendu possible par la mobilisation d'un réseau de partenaires technique, scientifique et politique important qui lui ont notamment permis de produire deux publications (VASICA et le plan d'action stratégique) pour justifier et légitimer son projet. J'ai montré que ces deux documents ont très largement été bricolés dans leur conception et que leur contenu est critiqué. Pourtant, ils constituent à l'heure actuelle la légitimité scientifique du développement macro-régional initié par le SICC. Ils lui ont permis de cadrer le problème et ses solutions légitimes, et de progressivement réduire l'espace de discussion du groupe de travail à ces orientations qui sont devenues prioritaires.

Plus généralement ce chapitre m'a permis de mettre en lumière l'influence normative et cognitive du secrétariat sur ce processus d'éco-régionalisation confirmant ainsi les conclusions des travaux de Franck Biermann et Bernd Siebenhüner (2009). Paradoxalement j'ai également pu identifier le caractère bien souvent situé de son action. L'idée même d'un recadrage de la région de projet des Carpates semble avoir ainsi été le résultat du regroupement circonstanciel de deux projets concurrents au programme de financement européen. Par la suite le développement rapide de stratégies macro-régionales a précipité le recentrage de son action autour de ce nouvel outil de coopération. L'action du secrétariat relèverait ainsi plus de la tactique que de la stratégie selon la distinction proposée par Michel De Certeau: «sans lieu propre, sans vision globalisante, aveugle et perspicace comme on l'est dans le corps à corps sans distance, commandée par les hasards du temps, la tactique est déterminée par *l'absence de pouvoir*[220] comme la stratégie est organisée par le postulat d'un pouvoir. [...] Les tactiques sont des procédures qui valent par la pertinence qu'elles donnent au temps – aux circonstances que l'instant précis d'une intervention transforme en situation favorable, à la rapidité de mouvements qui changent l'organisation de l'espace, aux relations entre moments successifs d'un «coup», aux croisements possibles de durées et de rythmes hétérogènes, etc.». (De Certeau, 1990, p. 62-63, emphase originale).

Enfin, ce chapitre suggère qu'une région de projet peut être conceptualisée comme un agencement toujours en devenir, jamais complètement stabilisé. L'agencement contient des dynamiques qui le stabilise, mais également d'autres qui peuvent le déstabiliser et le transformer. Ces deux dynamiques sont deux mêmes dimensions de l'agencement selon la proposition formulée par Gilles Deleuze et Félix Guattari (1980). Le cadrage de sa proposition de région est ainsi toujours susceptible d'être

220 Cette condition me semble remplie dans le contexte des Carpates. J'ai en effet largement montré dans ce chapitre et les précédents que le secrétariat dispose d'une grande autonomie d'action, tant vis-à-vis du PNUE-BRE que des Etats, le secrétariat agit certes sous le contrôle de la Conférence des Parties, cependant l'espacement important dans le temps des réunions de la COP et son caractère relativement symbolique, lui laisse une marge de manœuvre substantielle.

reformulé voire contesté par l'émergence de nouveaux cadres de référence ou de cadrages concurrents. La stabilité de la région de projet dépend ainsi en partie de sa capacité à atteindre un consensus autour d'une vision commune qui lui permette d'intégrer ces propositions de région alternatives (Metzger, 2013). La mise en place de ce nouvel outil de coopération territoriale que sont les stratégies macro-régionales a ainsi nécessité la redéfinition du cadrage argumentatif (penser le développement des zones de montagne) et spatial (Espace Carpatique) de la proposition de région initiale. Dans le cas présent, le secrétariat a pu assumer dès le début le pilotage du processus qui lui a permis d'articuler les deux propositions de région (Convention des Carpates et stratégie macro-régionale) de façon complémentaire et d'intégrer des propositions alternatives (le projet *Carpathian area* et l'initiative *Carpathian Horizon 2020*) derrière le cadrage proposé.

Chapitre 8
Montrer et démontrer

Ce chapitre traite spécifiquement du rôle des réseaux scientifiques, des systèmes d'information et de la cartographie dans l'institutionnalisation de la région de projet des Carpates. Ces trois « ressources » sont mobilisées par le secrétariat de la Convention des Carpates dans un processus de consolidation de la région de projet. Il s'agit de « donner de la substance[221] » au processus politique. La science apporte son autorité et sa crédibilité au projet régional, les bases de données permettent de mettre en œuvre une « science-based Convention » et la cartographie participe au monitoring et à la communication autour du projet.

Je montrerai que ces trois « ressources » (réseaux scientifiques, système d'information et cartographie) font bien plus que participer à la consolidation de la région de projet, elles participent de son institutionnalisation même. Il ne s'agit pas seulement de faire connaître la région des Carpates mais bien de la faire reconnaître, d'instituer un discours, une vision de la région basée sur celui de la Convention. Pour paraphraser Bourdieu (1980, p. 66), le discours développé par le secrétariat est ainsi un discours performatif, en ce sens qu'il vise, intentionnellement ou non, à imposer comme légitime la région de projet des Carpates telle que définie par la Convention et à faire connaître et reconnaître cette région de projet ainsi délimitée. Quoi de mieux qu'un réseau scientifique pour assurer « l'autorité scientifique » de ce discours et de la région elle-même ?

Enfin, je montrerai que les cartes également, loin de n'être qu'une représentation de la réalité, participent de ce discours. Les cartes ont du pouvoir. Elles participent de la délimitation spatiale de l'entité régionale mais également de son cadrage argumentatif, des discours que l'on porte sur la région. Mieux encore, la cartographie participe du cadrage institutionnel du projet même en incluant ou excluant certains acteurs en

221 Terme employé par le secrétariat de la Convention des Carpates lors d'un entretien : UNEP 2, mars 2011.

fonction de leur capacité technique à collecter des données et à produire des cartes.

Ce chapitre se concentrera donc sur la mobilisation de ces trois types de ressources dans le processus d'éco-régionalisation des Carpates et questionnera d'une part leur rôle et statut respectif dans ce processus et d'autre part leur complémentarité dans l'institutionnalisation de la région de projet des Carpates. Je commencerai par discuter des travaux de la sociologie des sciences et de la géographie sur les interactions entre science et politique, ainsi que les travaux de cartographie critique. Je questionnerai ensuite le rôle de l'expertise scientifique dans une organisation telle que le PNUE, puis j'analyserai le développement d'un réseau de scientifiques à l'échelle de la région de projet et les modalités de sa coopération avec le secrétariat notamment dans la constitution d'une base de données environnementales pan-Carpates. Enfin, je reviendrai sur le rôle de la cartographie tout au long du processus d'éco-régionalisation en mettant en lumière six cartes en particulier qui ont exercé une influence importante dans l'institutionnalisation de la région de projet. Je terminerai en questionnant la complémentarité de ces pratiques dans le contexte des Carpates.

8.1 Production scientifique et gouvernance environnementale

La définition de la proposition de région et la co-constitution de la communauté d'acteurs «régionaux» s'enracinent dans la construction de connaissances et le développement d'une expertise scientifique qui permettent de justifier et légitimer la proposition de région et ainsi de participer à sa singularisation. De ce point de vue, les scientifiques constituent des acteurs du «public régional» mis en lumière par Jonathan Metzger (2013) et plus généralement du processus de construction régionale, au même titre que les acteurs précédemment identifiés dans cet ouvrage. Ce rôle est d'autant plus fondamental que les régions de projet n'ont pas la légitimité historique des régions constitutionnelles pour justifier leur raison d'être. Cette forte interaction dans le domaine environnemental entre les scientifiques, les autorités politiques et les organisations environnementales globales a été identifiée par certains chercheurs comme les premiers «aspects émergents des politiques transnationales dans les initiatives environnementales» (Jasanoff et Martello, 2004, p. 4). La production et la maitrise de l'information sont ainsi devenues des modalités centrale de la gouvernance environnementale et «un champ de bataille dans les luttes environnementales» (Mol, 2006, p. 506).

Comme l'ont souligné Isabelle Mauz, Céline Granjou et Bernard Debarbieux, «la science est une modalité persistante de légitimation du travail des organisations non gouvernementales environnementales et des organisations internationales [...]; en adoptant les pratiques et les standards qui lient la communauté scientifique, les membres des institutions internationales espèrent conférer à leur travail la dimension d'universalité qui est communément attachée à la science» (Mauz et al., 2013, p. 5-6). Une analyse partagée par Clark Miller et Paul Edwards qui soulignent par ailleurs que «la capacité à s'appuyer sur de l'expertise scientifique est devenue un composant clé des stratégies pour légitimer les politiques publiques et garantir la confiance dans les institutions publiques», notamment dans le domaine environnemental (Miller et Edwards, 2001, p. 14). Ces différentes institutions adoptent généralement une conception positiviste de la science censée fournir une compréhension précise de la réalité que les politiciens peuvent ou devraient ensuite traduire dans des actions politiques. Céline Granjou et Isabelle Mauz ont ainsi parlé «d'impératif scientifique» pour évoquer cette tendance à devoir se baser sur des expertises scientifiques reconnues pour compter dans le domaine environnemental, l'expertise fonctionnant dès lors comme une sorte de «label» légitimant les politiques (Granjou et Mauz, 2007). La science est ainsi généralement considérée par ces organisations «comme une source de connaissance technique construite à partir de techniques fiables, performées par des individus qualifiés, et sujette à des tests et à des mises à jour rigoureux» (Forsyth, 2011, p. 32)[222].

222 Sheila Jasanoff a très bien résumé cet argument: «[...] avec l'importance croissante d'enjeux tel que la faim, les maladies, la dégradation de l'environnement et la sécurité internationale, la communauté mondiale semble de plus en plus avoir placé ses espoirs pour le futur dans l'accumulation d'informations techniques. Les experts jouent un rôle toujours plus influent dans la définition et le contrôle

Cette montée en puissance de l'expertise et cette confiance en la science pour la formulation et la légitimation d'actions politiques est soulignée par le champ de la sociologie des sciences[223], et notamment les travaux précurseurs de Sheila Jasanoff (1990), qui s'est très tôt intéressé aux interactions entre science et politique et sur le rôle politique de la science et des scientifiques dans nos sociétés contemporaines. Dans son livre «Nous n'avons jamais été modernes» Bruno Latour (1991) critique le postulat des sociétés modernes qui consiste à établir une stricte séparation entre la science, chargée de représenter les choses, et la politique, chargée de représenter la société. Cette division entre d'un côté la nature représentée par la science qui serait transcendante et objective et de l'autre la société que nous construisons en fonction de nos choix librement consentis. Cette idée de la science comme connaissance objective de la nature telle qu'elle est, est problématique selon Bruno Latour, car elle donne un pouvoir important aux scientifiques pour trancher des débats qui relèvent de choix de société et sort ainsi la prise de décision du débat démocratique pour la transformer en un choix avant tout technique (Latour, 1991).

Les travaux récents menés en sciences sociales sur les interactions entre science et politique appellent ainsi à ne pas diviser production de connaissances scientifiques et politiques environnementales (Miller et Edwards, 2001); à «politiser la science» sans pour autant la dénier (Forsyth, 2012); et à appréhender les politiques environnementales comme des politiques de connaissance, dès lors «que ce qui compte comme une compréhension valide de l'environnement façonne les contestations et les résultats possibles [de ces politiques]» (Goldman et Turner, 2011, p. 2). Ces différents travaux ont ainsi appelé à voir la science «comme les autres insti-

---

des problèmes sociaux fondamentaux. Non seulement leurs connaissances et leurs savoir-faire sont considérés comme essentiels pour gérer les problèmes les plus urgents, mais la science, en raison de sa revendication à la neutralité dans les jugements de valeur, semble fournir le seul forum où les nations peuvent mettre de côté leurs différences en faveur d'une approche rationnelle commune pour résoudre les problèmes. ‹Rendre scientifique› un enjeu c'est affirmer immédiatement qu'il existe des méthodes systématiques découvrables pour le résoudre et suggérer que ces approches peuvent être établies indépendamment d'intérêts nationaux ou sectaires. La science représente pour beaucoup l'unique discours universel disponible dans un monde multiplement fragmenté» (Jasanoff, 1996, p. 173).

223 *Science and technology studies.*

tutions sociales, pleine de normes, de croyances, d'idéologies, de pratiques, de réseaux et de pouvoir, et profondément engagée dans la production et la gestion de l'ordre social» (Miller, 2001, p. 481). Plusieurs recherches ont également souligné qu'il n'existe pas d'expertise scientifique prête au préalable à être utilisée à des fins de politiques publiques, ni de consensus au sein de la communauté scientifique sur les politiques à adopter et que «les attentes que les politiques puissent être légitimées par l'appel à une science autonome, libre et indépendante se sont révélées intenables» (Jasanoff et Martello, 2004, p. 338).

Ces auteurs considèrent généralement que «la connaissance scientifique et les technologies n'évoluent pas dans un vacuum. Au contraire, elles participent au monde social, en étant façonnées *par* lui et simultanément le *façonnant*» (Law, 2004, p. 12, emphases originales). Dans cette perspective, Sheila Jasanoff a proposé de penser l'interface entre la science et la politique comme une co-production pour signifier «que les manières dont nous connaissons et représentons le monde (à la fois de nature et de société) sont inséparables de la manière dont nous choisissons de vivre dedans. La connaissance et ses formes matérielles sont en même temps des produits de travail social et constitutives de formes de vie sociale; la société ne peut pas plus vivre sans connaissance que la connaissance ne peut exister sans les soutiens sociaux appropriés» (Jasanoff, 2004, p. 2-3). Appréhender la connaissance scientifique comme une co-production demande dès lors de faire attention «aux dimensions sociales des engagements et compréhensions cognitifs et dans le même temps souligner les corrélations épistémiques et matérielles des formations sociales» (Jasanoff, 2004, p. 3).

La contribution des sociologues des sciences et de Sheila Jasanoff en particulier, est particulièrement intéressante dans le cadre de cet ouvrage pour réfléchir à l'interaction entre production de connaissances scientifiques d'une part et politiques scalaires d'autre part. Deux éléments importants doivent cependant être encore pris en compte pour analyser le rôle de la science et des scientifiques dans la construction de régions de projet environnemental et les différentes modalités de cette interaction: la spécificité du contexte régional dans ces modalités d'interactions et le rôle des organisations non-gouvernementales et des organisations internationales dans cette production, application et circulation de connaissances scientifiques.

Un certain nombre de chercheurs ont étudié les interactions entre science et politique dans un contexte régional, notamment méditerranéen (Haas, 1990), dans les Balkans (Fagan, 2008) et dans la Mer Baltique (VanDeveer, 2004). Stacy VanDeveer est certainement celui qui a conduit des recherches qui se rapprochent le plus du cadre de cet ouvrage. Dans son article de 2004, il met en lumière le rôle de l'expertise scientifique et de la science en général dans le processus de construction d'une région de projet environnemental autour de la Mer Baltique. Selon lui, l'expertise scientifique contribue à la construction et à la consolidation de régions environnementales au travers de l'élaboration de trois types d'interactions avec le processus politique (VanDeveer, 2004, p. 310-311) que je résume ici : l'organisation de connaissances pertinentes pour l'action politique par la collecte de données et la classification ; la construction et la stabilisation de représentations particulières de la région soutenant le projet politique, notamment par l'organisation de l'information et la diffusion d'instruments de visualisation pour illustrer la proposition de région ; et enfin, la formulation d'options politiques d'action et d'instruments pour comparer les différents scénarios possibles.

Ces différentes publications n'ont cependant que très peu souligné la spécificité de l'analyse de ces interactions dans un contexte de construction régionale. Dans un récent article collectif écrit avec Jörg Balsiger, Bernard Debarbieux, Gilles Rudaz et Dusan Djordjevic, nous avons montré que les modalités d'interaction entre science et politique dans la construction régionale pouvaient varier de manière importante et que les scientifiques peuvent être mobilisés comme experts pour justifier des propositions de régions différentes parfois concurrentielles. Par ailleurs, les scientifiques basent également leurs pratiques et production de connaissance sur des systèmes scalaires singuliers pour définir et promouvoir leur proposition de région, qui diffèrent souvent des systèmes scalaires des politiques ou des organisations environnementales. Il nous semble dès lors essentiel que « toute analyse de l'interaction entre science et politique dans un contexte régional devrait prendre en compte la variété de sens que le terme de région peut présupposer » (Debarbieux et al., 2014, p. 151), c'est-à-dire la prise en compte de la variété des cadrages[224] de la région mobilisés par les différents acteurs dans ces interactions. A partir des différents cas d'étude analysés dans cet article collectif, qui portent tous sur des régions de montagne (Alpes, Carpates, Caucase, Asie Centrale, Balkans, Pyrénées et Jura), nous avons proposé une typologie pour appréhender ces modalités d'interaction, qui prend en compte la nature des interactions entre des collectifs scientifiques et des institutions de gouvernance régionale et le type de système scalaire invoqué dans la définition du collectif scientifique et la conception et la mise en œuvre de son interaction avec le politique (Debarbieux et al., 2014, p. 153). Je propose de résumer ici les quatre types d'interactions qui ont ainsi pu être identifiés et qui rendent à la fois compte du mode d'organisation de ces collectifs scientifiques et de leur positionnement face aux institutions politiques :

(1) des scientifiques spécialisés indépendants des initiatives de gouvernance régionale. Ces collectifs de scientifiques ont pour principal objectif l'échange d'information et le partage d'expérience en vue de contribuer à une meilleure compréhension commune d'une région préalablement identifiée ou proposée. L'association de géographie alpine en France ou l'Unión Internacional de Estudios Pirenaicos dans les Pyrénées sont des exemples de ce mode de collectif;

(2) Un collectif de scientifiques établi comme contrepartie à une initiative de gouvernance régionale. Ce second type d'interaction consiste généralement en des collectifs de scientifiques impliqués dans le développement et la stabilisation d'institutions de gouvernance régionale. Les décideurs politiques comptent généralement sur ce genre d'institutions pour formuler, justifier et légitimer leurs actions. C'est ce type d'interactions principalement que je vais étudier dans le cadre de cet ouvrage. Le comité scientifique international pour la recherche sur les Alpes fondés

224 Dans cet article Bernard Debarbieux a proposé le concept de régionalité pour référer aux différentes représentations de la région pouvant être portées par les acteurs de ces interactions: régionalité réaliste référant aux entités biophysiques présupposée des scientifiques ou régionalité institutionnelle pour référer aux régions institutionnelles définies par exemple dans le cadre de traités (Debarbieux et al., 2014, p. 152). Dans le cadre de cet ouvrage je garderai cependant la référence aux systèmes scalaires développée précédemment pour référer à ces cadrages régionaux parfois complémentaires, parfois concurrents.

en 1999 dans le cadre de la Convention alpine et le réseau de scientifiques «Science for the Carpathians» dont la relation avec la Convention des Carpates constitue un chapitre de cet ouvrage, sont emblématiques de ce deuxième type;

(3) Un collectif de scientifiques établi pour être la contrepartie d'une initiative de gouvernance régionale planifiée ou abandonnée. Ce troisième type consiste en un réseau de scientifiques intéressés à participer à la construction d'une gouvernance régionale. Ce mode d'interaction est très proche du deuxième type, mais généralement en raison de l'absence d'institutions régionales ces groupes de scientifiques sont plus engagés dans la promotion d'initiatives politiques de coopération régionale que dans la coopération scientifique. Le réseau de recherche sur les montagnes du sud-est européen[225] lancé en 2009 à la suite du réseau de scientifiques des Carpates, mais sans qu'une Convention dans les Balkans ait pour l'instant abouti et le réseau de scientifiques de la région de montagne du Caucase[226] lancé en 2013 avec l'objectif de lancer une coopération régionale environnementale dans la région sont emblématiques de ce troisième type;

(4) Enfin, un réseau technico-scientifique établi pour répondre à une demande spécifique de données dans le cadre d'initiatives de gouvernance régionales. Ce type d'institutions est spécifiquement conçu pour fournir des services particuliers en termes de données et d'analyses pour soutenir des politiques régionales. Ce quatrième type d'interactions est certainement le moins impliqué en termes de politiques scalaires car il n'est généralement pas porté par le désir de contribuer à participer à un projet régional. Le Système d'observation et d'information des Alpes (SOIA) construit en 1992 par les membres de la Convention Alpine et l'Observatoire Pyrénéen du Changement Climatique (OPCC) créé en 2010 sous l'auspice de la Communauté de Travail des Pyrénées sont des exemples de ce type de collectif.

Cette typologie des différents modes d'interaction entre collectifs scientifiques et institutions politiques dans le contexte de régions de projet de montagne offre un outil analytique précieux pour étudier plus généralement le grand nombre de collectifs de scientifiques créés dans le cadre

225 Southeastern European Mountain Research (SEEmore).
226 The Scientific Network for the Caucasus Mountain Region (SNC-mt).

d'initiatives de coopération environnementale régionale. La nature et le champ d'application de ces collectifs scientifiques varient énormément d'un projet à un autre et dépendent bien souvent des objectifs initiaux poursuivis par le projet et des compétences des personnes disponibles pour y participer. Les interactions avec les institutions politiques existantes (dans le cas où elles existent) sont également variées et la trajectoire de ces interactions mérite d'être analysée plus en détail, car elle révèle des motivations et des modalités bien différentes. Dans certains cas, les collectifs de scientifiques défendent un cadrage différent de l'agencement de projet existant, dans d'autres ils participent directement à la justification et à la stabilisation du cadrage existant, notamment par la publication et la diffusion de nombreuses inscriptions matérielles telles des cartes, images, brochures ou bases de données dont le rôle sera détaillé plus loin dans ce chapitre. Enfin, une grande partie de ces collectifs ont été initiés, soutenus ou financés par des organisations comme le Programme des Nations Unies pour l'Environnement (PNUE), qui cherchent à se positionner à l'interface entre production de connaissances scientifiques et formulation d'actions politiques. Je propose de revenir plus en détail sur le rôle joué par ces organisations environnementales transnationales qui sont particulièrement présentes dans le contexte des Carpates.

Les organisations environnementales transnationales, entre science et politique

Sally Eden, Andrew Donaldson et Gordon Walker ont récemment publié un intéressant article sur le rôle spécifique qu'endossent ces organisations environnementales transnationales dans l'interaction entre science et politique (Eden et al., 2006). Ils arrivent à la conclusion que les ONG transnationales environnementales (mais leur conclusions s'appliquent également aux organisations intergouvernementales comme l'ont montré Isabelle Mauz et al., 2013) sont des acteurs scientifiques de mode 2, c'est-à-dire des acteurs qui font de la recherche scientifique de deuxième niveau, de l'interprétation de la science plutôt que des producteurs de connaissances scientifiques traditionnelles. Sally Eden et ses collègues définissent ces différents modes de production de la science en référence aux travaux de Gibbons et al., (1994) : le mode 1 de production de connaissance correspond à une production scientifique traditionnelle disciplinaire ; le mode 2 est un mode de production plus large et transdisciplinaire, puisqu'il s'agit « de producteurs de connaissance nombreux et plus différenciés qui génère une connaissance qui est contextualisée, utile et socialement responsable plutôt que juste vraie » (Eden et al., 2006, p. 1063-64)[227]. Si « l'expertise scientifique reste la forme principale de légitimation dans les principales organisations environnementales » (Yearley, 1991, p. 38) selon le mode 1 de production de connaissance, les recherches de Sally Eden et de ses collègues montrent que les personnes interrogées au sein de ces organisations ne se considèrent généralement pas comme scientifiques, car l'utilisation de la science n'est qu'un aspect de leur travail (Eden et al., 2006, p. 1074) et qu'ils mobilisent de manière pragmatique des formes de connaissances de sources variées dans leur pratique quotidienne, réseautant ainsi parmi des modes 2 de production de connaissance.

Isabelle Mauz, Bernard Debarbieux et Céline Granjou ont atteint les mêmes conclusions dans leur recherche sur des membres de l'Union Internationale pour la Conservation de la Nature (UICN) et du réseau GRID-Europe[228] affilié au PNUE. Ils soulignent ainsi qu'en « adoptant les pratiques et standards qui les connectent à la communauté scientifique les membres de ces institutions internationales espèrent conférer à leur travail la dimension d'universalité qui est communément attachée à la science. [...] Néanmoins, les membres de ces institutions ne se considèrent pas eux même comme des chercheurs à part entière, dans le sens où ils contribuent seulement marginalement à la production de nouvelles

227 La distinction entre ces deux modes de production, a depuis largement été discutée et critiquée, notamment sur l'idée selon laquelle il y aurait eu un jour une activité scientifique déconnectée des questions et des intérêts sociétaux (voir notamment la discussion sur ces deux modes de production proposée par Dominique Pestre, 2003).

228 « European office of the Global Resource Information Database » (GRID), membre de la division évaluation et système de pré-alerte (DEWA) du Programme des Nations Unies pour l'Environnement. Il s'agit d'un réseau global de centres d'information du PNUE, chargé de produire et collecter de l'information environnementale pour l'organisation internationale. Le nom officiel du bureau est PNUE-DEWA-GRID Europe.

connaissances scientifiques» et ceci bien que la plupart d'entre eux ont une formation scientifique universitaire la plupart du temps de haut niveau (Mauz et al., 2013, p. 6).

Ces travaux montrent que les organisations environnementales transnationales ne produisent pas tant de la science sur le mode 1 de production de connaissance, mais de l'expertise, c'est-à-dire qu'elles produisent des énoncés sur un problème spécifique, accompagné généralement de variantes d'actions politiques possible, à partir desquels les responsables politiques pourront se prononcer et prendre leur décision. Par ailleurs, ces recherches montrent que cette production d'expertise ne s'effectue pas indépendamment aux besoins du politique. Les membres de ces organisations recherchent constamment à adapter leur production de connaissance et d'informations à ces besoins. Ils cherchent ainsi «à produire de la connaissance qui est fiable pour façonner les actions publiques environnementales» (Mauz et al., 2013, p. 13) et sont donc attentifs à moduler leur travail de production scientifiques en fonction de la pertinence politique attendue, ce qui les amène parfois à devoir être «pragmatiques» et à faire «des compromis» (Mauz et al., 2013, p. 15). Ce faisant, ces professionnels des organisations internationales sont véritablement engagés dans une entreprise de co-production anticipant les besoins du politique dans la production d'une expertise qui influencera en retour la prise de décision politique.

Le concept «d'organisations frontières» développé au début des années 2000 par David Guston (1999, 2001) offre un outil analytique intéressant pour analyser les pratiques de ces organisations à l'interface entre science et politique et qui me semble particulièrement pertinent pour qualifier les pratiques du secrétariat par intérim de la Convention des Carpates.

Le concept d'organisation frontière est venu prolonger le concept «d'objet frontière» tiré des travaux des sociologues des sciences Susan Star et James Griesemer (1989) pour référer aux objets de connaissance et aux technologies qui peuvent voyager entre différents mondes sociaux pour faciliter la discussion et la négociation entre eux. En analysant les modes de coopération d'amateurs, de scientifiques et d'administrateurs liés au muséum de l'université de Berkeley en Californie, Susan Star et James Griesemer ont montré que les cartes, parmi d'autres objets tels que les carnets de note de terrain, jouent un rôle décisif pour connecter ces différents acteurs et pour construire une conception commune sur la connaissance et la mise en scène de leurs domaines de compétence respectifs. Ils ont ainsi développé le concept d'objets frontières pour désigner des objets qui ont «différents sens dans des mondes sociaux différents, mais dont la structure est suffisamment commune à plus d'un monde pour les rendre reconnaissables, comme des moyens de traduction. La création et la gestion d'objets frontières est un processus clé pour développer et maintenir de la cohérence à l'intersection de mondes sociaux» (Star et Griesemer, 1989, p. 393).

Les objets frontières peuvent être des choses, comme les cartes ou les carnets de terrain, mais aussi des concepts. Alice Cohen (2012) a par exemple montré comment le concept de ‹bassin hydrologique[229]› a pu gagner de l'importance dans la gouvernance environnementale par sa capacité à jouer le rôle d'objet frontière entre différentes monde sociaux. Dans la même perspective, Noella Gray, Rebecca Gruby et Lisa Campbell (2014) ont montré que malgré de nombreuses critiques, le concept d'aires marines protégées continue d'être utilisé comme l'instrument principal pour la conservation de la biodiversité marine au sein de la Convention sur la Diversité Biologique (CDB), car le concept est suffisamment flexible pour permettre aux acteurs de la conservation de poursuivre leurs agendas respectifs tout en s'alignant sur les objectifs cibles de la Convention. D'autres auteurs ont utilisé le concept en lien avec la construction d'entités spatiales: Jouni Häkli (2009) a par exemple analysé le rôle d'une rivière comme objet frontière dans la construction d'un espace de coopération transnational en Finlande. Enfin, Raphaël Pieroni et Bernard Debarbieux (2014) ont montré l'intérêt d'appréhender les bases de données comme des objets frontières dans le cas du processus d'éco-régionalisation alpin[230].

Le concept d'organisation frontière prolonge les travaux de Susan Star et James Griesemer sur les objets frontières aux organisations formelles situées entre les communautés scientifiques et politiques. Les organisations frontières sont des organisations conçues pour exister à l'interface des

229 «Watershed» dans la littérature anglophone.

230 Je reviendrai plus en détail sur cet article dans la discussion sur le rôle de la cartographie et des bases de données dans le projet régional.

organisations de recherche et politique et faciliter la communication et la collaboration entre elles. Trois critères doivent être remplis selon Guston pour qu'une organisation puisse jouer ce rôle (Guston, 2001, p. 400-401): elle doit fournir la possibilité, voire des incitations à la création d'objets frontières; elle doit impliquer la participation d'acteurs situés de part et d'autre de la frontière et des professionnels pouvant jouer un rôle de médiateur; enfin, elle doit exister à la frontière de deux mondes relativement différents, relevant de la science et du politique mais doit répondre aux deux de façon équivalente. En étant responsables devant les deux communautés, elle participe ainsi à la stabilisation de la frontière entre science et politique. Les organisations frontières ‹à succès› «réussissent à satisfaire deux ensembles de principal [les communautés scientifiques et politiques] et restent stables face à des forces externes» (Guston, 2001, p. 401). L'organisation frontière participe donc de la co-production de connaissance et d'ordre social, tel qu'avancé par Sheila Jasanoff, dans le sens où «elle facilite la collaboration entre scientifiques et non-scientifiques et elle crée un ordre scientifique et social combiné par la production d'objets frontières» (Guston, 2001, p. 401).

Depuis cet article fondateur, le concept proposé par Guston a été utilisé par de nombreux auteurs dans des situations variées et les critères de définition initialement définis ont été retravaillés et assouplis pour intégrer différents contextes. Dans un récent état de la littérature sur le concept, John Parker et Beatrice Crona (2012) montrent ainsi que chacun des critères initiaux a fait l'objet d'une certaine réinterprétation: la distinction claire entre une communauté scientifique et une communauté politique de l'autre a fait l'objet d'une remise en cause au profit d'organisations plus hybrides (voir notamment Miller, 2001), où science et politique sont entremêlés comme dans le cas d'organisations internationales telles que le PNUE qui est une organisation intergouvernementale, mais qui dispose également de ses propres réseaux d'experts scientifiques, les deux étant potentiellement porteurs de cadrages régionaux différents; l'approche binaire (deux communautés d'acteurs et une organisation à la frontière) initialement proposée par Guston s'est montrée également difficilement tenable dans des contextes plus complexes avec une multiplicité d'acteurs pouvant interagir ensemble; l'hypothèse selon laquelle l'organisation frontière doit avoir des responsabilités équivalentes envers chacun des partenaires de la relation a montré ses limites lorsque certains acteurs utilisent des stratégies pour gagner de l'influence sur les activités de l'organisation frontière et disposent de pouvoirs et de capacités d'action inégaux: enfin, contrairement à l'approche proposée par Guston qui postule que chaque communauté peut être satisfaite dans ses demandes par le travail de l'organisation frontière, John Parker et Beatrice Crona ont spécifiquement montré au contraire que certaines demandes peuvent être irréconciliables et que dans tous les cas elles ne peuvent jamais être satisfaites simultanément. Ces organisations doivent ainsi régulièrement faire des choix pour satisfaire les besoins d'une communauté au détriment d'une autre, d'où des tensions récurrentes qui sont inhérentes au fonctionnement de ces organisations.

John Parker et Beatrice Crona suggèrent ainsi que les organisations frontières «existent dans des espaces hybrides dans lesquels elles servent des groupes d'acteurs hétérogènes qui concrétisent des agendas à la fois scientifique et politique. Ces acteurs, en retour, exercent différentes compétences pour influencer les activités et les buts de l'organisation frontière. Dans ce contexte, la gestion de la frontière ne stabilise pas la frontière entre des ensembles abstraits de principal dans le domaine scientifique ou politique. Au contraire, il s'agit d'un «processus actif et dynamique requérant des négociations continues entre des demandes conflictuelles» (Parker et Crona, 2012, p. 281).

Formulé ainsi, le concept d'organisation frontière offre une intéressante perspective pour analyser les pratiques des organisations environnementales non gouvernementales et intergouvernementale que j'étudie dans cet ouvrage et spécifiquement les pratiques du secrétariat de la Convention des Carpates administré par intérim par le PNUE. Ces organisations sont en effet constamment situées à l'intersection de la science et de la politique essayant d'une part de concilier l'exigence d'universalité des standards scientifiques de production de la connaissance et d'autre part de satisfaire les demandes spécifiques du politique et les besoins d'ancrage dans des contextes localisé ou régionalisé (Mauz et al., 2013; Rodary, 2008). Elles mobilisent différentes formes d'expertises à la fois externes et internes à l'organisation, chacune de ces organisations disposant en effet généralement de son propre réseau d'experts. Ces organisations sont enfin constamment à l'interface de demandes parfois contradictoires, leur travail consiste ainsi la plupart du temps à «serpenter» (Crona et Parker, 2012) entre ces différentes demandes et à tenter tant bien que mal de les réconcilier au mieux pour à la fois avancer dans leurs actions et justifier leur position.

Le travail de l'organisation se complexifie encore dans le processus d'éco-régionalisation lorsque les acteurs sont porteurs de différentes propositions de région. Les acteurs publics, les organisations environnementales transnationales, les scientifiques mobilisent et agissent tous en fonction de différents systèmes scalaires pour identifier et définir leurs actions. Je suggère dès lors que le travail de l'organisation frontière ne se limite pas à agir à l'interface de deux mondes, scientifiques et politiques, différents mais consiste également à faire converger plusieurs cadrages régionaux parfois diamétralement opposés. Cette conception élargie du rôle de l'organisation frontière que je propose ici n'est cependant pas nouvelle. David Cash a montré dans deux articles différents que ces organisations devaient non seulement être à l'interface des communautés scientifiques et politiques, mais qu'elles devaient également gérer les différentes échelles[231] (Cash et Moser, 2000) et niveaux d'organisations (Cash, 2001) mobilisés par ces différents acteurs. Par ailleurs, plusieurs auteurs réfèrent au concept «‹d'organisation relais[232]› pour désigner des organisations reliant différents acteurs de différents secteurs opérant à différents niveaux et mobilisant différentes échelles notamment dans le contexte de la gouvernance environnementale (voir notamment Berkes et al., 2005; Crona et Parker, 2012; Olsson et al., 2007).

Le travail d'une organisation frontière peut ainsi s'apparenter pour une organisation telle que le secrétariat de la Convention des Carpates à un véritable travail de médiation, jonglant entre les différentes demandes et attentes des communautés scientifiques et politiques, et les systèmes scalaires variés portés par les différents acteurs de ce processus d'éco-régionalisation, pour continuer tant bien que mal à faire avancer l'institutionnalisation de la région. Je suggère ainsi que l'action de l'organisation

231 Bien que son utilisation du concept d'échelle ne soit pas très consistante dans cet article et s'apparente souvent au concept de niveau, notamment lorsqu'il réfère aux échelles locales et globales.

232 «Bridging organization».

ne peut être entièrement planifiée, elle est par essence située[233] en ce sens qu'elle s'apparente plutôt à un bricolage constant, fait de tâtonnements et d'essais et d'erreurs.

8.2 Cartographie, base de données et construction régionale

Bien que densément documentées, les analyses de construction régionale ont jusqu'à présent largement négligé le rôle des éléments matériels et spécifiquement de la cartographie et des bases de données. Pourtant, comme le note Jonathan Metzger (2013), les cartes participent activement à la convergence des acteurs «régionaux» autour d'une proposition de région, à la singularisation de la proposition et à la stabilisation d'un «public régional». La puissance des images a été très tôt notée par Anssi Paasi dans son analyse de l'institutionnalisation des provinces finlandaises, notamment en relation avec la construction d'une identité régionale, mais n'a suscité que peu d'intérêt par la suite dans les différentes recherches sur le sujet. Les cartes sont mentionnées en passant par plusieurs auteurs (Larsen, 2008; Paasi, 2009; VanDeveer, 2004), comme des instruments spécifiques du processus de construction régionale. Par exemple Stacy VanDeveer estime que «les cartes et les autres images utilisées par les participants au régime pour *illustrer* les fonctions, connexions, problèmes et solutions environnementales régionales sont d'un intérêt particulier» (VanDeveer, 2004, p. 310, emphase de l'auteur); ceci cependant limite implicitement le rôle des cartes à leur capacité à «illustrer» une région de projet sans avoir

233 Le concept «d'action située» est inspiré des travaux de l'anthropologue et sociologue Lucy Suchman pour souligner que «chaque cours d'action dépend de façon essentielle des circonstances matérielles et sociales dans lesquelles elle se produit. Plutôt que d'essayer de faire abstraction des circonstances de l'action et de la représenter comme un plan rationnel, il s'agit d'étudier comment les gens utilisent les circonstances pour réaliser des actions intelligentes» (Suchman, 2007, p. 71). La proposition de Lucy Suchman souligne que l'action humaine est loin d'être contrôlée et générée par des plans, elle est par nature contingente et directement liée au contexte spécifique de la situation dans lequel elle émerge.

la capacité d'agir dessus. Dans aucun de ces articles, le rôle de la cartographie dans le processus de construction régionale n'a été examiné de manière approfondie[234].

Anssi Paasi a été un peu plus loin dans l'analyse plus tard lorsqu'il écrit que le processus d'institutionnalisation des régions requiert en premier lieu « un ensemble de discours (parfois contestés) politiques, économiques ou culturels qui sont créés à propos de la possibilité d'une région. Ensuite ces idées sont introduites dans des plans et des cartes et finalement des régions peuvent devenir matérialisées, de manière à avoir un effet sur les actions des citoyens et plus largement sur les pratiques sociales » (Paasi, 2009, p. 134). Enfin, bien que ne se concentrant pas exclusivement sur les pratiques cartographiques, le géographe finlandais Jouni Häkli a montré qu'elles peuvent jouer un rôle décisif. Les cartes offrent une représentation visuelle prospective de l'entité territoriale, qui permet de connecter et de construire de la confiance entre différents réseaux d'acteurs engagés dans la construction régionale (Häkli, 2009). Elles peuvent également jouer un rôle dans la stabilisation de la proposition d'entité territoriale et du réseau d'acteurs maîtrisant la production cartographique qui la porte (Häkli, 2008). Ces premières pénétrations dans les effets cognitifs des cartes et de la cartographie en soi, qui ont également été présentés de manière plus théorique par Joe Painter (2008), n'ont cependant pas débouché sur une analyse spécifique de l'implication et des modalités pratiques de la cartographie dans le processus de construction régional.

Cette absence relative d'intérêt pour la cartographie dans le champ de la nouvelle géographie régionale est quelque peu surprenante au vu de l'importante littérature dans d'autres domaines sur le rôle de la cartographie comme instrument pour la conception d'entités spatiales (voir par exemple Farinelli, 2009 ; Lascoumes, 2007 ; Pickles, 2004) et pour façonner et justifier de manière rhétorique ces entités une fois traduites dans des territoires nationaux ou supranationaux (Anderson, 1991 ; Foster, 2013 ; Gregory, 1994 ; Krishna, 1994), des projets urbains (Söderstrom, 1996) ou des territorialités indigènes (Hirt et Lerch, 2014). Plus généralement plu-

234 Avec Bernard Debarbieux, nous avons tenté de remédier à ce manque dans un récent papier (Gaberell et Debarbieux, 2014). La suite de ce chapitre est très largement basée sur cet article.

sieurs philosophes ou chercheurs en sciences sociales, d'Henri Lefebvre (1974) à Michel Callon (1995) ou Bruno Latour (1986) ont montré combien les différentes formes de visualisation peuvent être décisives dans la production de connaissances et d'ordre social incluant leurs dimensions spatiales et scalaires. Dans le domaine environnemental, les travaux de Denis Cosgrove (1994) et de Sheila Jasanoff (2004) ont également tenté de montrer dans des projets relativement similaires comment la publication et la diffusion d'images du globe terrestre dans les années 1970 ont contribué à façonner l'émergence d'une prise de conscience environnementale mondiale de la fragilité de notre planète.

Concernant les bases de données, l'influence grandissante des jeux de données et des systèmes d'information géographique (SIG) a été analysée de manière détaillée dans des domaines variés de recherche depuis quelques années: dans l'objectivation d'entités scientifiques et de processus spatiaux (Bowker, 2000; Strasser, 2012); dans la formulation d'affirmations ontologiques sur des objets spatiaux tel que les bio/écorégions (Aberley, 1993; Olstad, 2012); et dans la construction de politiques publiques, notamment dans l'aménagement du territoire (Davoudi, 2006; Dühr et Müller, 2012; Faludi et Waterhout, 2006). Le rôle et l'influence des bases de données ont cependant été relativement laissés de côté dans les études régionales, à l'exception d'un travail récent effectué par Raphaël Pieroni et Bernard Debarbieux qui ont proposé de conceptualiser les bases de données comme des objets frontières pour analyser leur rôle dans la consolidation de la Convention Alpine (Pieroni et Debarbieux, 2014). Ils ont pu montrer que la création d'une base de données commune a échoué à produire des résultats tangibles et à devenir un objet frontière, justement parce qu'elle n'a pas réussi à susciter suffisamment de confiance entre les différents participants (étatiques, non gouvernementaux et scientifiques) pour lier ces différents mondes vers une proposition unifiée de région et ce bien que les principaux acteurs aient reconnu la nécessité de bénéficier d'un ensemble de données fiables pour consolider la construction régionale (Pieroni et Debarbieux, 2014).

Bien qu'assez hétérogènes, le trait commun entre ces différentes publications est qu'elles se distancient des approches scientifiques et positivistes du 20ème siècle et critiquent la croyance moderne dans la capacité des cartes et des bases de données à décrire la réalité telle qu'elle est et à servir de base à des discours objectifs à son propos. Les travaux de John Brian Harley (1988, 1989) et de Denis Wood (Wood et Fels, 1992), largement influencés par ceux de Michel Foucault, sont en ce sens emblématiques. Wood et Harley ont tout d'abord souligné l'importance de dépasser la vision de la carte comme un support objectif de connaissance, pour l'envisager plutôt comme un instrument rhétorique de pouvoir qu'il s'agirait de déconstruire: «les cartes construisent – ne reproduisent pas – le monde» (Wood et Fels, 1992, p. 17). Les travaux de cartographie historique critique débuté par David Woodward et John Brian Harley dans les années 1980, ainsi que par Christian Jacob (1992) ou Yves Lacoste (1974) dans la littérature francophone notamment, ont ainsi montré comment la production cartographique a été étroitement liée à des projets politiques tels que le colonialisme et impérialisme, ou à des travaux prospectifs d'aménagement du territoire et de maintien de l'ordre social. Les auteurs ont souligné le besoin d'analyser les conditions de production de la carte de manière contextuelle et critique, afin de comprendre le rôle que la carte joue et les intentions qu'elle porte.

Certains auteurs, participant d'une vision plus large du rôle cognitif et sociopolitique des cartes ont invoqué le concept de cartographie[235] pour souligner comment «des actes de visualisation, de conceptualisation, d'enregistrement, de représentation et de création d'espaces de manière graphique» (Cosgrove, 1999, p. 1) prend part dans le modelage de connaissance, d'arrangements sociaux et également de réalités géographiques. La cartographie selon Denis Cosgrove ne consiste ainsi pas seulement à produire une carte de quelque chose, mais constitue un processus complexe impliquant imaginations, désirs et projets (Cosgrove, 1999). Comme Denis Wood le suggère, nous devrions demander «non pas ce que la carte montre ou comment elle montre quelque chose, mais qu'est-ce que la carte fait? Qu'est-ce qu'elle accomplit?» (Cité dans Pickles, 2004, p. 56) et consi-

235 Denis Cosgrove utilise en fait spécifiquement le terme de ‹mapping› qu'il distingue du terme plus générique de ‹cartography›, qui englobe sous cette terminologie «l'étude scientifique des technologies de fabrications de carte et l'efficacité des cartes comme moyen de communication; et l'examen académique du rôle sociétal et de l'impact des cartes» (Gregory et al., 2009, p. 66). Il n'existe pas à ma connaissance de telle différence dans la littérature francophone, c'est pourquoi dans ce travail j'utiliserai la terminologie cartographie dans le sens utilisé ici par Denis Cosgrove.

dérer ainsi la carte comme un acteur à part entière dans la construction de territoires. Ainsi, suivant John Pickles, une carte n'est «pas une représentation du monde, mais une inscription qui travaille dans le monde» (Pickles, 2004, p. 67). De ce point de vue, les cartes doivent être appréhendées comme des médiateurs, au sens proposé par Bruno Latour, qui «transforment, traduisent, distordent, et modifient le sens ou les éléments qu'ils sont censés transporter» (Latour, 2006, p. 58) et la cartographie comme une manière active de façonner la réalité, dans la mesure où elle est un élément important parmi des pratiques plus vastes pouvant déboucher sur la construction de nouvelles entités spatiales.

Philippe Zittoun (2007) a par exemple montré comment la question du bruit à Paris a fait l'objet de politiques spécifiques par le cadrage spatial de la question. C'est par des mesures du bruit et une cartographie précise des rues de Paris, diffusée largement, que la carte du bruit est devenue le signe et le symbole même du problème. La carte a ainsi participé de «la transformation du bruit en problème» (Zittoun, 2007, p. 176) par un triple processus: cadrage des argumentaires, la carte s'imposant comme la référence scientifique légitime; objectivation du problème par la mise en scène de son existence; exposition d'un jeu de solutions qui sont autant d'options politiques possibles. Christian Topalov (2004) a également montré comment la question de la pauvreté à Londres s'est trouvée profondément reformulée lorsqu'elle fut localisée (géographiquement) dans la ville et mise en scène par la cartographie de Charles Booth dans les années 1880. Il s'agissait alors de la prise en main politique d'un problème par la «possession d'un territoire grâce à une représentation complète de celui-ci» (Topalov, 2004, p. 117). Dans cet exemple, la carte participe à la reformulation du problème de la pauvreté en le considérant spatialement tout autant que socialement et en autorisant que des politiques publiques puissent être conduites dans l'espace.

Grace à ces différentes explorations des conditions sociales, culturelles et politiques de la fabrication de cartes et des bases de données, il est désormais possible d'étudier comment la cartographie joue son rôle dans la construction de projets territoriaux et les controverses politiques qui peuvent lui être liées. Pour développer cet argument je propose de m'appuyer sur le concept de cadrage qui a été discuté précédemment. Dans le champ de la nouvelle géographie régionale, les chercheurs ont souvent utilisé le concept pour rendre compte des dimensions cognitives et rhétoriques de la construction régionale (voir par exemple Ciuta, 2008; Häkli, 1998; Lagendijk, 2007; Larsen, 2008).Ils se sont ainsi particulièrement intéressés aux arguments et discours produits par les différents protagonistes, bien plus qu'aux images et aux cartes. Je souhaite ici, en prenant pour base l'article récemment publié sur ce thème avec Bernard Debarbieux (Gaberell et Debarbieux, 2014), élargir la notion de cadrage pour paradoxalement lui donner une plus grande précision analytique. Dans cet objectif, je propose une approche tridimensionnelle du concept pour analyser ses modalités dans la cartographie:

Le cadrage spatial réfère à la façon dont la région est façonnée généralement par sa délimitation cartographique et définie dans le contexte de son environnement spatial. Les cartes jouent un rôle fondamental dans ce sens. En agissant comme des «mobiles immuables» les cartes, objets «mobiles, immuables, présentables, lisibles et combinables» (Latour, 1985, p. 37), permettent la visualisation directe d'objets spatiaux qui ne pourraient être directement appréhendés par les sens; elles permettent la circulation et la diffusion de cette représentation; enfin, elles constituent un support de discussion et de négociation sur la délimitation spatiale qu'elles mettent en avant, un support suffisamment lisible pour être discuté et suffisamment souple pour être combiné et modifié. En ce sens les cartes sont des éléments clés de la formulation, de la négociation et de la stabilisation de propositions de région. Comme modalité de cadrage spatial, la carte permet par ailleurs une distinction claire entre les lieux qui sont inclus et ceux laissés à l'extérieur de la représentation cartographique. Enfin, comme modalité technique et sémiotique productrice de sens, la cartographie de la région produit un ensemble cohérent qui cadre littéralement l'entité spatiale qu'elle représente.

Le cadrage argumentatif réfère aux fondements, à la logique et aux arguments qui donnent sa raison d'être à la région ainsi proposée. La construction d'une région demande la production de discours et d'arguments tout au long du processus, afin d'établir son utilité et/ou sa nécessité. Les cartes, spécialement au travers de l'utilisation de cartes thématiques et de bases de données qui leur sont liées, sont souvent mobilisées pour renforcer l'argument ou mesurer la mise en œuvre des accords régionaux. Du texte est ainsi souvent associé à la carte ou à l'image pour la commenter et l'approfondir. Le texte n'est cependant «pas seulement «illustré» par des images, il est le développement de celles-ci» (Latour, 1985, p. 52), qui jouent un rôle fondamental dans l'argumentaire. La plupart des cartes régionales produites, qu'elles soient isolées ou insérées dans un jeu de cartes plus large, comme dans le cas d'atlas, combinent ainsi délimitation, description, définition et monitoring de l'entité spatiale. Elles se concentrent généralement spécifiquement sur certaines caractéristiques sélectionnées pouvant évoquer la raison d'être de la région elle-même. En d'autres termes, si le cadrage spatial comme modalité cartographique affirme «ceci est la région», le cadrage argumentatif affirme lui «voici comment est la région» ou «voici comment elle devrait être».

Le cadrage institutionnel, enfin, réfère aux protagonistes – et aux relations qu'ils ont ensemble – qui sont parties prenantes du processus de construction régionale (le «public régional» pour Metzger). En comparaison avec les cadrages spatial et argumentatif, le cadrage institutionnel est moins communément utilisé pour appliquer le concept de cadrage. Pourtant, la notion me semble essentielle pour analyser l'agencement d'acteurs et son évolution tout au long du processus. Il s'agit pleinement d'une modalité de la production cartographique. Au-delà du fait que la proposition de la région et le public régional sont co-constitués, comme le suggère Metzger, nous défendons avec Bernard Debarbieux l'idée selon laquelle la production cartographique constitue un moment et une modalité importante de la construction régionale, qui influence l'évolution de la configuration institutionnelle de ce processus, dès lors que le besoin de cartes et de base de données agit sur les possibilités de participation des protagonistes et les relations qu'ils peuvent développer. Certains acteurs bénéficiant de moyens techniques et financiers performants dans le domaine cartographique peuvent ainsi être légitimés à participer au processus régional, parfois au détriment d'autres configurations institutionnelles existantes.

Les cadrages spatial, argumentatif et institutionnel doivent donc être vus comme trois dimensions par lesquelles les relations entre la construction régionale et la cartographie se déploient et par lesquelles une proposition de région est façonnée, justifiée, visualisée, contrôlée, légitimée et consolidée. Cela nécessite de prendre en compte l'évolution de son rôle tout au long du processus de construction régionale, de la conceptualisation de la région à sa création et à sa consolidation avec une attention particulière à l'agencement des acteurs à chaque étape de ce processus et aux arguments et aux visuels qu'ils mettent en avant. Par ailleurs, on ne peut prendre en compte le rôle de la cartographie dans la construction régionale sans prendre en considération la circulation des cartes et publications produites. C'est le fait qu'un grand nombre d'acteurs reprennent et diffusent les cartes produites qui participe à instituer la proposition de région et à lui donner de «l'épaisseur», à la stabiliser. Une attention particulière doit donc être portée aux processus de diffusion.

8.3 Le rôle de l'expertise scientifique

Avant d'analyser la construction d'une plateforme scientifique au service de la Convention des Carpates, il convient de s'arrêter en premier lieu sur les conceptions de la science et de l'expertise scientifique dont sont porteurs les représentants du PNUE et qui définissent en partie la manière dont ils agissent dans leur projet. La capacité de pouvoir compter sur des réseaux d'experts scientifiques est devenu en effet une composante importante de la stratégie des organisations internationales de l'environnement pour légitimer leurs actions sur le terrain et assurer la crédibilité de l'institution (voir Eden et al., 2006; Mauz et al., 2013; Miller et Edwards, 2001; Ollitrault, 2009). On retrouve cette tendance également chez les personnes interrogées au sein du PNUE, qui se prévalent toutes de cette légitimité scientifique – gage de sérieux auprès de la société civile, des autres organisations et des décideurs politiques – sans pour autant se considérer comme des organisations purement scientifiques, comme le confirme un haut représentant du bureau régional européen du PNUE à la question de savoir quelle importance a l'expertise scientifique au sein de l'organisation:

> Un gage de sérieux certainement et un gage de capacité de réfléchir sur des solutions dans un cadre politique mais en dehors de toutes considérations politiques de notre part. Ça c'est une des grandes forces du PNUE au sein du système des Nations Unies. Justement le fait que ça n'est pas du militantisme écologique fondé sur une idéologie. C'est la capacité de pouvoir synthétiser ce que la science de l'environnement, mais de plus en plus aussi la science économique et les sciences sociales

> peuvent nous apprendre, et le traduire en recommandations de politiques d'investissement et de politiques légales[236].

On aperçoit ici tout de suite que s'il s'agit bien d'être considéré comme scientifique, gage d'universalité et de sérieux, il ne s'agit pas pour autant de produire de la connaissance fondamentale. L'organisation est en charge du processus de traduction à l'interface entre ces deux mondes. Au contraire, l'expertise scientifique est ici plutôt perçue directement au service du politique, dans une conception plutôt linéaire de la relation entre la science et la politique relevant de ce que certains ont appelé « evidence-based policy » (Dühr et Müller, 2012). Cette dimension appliquée et utilitaire de l'expertise scientifique est largement partagée et même revendiquée par les personnes interrogées et ceci également lorsqu'elles font partie d'unités de recherche, comme au PNUE GRID (pour *Global Ressource Information Database network*) de la division DEWA (*Division of Early Warning and Assessment*) :

> We are rather scientific, but we're not a research organization. We do not do fundamental research ourselves. We do some applied research, so it's – I wouldn't call it a scientific research organization, but we use data, we add some value to the data by – maybe by – well, one of the – the function is – is filtering for authoritative sources but also to compare countries or regions, to do some analysis, combine population with floods and things like that. So take it a little – one step further – try to take scientific data and make it a bit more informative, that's basically the – what we do. Some applied research, but no – we do not hardly do any fundamental research analysis ourselves. [...] I think there's no [intention to go in this direction] – I mean, UNEP is not a scientific research organization as such, and I doubt we – and this office is a bit more science maybe than in other of the parts of UNEP, but still it's not fundamental research, what we do. It's applied research and – and trying to change data to more useful information, I think that's our basic – basic task. ... And also UNEP is a small organization, I mean if we want to go into science then it's really – then we lack resources to do that, but we have no intention to do that. We – we work with universities; we work with scientific organizations; that's basically what – what we do[237].

On voit ici clairement la distinction entre l'importance *d'être considéré* comme scientifique, c'est-à-dire, sérieux et crédible et le fait *de produire* de la connaissance scientifique. Le côté scientifique est ainsi perçu par ces organisations comme un gage de crédibilité sur le plan politique, en partie

236 Entretien PNUE 1, mars 2011.

237 Entretien GRID 6, réalisé par Isabelle Arpin, janvier 2010.

car il confère à ses représentants une certaine forme de neutralité dans leur discours qui leur permettrait de se situer au-dessus des débats politiques. Cependant, la production de connaissance doit être mise en lien avec les besoins politiques, dans un processus de traduction pour produire de l'expertise. Il ne s'agit pas de faire de la science fondamentale mais de donner des fondements scientifiques pour concevoir et déployer des politiques en matière environnementale. L'expertise scientifique doit être simple et communicable, pour pouvoir être directement mobilisable par le politique. Les acteurs interrogés dans ces trois organisations ne conçoivent ainsi pas la crédibilité de l'expertise scientifique sans sa composante utilitaire, l'un ne va pas sans l'autre pour ce représentant du bureau régional européen du PNUE :

> Parce qu'on essaie de fonder ces recommandations sur des considérations qui justement sont scientifiques et la capacité donc de les… parce que les scientifiques ont quelquefois tendance à parler dans un langage qui est rigoureusement incompréhensible. C'est le cas d'ailleurs des défenseurs de l'environnement également qui parlent de paiement pour les services des écosystèmes. Déjà les gens ne savent pas ce que sont les écosystèmes, les services écosystémiques encore moins et pourquoi on les paierait on ne voit pas très bien. Donc il faut essayer de mettre tout ça dans un langage qui soit extrait de ce que la science nous apprend mais qui soit aussi compréhensible non seulement par des décideurs politiques mais aussi par le grand public, parce que finalement les décideurs politiques seront aussi sensibles à l'opinion du public donc il est important aussi que le public soit informé[238].

Le représentant du PNUE se place ici dans la position d'un traducteur. Il faut traduire la connaissance scientifique pour la rendre plus simple et plus claire à destination du politique. Il semble dès lors que l'identité de l'organisation ne se trouve ni dans l'arène politique, ni dans l'arène scientifique mais dans cette capacité à faire des ponts entre une production scientifique effectuée dans des laboratoires et qui serait trop complexe et déconnectée des réalités politiques, et des décideurs pressés, en attente de bases scientifiques simplifiées pour justifier ou prendre des décisions, chacun des deux mondes semblant fonctionner selon ses propres règles. Ce qui ressort donc chez les personnes interrogées, c'est une conception de leurs institutions proche des organisations frontières au sens premier proposé par Guston (1999, 2001) à savoir des organisations existant à

238 Entretien PNUE 1, mars 2011.

l'interface de deux mondes différents et offrant une plateforme de rencontre et de médiation entre ces deux mondes.

Et c'est précisément dans cette capacité à identifier et sélectionner la recherche scientifique qui est jugée ‹utile› et à la transformer en recommandations claires et concises à l'attention des décideurs politiques que ces institutions identifient leur rôle d'organisations frontières. Ce rôle peut ainsi parfois dépasser celui de ‹médiateur-traducteur›, d'organisateur de la connaissance pour prendre la forme d'une ‹aide à la prise de décision› par la formulation de véritable propositions d'action et de points de comparaison entre les différentes modèles d'action proposés. On retrouve régulièrement ce modèle dans les publications du PNUE.

8.4 Développer un réseau de scientifiques au service de la Convention

En parallèle à ses activités pour assurer le fonctionnement de la région de projet, le bureau de Vienne a ainsi très rapidement initié le développement d'un réseau d'experts sur lequel s'appuyer. Le profil de ce réseau est double: des institutions déjà établies pour la plupart externes à la région avec lesquelles le bureau de Vienne collabore dans le cadre de protocoles d'entente ou plus informellement dans le cadre de projets spécifiques; un réseau de scientifiques environnementaux pan-Carpates devant à terme devenir, selon les vœux du secrétariat, le corps scientifique de la Convention.

Le premier type d'institutions comprend notamment l'institut de recherche EURAC et l'association de lobbying AEM dont la collaboration avec le secrétariat a été mise en évidence dans les chapitres précédents. Par ailleurs, le bureau de Vienne bénéficie également du réseau d'expertise du PNUE-GRID. Depuis son centre à Genève ou son antenne à Varsovie[239],

239 PNUE/GRID-Warsaw est un centre d'information privé affilié au réseau GRID par un protocole d'entente entre le gouvernement polonais et le PNUE. Le GRID-Varsovie est spécifiquement en charge de la collecte de données pour l'Europe Centrale et de l'Est et collabore de ce fait étroitement avec le secrétariat de la Convention des Carpates sur plusieurs projets.

le GRID collabore avec le SICC sur l'élaboration de rapports et d'état des lieux environnemental de la région des Carpates. Le GRID-Varsovie, sous la coordination du GRID-Genève a notamment participé à l'élaboration du *Carpathian Environment Outlook,* (KEO[240]) et est impliqué dans plusieurs projets de mise en œuvre initié par le secrétariat.

Le projet d'établir un réseau de scientifiques pan-Carpates pouvant soutenir le processus d'éco-régionalisation des Carpates a été pour la première fois discuté par le SICC durant le Forum Alpin en 2007 à Engelberg[241]. Pour certains, cependant, les prémices du réseau sont à rechercher dès le processus de négociation de la Convention en 2001 et sa signature en 2003, où EURAC a joué un rôle essentiel dans le cadrage scientifique de la région de projet. L'obtention et la mise en œuvre ensuite du *Carpathian Project* ont en effet très vite montré au PNUE la nécessité d'organiser un réseau de scientifiques dans la région capable de soutenir la mise en œuvre de la Convention et de consolider la région de projet[242]. Trois objectifs spécifiques ont alors été identifiés par le secrétariat et notamment explicités lors de l'ouverture du premier *Forum Carpaticum* en 2010 à Cracovie[243]: la création d'une base de données intégrées pan-Carpates pouvant servir à une évaluation continue de l'état

240 L'acronyme KEO est celui utilisé par le secrétariat pour référer à l'évaluation environnementale.

241 Forum bisannuel organisé par ISCAR et regroupant des scientifiques intéressés aux problématiques alpines.

242 Entretien S4C 1, mai 2012.

243 Extraits du discours de la représentante du secretariat au *Forum Carpaticum* 2010: «First of all we need Carpathian Science that provides policy-makers with proof-read data and findings for decision-making. Carpathian Policy needs Carpathian-wide data and findings. An integrated, spatially inclusive and comprehensive science is therefore indispensable. [...]
We need vigilant science – science that draws our attention to urgent issues and blind spots like risk management of natural or manmade disasters, climate change and its impact on the Carpathian economy, identification of virgin forests, red list of species and habitats, and many many others. [...]
Last but not least we need creative science. One that does not just show us the problems, but also offers research-based solutions and recommendations for these complex problems; Solutions that are based on dialogue and fruitful exchange between different scientific disciplines».

environnemental de la région et soutenir la prise de décision politique; le lancement d'alerte pour signaler les enjeux urgents et les mettre à l'agenda politique; le développement d'une recherche appliquée et l'élaboration de recommandations politiques.

Il est frappant de voir combien ces attentes rejoignent d'une part la conception du rôle de l'expertise scientifique au sein du PNUE telle qu'elle a été soulignée précédemment, et d'autre part les interactions entre science et politique identifiées dans l'article de Stacy VanDeveer (2004) pour la construction de la région de la mer Baltique et explicitée dans le cadrage théorique du présent ouvrage[244]. Les attentes exprimées par le secrétariat se confondent avec celles identifiées par VanDeveer, confirmant bien s'il était nécessaire que le secrétariat est entré de plain-pied dans un processus de consolidation de la construction régionale des Carpates. L'établissement d'un réseau scientifique cadré spatialement sur la région de projet, participe à la consolidation de la région en lui donnant de la ‹substance›, selon les termes employés par un représentant du secrétariat dans la citation ci-dessous. La terminologie est intéressante car elle renvoie à l'image d'une Convention des Carpates comme l'enveloppe institutionnelle de la région de projet, mais une enveloppe encore à remplir et dont la substance reste encore à inventer.

> If you don't have a scientific backing, nobody will take you seriously in the long term, [...] This [Science for the Carpathians – the pan-Carpathians scientific network] we really did not use enough because they came late, but you have to give something. You have to give them some substance. You need substance. And the substance has to be done by somebody, by universities and so on[245].

---

244 Pour rappel selon Stacy VanDeveer, l'expertise scientifique participe à la construction et à la consolidation de régions environnementales au travers de l'élaboration de trois types d'interactions avec le processus politique: l'organisation de la connaissance par la collecte de données et la classification; l'illustration et la diffusion de représentations particulières de la région soutenant le projet politique; et la formulation d'options politiques d'action.

245 Entretien PNUE 2, mars 2011.

Origines et premier développement

Les premières idées de ce réseau ont donc été discutées par le secrétariat au forum alpin de 2007 avec un représentant d'ISCAR (*International Scientific Committee on Research in the Alps*), qui constitue le pendant pan-alpin du réseau de scientifiques envisagé par le secrétariat. A ce moment, le réseau était envisagé par le SICC comme une plateforme d'information scientifique au service direct du secrétariat et chargé de lui fournir les connaissances et les données nécessaires à son action. Cette logique répondait avant tout à un manque, le secrétariat PNUE basé à Vienne ne disposant ni de relais, ni d'un partenaire scientifique unique dans la région pouvant opérer dans le cadre de la Convention, comme le confirme un scientifique impliqué dès le début à l'établissement du réseau :

> Yeah, they [UNEP-ISCC] were always talking to politicians on the diplomatic level as a convention but they had almost no platform where they could get in contact with scientists. So that everything is completely spread and there is not a single, let's say institute, which you could contact to understand pancarpathians research[246].

L'ambition du secrétariat était donc de combler ce manque en organisant une plateforme scientifique pan-Carpates censée endosser le rôle de représentant scientifique officiel des Carpates, pour devenir « The voice of the Carpathian Science[247] », selon les termes d'un représentant du secrétariat.

L'initiative d'un réseau scientifique pan-Carpates revient donc au SICC. Le secrétariat s'est dans un premier temps appuyé sur l'expérience et le réseau d'ISCAR et d'EURAC pour établir des contacts avec des chercheurs intéressés par le projet. Un petit groupe de scientifiques s'est constitué lors d'une session thématique dédiée à la région de projet des Carpates pendant le forum alpin, comprenant un membre d'EURAC, une chercheuse autrichienne de l'institut de recherche Joanneum de Graz et un chercheur polonais de la Jagiellonian Université de Cracovie. Ce petit groupe d'acteurs s'est ensuite réuni une première fois dans les bâtiments d'EURAC à Bolzano en 2007, et se sont tournés en avril 2008 vers MRI

246 Entretien EURAC 3, mai 2012.

247 Extrait du discours d'un membre du secrétariat de la Convention des Carpates au premier forum Carpaticum en 2010 à Cracovie.

(*The Mountain Research Initiative*) une cellule promouvant la recherche comparative dans les régions de montagne, basée à Berne en Suisse, pour mettre en place ce projet et bénéficier de leurs contacts dans la région. MRI a notamment développé en 2006 un document stratégique présentant les enjeux mondiaux de la recherche dans les régions de montagne (*Global Change and Mountain Regions, GLOCHAMORE*). Le réseau de scientifiques des Carpates s'est donc constitué de manière informelle, presque improvisée, suite à un échange autour d'une tasse de café entre le secrétariat et les quelques scientifiques intéressés par ce projet. La constitution du groupe de base s'est effectuée en fonction des personnes présentes au Forum Alpin intéressées par les Carpates et de leurs affinités et réseaux professionnels respectifs. Le représentant d'EURAC connaissait ainsi le scientifique polonais de l'université Jagiellonian responsable d'un projet mené en commun et avait invité la chercheuse autrichienne du Joanneum, qu'il connaissait de longue date, à suivre la session du forum sur les Carpates organisé par le secrétariat. C'est finalement cette dernière qui a contacté la représentante de MRI, qu'elle connaissait par ses activités, au sujet de cette initiative[248].

A l'origine donc et de manière similaire à l'émergence de la proposition de région des Carpates, le réseau de scientifiques s'est constitué suite à une initiative ‹par le haut› et principalement par des scientifiques basés à l'extérieur de la région elle-même, comme en témoigne un des experts mobilisés dans le projet :

> I think that's the whole story. It more or less started through the work of EURAC and the Carpathian Convention, so really top down if you want, really not a bottom up history at all and from outside the Carpathians. These are the two issues that you might not expect with such a network[249].

Aux dires de ses instigateurs, c'est ainsi principalement le représentant d'EURAC qui a joué un rôle décisif de leader entre 2007 et 2009 dans le développement du réseau scientifique. Il est à l'origine des premières mobilisations et a organisé les premières réunions informelles dans les

248 Entretien non enregistré réalisé auprès de deux instigateurs du réseau en mai 2012.

249 Entretien réalisé conjointement avec Gilles Rudaz et Joerg Balsiger, EURAC 3, mai 2012.

bureaux d'EURAC en 2007. C'est encore lui qui a aidé à l'établissement d'un comité scientifique de pilotage en 2008, avant de progressivement se retirer au profit du scientifique polonais et de MRI. C'est progressivement seulement et sous l'impulsion de ces deux derniers acteurs que le réseau va prendre sa forme actuelle et réussir à mobiliser les scientifiques des Carpates. La première réunion officielle du nouveau réseau scientifique pan-Carpates officiellement intitulé «Science for the Carpathians» (S4C) a été organisée en 2008 dans les locaux de l'Université polonaise avec pour ambition de définir ses objectifs. Cette première réunion officielle soutenue par MRI, EURAC et le SICC a réuni une soixantaine de scientifiques dont environ cinquante en provenance des sept pays de la région et a abouti à la publication d'un article dans la revue «Mountain Research and Development» synthétisant l'état de la recherche environnementale actuelle dans la région (Björnsen Gurung et al. 2009).

Trajectoire et relation avec la Convention

Le réseau a été officiellement reconnu par les gouvernements des Carpates quelques semaines après la réunion de Cracovie, lors de la deuxième Conférence des Parties (Décision COP2/9), dans le cadre de la mise en œuvre de l'article 12 de la Convention portant sur l'évaluation environnementale et les systèmes d'information, ainsi que les systèmes de surveillance et d'alerte rapide. Cependant, la relation du réseau scientifique avec la Convention a toujours été ambivalente. Originellement conçu comme une plateforme scientifique au service de la Convention, S4C va progressivement se détacher du traité international et poursuivre son développement de façon autonome. Deux raisons peuvent expliquer cette trajectoire.

Premièrement, l'absence d'un financement institutionnel de la Convention. Si le secrétariat a soutenu l'organisation des premières conférences du réseau, la question de son financement sur le long terme n'a jamais abouti faute de moyens et de réelle volonté d'investir dans ce projet. Dès le début, le réseau a fait part d'un besoin financier structurel. Invitée à la seconde conférence des Parties de Bucarest en 2008, la représentante de MRI a ainsi présenté les résultats de la réunion de Cracovie et demandé aux gouvernements présents «to support S4C in principle, [and] to decide on an institutionnal model for the network and to finance the network from national and international funds[250]». Six ans plus tard cependant, un financement institutionnel du réseau n'est toujours pas assuré, empêchant tout rattachement formel à la Convention. Le réseau éprouve par ailleurs de la difficulté à trouver des financements autonomes, notamment européens, en partie en raison de la contrepartie financière demandée aux institutions nationales qui n'en ont pas les moyens et, selon ses membres, d'un manque d'intérêt des programmes de financement européens pour la recherche pan-Carpates[251].

Deuxièmement, dès 2008 le développement du réseau va principalement se faire sous l'égide de MRI et de son active représentante, soit directement entre Berne en Suisse et les Carpates, sans passer par le secrétariat de Vienne. MRI va très tôt développer une liste «Who's Who» et activer ses propres réseaux pour mettre en contact le plus de scientifiques possibles en provenance de la région. Les personnes interrogées ont toutes souligné le rôle actif de la représentante de MRI dans l'autonomisation du réseau scientifique. Il semble qu'il s'agisse là d'une volonté personnelle de la représentante de MRI de se détacher de la Convention et de travailler directement avec les scientifiques de la région, comme le confirme un des instigateurs de S4C:

> First it was really this workshop in Krakow where the definition of the objectives was elaborated and the Carpathian Convention was completely out of this process... And also [the representative of MRI] took care very much that it was not just a kind of service for the Carpathian Convention, so that's may be what [a member of the secretariat] intended a little bit, not that it would control something, but of course its main interest was that he gets information from scientists, so that they could better work, as a kind of information platform[252].

Dès la première réunion à Cracovie, le PNUE-SICC a ainsi été relégué au second rang des priorités de développement de S4C et n'a pas été associé

---

250 Citation tirée de: Bjoersen A. 2008. "Science for the Carpathians (S4C) – a brief history", *MRI News*, n° 1, p. 29-31.

251 Entretiens non enregistré menés auprès des membres du réseau lors du deuxième forum Carpaticum en mai 2012 à Stara Lesna.

252 Entretien EURAC 3, mai 2012.

à la définition de ses objectifs. Ce dernier n'ayant pas les moyens de financer le réseau ne pouvait guère prétendre le garder sous son égide. Par ailleurs, le travail effectué par MRI a permis de considérablement mobiliser la communauté scientifique de la région autour du projet, un travail que le secrétariat n'aurait certainement pas pu effectuer seul. Cette volonté de se détacher du processus politique est par ailleurs admise et acceptée par le PNUE-SICC qui y voit là après coup une saine distance entre les deux processus:

> So we initiated it; we set the initial spark. But then... then they set up the Science for the Carpathians initiative; then they tried to make some money; it didn't work out, was complicated. But... yeah, and so I think they are working well that they want to be linked to us, but then also sometimes they didn't invite us to join the steering committee, so they are also trying to create a healthy distance. On the other hand I think it's pretty much okay. It works. So they saw something – and now I think they start to get some projects and I think they are still around. And it's getting known somehow, so it seems to work out[253].

La référence à la non-présence du secrétariat au comité directeur du S4C renvoie à l'organisation sur le modèle des Forums Alpins, du premier *Forum Carpaticum* en 2010 à Cracovie. Le comité directeur de S4C a été élu pendant le forum et, malgré la présence d'un membre de l'équipe du secrétariat et un soutien à la réalisation du forum, aucun de ses représentants n'apparait au comité directeur de S4C. Ce *Forum Carpaticum* a rassemblé près de deux cents scientifiques de la région soit plus du triple que deux ans auparavant soulignant l'important travail de réseautage effectué par ses initiateurs. Il a débouché sur l'adoption d'un agenda de recherche sur cinq ans (*Research Agenda for the Carpathians* 2010-2015) sur le modèle développé par Glochamore (voir ci-dessus). L'agenda de recherche comprend douze thématiques identifiées comme prioritaires pour la région élaborées à nouveau indépendamment des objectifs de la Convention, confirmant l'autonomisation du réseau. Les thématiques et disciplines identifiées ne couvrent pas l'ensemble de la recherche élaborée sur les Carpates, mais sont principalement le reflet des thématiques de recherche des scientifiques présents à la conférence et donc des principaux

253 Entretien PNUE 2, mars 2011.

initiateurs du réseau, comme en témoigne un représentant d'EURAC qui a suivi le processus :

> I think [the representative of MRI] really let's say took it more from the independent side to become more and more a bottom up movement so where it really comes on people to decide. And then I mean the topics which are on right on very much reflect of course the constitution of the people who were active. The focus on biodiversity and land use, and so on, came just from the people that were active. So the research agenda was very much driven by this constellation of people and not really the demand review, or kind of a survey[254].

Pourtant, la nécessité de coordonner les activités du réseau avec les initiatives politiques régionales et globales autour des chaînes de montagne, ainsi que l'importance de la mise en place d'une base de données pan-Carpates – un des objectifs initiaux exprimés par le secrétariat – sont mis en évidence dans l'agenda de recherche, qui souligne par ailleurs que « the S4C network clearly benefited from the conductive spirit of the global and regional mountain research communities and the political environment set by the Carpathian Convention » (Kozak et al., 2011, p. 15). Cependant, si les deux institutions relèvent la nécessité de collaborer, les attentes de chaque côté semblent diverger. L'enjeu premier pour le réseau scientifique reste celui de son financement. Celui-ci souhaite pouvoir participer à des projets en vue de la mise en œuvre de la Convention mais en gardant sa propre autonomie et son indépendance notamment dans l'identification de ses axes de recherche. Il ne souhaite pas travailler au service de la Convention jugée trop bureaucratique et détachée des réalités du terrain, mais pouvoir agir comme un partenaire de la région de projet, comme le confirme un des instigateurs du réseau :

> I think the connection to the Convention is important but not just to serve it, as a service for the convention but also to coin the convention, because the problem with the convention due to my experience also with the AC is that they are just bureaucratic, so they are sitting there writing nice conventions but they have really no impact[255].

Du côté du secrétariat, il a toujours été clair que le réseau scientifique doit pouvoir participer à la consolidation de la région de projet en se pla-

254 Entretien EURAC 3, mai 2012.

255 Entretien S4C 1, mai 2012.

çant comme soutien direct du processus politique, pour lui donner ‹sa substance›. Il s'agit de collecter des données, de produire de l'évaluation environnementale et des recommandations politiques. On semble bien ici dans la vision utilitariste de l'expertise scientifique au service de l'action politique telle que mise en avant globalement par le PNUE, loin de la vision d'un réseau scientifique partenaire mais autonome. Les modèles mis en avant par le secrétariat se nomment le Groupe d'experts intergouvernemental sur l'évolution du climat (GIEC) ou la Plate-forme intergouvernementale sur la biodiversité et les services écosystémiques (IPBES), tous deux fondés par le PNUE, et chargés de synthétiser la connaissance scientifique, d'élaborer des évaluations thématiques de l'environnement et d'assurer un suivi sur une base régulière et institutionnalisée, ainsi que de proposer des pistes d'actions politique:

> What remains to be solved is now our link to the Forum Carpaticum. Because in the Alpine Convention I think there's very little link, but on the other hand I think that in the international world you have the GIEC, as an example, with its own secretariat, and now you will get this IPBES on biodiversity and ecosystems, so... maybe in the Carpathian convention we should try out a new model that we have some kind of linkage with them, that we get reports institutionalized. That they are somehow part of – even so independent, they are still part of the – [they are] associated to this, so we get this regular stuff. Obviously it will be a question of funding. It's a problem, because then they would like probably to get some funding from us for this. [...] But I think it's good to have them, and it's always coming to science[256].

8.5 La base de données, un objet frontière?

Un rapprochement entre les deux institutions semble néanmoins s'effectuer autour d'une base commune: la création d'une base de données pan-Carpates. En 2011 lors de la troisième conférence des Parties de la Convention, l'agenda de recherche de S4C a été officiellement présenté aux représentants gouvernementaux. Puis, en 2012, lors du deuxième *Forum Carpaticum* organisé à Stara Lesna (Slovaquie), un protocole d'entente a

256 Entretien PNUE 2, mars 2011.

été signé avec le secrétariat par intérim de la Convention des Carpates, formalisant leur coopération. Le secrétariat intègre par ailleurs le comité directeur du réseau. La collaboration poursuit trois objectifs principaux : la mise en œuvre de l'agenda de recherche pour les Carpates développé par le réseau scientifique, la nécessité de développer une stratégie commune de gestion et d'accès aux données dans la région de projet, enfin la recherche de financement et de projets communs. Cette dernière question reste cependant toujours ouverte.

La nécessité de créer une base de données intégrée couvrant toute la région a été soulignée par toutes les parties présentes au forum : scientifiques, ONG environnementales et représentants du secrétariat, avec néanmoins quelques nuances. Lors de ses différentes présentations le secrétariat a martelé son message et a appelé au développement d'une « Carpathian strategy of knowledge management » : il a répété la volonté de faire du traité une « science-based Convention », identifié S4C comme un des acteurs clés du processus des Carpates, « our scientific platform », rappelé l'historique du réseau et son lancement par le secrétariat lui-même et souligné son importance « crucial to talk to policy makers », proposant son intégration dans les groupes de travail de la Convention. Sans financement institutionnel cependant. La coopération entre les deux institutions devrait être basée sur une « project oriented approach », approche appliquée par le secrétariat lui-même qui « allows to maintain the Carpathian Convention ». Dans cet objectif, la création d'une base de données et d'un système d'information sur le modèle du système alpin est perçu comme une priorité pour le secrétariat « to manage the knowledge collected since the first Carpathian Project […] and to establish a comprehensive Carpathian Convention's information system harmonized with other Multilateral Environmental Agreements[257] ». Cette volonté de se doter d'outils de diagnostic et de monitoring environnemental au service du projet politique régional souligne l'importance que peut prendre la constitution de bases de données dans le processus de consolidation régionale, rejoignant ainsi les constatations de Raphael Pieroni et Bernard Debarbieux (2014) dans le cas alpin.

---

257 Toutes ces citations sont issues de la retranscription de la présentation du secrétariat lors d'une session thématique organisée au deuxième Forum Carpaticum en 2012.

Si le besoin d'une base de données intégrée pan-Carpates est partagé par la plupart des scientifiques présents au forum, les modalités de sa réalisation par le réseau scientifique, notamment de sa gestion et de son financement restent encore floues, certains scientifiques semblant sceptiques face à l'approche «project based network» prônée par le secrétariat la mettant directement en opposition avec un «constant based network[258]» stable et opérationnel sur le long terme. Il semble que des attentes et des cultures de travail différentes entre ces deux institutions rendent difficile la collaboration autour de ce projet. En attendant les bases de données liées à des projets spécifiques se multiplient: CERI, Carpathian Project, Bioregio et tout récemment CARPIVIA. Tous ces projets ont nécessité la collecte de données environnementales sur le périmètre spatial de la région de projet des Carpates, dont l'utilisation reste cependant confinée aux projets.

La création d'une base de données environnementales intégrées et d'un système d'information pour les Carpates pourrait-elle constituer un objet frontière proposant un axe de collaboration entre le secrétariat et le réseau scientifique? Pour réaliser cet objectif il faudrait que cet objet soit suffisamment robuste pour être utilisé et reconnu par ces deux mondes différents et suffisamment flexible pour que chacun puisse se l'approprier selon son identité spécifique (Star et Griesemer, 1989). L'objet frontière seul ne permet cependant pas à une coopération de s'opérer. Il doit être équipé par des «infrastructures invisibles» (Bowker et Star, 1999) – telles que des codes, des conventions… – qui rendent possible sa circulation et son inscription dans différentes communautés de pratiques.» (Granjou et Mauz 2009, p. 31).

L'établissement d'un système d'information basé sur une base de données environnementales intégrées n'est à ce jour pas encore d'actualité et rencontre de nombreux écueils qui rappellent de manière frappante le processus alpin. On retrouve ainsi les mêmes enjeux dans la construction d'un système d'information pour les Carpates: un enjeu politique, un enjeu technique et un enjeu de partage de données (Pieroni et Debarbieux, 2014).

258 Retranscription des débats de la table ronde organisée lors de la session thématique à la suite de la présentation du secrétariat.

En premier lieu, il semble qu'il manque une réelle volonté politique commune de partager les données de la part des acteurs nationaux pour la réalisation d'une base de données spécifiques cadrée spatialement sur la région de projet :

> I think the basic problem behind is really... so if you think about mountain regions, how strong are really these mountain regions connected, is there something like a common interest of these mountain regions, is there really anyone who would profit from a pan-carpathians database information ? Because there are not many users[259].

Ce projet est pourtant inscrit à l'article 12.2 de la Convention des Carpates signé par toutes les Parties[260]. Le cas alpin a montré la difficulté des gouvernements à mettre à disposition leurs données dans le cadre d'une coopération transnationale en l'absence d'une institution supra-étatique qui assurerait la gestion de ces données. Le cas des Carpates est encore plus emblématique, car il comporte des enjeux géopolitiques importants aperçus notamment lors de la question de la délimitation spatiale de la Convention qui rendent difficile la collecte de données notamment socio-économiques et démographiques :

> Well... with the demographic data it was a big issue to survey the minorities because there are a lot of minorities in the Carpathian areas compared to the Alpine areas. It was also a big struggle so you know the minorities of Hungary in Slovakia and Romania and all these ethnic groups, religious groups this was for sure an interesting work also for us but it is for sure a crucial topic in the Carpathians[261].

En deuxième lieu, même lorsque la donnée est disponible, elle est souvent lacunaire et son harmonisation est un véritable défi technique. Les

259 Entretien EURAC 3, mai 2012.

260 « The Parties shall pursue policies, using existing methods of monitoring and assessment, aiming at promoting : (a) cooperation in the carrying out of research activities and scientific assessments in the Carpathians, (b) joint or complementary monitoring programmes, including the systematic monitoring of the state of the environment, (c) comparability, complementarity and standardization of research methods and related data-acquisition activities, (d) harmonization of existing and development of new environmental, social and economic indicators, (e) a system of early warning, monitoring and assessment of natural and manmade environmental risks and hazards, and (f) an information system, accessible to all Parties. »

261 Entretien EURAC 1, mai 2012.

normes et les formats sont souvent différents et ne répondent pas aux standards actuels en la matière. D'autre part, chaque pays a adopté son propre système de collecte sur des bases administratives différentes et avec des indicateurs souvent variables. L'harmonisation et le nettoyage des données prennent ainsi un temps considérable même quand les données sont à disposition comme me le confie un des scientifiques ayant participé à la collecte de données pour le *Carpathian Environment Outlook* (KEO):

> The beautiful theory was that every institution from those countries were supposed to provide data according to specified format, we defined the formats, shape files, projection this and that and the data for years 90s. So people know for which area data should be collected. And everything coped beautifully up to this point. The practical stuff was that it was virtually impossible to get full coverage of all the indicators from all the countries for the desired administrative units and really very, very hard to collect comparable data across the Carpathians. [...] It was a nightmare we had to somehow remove certain data, because we had very spotty, very fragmented coverage. That was the biggest headache, that has never been overcome and I am sure that it has not been yet overcome for the whole Carpathian and for the whole Carpathian convention[262].

Troisièmement, la donnée a une valeur. Une valeur politique, mais aussi économique et stratégique. Acquérir des données satellites ou des données précises de terrain coûte cher et les institutions privées qui en collectent ne sont pas prêtes à les partager gratuitement. Il ne faut ainsi pas compter sur EURAC pour mettre à disposition son importante base de données collectée au fil des projets en partenariat avec le secrétariat. Elle constitue un argument de vente important et lui assure un avantage comparatif sur les autres institutions de la région, par exemple dans le cas de sa participation à des projets européens. Il n'y a donc pas d'intérêt de l'institution à une participation à la constitution d'une base de données intégrée pan-Carpates, comme le confirme un membre d'EURAC interrogé à ce sujet:

> It is always an advantage if you want to get into a new market, so the Carpathians are kind of a new market for us and if you have already developed the kind of database and if you have structured data and database then you are of course an attractive partner to collaborate also in the future. So...There is not this will [of an

262 Entretien GRID 4, avril 2011.

> integrated pan-Carpathians database]. Data is more or less money for us. This is strategic as I said before, strategic point, a strategic issue to be on the market to be in the market[263].

L'argument est implacable et a le mérite de la clarté et de l'honnêteté. Il met néanmoins en lumière l'attitude ambivalente du secrétariat qui d'un côté répète inlassablement son désir d'un réseau de scientifiques fort pouvant participer à la constitution d'une base de données environnementale intégrée cadrée spatialement sur la région de projet à même de soutenir le monitoring de la Convention et de l'autre, travaille sur tous les projets de mise en œuvre importants avec un institut privé ne l'autorisant pas à faire un usage ouvert des données ainsi collectées dans le cadre de la Convention.

Il incite également à réfléchir au mode de fonctionnement par projets mis en lumière au chapitre 6 de cet ouvrage. La création de base de données par projets, aux mains d'institutions privées pose la question de l'accès à ces données pour les institutions publiques, de la pérennité de l'information et de son éventuelle discontinuité territoriale par rapport au champ d'application de la Convention, ainsi que de la difficulté d'accumuler des connaissances au service de la région de projet dans son ensemble, comme Louca Lerch l'a bien mis en évidence dans le contexte bolivien (Lerch, 2014, p. 144).

Plus problématique encore, les difficultés dans le partage des données apparaissent également dans la conduite même des projets de mise en œuvre de la Convention impliquant différentes institutions. Cela constitue un véritable enjeu pour le PNUE-SICC pour la consolidation de son projet régional. Dans le projet Bioregio par exemple, les partenaires semblent si peu disposés à partager leurs données, entravant ainsi la mise en œuvre du protocole sur la biodiversité, que le secrétariat envisageait en 2012 de faire signer une charte à chacune des institutions impliquées dans les projets liés à la Convention, les obligeant à partager les données collectées au sein du projet avec tous les autres partenaires. Ce protocole d'accord doit être adopté à la quatrième Conférence des Parties en septembre 2014 et a pour objectif final la création d'un système d'information pan-Carpates spé-

263 Entretien EURAC 1, mai 2012.

cifique à la biodiversité[264]. Mais les enjeux dépassent également le simple partage de données et recoupent les questions relatives aux publications réalisées avec les données partagées, ainsi qu'aux enjeux de suivi et de surveillance une fois le projet terminé.

Plus généralement, il s'agit surtout d'une véritable question de confiance. Pour que la base de données devienne un véritable objet frontière, elle nécessite des infrastructures réglant les questions d'accès et d'utilisation des données collectées et de leur standardisation. La gestion de cet équipement doit être menée par une institution jugée suffisamment neutre et légitime par les autres parties en présence pour assurer son bon fonctionnement sur le long terme. Cela peut passer, comme dans le cas alpin, par la délégation du système d'observation à une institution supranationale ou au secrétariat de la Convention si on lui accorde cependant des moyens techniques et financiers suffisants. C'est en tout cas le souhait d'un des partenaires techniques de la Convention :

> There is the thinking to use the Carpathian Convention as a kind of platform kind of institution to continue the monitoring but it is not decided yet. But this is the kind of thinking and that would be the best solution. The problem is always to find a common trust among the partners. Because even if we are together in a project sometimes we don't trust each other too much and this is the kind of obstacle and restriction we have when also sharing data[265].

Quel rôle pour le réseau scientifique des Carpates ?

Au vu de ce qui précède, quel peut donc être le rôle du réseau scientifique S4C dans la construction régionale des Carpates ?

Premièrement, il convient de constater que si le secrétariat avait une idée très claire sur le rôle que pouvait jouer un réseau scientifique pan-Carpates dans la consolidation de la région de projet, la façon de procéder pour le constituer et l'organiser l'était bien moins. L'idée de constituer un réseau scientifique a reposé à la fois sur une conception utilitariste éprouvée

264 Memorandum of Understanding for the establishment of a Carpathian Integrated Biodiversity Information System (CIBIS), document for approval at COP 4, February 2014.

265 Entretien EURAC 1, mai 2012.

de l'expertise scientifique, identifiée comme appartenant à la culture professionnelle du PNUE et sur une observation pragmatique de la situation de la région de projet et de ses besoins en termes d'organisation de la connaissance. Il est par contre frappant de voir la façon très informelle, presque improvisée, que le secrétariat a eue de lancer le processus – à la suite d'une idée lancée oralement dans une réunion par le directeur du secrétariat, autour d'une tasse de café, en fonction des affinités des personnes présentes – et l'absence de vision explicite sur la nature du partenariat entre les deux institutions. S'il n'est pas exclu que cette idée avait été quelque peu planifiée par le directeur du PNUE-SICC, force est de constater qu'aucun des acteurs présents n'avait été prévenu et qu'aucune stratégie n'avait été mise en place pour organiser les relations entre les deux institutions.

Le lancement de S4C résulte plus d'une succession d'opportunités et de la volonté individuelle de quelques scientifiques dotés d'un bon réseau, pour la plupart provenant de pays alpins, que d'un véritable plan d'action coordonné par le secrétariat. L'absence visible de préparation de ce dernier sur l'organisation de ce réseau scientifique régional et de sa relation avec la Convention a certainement participé de sa reprise en main par MRI et à son développement de manière autonome très tôt dans le processus. S4C a développé son identité, ses structures et son agenda de recherche de manière indépendante du processus politique qui l'avait pourtant initié et dont il était censé renforcer la légitimité et la robustesse.

Se pose alors la question de l'utilité et du rôle réel du réseau scientifique dans le processus de construction régionale. A ce titre l'ambivalence du secrétariat est quelque peu troublante. S'il est bien l'instigateur du réseau scientifique S4C, il a jusqu'ici toujours privilégié d'autres partenaires scientifiques et techniques dans ses différents projets, qu'ils soient du réseau GRID du PNUE, d'organisations non gouvernementales ou d'instituts privés, tous agissant depuis l'extérieur de la région elle-même. Pour certains de ces partenaires, des collaborations de longue durée ont été institutionnalisées poussant même certains scientifiques de la région à parler de «colonisation scientifique[266]» pour décrire cette situation, qui pose également des questions quant à l'accès et au partage des données.

266 Terme rapporté par deux scientifiques du réseau S4C.

S4C ne serait-il qu'un faire-valoir pour la Convention pour justifier son discours d'une « science-based Convention » et d'une Convention implantée localement ? Un instrument à mettre en place pour assurer l'autorité du discours du secrétariat, sa légitimité et sa crédibilité plus qu'un réel partenaire ? Une façon de s'aligner sur le modèle du grand frère alpin ?

Au vu de ma première constatation et des éléments d'analyse récoltés sur le fonctionnement du secrétariat tout au long de ce manuscrit j'émettrai plutôt l'hypothèse que ce processus reflète une manière propre au secrétariat, mais plus généralement à une culture de travail du PNUE, de fonctionner. Un fonctionnement à tâtons qui se dessine dans le cours de l'action, en fonction des opportunités et sans réelle planification. Un fonctionnement déjà plusieurs fois identifié dans ce processus d'éco-régionalisation. S4C a été initié car une opportunité existait de lancer le processus. S'appuyer sur un réseau d'experts scientifiques correspondait également à une pratique de l'organisation internationale que son représentant a cherché à transposer aux Carpates. Il fallait instituer la région de projet par une autorité scientifique mobilisant le même périmètre spatial. Le secrétariat ne disposait cependant ni du financement, ni du réseau, ni de l'organisation nécessaire pour en faire un réel partenaire de la Convention. Il s'est donc appuyé sur les ressources de ses partenaires tout en suivant le développement du réseau à distance. Une fois l'idée d'une science pan-Carpates lancée et le réseau constitué, un rapprochement est possible et il convient alors seulement de se poser la question de la manière de travailler ensemble. Les récents événements semblent confirmer cette hypothèse. A la suite du protocole d'accord signé en 2012, la coopération entre les deux institutions s'est améliorée. Des scientifiques du réseau participent régulièrement aux groupes de travail et aux réunions de la Convention et des projets communs sont envisagés. Reste encore à savoir si ces projets vont se concrétiser.

Finalement, la question d'une collaboration autour de la constitution d'un système d'information pan-Carpates intégré reste ouverte. Les premiers éléments d'analyse ont mis en évidence un manque de confiance entre les partenaires, ainsi que les enjeux politiques et techniques du partage des données qui ont empêché la réalisation de ce projet. Il semble nécessaire de construire un nouvel équipement pouvant faciliter la circulation des données entre les différents partenaires du projet et permettre ainsi la création d'une base de données environnementale à même d'assumer le rôle d'objet frontière. Ce n'est qu'à ce moment qu'une base de données pan-Carpates pourra pleinement jouer son rôle de médiateur entre les deux processus politique et scientifique régionaux et autoriser une collaboration. Le secrétariat semble cependant s'être saisi de la question qui figure à l'ordre du jour des décisions à prendre lors de la prochaine Conférence des Parties[267]. Les États Parties sont en effet invités à soutenir le développement d'un système d'information régional accessible à toutes les Parties, dans le cadre des thématiques de la Convention et coordonné par le secrétariat.

En parallèle, le secrétariat a récemment décidé de faire appel à l'Agence Européenne de l'Environnement (AEE) pour l'aider dans cette entreprise, suivant ainsi les traces de la Convention Alpine (Pieroni et Debarbieux, 2014). Un protocole d'entente entre les deux institutions a été signé par les deux institutions en 2013 et doit être approuvé à la prochaine Conférence des Parties. Par cet accord le secrétariat cherche à dépasser les difficultés techniques et politiques rencontrées pour constituer les infrastructures nécessaires à la création du système d'information dont il a besoin. L'AEE bénéficie en effet à la fois de compétences techniques pointues et d'un mandat politique de la Commission Européenne pour collecter, harmoniser et analyser les données environnementales au niveau européen (Directive INSPIRE[268]). Cette directive a mis en place des protocoles de partage de données bien plus contraignants que ne peuvent l'être ceux mis en place dans le cadre de la Convention, et a été accepté par l'ensemble de la Communauté européenne. Elle peut ainsi offrir les infrastructures manquantes pour assurer la standardisation et la circulation des données entre les différents partenaires politiques et scientifiques.

---

267 Decision COP4/8, paragraph 2 (draft version): «The Conference of the Parties: (2) Recommends the establishment of the Carpathian integrated regional information system under the Carpathian Convention, accessible to all Parties; [...] encourages Parties to collaborate and support the development of such information system, and requests the Secretariat to coordinate this process».

268 La directive INSPIRE a pour objectif de créer une infrastructure de données spatiales permettant l'accès et le partage de données environnementales nécessaire à la conduite de la politique environnementale communautaire. (<http://inspire.ec.europa.eu/index.cfm/pageid/48>, consulté le 25 mars 2014).

Par ailleurs, l'AEE dispose d'un important réseau d'experts scientifiques et d'agences nationales (EIONET – European Environment Information and Observation Network) pour réaliser cette tâche. Cet accord concerne la collaboration entre les deux institutions à la fois au niveau de la collecte, de la gestion et du suivi des données, ainsi que sur l'analyse des informations récoltées. Il reste cependant à voir si la collaboration avec cet acteur supranational ‹neutre› et externe au processus d'éco-régionalisation des Carpates va pouvoir permettre la création d'un système d'information environnemental régional pour les Carpates, coordonné ou non par le secrétariat, et quelle sera sa relation avec S4C.

8.6 La cartographie, outil d'institutionnalisation des Carpates

Le rôle de la cartographie dans la construction régionale a particulièrement été négligé par les travaux de la nouvelle géographie régionale, alors que d'autres études ont montré son importance dans la conception d'entités spatiales, dans la définition et la justification de territoires nationaux ou supranationaux et dans l'élaboration de projets urbains (Gaberell et Debarbieux 2014). Pourtant, les organisations transnationales de l'environnement produisent un grand nombre de cartes et d'images, dans le cadre d'évaluations environnementales ou de rapports, qu'elles utilisent pour définir et justifier leurs actions. Bien loin de seulement «illustrer» (VanDeveer, 2004, p. 310) la région et ses problèmes environnementaux, cette importante production cartographique participe de la construction régionale, en influençant, voire en instituant la réalité qu'elle est censée décrire. En agissant comme des «mobiles immuables» les cartes, objets «mobiles, immuables, présentables, lisibles et combinables» (Latour, 1985), diffusent et inscrivent dans la réalité la région des Carpates soutenue par ces publications.

Six cartes seront particulièrement analysées dans ce chapitre (voir tableau ci-après) à partir de l'approche tridimensionnelle du concept de cadrage développée au début de ce chapitre. Pour rappel, les cadrages spatial, argumentatif et institutionnel doivent donc être vus comme trois dimensions par lesquelles les relations entre l'institutionnalisation de région de projet et la cartographie se déploient et par laquelle la région est façonnée, justifiée, visualisée, contrôlée et légitimée. Cela nécessite de prendre en compte l'évolution de son rôle tout au long du processus de construction régionale, de la conceptualisation de la région à sa création et à sa consolidation avec une attention particulière à l'agencement des acteurs à chaque étape de ce processus et aux arguments et aux visuels qu'ils mettent en avant. Par ailleurs, on ne peut prendre en compte le rôle de la cartographie dans la construction régionale sans prendre en considération la circulation des cartes et publications produites. C'est notamment le fait qu'un grand nombre d'acteurs reprennent et diffusent les cartes produites qui participe à instituer la région et à lui donner «de l'épaisseur».

Le cadre de ce projet de recherche ne me permet cependant pas d'évaluer la circulation de ces cartes aux niveaux national et local. Il ne m'a également et malheureusement pas été possible d'obtenir de chiffres concernant le nombre d'impressions pour chacune des publications, qui auraient pu me donner une première idée de leur diffusion, soit que ces données soient gardées confidentielles, soit qu'il était trop difficile, voire impossible de les obtenir. Ce chiffre ne m'aurait cependant donné qu'une valeur quantitative de la diffusion de ces cartes, sans information sur leur circulation et leur réutilisation. Pour approfondir ce point, j'ai interrogé certains des acteurs qui ont commandité ces publications et participé à leur diffusion et j'ai essayé d'identifier les cartes ayant été citées ou reprises dans d'autres publications ou bien encore utilisées comme base à la construction de nouvelles cartes. Le tableau ci-dessous résume les informations recueillies sur les six publications sélectionnées. Ces publications constituent des documents de référence identifiés par les acteurs eux-mêmes lors de mes entretiens ou durant mon observation. Certaines de ces cartes sont déjà apparues au fil des chapitres précédents, mais sans toutefois avoir encore fait l'objet d'une analyse approfondie. Ces six publications ont été produites à différents moments du processus de construction régionale des Carpates et me permettent d'illustrer l'importance de la cartographie à chacune des étapes de ce processus.

Publications	The Status of the Carpathians	Cartes pendant la négociation	KEO	Atlas	Vasica	Blue River, Green Mountains
Année	2001	2003	2007	2009	2009	2009
Commanditaire	WWF-DCPO	PNUE-SICC et gouvernements	PNUE-SICC d'une requête des gouvernements, Carpathian Project	PNUE_SICC, Carpathian project	PNUE-SICC, Carpathian Project	WWF-DCPO
Producteur	WWF DCPO et partenariats d'institutions scientifiques de la région	PNUE/DEWA/GRID-Genève et EURAC	PNUE/DEWA/GRID-Genève et réseau de scientifiques de la région	Université Palacky Olomouc et EURAC	RTI Polska, PNUE-SICC et un réseau d'experts mobilisés par le SICC	WWF DCPO
Echelle	écorégionale	Massif et propositions nationales	Massif	Macro-régionale	Macro-régionale	Macro-régionale
Argumentation	Unité et légitimité d'une écorégion dans les Carpates	Méthodes scientifiques et techniques cartographiques pour une délimitation indiscutable	Unité et légitimité d'une région naturelle dans les Carpates	Décrire la macro-région des Carpates telle qu'elle est, référence aux atlas géographiques	Offrir une vision stratégique du développement de cette macro-région sur le modèle balte	Les enjeux des régions du Danube et des Carpates sont liés et complémentaires
Objectifs	Promouvoir le travail du WWF, sensibiliser les gouvernements, promouvoir une coopération environnementale transnationale, mobiliser un réseau d'ONG local	Parvenir à un accord intergouvernemental sur le champ d'application de la Convention	Soutien scientifique au processus politique, mobiliser un réseau de scientifiques local, légitimer a posteriori l'action du PNUE	Promouvoir un Espace Carpatique dans les programmes financiers européens	Promouvoir un Espace Carpatique dans les programmes financiers européens et une stratégie macro-régionale pour la région	Promouvoir les aspects propres aux montagnes des Carpates dans la stratégie macro-régionale pour le Danube (EUSDR)
Destinataires	Gouvernements	Négociateurs et Gouvernements	Gouvernements et collectivités régionales	Non spécifié	Institutions Européennes	Gouvernements, Institutions européennes et financeurs
Diffusion et Réutilisation	Aux Ministères présents au Sommet de Bucarest et reprise comme zone d'étude pour les négociations sur la délimitation spatiale	Pendant les négociations et aux Ministères avant COP 1, utilisés par les négociateurs	Seule représentation non-officielle de la Convention, largement reprise dans d'autres publications coordonnées par le SICC et des projets spécifiques	Non connues	Largement diffusée par le secrétariat auprès des institutions européennes et conférences internationales, mentionnée par un représentant de la Commission	Emblème du programme de conservation du WWF dans la région, site internet, réutilisée par le PNUE-SICC dans l'envoi de sa position lors des consultations pour l'EUSDR

Tableau 4 : Résumé les six publications prises en compte dans cette partie.

Initier une approche écorégionale: « The Status of the Carpathians » par le WWF-DCPO

La première publication en anglais soutenant une gestion coordonnée de la région de projet des Carpates guidée par des préoccupations environnementales est l'œuvre du WWF en 2001, dans le cadre de la *Carpathian Ecoregion Initiative* (CEI). Pour rappel, ce projet mis en place entre 1999 et 2001 est l'une des initiatives fondatrices de la Convention des Carpates. Jusque-là, si le massif des Carpates a pu être clairement identifié comme une entité naturelle par les sciences de la nature, ou popularisé dans le savoir scolaire, il a rarement cadré par la cartographie comme un objet principal de représentation en dehors des travaux des géologues ou des géographes (l'atlas Britannica de Kondracki par exemple).

Sous la coordination du WWF-DCPO et du Daphne Center for Applied Ecology basé en Slovaquie, un important travail va être entrepris pour mettre en place un partenariat d'acteurs locaux et régionaux désireux de travailler selon une approche écorégionale des Carpates dans leurs disciplines respectives et de collecter des données pouvant soutenir ce travail. En conclusion de ce projet de trois ans, un rapport d'activités intitulé «The Status of the Carpathians» a été publié par le WWF. Bien loin de se limiter à un simple rapport d'activités le document a été conçu comme un véritable instrument de communication: une publication en couleur, accompagné d'un CD-Rom, avec de nombreuses images promouvant une cartographie thématique proprement centrée sur l'écorégion des Carpates, objet principal de représentation. L'écorégion des Carpates y est présentée comme une entité naturelle cohérente, digne d'intérêt du point de vue de sa diversité biologique, «d'une importance vitale pour l'Europe[269]», relativement bien préservée et d'un patrimoine historique millénaire. Au niveau de sa biodiversité, l'écorégion des Carpates est présentée comme abritant «la plus grande surface des dernières grandes forêts primaires d'Europe» (dix forêts primaires de hêtres ont été désignées patrimoine culturel par l'UNESCO en 2007) et la «la plus grande population de grands mammifères en Europe», ours brun, loups et lynx notamment, (The Status of the Carpathians, 2001, p. 5).

269 The Status of the Carpathians (2001, p. 5).

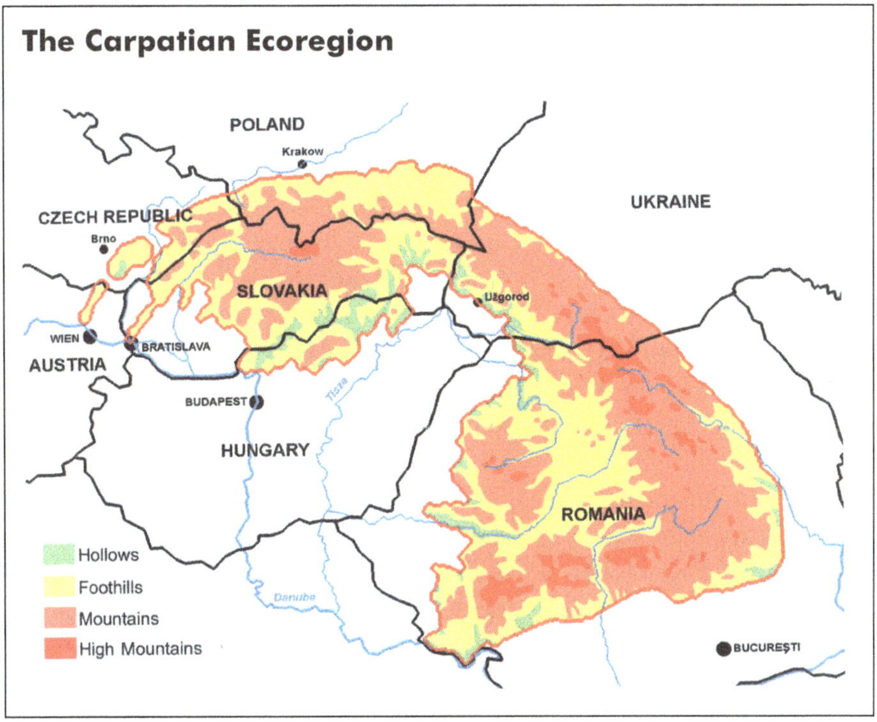

Figure 1 : L'écorégion des Carpates selon le WWF.

La couverture de la publication est composée de photos superposées. À l'arrière-plan, deux bandes verticales, l'une verte plus fine et l'autre bleue couvrent toute la surface de la brochure d'un format A4. On devine une photo d'un massif de montagne en second plan, transparente qui se fond dans les couleurs des bandes verticales. Au centre de la couverture un tracé noir délimite une forme représentant l'écorégion des Carpates. Au sein de cette forme le massif de montagne apparait cette fois-ci au premier plan, en pleine lumière. On y distingue un milieu naturel en zone de montagne, sans présence humaine avec au premier plan une rivière ou un lac reflétant les roches d'un massif. Ce jeu de contraste, qui est reproduit également en quatrième de couverture, met en avant l'unité naturelle de cet espace, unité basée sur son caractère montagneux représenté par la photo.

La première page s'ouvre sur une carte de l'écorégion des Carpates reprenant la même délimitation qu'en page de couverture (figure 1). La carte est centrée sur le massif des Carpates et ses proches contreforts, le reste de la carte étant laissé blanc, suggérant l'unité naturelle de la région. Une écorégion cohérente en soi sur le plan environnemental et transcendant les frontières nationales, laissées intentionnellement visibles sur la carte (elles sont par la suite absentes de toutes les autres cartes thématiques de la publication). L'approche écorégionale a été utilisée pour définir la région selon des critères naturalistes, suivant ainsi le programme de conservation global mis en place par le WWF à l'époque, «The Global 200».

La délimitation utilisée semble principalement suggestive et se reflète dans la construction de la carte. La légende de la carte est réduite au minimum (une gradation de «hollows» à «high mountains» sans indication des critères de classification) et l'échelle cartographique est absente. Seules les capitales et les grandes rivières sont figurées. Ni la carte ni la légende ne précisent sur quelle base la délimitation de l'écorégion a été effectuée suggérant au lecteur que celle-ci existerait a priori. Ce qui est à l'extérieur du cadrage écorégional est laissé en blanc, pour renforcer l'unité naturelle de l'écorégion. La carte a été conçue comme un instrument de communication pour montrer, promouvoir et diffuser la représentation d'une écorégion des Carpates, pas pour justifier d'une délimitation.

> It is a very loose delimitation [talking about the Carpathian Ecoregional map].... I mean Daphne actually with different parameters drew the map in the beginning. All these maps were produced by them. [...] It's not so important to have this [clear delimitation]... May be it's important if you talk about politics or strategies in the region and so on, so you really need to know the exact border but for us it's not so important. It's more to have an idea, a picture of the region, something to show... to communicate WWF's ecoregional approach in the Carpathians[270].

Peu importe finalement la rigueur avec laquelle ces cartes sont produites, la forme importe plus que le contenu. L'important est de diffuser le message: l'écorégion des Carpates est une unité naturelle cohérente qui mérite d'être protégée.

La publication contient un grand nombre d'images et une douzaine de cartes thématiques, chacune construite sur le même modèle identifiant les domaines prioritaires de conservation dans la région (foresterie, biodiversité,

270 Entretien WWF 5, avril 2011.

grands carnivores, tourisme durable, agriculture, développement économique et gestion des transports et accession à l'Union Européenne). Toutes ces cartes sont censées donner une vision complète des enjeux de l'écorégion. Elles promeuvent le cadrage argumentatif de ce rapport: elles communiquent implicitement l'unité de cette région naturelle, soulignent les défis communs et le besoin d'une gestion coordonnée transnationale de l'écorégion des Carpates en matière de politique de conservation et de développement durable. Les cartes, de ce point de vue, travaillent à la sensibilisation et à la consolidation de l'idée d'une écorégion des Carpates centrée sur son massif montagneux et basée sur une définition naturaliste.

La mobilisation de la carte par le WWF-DCPO suggère un réel travail d'argumentation et de sensibilisation en vue d'établir l'écorégion des Carpates comme un label de «wilderness», de populariser cette représentation et de la diffuser largement au point de l'instituer, comme le suggère ci-dessous un représentant du bureau régional du WWF:

> I mean if you consider the Alps everyone has a picture of the Alps. Somebody says Alps and you know OK you can ski there, you can walk there, and so on, and we would like to brand the Carpathians with wilderness areas and sustainable tourism this would be one of our goals. To really have it somewhere. Because last time I went to the bookshop and there is no any pictures book about the Carpathians for example. About the Alps you have hundreds, so across the Alps. And across the Carpathians you cannot find anything, so we really would like to brand it and to bring it into the public. That people are aware that the Carpathians are let's say the remnant wilderness area in Europe it is worth to see and we have to save it and things like that. Because it's really under threat[271].

Pris dans son ensemble, la publication offre une large démonstration visuelle et textuelle de ce cadrage spatial et argumentatif, avec pour objectif de le diffuser aux gouvernements de la région. Le rapport a en effet spécifiquement été préparé pour être présenté et distribué lors du premier sommet interministériel sur l'environnement et le développement durable des régions des Carpates et du Danube organisé en avril 2001 à Bucarest, comme le confirme sa coordinatrice qui travaillait pour le WWF à cette époque: «We summarized all the activities we did within the three years, yeah. And we published it actually for the summit, to show what

271 Entretien WWF 5, avril 2011.

we are trying to do in the Carpathians[272]». La publication et sa carte ont eu un impact important sur la conférence et sur la suite du processus de construction régionale, comme le reconnait le directeur du secrétariat:

> There was some precursor work done by WWF, they made this first description of the – the Carpathian Status Report. I don't know if you've ever seen it. They looked for the first time at the Carpathians as such. [...]They made the first map of the Carpathian eco-region. And this was the map – as you can see, it was in Juliet Fall's paper[273] that was – this was what was tabled first as a possible scope of application of the Carpathian Convention. We used the WWF map. And then the Romanians said no, they didn't want this. And then we had this whole mess since then[274].

Les Ministres ont reconnu et souligné dans leur déclaration de 2001[275] la contribution de l'approche écorégionale promue par le WWF pour entamer une collaboration transnationale autour du massif. Les thématiques identifiées comme prioritaires par la publication ont par la suite servi de base aux discussions pour une éventuelle Convention. Enfin, la carte du WWF a été réutilisée plus tard par les négociateurs lorsque les discussions sur la délimitation spatiale de la Convention ont débuté. Son influence a donc été importante au début du processus d'éco-régionalisation.

En produisant et diffusant une cartographie avec pour objet principal la reconnaissance d'une région naturelle des Carpates, la publication coordonnée par le WWF a joué un rôle cognitif important au début du processus d'éco-régionalisation. A ce stade de conceptualisation un cadrage spatial précis a moins d'importance. Il s'agit surtout de structurer un réseau de partenaires autour d'une représentation (les Carpates comme une entité naturelle unique) et d'un projet commun (une coopération régionale environnementale transnationale selon une approche écorégionale). Il s'agit de créer un argumentaire visuel et textuel propre à justifier la cohérence, l'unité et la légitimité de la région et de communiquer et diffuser cette vision aux interlocuteurs spécifiquement identifiés. Ce n'est qu'une fois qu'une négociation intergouvernementale s'engage en

272 Entretien WWF 3, avril 2011.

273 Fall et Egerer, 2004.

274 Entretien PNUE 2, mars 2011.

275 Declaration on Environment and Sustainable Development in the Carpathian and Danube Region, Bucharest, 30 April 2001, <http://www.carpates.org/sum_info1.html>, 23 Mars 2014.

vue de l'établissement d'une convention que les questions de délimitation et les enjeux du cadrage institutionnel prennent alors tout leur sens. Cette progression des enjeux de cadrage et du rôle de la cartographie dans ce processus est relativement bien identifiée par certains acteurs des organisations internationales de l'environnement :

> I wouldn't say that that was really so decisive to have a clear delineation at the beginning. It was more or less clear what the eco-region is, but it was really more important to bring countries together and then to get their buy-in, actually, and really fully to involve them into the process and also to work with them and to help them prioritize some issues when it comes to conservation and regional cooperation. So no, at that time it wasn't so important [to have a clear delimitation of the region]. But of course later on it became more and more important to have some – when it comes to science, it's really important to deal with maps and to delineate precisely the area, to know which species, which data you are looking for. For countries, no, it's still not – it's not crucial, I would say. But if we go for a more formalized structure, then it will become extremely important when it comes to the Carpathians, when it comes to the Convention. Of course, it's important. So for the time being, I would say it gets clearer and clearer[276].

Dessiner le périmètre de la Convention

Sans revenir sur le contenu des négociations concernant la délimitation spatiale de la Convention, je vais m'intéresser au rôle des cartes dans ce processus. Sans surprise en effet, les cartes ont été des outils techniques décisifs dans les négociations. Comme je l'ai montré dans la première partie de ce manuscrit, elles ont été intensivement utilisées, discutées et modifiées par les négociateurs dans le but de définir l'étendue territoriale du traité international, sans toutefois parvenir à un accord. A la suite de la signature du traité, le bureau régional pour l'Europe du PNUE a donné le mandat à EURAC de préparer un rapport complet sur les questions de délimitation spatiale (Ruffini et al., 2006), en vue de trouver un accord pour la première des Conférences des Parties en 2006. Devant l'impossibilité de résoudre cette négociation territoriale sur le plan politique, le secrétariat a ainsi fait appel à la science et à la technique afin de proposer une représentation « neutre » de la région de projet basée sur une définition scientifique commune.

276 Entretien WWF 4, août 2011.

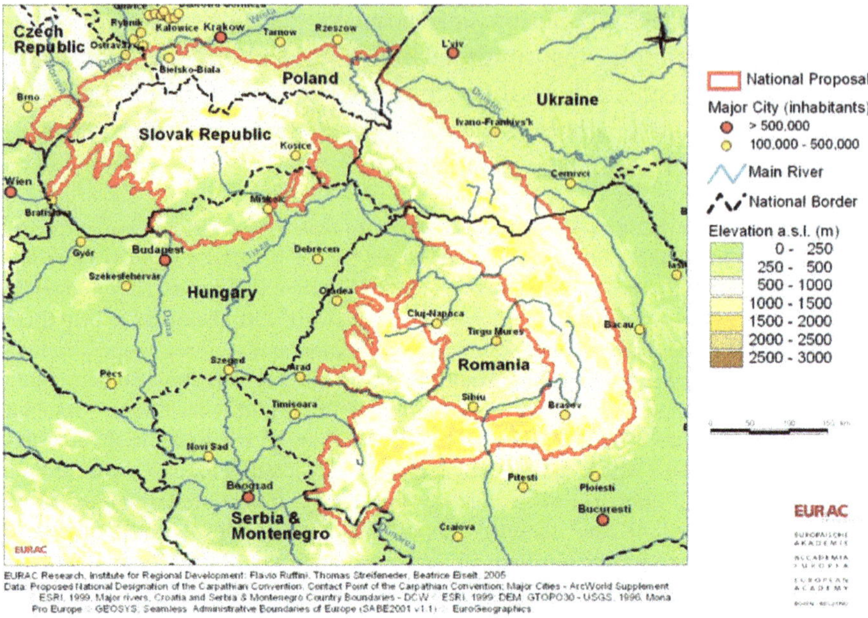

Figure 6: Propositions de définition nationales pour la délimitation de la Convention des Carpates (Ruffini et al., 2006).

Dans un premier temps, les experts d'EURAC, suivant leur expérience acquise dans le processus alpin, ont invité les parties contractantes à préciser de manière indépendante leur définition nationale des montagnes des Carpates. De manière intéressante, les sept pays appliquèrent chacun des critères distincts pour définir la portion de leur territoire devant être incluse dans le traité[277], rendant la possibilité d'établir une définition scientifique commune de la région difficile et démontrant une fois de plus combien l'identification et la définition d'entités supposées naturelles nécessitent toujours des processus de traduction, d'appropriation et de négociation entre les acteurs. La totalité des propositions nationales de définition a été mise en commun et harmonisée par les experts d'EURAC qui ont construit une première carte à partir de ces données (figure 6).

277 La variété des critères utilisés est assez étonnante: critère physico-géographique (Hongrie), unité administrative (Pologne), classification géomorphologique (République Tchèque), une combinaison entre géologie, couverture du sol, climat et topographie (Roumanie), les aires protégées (Serbie) et enfin critère écoregional (Slovaquie).

On ne distingue que peu de modifications par rapport à la carte discutée au début des négociations en mars 2003[278]. Le champ d'application proposé s'étend sur plus 160'000 km^2, soit 40'000 de moins que la délimitation écorégionale. La Roumanie représente près de 43% de la surface totale proposée et près de 30% de la population totale (Ruffini et al., 2006, p. 39).

Dans un deuxième temps, utilisant à nouveau la carte initialement proposée par le WWF comme champ d'étude, les experts d'EURAC ont entrepris sur 120 pages et à l'aide de dizaines de cartes thématiques de montrer les méthodes scientifiques existantes mobilisables pour définir les Carpates. A la suite de cet état de la littérature scientifique et de cette démonstration visuelle de la cohérence et de la légitimité de ces définitions, trois propositions cartographiques ont été formulées selon deux critères principaux, retenus en coordination avec le PNUE: une approche basée sur des critères scientifiques communs; et en accord avec les objectifs thématiques de la Convention. Les experts ont ainsi défendu une approche pragmatique visant à définir le cadrage spatial en fonction des articles de la Convention afin de trouver un consensus entre les Parties. Il s'agit d'identifier pour chacun des articles thématiques quel sont les lieux les plus importants devant figurer dans le périmètre de la Convention, puis de proposer une délimitation minimale englobant ces principaux «hotspots», comme le confirme un des membres de l'académie européenne ayant participé à l'étude:

> XXX was very engaged to integrate the Carpathian Convention's articles. So we really consider the hotspots of the Carpathian convention on biodiversity, protected areas, water issues, mountain issues... So we try to find an area which corresponds to all the thematic. So it was a reasonable approach, yeah a pragmatic approach[279].

Le cadrage spatial doit également prendre en compte le maillage politique local et régional spécifique à chaque pays. C'est en effet à ce niveau administratif que la Convention sera mise en œuvre. Tracer une délimitation est donc un savant équilibre entre le besoin de définir des critères scientifiques communs, basés sur les objectifs de la Convention, tout en tenant

278 Voir figure 3 au chapitre 4.

279 Entretien EURAC 4, mai 2011.

compte des spécificités politiques locales, comme l'indiquent les auteurs de l'étude:

> The perimeter must therefore be defined in a way that is acceptable at the political level, and is comprehensible for the local inhabitants. At the same time, the perimeter must represent the Carpathian region in such a manner that the convention can really become effective. Within these sometimes conflicting interests, a solution must be found[280].

Si dans la phase de conceptualisation initiale du processus, le WWF avait très largement laissé les frontières nationales invisibles sur ses cartes écorégionales, et n'avait pas tenu compte du maillage administratif, une fois que les institutions nationales sont parties prenantes des discussions et que le territoire commence à acquérir une forme légale, les frontières nationales et l'organisation politique locale et régionale redeviennent essentielles pour le cadrage spatial de la région de projet.

Chacune des propositions de délimitation a ensuite fait l'objet de comparaisons cartographiques avec les propositions nationales (figure 7), la délimitation écorégionale et avec les délimitations européennes existantes, afin de représenter visuellement les différentes options de cadrage spatial possible, en vue de faciliter les discussions entre les négociateurs nationaux.

La figure 7 montre une comparaison entre la première de ces propositions et les propositions nationales. On remarque que la délimitation spatiale des experts d'EURAC s'étend sur un périmètre légèrement plus vaste que le cadrage spatial qui est ressorti des propositions nationales. Des extensions sont visibles au nord dans la partie polonaise et à l'est sur le territoire ukrainien. A l'ouest les deux propositions se recoupent très largement. La différence majeure concerne la partie sud de la carte sur le territoire roumain. Les propositions des experts d'EURAC incluent notamment deux des trois principales villes du plateau transylvanien, Cluj et Sibiu, probablement exclues du cadrage par les représentants roumains par crainte d'entraver leur développement économique.

280 Ruffini et al., 2006, p. 91.

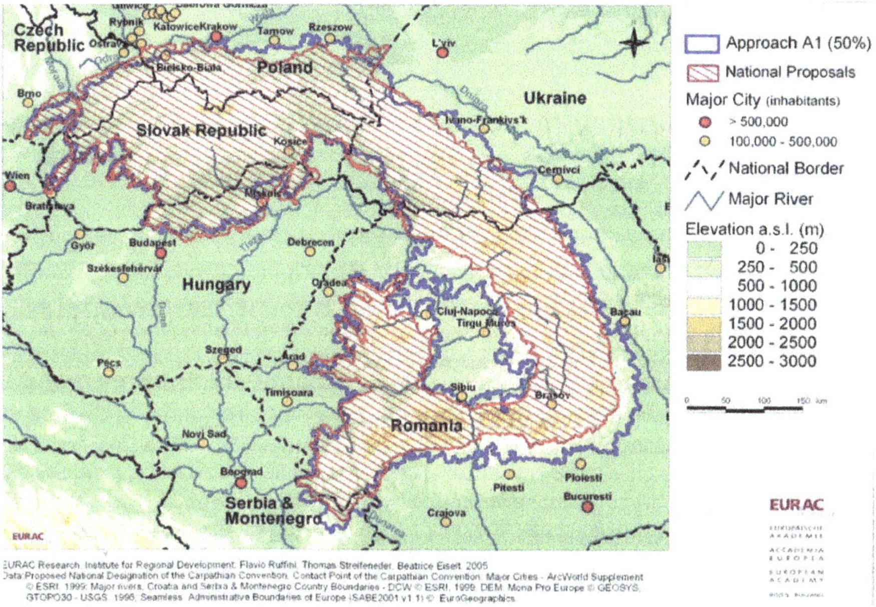

Figure 7: Comparaison entre la première proposition des experts d'EURAC et les propositions nationales (Ruffini et al., 2006, p. 101).

Malgré cet appel à l'expertise scientifique pour résoudre la question territoriale et la formulation de trois propositions «pragmatiques et scientifiques» par les experts d'EURAC, les enjeux institutionnels sont restés trop controversés dans le contexte des Carpates pour résoudre cette question du cadrage spatial à la première Conférence des Parties. Si les cartes apparaissent avoir été des instruments décisifs dans les négociations sur la délimitation du traité, la Convention des Carpates est cependant depuis son adoption un traité international visant à mettre en œuvre des politiques communes prenant comme objet une entité spatiale qui n'a pas encore été légalement (et cartographiquement) définie communément, en raison de représentations politiques conflictuelles de la région.

Consolider « scientifiquement » la région : The Carpathians Environment Outlook

Très tôt après la signature du traité le PNUE-BRE a identifié le besoin de préparer une évaluation environnementale à l'échelle des Carpates sur le modèle de ses évaluations globales (GEO). Cette publication a été en partie financée par le *Carpathian Project* obtenu en 2006 par le PNUE-BRE pour mettre en place les bases institutionnelles de la Convention. Les objectifs de ce projet était « to increase awareness among the general public of the state of the environment in the Carpathians, to promote a common visual representation of the region, and to monitor the implementation of the Convention[281] », en résumé de consolider le cadrage argumentatif de la nouvelle entité régionale et son fonctionnement institutionnel et de diffuser cette représentation dans la région de projet. Ces objectifs ont été confirmés dès la première réunion exploratoire qui s'est déroulée en mars 2004 en Hongrie avec des représentants de six des sept États Parties à la Convention. Il a alors très clairement été explicité que la production d'une évaluation environnementale spécifique à la région devait permettre de donner l'argumentation scientifique nécessaire au processus politique engagé par les gouvernements et le PNUE-BRE, comme le confirment ses auteurs dans la publication elle-même :

> Following this first explanatory meeting, it was always very clear that one of the main reasons for embarking on such a project [the Carpathians Environment Outlook (KEO)], and the countries direct interest therein, was to provide scientific support and underpinning to the UN Framework Convention on the Protection and Sustainable Development of the Carpathians (CC). It is not an exaggeration, therefore, to state that the CC was the raison d'être for the KEO report[282].

Tout comme la première publication du WWF, le KEO contient de nombreuses photographies, graphiques et tableaux et une trentaine de cartes thématiques sur le modèle de la carte présentée ci-dessous (figure 8), accompagnés de chapitres détaillés présentant l'état de l'environnement de la région.

---

281 Carpathian Project, INTERREG III B CADSES 2000-2006, Programme de voisinage : <http://www.carpathianproject.eu/portal>, le 23 mars 2014.

282 Carpathians Environment Outlook, 2007, p. 6.

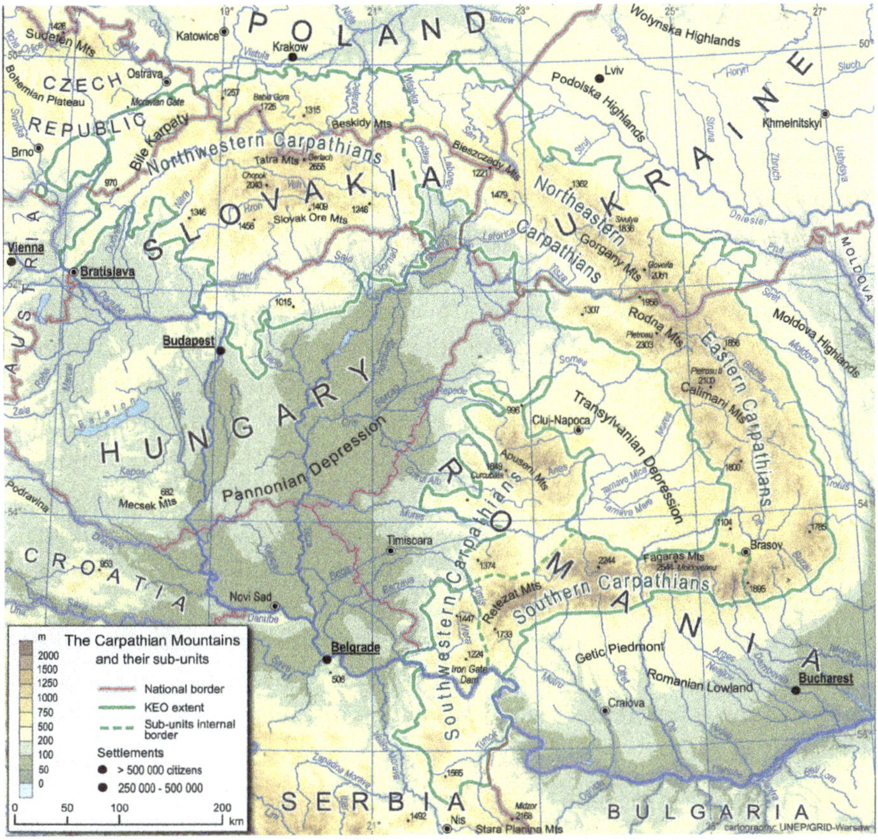

Figure 8: Carte de la région des Carpates produites par PNUE/DEWA/GRID Varsovie pour le KEO.

Le cadrage spatial de la carte produite dans le KEO montre une proposition de région plus centrée sur son massif que la proposition du WWF, en accord avec les volontés exprimées par les différents gouvernements. Les frontières nationales sont également visibles sur chacune des cartes reflétant à la fois le statut intergouvernemental du PNUE et la connexion de la publication avec le traité. Par ailleurs, suivant la ligne éditoriale des GEO, explicité dans le chapitre quatre de ce manuscrit, la publication contient également un chapitre sur les différents scénarios de développement possibles à l'horizon 2020 et ses conséquences pour la région, ainsi qu'un chapitre de recommandations politiques d'action. L'argument central du KEO est proche de celui du WWF six ans auparavant: les Carpates constituent une entité naturelle unique faisant face à des défis communs et nécessitant la mise en place d'une coopération transnationale et de politiques de développement durable pour protéger sa diversité culturelle et environnementale. Tout comme le WWF, le KEO utilise les moyens visuels de la cartographie associés à un argumentaire scientifique pour justifier la cohérence du cadrage spatial et argumentatif mis en avant par la Convention.

Cette façon de combiner les argumentaires textuel et visuel comme instruments pour convaincre n'est pas propre au KEO et est largement dérivée des méthodes mise en place par le PNUE/DEWA/GRID dans ses évaluations globales de l'environnement[283]. Il s'agit de quantifier, de calculer, de justifier par des méthodes scientifiques l'état environnemental global ou régional et d'utiliser les instruments visuels comme moyen de preuve de ces constatations. Ces évaluations environnementales régionales font partie de l'éventail d'instruments (parfois indispensables) à disposition des experts du PNUE dans les processus d'éco-régionalisation, soit pour identifier les futures régions de projet et développer des collaborations scientifiques au niveau local et régional (Balkans, Caucase) soit produites a postériori pour justifier et consolider une action déjà entreprise (Carpates).

Le rôle de ces dispositifs visuels dans ces publications est considéré comme essentiel selon les experts du DEWA/GRID-Genève qui ont été interrogés dans le cadre de ce projet de recherche. Aux dires de ceux-ci les images et les cartes qu'elles contiennent et plus généralement l'approche spatiale entreprise dans ces évaluations jouent selon ces experts un rôle indispensable dans le pouvoir de conviction que peuvent avoir ces publications, qui n'est pas sans rappeler les caractéristiques de ces «mobiles immuables» (Latour, 1985), comme le montrent les quelques extraits d'entretien suivants.

> Non mais voilà je pense qu'on sera de plus en plus amenés à devoir défendre l'environnement et la biodiversité etc. vis-à-vis du monde économique et du monde aussi, enfin… et le faire de manière légale aussi […]: montrez-nous que c'est bien cette zone qu'il faut protéger et pas une autre, et puis pour ça il faut des données, il faut

283 Voir les extraits d'entretiens au chapitre 4.

des approches validées. [...] C'est [des processus] extrêmement complexes, en plus avec toutes les interactions notamment avec les hommes, les activités humaines et tout; donc y a personne à mon avis qui est capable de faire une synthèse cohérente - enfin objective comme ça, sur le bout des doigts quoi, ça peut que passer par une analyse un peu sérieuse, quantitative et spatiale pour essayer de pouvoir dire, de manière plus réelle ce qui se passe[284].

On visualise ici bien qu'en cadrant spatialement un phénomène, en le réduisant à l'échelle d'une feuille de papier et en le fixant sur un objet pouvant être transporté, la carte permet de «rassembler l'espace et le temps» (Latour, 1985, p. 40). Elle permet au regard de visualiser des objets qu'il ne pourrait appréhender autrement et offre ainsi la possibilité d'en discuter. Cette fixation ne signifie pas que le procédé est statique, bien au contraire. Le phénomène ainsi ramené à une feuille de papier est combinable avec d'autres cartes et images et permet de proposer des approches dynamiques montrant l'évolution dans l'espace et dans le temps. Incorporées avec du textuel elles participent à la traduction des phénomènes scientifiques complexes en scénarios simplifiés et à la proposition de pistes d'action aux décideurs politiques.

L'approche spatiale permet de quantifier la surface qui est touchée, et puis en faisant un historique, puisqu'on a des imageries depuis 1972, si on regarde de 1972 jusqu'à maintenant on voit une évolution, donc il y a une dynamique dans le temps, ce qui fait qu'avec cette approche spatiale on peut faire des détections de changement qui permettent de mettre en évidence cette évolution. Maintenant l'approche spatiale, ce qu'elle permet de faire et d'expliquer, c'est qu'on voit pourquoi ce phénomène il se passe là et pas ailleurs[285].

Cette approche technique et visuelle permet ainsi de rendre visibles des phénomènes complexes. La carte offre un dispositif technique simplifiant la réalité et la rendant accessible tout en étant suffisamment technique pour appréhender la complexité et imaginer des possibilités d'action. C'est cette double caractéristique qui lui permet de devenir ainsi un formidable moyen de communication et d'action pour le PNUE et un objet frontière entre les communautés scientifiques et politiques.

---

284 Entretien réalisé par Isabelle Arpin, GRID 1, janvier 2010.

285 Entretien réalisé par Isabelle Arpin, GRID 2, novembre 2009.

> Donc ça c'est les deux grands pôles, et puis toujours en filigrane l'identification de la dégradation de l'environnement via des analyses satellitaires c'est des choses qui fonctionnent, c'est des produits qui fonctionnent assez bien, dans le style qu'il y a pas besoin d'être un expert en interprétation d'images satellites, pour voir... cette différence est très visuelle, donc on fait ces produits qui sont des produits grand public, mais qui sont aussi utilisés pour influencer les gouvernements., [...] notre but étant vraiment de faire en sorte que tout un chacun s'approprie aussi ce changement qui est global, et qui influence ces décisions en tant que consommateur, ce qu'on essaie après de faire à une plus grande échelle avec les gouvernements. Et ce qui est un travail de longue haleine, vous pouvez bien imaginer[286].

Au final, les dispositifs visuels de ces évaluations environnementales régionales renforcent la conviction du besoin et de la légitimité d'intervenir sur un périmètre identifié, périmètre dont elles participent à affirmer l'unité et la cohérence. Cette combinaison de méthodes quantitatives validées scientifiquement et de dispositifs visuels qui permettent aux sens d'appréhender la complexité d'un phénomène fixé sur une carte permet ainsi de renforcer la puissance de conviction du discours des experts. La carte agit comme une preuve et participe de l'institutionnalisation de l'entité spatiale ou du phénomène qu'elle représente, ainsi que du discours qu'elle véhicule. L'extrait suivant met ainsi bien en lumière la foi de certains experts et surtout des cartographes dans la force de conviction des cartes:

> Loin de moi l'idée de dire que c'est la seule approche, il faut des approches légales, il faut des approches sociales, il faut toutes sortes d'approches pour régler le phénomène environnement, l'approche spatiale en est une, qui a le mérite quand même d'être assez visuelle mais tout aussi visuelle que des photos qui seraient prises au sol, qui peuvent aussi avoir un impact, mais je crois que les gens ont besoin de voir les choses pour les croire. Et puis les gens demandent également de quantifier, en tout cas les gouvernements demandent de quantifier. Et quantifier la déforestation par exemple ça passe par une approche spatiale[287].

La production d'une évaluation environnementale pour la région des Carpates participe également à la structuration du cadrage institutionnel du projet. Tout comme la publication du WWF avait permis à l'organisation de développer un réseau d'experts et d'organisations non gouverne-

286 Entretien réalisé par Isabelle Arpin, GRID 3, décembre 2009.
287 Entretien réalisé par Isabelle Arpin, GRID 3, décembre 2009.

mentales, la publication du KEO participe également à la mobilisation par le PNUE d'un réseau d'institutions scientifiques nationales et régionales autour de sa proposition de région. D'une part, la production du KEO permet au secrétariat d'identifier des experts de la région qu'il pourra mobiliser par la suite lors d'autres publications ou dans des groupes de travail de la Convention, d'autre part elle renforce l'intérêt de ces scientifiques à collaborer et à travailler selon le cadrage de la proposition de région du secrétariat dans le futur.

Sans accord formel sur la délimitation de la Convention, le KEO reste le principal, bien que non officiel, instrument visuel et cognitif pour représenter spatialement et consolider la proposition de région avancée par les experts du PNUE et leur réseau. A ce titre il a largement été diffusé par le secrétariat vers ses partenaires dans le cadre de la Convention et lors de réunions et de conférences internationales portant de près ou de loin sur les enjeux de montagne, comme le confirme un membre du secrétariat:

> The KEO, we launched at the benefit conference, Environment for Europe, and distributed a few thousand copies in total I think through the years. We brought it as – I just take it everywhere I go and we distribute it at our meetings. But we don't waste them[288].

La circulation de la publication a eu un certain succès: elle a été utilisée comme référence dans de nombreuses réunions auxquelles j'ai pu assister dans le cadre de la Convention des Carpates, mais aussi lors de présentations à des conférences européennes ou internationales; la carte initiale du KEO a été réutilisée dans d'autres projets spécifiques dont un de la Commission Européenne sur un projet d'adaptation au changement climatique[289] qu'elle souhaitait mettre en place dans la région; enfin, la carte du KEO a été récemment reprise dans un atlas français des montagnes[290] pour illustrer des initiatives prenant comme objet des massifs de montagne pour la mise en place de politiques de conservation de la nature.

---

288 Entretien PNUE 2, mars 2011.

289 European Union project Carpathian Integrated Assessment of Vulnerability to Climate Change and Ecosystem-based Adaptation Measures (CARPIVIA).

290 Bernier et Gauchon (2013), Atlas des montagnes: Espaces habités, mondes imaginés. Editions Autrement, Paris, p. 51.

Si la cartographie a été utilisée par le secrétariat comme un instrument pour consolider le cadrage argumentatif et institutionnel de la région de projet des Carpates de la Convention, elle a également été au centre de sa stratégie de promotion d'un «Espace Carpatique» dans le programme financier de coopération territoriale européen[291]. Dans le cadre du *Carpathian Project*, deux publications articulées de façon complémentaire ont été produites dans cet objectif par les partenaires du secrétariat et sous sa coordination.

La première, «The Atlas of the Carpathian Macroregion», a été produite par EURAC en collaboration avec l'université Palacky Olomouc en République Tchèque. Cette publication en format A3 reprend le modèle des atlas géographiques, pour donner à voir à l'aide de nombreuses cartes, images, graphiques et tableaux «l'Espace Carpatique», comme une région dont l'existence et la cohérence seraient indiscutables: «it describes the Carpathian space, the region of economic, social and environmental progress and sustainability in the heart of Europe[292]».

L'utilisation du modèle des atlas géographiques n'est pas anodine. Ces derniers ont une longue tradition historique et ont toujours été conçus comme des outils donnant à voir et à savoir des espaces donnés, grâce à une compilation de cartes et parfois de textes sélectionnés selon certaines thématiques. L'atlas des Carpates en reprenant les codes des atlas géographiques joue avec ce modèle pour renforcer la naturalisation de sa région de projet.

Le cadrage de la proposition de région de l'atlas suit la logique macro-régionale de VASICA et se base sur un périmètre plus large que celui de la Convention pour inclure les grandes agglomérations adjacentes (Vienne et Bratislava par exemple) reconnues comme des moteurs majeurs du développement économique de la région. La région est délimitée sur la base du système de classification européen des régions administratives NUTS et LAU[293], découpages territoriaux destinés à faciliter la collecte, l'harmo-

291 Voir chapitre 7.

292 Ruffini et Ptacek (2009), Atlas of the Carpathian Macroregion, p. 7.

293 Nomenclature of Territorial Units for Statistics (NUTS) et Local Administrative Unites (LAU).

nisation et la comparaison des données entre les différents pays et collectivités. La frontière de la région a été définie ainsi pour inclure l'entièreté du territoire des collectivités régionales afin de favoriser leur intérêt et faciliter la participation de leurs représentants politiques respectifs à la mise en œuvre de la Convention, un des objectifs prioritaires identifiés par le secrétariat[294].

Cette première publication est donc complétée par VASICA (*Visions And Strategies In The Carpathian Area*) produite par le PNUE-SICC avec le soutien d'un groupe de consultants privés basé en Pologne. Celle-ci contient moins d'illustrations et plus de texte que la précédente. La conception de VASICA a en effet été calquée sur la stratégie pour la mer Baltique publiée en 1994 (VASAB) et qui a servi de base à la réalisation de la première stratégie macro-régionale en Europe. Le modèle choisi n'est donc pas innocent et soutient l'objectif défendu par le secrétariat d'une macro-région pour les Carpates[295]. Afin d'assurer que la vision de VASICA soit compatible avec la Convention et cohérente avec les précédentes publications coordonnées par le PNUE-SICC, la publication a été organisée en chapitres thématiques inspirés des groupes de travail de la Convention et appuyée par des cartes collectées parmi différentes sources dans les publications du secrétariat et de son réseau. On retrouve ainsi la carte du KEO en quatrième de couverture et de nombreuses autres produites par l'institut Daphne, le DEWA/GRID Varsovie et EURAC dans le cadre de l'atlas ou du KEO.

La complémentarité de l'atlas et de VASICA laisse voir une grande cohérence entre ces deux publications et une complémentarité avec la proposition de projet de la Convention, certainement en raison de la coordination assurée par le secrétariat tout au long du processus et de l'implication de ses partenaires traditionnels dans le cadrage institutionnel. Pourtant, l'analyse de l'élaboration d'une stratégie macro-régionale au chapitre six a montré que leur complémentarité semble bien plus relever d'un concours de circonstances heureux que d'une réelle stratégie planifiée par le secrétariat.

---

294 Voir chapitre 7.

295 Voir les discussions sur l'utilisation de VASICA pour le développement d'une stratégie macro-régionale pour les Carpates au chapitre 7.

Figure 9 : Carte de « l'Espace Carpatique » produit par un consultant externe pour VASICA.

Ce tâtonnement se retrouve également dans la délimitation du cadrage spatial de « l'Espace Carpatique » pour la publication VASICA. La carte définissant le périmètre d'étude de VASICA (figure 9), qui a été produite par le consultant polonais, semble largement reprise de l'atlas, avec cependant une qualité nettement inférieure et sans légende ni échelle cartographique. La définition du périmètre ne semble par ailleurs pas avoir été discutée et coordonnée par le secrétariat, qui se trouve bien emprunté pour me répondre sur quel base le périmètre de cet espace avait été délimité, me renvoyant vers le consultant ayant produit cette carte. Il est assez curieux que pour une publication par la suite largement diffusée par son bureau le secrétariat ait donné autant de liberté à une personne extérieure suggérant le caractère bricolé de cette publication :

> The broader Carpathian space is something, um... that was... that's a good question. We could call [le consultant polonais] whom – you should interview him. He is the cross-project coordinator, so he oversaw construction. Here you can ask the author. This was never – I don't know who discussed this. This was put together by one person, probably, at the largest possibly – but it's huge. I mean, you... but yes, probably he can give you some...[296].

La qualité de la publication a également été beaucoup critiquée par les scientifiques interrogés, qui lui reprochent certaines «disastrous mistakes[297]» dans le contenu de ses chapitres, en partie en raison de délais de publication très courts et d'un certain amateurisme dans la production comme me l'a confié informellement un membre du PNUE-SICC. La totalité de la brochure a due ainsi être complètement revue et corrigée, tant dans sa forme que dans son contenu par un consultant du secrétariat, qui n'était pas expert de la région et ce quelques jours seulement avant son envoi pour impression. Ceci n'a pas empêché le secrétariat de très largement diffuser VASICA auprès de ses partenaires nationaux et surtout européens. L'importance de ces publications semble ainsi plus à trouver dans la qualité du papier, leur format pratique et la présence de couleurs et de cartes que dans son contenu, comme le suggère le secrétaire général dans une étonnante franchise. Il faut avoir quelque chose à montrer et à diffuser et de ce point de vue la conception graphique et la cartographie semblent plus essentielles que le texte:

> The VASICA... we used a lot, yeah, again, we distributed it at the Danube strategy meetings, in Ulm, when we had the first version of this. We've had several printed now. But yeah, this was for Ulm [that] we printed the first edition, we printed that book. We didn't have it [before]; we just had it as an ugly paper. There was a note [saying] "It is a pity. You should make a colorful publication" when this Danube strategy story came along. Then we decided to make a book out of it, And then we carried it, I carried it to the European Parliament when there was a presentation, I carried it to all possible, uh, meetings and we distributed many and sent many to key people. [...] so in Ulm I was standing – I was going with this and was giving everybody a copy because it was full of... many from national regions saw this and others. We got some quite good feedback on it, so it's because people seem to be – it's not so boring a document, people like it. And yeah, I think people saw this – I think

296 Entretien PNUE 2, mars 2011.

297 Entretien informel avec un scientifique du réseau S4C en mai 2012.

also in the Commission that they saw this, they saw that they have… they had something to show, basically. And as I told you, I think these kinds of maps are crucial. They can use them to define, describe what they are talking about[298].

Blue River, Green Mountains

Finalement, la publication proposant la vision la plus cohérente d'une région de projet des Carpates élargies s'articulant au mieux avec la stratégie macro-régionale du Danube est à chercher du côté du WWF. Avec leur programme «Blue river Green Mountains» (figure 10) l'organisation non gouvernementale souligne la spécificité des deux écorégions et des processus politiques correspondants (Convention des Carpates et stratégie macro-régionale du Danube) en insistant sur leur complémentarité. Ce faisant l'organisation ouvre la porte à une meilleure intégration des deux régions de projet dans la mise en place d'une approche transversale. La carte produite par le WWF offre ainsi une vision convaincante et cohérente d'une macro-région Danube-Carpates, qui correspond aux objectifs énoncés par les institutions européennes selon ce représentant de l'ONG environnementale:

> So sure, we are very much, in terms of our communications, we stress Carpathians as a symbol, as one symbol in terms of our communicating to the outside world, in terms of conservation delivery. So we do publications that come out with our own conservation programmes. Clearly we don't just set them up [these programmes in the Danube-Carpathians], we have to convince governments and donors to fund them, but sure, everybody knows what the challenges are down there in terms of forests being cut down and bears and wolves being killed and rivers being polluted. Everybody knows what they are, so it is not a difficult task to go out and find like-minded people in your country, in other countries around the region to say, "This we all recognise, we can't solve the Danube problem unless we address it ecoregionally". Nobody is interested in going out there and acting alone, by themselves on a specifically narrow geographic or biodiversity focus. It's advantageous to all of us to develop a common sense of oneness around these regions[299].

298 Entretien PNUE 2, mars 2011.
299 Entretien WWF 4, août 2011.

Figure 10: Carte de la région Danube-Carpates produite par le WWF en 2009.

De manière intéressante, lors des consultations publiques organisées au lancement de la stratégie macro-régionale pour le Danube, le secrétariat de la Convention des Carpates a utilisé cette carte produite par le WWF (figure 10) pour défendre la proposition de région de la Convention et montrer combien les enjeux autour de ces deux régions de projet (les Carpates et la macro-région du Danube) s'articulent de façon cohérente. Le travail de communication autour de cette approche sera d'ailleurs relativement payant puisque plusieurs aspects relatifs aux montagnes des Carpates ont pu être intégrés à la stratégie du Danube.

Cartographie et construction régionale dans les Carpates

Dans le processus régional des Carpates, la cartographie a toujours été pensée comme un moteur de projets, une justification parfois a posteriori, mais indispensable à la consolidation des régions de projet. À l'exception des cartes produites par le WWF, l'ensemble de la production cartographique du processus d'éco-régionalisation des Carpates a été pilotée de près ou de loin par le PNUE-SICC, qui a clairement mené le cadrage institutionnel de la région. La première carte développée par le WWF a joué un rôle central dans la conception de la région de projet environnemental, dans la sensibilisation aux enjeux environnementaux de la région, ainsi qu'au besoin de la mise en place d'une coopération transnationale intégrée; en parallèle les cartes produites par le PNUE-SICC à l'aide de son réseau du PNUE, de son partenariat avec EURAC, impliqué dans la plupart des publications et de la mobilisation d'un réseau d'institutions scientifiques nationales, se sont avérées décisives dans la création puis la consolidation de la région de projet. A la faveur de ses compétences techniques et de ses ressources financières, EURAC est devenu un important acteur technique et producteur cartographique dans le processus d'éco-régionalisation des Carpates. En raison de son réseau international et de ses capacités techniques, le PNUE SICC a été capable de largement disséminer le cadrage spatial et argumentatif de la proposition de région de la Convention, confirmant ainsi son rôle dans le processus des Carpates.

En parallèle, le secrétariat a également coordonné la promotion d'une macro-région pour les Carpates, permettant ainsi de concevoir ces deux régions (la Convention des Carpates et l'Espace Carpatique) de manière complémentaire et renforçant la position de la première dans le processus de régionalisation. Cependant, le cas des Carpates montre également qu'il convient de ne pas surévaluer le rôle du secrétariat dans ce processus cartographique. La production de cartes ne résulte pas toujours d'une vision stratégique planifiée, comme dans le cas du KEO par exemple, mais elle peut parfois être le produit d'opportunités extérieures, de qualité variable, qui sont récupérées et accommodées ensuite par le secrétariat en vue de soutenir ses projets territoriaux. Le secrétariat a semblé parfois privilégier la qualité formelle du document sur le contenu, comme l'illustre bien l'exemple de Vasica. L'important en politique est surtout de donner quelque chose à voir, comme l'a montré Clark Miller (2005) dans ses recherches sur les indicateurs environnementaux comme technologie de mise en visibilité. Cependant, ce constat est à relativiser: malgré deux publications visant à légitimer et justifier le cadrage de la proposition d'un «Espace Carpatique», c'est finalement la carte réalisée par le WWF, qui donne à voir une meilleure articulation avec la stratégie macro-régionale du Danube qui sera envoyée aux institutions européennes avec l'objectif de défendre la complémentarité de la région de projet des Carpates avec la stratégie macro-régionale sur la région du Danube.

Concernant la dimension institutionnelle, l'exemple des Carpates montre que cartographie et cadrage institutionnel de la région de projet peuvent être mutuellement dépendants. D'une part, la force et la cohérence du réseau d'acteurs participant à la production cartographique se retrouvent dans la force du système relationnel de la Convention. Le secrétariat joue un rôle actif dans la coordination du réseau institutionnel de la Convention qui se reflète dans l'élaboration de projets cartographiques complémentaires renforçant plus que concurrençant le processus d'éco-régionalisation mis en place avec la Convention. D'autre part, plusieurs projets cartographiques comme dans le cas du KEO ont explicitement servi à la mobilisation d'un réseau d'institutions scientifiques partenaires désireuses de collaborer selon le périmètre spatial de la proposition de région de la Convention. Ces partenaires continuent de jouer un rôle actif dans les groupes de travail de la Convention et participent à la plupart des publications du secrétariat. En renversant la perspective on peut affirmer que c'est ainsi en partie en raison de leurs compétences techniques et cartographiques que ces acteurs participent au cadrage institutionnel de la Convention.

De manière plus générale, le cas des Carpates montre que la cartographie est perçue comme un instrument indispensable et pertinent pour donner des preuves visuelles et des justifications argumentées pour la création et l'institutionnalisation de nouvelles entités territoriales, pour sensibiliser et communiquer sur ces entités, pour servir aux négociations en vue de leur délimitation légale et de leur ultime établissement, enfin pour fournir un dispositif pour leur évaluation et suivi tout au long du processus. La diversité des cartes produites et des cadrages proposés permet ainsi une certaine flexibilité dans leur mobilisation durant le processus d'éco-régionalisation. Cette flexibilité est renforcée dans le cas de l'éco-régionalisation des Carpates par le pilotage de la majorité de la production cartographique par un seul acteur, le PNUE-SICC qui lui permet d'articuler les différents cadrages de façon complémentaire pour soutenir son projet. La cartographie apparait ainsi comme un processus important pour concevoir, créer et consolider des propositions de région environnementale. Les cartes sont mobilisées pour des raisons symboliques, légales et stratégiques, ainsi que pour leur capacité à fournir les informations analytiques requises à la réalisation de ces «evidence-based» régions projet. La cartographie ne doit dès lors pas être appréhendée simplement comme une donnée technique de la construction régionale, mais comme un élément cognitif et institutionnel important du processus de construction régionale.

8.7 Synthèse du chapitre

J'ai montré dans ce chapitre comment l'expertise scientifique, les bases de données et la cartographie constituent trois ressources complémentaires indispensables à l'institutionnalisation de régions de projet environnemental, chacune jouant son rôle dans ce processus de manière distincte et participant au cadrage spatial, argumentatif et institutionnel de la région de projet.

La science et l'expertise scientifique sont considérées comme indispensables par les acteurs pour justifier et légitimer leur proposition de région. L'expertise scientifique est notamment mobilisée pour justifier le cadrage de la proposition de région, mettre en avant la spécificité des défis partagés et le besoin de coordonner les politiques à l'échelle de la région.

Les organisations environnementales transnationales comme le PNUE se sont positionnées dans le processus d'institutionnalisation à l'interface entre les communautés scientifiques et politiques, mobilisant des connaissances scientifiques qu'elles jugent pertinentes à l'action politique et les traduisant en recommandations d'actions. Elles se sont ainsi positionnées comme des organisations frontières essentielles au processus d'éco-régionalisation. La constitution de collectifs scientifiques «régionaux» peut parfois même être initié, soutenu voire financé par ces organes institutionnels pour participer au processus de consolidation, comme c'est le cas dans les Carpates. Ces collectifs peuvent cependant être porteurs de différentes représentations de la région et de leur rôle dans le projet qui peuvent être conflictuelles avec les objectifs initiaux poursuivis par l'institution et participer à la déstabilisation de la région.

La production cartographique et de bases de données est un élément essentiel du processus d'institutionnalisation et sa contribution est importante à toutes les étapes de la construction régionale, la formulation de proposition, la singularisation et la consolidation, à travers des modalités variées: elle cadre les propositions de région et fournit des arguments pour leur construction et est dès lors un instrument cognitif et rhétorique décisif pour leur singularisation et construction institutionnelle; elle contribue à façonner la communauté d'acteurs de la proposition de région correspondante; elle participe à la stabilisation de la région par sa naturalisation.

Les institutions pouvant se prévaloir d'une maîtrise de ces trois types de ressources sur le périmètre spatial de la proposition de région bénéficient d'une position privilégiée et d'une influence importante dans la conduite du processus d'éco-régionalisation. Les régions de projet reposent en effet sur une conception utilitariste de la science et d'un besoin constant de légitimation qui passe obligatoirement par une justification de la crédibilité scientifique du projet environnemental. Forte de son expérience alpine et de moyens techniques et financiers important, l'Académie européenne de Bolzano dispose de cette triple compétence et s'est ainsi positionnée comme un partenaire privé indispensable du secrétariat dans la conduite de ces projets.

Chapitre 9
Vers un modèle des Carpates?

Parallèlement à ses activités dans le cadre de la Convention, le secrétariat par intérim est engagé dans l'expansion de son modèle[300] de coopération de la région de projet des Carpates vers d'autres régions de projet de montagne dans le monde. Cette activité est liée à son mandat de bureau détaché du PNUE-BRE à Vienne, mandat à la fois géographique (Europe Centrale et de l'Est) et thématique (montagne). Le bureau de Vienne est aujourd'hui reconnu par le PNUE-BRE comme «un centre d'expertise montagne[301]» et à ce titre il mène les expériences du PNUE-BRE dans les régions de projet de montagne sur le modèle mis en place dans les Carpates, considéré comme «un modèle qui marche bien et qui a bien marché et qu'on [le PNUE-BRE] voudrait essayer de reproduire quelque part ailleurs[302]». La diffusion du «modèle» des Carpates vers d'autres régions de projet de montagne du monde permet au bureau de Vienne de donner de la visibilité à son action et de renforcer la position de la région de projet comme un modèle de la gouvernance environnementale en montagne. Elle donne également l'opportunité d'étendre l'influence géographique et thématique du PNUE dans ce domaine de coopération.

La diffusion du modèle d'éco-régionalisation porté par l'organisation internationale peut faire l'objet d'une mise en tension, d'une reformulation du cadrage de la proposition de région initiale, voire d'une contestation sur la pertinence du modèle proposé. Ces résistances peuvent prendre plusieurs formes.

---

300 L'idée de faire du processus des Carpates un modèle peut paraître pour le moins paradoxal au regard des observations que j'ai effectuées tout au long de cet ouvrage sur un processus d'éco-régionalisation souvent très tâtonnant, effectué au gré des opportunités, sans réelle stratégie préalable. Il est pourtant présenté ainsi par le secrétariat par intérim à l'occasion de plusiurs conférences. Je reviendrai plus loin dans ce chapitre sur la nature de ce «modèle» proposé par le bureau de Vienne.

301 Entretien PNUE 7, mars 2011.

302 Entretien PNUE 7, mars 2011.

Des résistances au niveau géopolitique: la coopération en zone de montagne s'opère dans des contextes géopolitiques plus larges, parfois tendus qui peuvent être des freins aux initiatives régionales; des résistances au niveau de la pertinence du cadrage choisi: le choix du cadrage spatial, argumentatif et institutionnel de la région de projet est toujours le résultat d'un processus d'identification et de définition non linéaire pouvant amener à des reformulations voire à des contestations de la proposition de région initiale; des résistances au niveau du pilotage enfin: la contestation de la proposition de région initiale peut également porter sur la légitimité de l'institution qui participe à sa réalisation. Le statut de leadership du PNUE peut être parfois contesté par des acteurs de la région de projet revendiquant plus d'influence, mais également par d'autres acteurs internationaux mettant en doute la légitimité du PNUE ou simplement en recherche de visibilité. Ces résistances peuvent être indépendantes les unes des autres ou apparaître de manière conjointe. Elles peuvent également être l'œuvre d'un ou de plusieurs acteurs à la fois. Les exemples des processus d'éco-régionalisation du Caucase et des Balkans offrent une bonne illustration des résistances que peut rencontrer le bureau de Vienne dans la diffusion de son «modèle».

Durant mon observation à Vienne, j'ai eu la chance de pouvoir suivre de près l'évolution du processus d'éco-régionalisation dans le sud-est européen et d'assister à la première conférence internationale sur l'Arc Dinarique à Brdo (Slovénie) dans le cadre de la onzième Conférence des Parties de la Convention Alpine, ainsi qu'à la réunion préparatoire qui s'est tenue une année auparavant. À l'occasion de cette double conférence, une résolution en faveur d'une coopération transnationale pour la protection et le développement durable de la région de projet de l'Arc Dinarique devait être signée par les gouvernements respectifs sous la coordination du PNUE. J'ai ainsi pu observer directement les pratiques du bureau de Vienne dans la préparation de cette conférence et la tentative de diffusion du «modèle des Carpates» vers l'est. La suite de ce chapitre est un compte rendu de l'intérieur du déroulement de cette conférence et de la contestation du «modèle» d'éco-régionalisation piloté par le PNUE pour le sud-est européen. Le processus de coopération environnementale intergouvernemental est aujourd'hui stoppé[303].

303 Au moment de la rédaction de cet ouvrage, le processus n'a toujours pas repris.

Avant toutefois de rendre compte de la conférence de Brdo, je commencerai par présenter brièvement deux processus d'éco-régionalisation de massif de montagne, les Balkans/Arc Dinarique et le Caucase, qui ont été en partie pilotés par le bureau de Vienne du PNUE, en soulignant spécifiquement les types de résistances auxquelles l'organisation internationale a dû faire face dans ce processus de diffusion.

9.1 «Éco-régionaliser» d'autres massifs de montagne

En vue de l'Année Internationale de la Montagne en 2002, le bureau régional européen a identifié plusieurs régions de projet de montagne potentielle où des États étaient intéressés par le développement de coopérations environnementales transnationales. La région de projet des Carpates figure sur la liste, mais également des régions de projet de montagnes d'Asie Centrale, du sud-est européen et du Caucase. Seule la région des Carpates fait l'objet d'une coopération environnementale transnationale institutionnalisée par un traité international visant à la protection et au développement durable de la région de projet, mais plusieurs propositions ont été formulées pour les autres régions de projet. J'entends revenir brièvement sur ces différentes initiatives.

Le processus d'éco-régionalisation du Caucase

En 2001, le PNUE-BRE a reçu un mandat du gouvernement arménien pour initier un processus de coopération environnementale entre quatre pays autour des montagnes du Caucase: l'Arménie, l'Azerbaïdjan, la Géorgie et la Russie. Plusieurs réunions ont été organisées à Erevan (Arménie) et à Tbilissi (Géorgie) où une première version d'une convention internationale a été rédigée pour discussion. Le processus a été relancé une première fois en 2003 par le REC, lors d'une conférence réunissant également des représentants du gouvernement turc et qui a abouti à une déclaration d'intention de coopération en vue d'une future Convention sur le Caucase.

Fin 2003, la révolution des roses en Géorgie amène au pouvoir Mikheil Saakachvili, qui s'éloigne de la Russie au niveau international et stoppe le processus de négociation.

En 2005, une nouvelle conférence organisée à Bolzano par le PNUE et soutenue par le Ministère italien de l'environnement et du territoire, ainsi que par EURAC, a tenté de relancer les négociations. La conférence a élargi le champ géographique de la future région de projet, sur la base d'une proposition écorégionale du WWF, avec pour objectif de désamorcer les relations tendues entre les gouvernements russes et géorgiens, ainsi qu'entre les gouvernements arméniens et de l'Azerbaïdjan au sujet du conflit territorial sur la région du Haut-Karabagh[304]. La conférence réussit à réunir les Ministres des affaires étrangères et de l'environnement de l'Azerbaïdjan, de la Géorgie, de l'Iran, de la Russie et de la Turquie, mais le gouvernement arménien est absent en raison « de problèmes techniques » selon la version officielle du compte rendu de la réunion.

Cette conférence a été organisée sur le modèle de la réunion « Sharing the Experience » du processus d'éco-régionalisation des Carpates et a réuni plusieurs acteurs des régions de projet alpines et des Carpates. Elle a abouti à une nouvelle déclaration d'intention des gouvernements présents, qui a été suivie par une autre en 2007 lors de la deuxième réunion de négociation à Vaduz au Liechtenstein avec les représentants des gouvernements de ces six pays, sans pour autant aboutir à des résultats concrets. En parallèle à ce processus, le WWF a également réussi à mobiliser les gouvernements de ces pays à Berlin en 2006 pour discuter d'une collaboration pour la mise en œuvre de la CDB dans la région. En 2008 cependant, la guerre entre la Russie et la Géorgie au sujet de la province de l'Ossétie du sud vient une nouvelle fois stopper le processus. Une nouvelle tentative pour le relancer, lancée par un partenaire géorgien en collaboration avec le bureau de Vienne, l'Université de Genève et EURAC en 2013, sous la forme d'une coopération entre scientifiques de la région est actuellement en cours.

---

304 Cette version provient d'un entretien informel avec un ancien directeur du PNUE-BRE actif au moment de ces négociations.

Dans le sud-est européen, un processus de coopération régionale a également été mené par le PNUE-BRE. Le bureau régional du PNUE a obtenu en 2004, lors de la deuxième réunion du partenariat sur la montagne[305] à Cuzco au Pérou, un mandat de la République de Macédoine afin de lancer un processus de négociation avec les pays de la région du sud-est européen. Suivant le schéma observé dans les Carpates et le Caucase, le PNUE, soutenu par le Ministère italien de l'environnement et du territoire, le REC et EURAC ont organisé une réunion « Sharing the Experience » avec des représentants alpins et des Carpates en 2005. La réunion a rassemblé des experts et des représentants gouvernementaux de l'Albanie, de la Bosnie Herzégovine, de la Bulgarie, de la Croatie, de la Grèce, du Monténégro, de la République de Macédoine, de la Roumanie, de la Serbie, ainsi que du Kosovo et a abouti – comme au Caucase – à une déclaration d'intention en faveur d'une proposition de coopération régionale autour des massifs de montagne. Les représentants gouvernementaux présents mandatent également officiellement le PNUE pour mener à bien ces négociations.

A la suite de cette première réunion, une deuxième conférence intergouvernementale est organisée en 2006 qui aboutit à la déclaration de « Pelister » reconnaissant la faisabilité d'une convention autour des chaînes de montagne du sud-est européen et identifiant de possibles domaines de coopération. Un désaccord sur la façon dont est rédigé le nom de la République de Macédoine dans un rapport présenté par le PNUE-BRE lors de cette réunion provoque cependant le retrait de la Grèce du processus[306]. La troisième réunion de négociation devant se dérouler en Grèce en fin

---

305 Basé à Rome dans les locaux de la FAO, le partenariat sur la montagne a été mis en place en 2002 suite au Sommet mondial sur le développement durable organisé à Johannesburg. Il a pour objectif de faciliter la coordination et la coopération entre les acteurs et États impliqués dans la cause de la montagne: <http://www.partenariatmontagne.org>, consulté le 19 août 2013.

306 Pour des raisons géopolitiques liées à la province grecque de Macédoine, la Grèce ne reconnaît pas le nom de République de Macédoine proclamé à l'indépendance du pays en 1991, mais celui d'Ancienne République yougoslave de Macédoine (ARYM), Former Yugoslav Republic of Macedonia (FYROM) en anglais, qui est reconnu à l'ONU.

d'année est annulée, et remplacée par une nouvelle conférence à Bolzano fin 2006 au siège d'EURAC, où est discutée une première version de la possible Convention, rédigée par le bureau de Vienne sur le modèle des Carpates: une convention-cadre générale, ne donnant pas d'obligations spécifiques aux Parties, portant sur des politiques de protection de la nature et de développement durable coordonnées à l'échelle du massif. Sur le modèle du processus d'éco-régionalisation des Carpates, la Convention internationale pour la protection et le développement durable des montagnes du sud-est européen est censée être adoptée à la sixième conférence interministérielle du processus Environnement pour l'Europe à Belgrade en 2007. Le processus de négociation est cependant bloqué suite au retrait grec[307].

Le processus reprend l'année suivante en mobilisant une nouvelle proposition de région, mobilisant une approche écorégionale, suite à l'initiative Arc Dinarique lancée par le WWF, en collaboration avec l'UNESCO, le PNUD, l'UICN, la FAO, le PNUE et le Conseil de l'Europe. En 2008, lors de la neuvième Conférence des Parties de la CDB à Bonn en Allemagne, six pays (Albanie, Bosnie, Croatie, Monténégro, Serbie et Slovénie) signent, sous l'impulsion du WWF, l'initiative «Big Win» reconnaissant l'existence d'une écorégion Arc Dinarique et le besoin d'une coopération régionale transnationale coordonnée sur ce périmètre. La Bulgarie, la Grèce et la Roumanie sont exclues du cadrage spatial de ce nouveau processus qui se recentre sur l'approche écorégionale proposée par le WWF. Fin 2008, le PNUE voyant l'opportunité de relancer son projet de Convention lance la préparation d'une évaluation environnementale pour la région (Dinaric Arc and Balkan Environnement Outlook, DABEO), incluant également le Kosovo. Le processus sera cependant stoppé une année plus tard faute de financement et en partie en raison du manque de soutien du nouveau directeur régional pour l'Europe du PNUE appointé à cette période[308].

Les négociations politiques reprennent sous la présidence slovène de la Convention Alpine en 2010 qui souhaite faire signer une résolution

307 Entretien PNUE 5, avril 2011.

308 Entretien informel avec un haut représentant du PNUE BRE souhaitant garder l'anonymat.

intergouvernementale soutenant le développement d'un cadre légal pour la protection et le développement durable de la région de projet sous la coordination du PNUE, dans le cadre du vingtième anniversaire de la Convention Alpine et de la onzième Conférence des Parties en 2011 à Brdo (Slovénie). Cette initiative fera l'objet d'un développement approfondi ci-dessous. La résolution sera finalement signée pendant la conférence par tous les pays à l'exception de la Bosnie et de la Serbie qui se sont abstenues au dernier moment comme je le montrerai dans la suite de chapitre. A la suite de ce retrait, le processus de négociation est à nouveau bloqué.

Dix ans après le début des négociations, les deux processus initiés par le PNUE dans le Caucase et dans le sud-est Européen n'ont pas abouti au développement d'un cadre légal pour la protection et le développement durable de ces régions de projet, sur le modèle des Carpates. Les deux exemples font entrevoir quelques-unes des résistances possibles à ces processus. Le PNUE s'est heurté dans les deux régions à des intérêts géopolitiques parfois plus larges qui ont entravé à plusieurs reprises les négociations et nécessité des recadrages constants du périmètre de ces initiatives. Les soubresauts des conflits entre la Géorgie et la Russie et entre l'Arménie et l'Azerbaïdjan ont ralenti voire stoppé le processus intergouvernemental dans le Caucase. Dans le sud-est européen, les tensions entre la Serbie et le Kosovo et entre la Grèce et la République de Macédoine ont également rendu les négociations plus difficiles.

Les propositions de régions ont ainsi été plusieurs fois recadrées, d'une approche centrée sur les massifs de montagne à une approche écorégionale sur un périmètre plus large incluant la Turquie et l'Iran dans la région de projet du Caucase. Dans le sud-est européen, la proposition de région a été peu à peu recadrée sur un périmètre plus étroit au fil des tensions entre les pays en négociation pour ne se concentrer que sur l'arc dinarique sur la base de l'approche écorégionale proposée par le WWF, comme dans le cas des Carpates. Le processus d'éco-régionalisation dans le sud-est européen est aussi marqué par un changement de leadership. Le premier processus de négociation incluant la Grèce, la Roumanie et la Bulgarie a été initié par la République de Macédoine. Suite au retrait du gouvernement grec et au premier échec des négociations, c'est la Slovénie qui a repris le pilotage du processus, notamment dans le cadre de son mandat à la Présidence de la Convention Alpine.

Après avoir brièvement présenté ces deux processus d'éco-régionalisation des massifs de montagne, je vais maintenant revenir plus en détail sur le déroulement de la première conférence internationale sur l'Arc Dinarique à laquelle j'ai pu assister et qui a été l'occasion d'une remise en cause publique du «modèle» développé par le PNUE.

9.2 Résistances et contestations

Réunion préparatoire de la conférence de Brdo

Fin 2010, une réunion de préparation à la conférence de Brdo est organisée à Ljubljana, capitale de la Slovénie, afin de discuter de la résolution qui doit être adoptée par les ministres des pays de l'Arc Dinarique en mars 2011. Tous les représentants des pays impliqués sont présents à l'exception de ceux de la république de Macédoine qui sont excusés. Des représentants du WWF, de l'UICN, d'EURAC, du REC, du PNUE-SICC et de la Convention Alpine sont également présents. La séance est présidée par l'ancien directeur régional pour l'Europe du PNUE qui officie dans le processus en tant que consultant. Les discussions ont directement porté sur le contenu de la résolution, préparée par le bureau de Vienne et devant être adoptée en mars 2011. Les débats ont été nettement plus vifs que ceux des réunions des organes de la Convention des Carpates auxquelles j'ai pu assister. Durant cette réunion préparatoire les positions du WWF et du bureau de Vienne ont été contestées par les délégués nationaux sur trois points:

Premièrement, tous les représentants gouvernementaux se sont rapidement mis d'accord pour supprimer toute référence à l'approche écorégionale promue par le WWF pour cadrer la région de projet, et qui a servi de base de discussion lors de la relance du processus à la conférence de l'initiative «Big Win» à Bonn en 2008. Le terme d'écorégion est jugé «imprécis» et dès lors «inacceptable politiquement[309]» par les représentants nationaux. Toute

309 Toutes les formulations entre guillemets proviennent des notes que j'ai retranscrites manuellement durant cette réunion préparatoire à laquelle j'ai assisté avec mon collègue Dusan Djordjevic.

référence à une définition écorégionale est définitivement abandonnée dans la résolution finale. Sous l'impulsion du président de séance, les délégués conviennent de laisser la question du périmètre spatial de la résolution ouverte, pour continuer à aller de l'avant et éviter de raviver les conflits territoriaux, selon la méthode qui avait été appliquée par le PNUE dans les négociations pour la Convention des Carpates.

Pourtant, une deuxième source de tension concernant le cadrage spatial de la future résolution va apparaître dans une discussion portant sur le titre de la résolution. Le représentant du bureau de Vienne souhaite garder dans le titre la référence aux régions voisines de l'Arc Dinarique (*Dinaric Arc and Neighboring Regions*), afin de laisser la porte ouverte à un éventuel retour dans le processus intergouvernemental de la Bulgarie, de la Roumanie, et éventuellement de la Grèce. Cette proposition a fait l'objet d'une forte contestation de la part des représentants slovènes qui ne souhaitent pas voir s'étendre le processus de coopération au-delà du cadrage spatial défini actuellement :

> Do we want to broaden the area? In 15 years it will come to Portugal, Pakistan or Norway... Alpine Convention is a closed convention; the countries are listed in the preamble. Do we need a closed or open convention? And how open we tend to be? It is nice to have other countries as observers and partners but do we want them part of the convention?[310]

Sous l'impulsion slovène, la mention de « régions voisines » est effacée de la version transmise par le rapporteur à la suite de cette réunion. Par ailleurs, toute mention au terme générique « Balkans » a également été effacée à la demande du représentant croate.

Enfin, une dernière proposition de modification a concerné directement le cadrage thématique de la future résolution. La discussion a de nouveau porté sur le titre de celle-ci. En effet, la formulation adoptée par le bureau de Vienne « protection et développement durable de l'arc dinarique » sur le modèle de la Convention des Carpates a été modifiée à la demande du représentant bosniaque, soutenu à nouveau par la délégation slovène, en « développement durable de l'arc dinarique ». La référence à la « protection »

310 Citation retranscrite manuellement lors de cette réunion préparatoire, Ljubljana, novembre 2010.

de la région a été supprimée par ces pays de peur d'une vision trop restrictive et protectrice de l'environnement pouvant nuire au développement des régions concernées. Une réserve similaire était également apparue dans les négociations sur la Convention des Carpates de la part des représentants gouvernementaux, mais la formulation avait finalement été maintenue.

Au final, si le contenu même du texte de la résolution préparé par le bureau de Vienne n'a que peu changé, sa forme a passablement évolué sur des points importants: la définition écorégionale a été abandonnée, un cadrage spatial fixe a été adopté et le cadrage thématique s'est recentré exclusivement sur les enjeux de développement durable. Lors de discussions informelles que j'ai eues à la suite de la réunion avec les représentants du bureau de Vienne, ils m'ont toutefois exprimé leur satisfaction de voir la proposition de région avancer, quel que soit le cadrage retenu. Cela montre bien ici l'importance relative du contenu de ce type de résolution par rapport à l'enjeu essentiel pour le PNUE de pouvoir continuer à piloter le développement de conventions régionales.

Quelques semaines avant la tenue de la conférence de Brdo, la tension monte cependant dans les couloirs du bureau de Vienne pour des enjeux de politique étrangère. La présence du Kosovo au sein de l'initiative rend en effet l'adoption de la résolution difficile, car le gouvernement serbe refuse de parapher un document officiel au côté d'un Etat dont il ne reconnaît pas l'indépendance. Les discussions sont vives à Vienne sur les options possibles pour faire adopter cette résolution par le gouvernement serbe. Finalement, à quelques jours de la tenue de la conférence, les experts légaux du PNUE-BRE à Genève proposent une solution de dernier recours, l'option légale possible d'une adoption par acclamation, ce qui éviterait au gouvernement serbe de devoir apposer sa signature sur un document officiel aux côtés du Kosovo, tout en permettant néanmoins de poursuivre le processus: «it's going to be hot» me confie le secrétaire général, mais les délégués serbes semblent accepter le compromis et confirment leur présence à la conférence.

La mise à l'écart du PNUE

> Le 9 mars 2011, les Ministres de l'Albanie, de la Croatie, du Kosovo, du Monténégro, de la République de Macédoine et de la Slovénie signent la résolution pour le développement durable de la région Dinarique à Brdo. Par cette signature ils lancent officiellement le processus de négociation vers le développement d'un cadre légal de coopération régionale.

Cette formule utilisée dans le rapport du PNUE pour communiquer sur le résultat de la conférence de Brdo cache en vérité une triple source de consternation pour le bureau de Vienne dont le leadership a été très largement contesté durant la conférence: il a finalement été décidé d'adopter la résolution par signature et non par acclamation comme cela avait été organisé par les experts légaux du PNUE-BRE; la Serbie a du coup refusé de participer à la conférence et la Bosnie a décidé de repousser sa signature de la résolution; enfin, la Slovénie a repris le pilotage du processus mettant le PNUE à l'écart. Un véritable coup de théâtre qui s'est joué dans les couloirs le jour précédent la conférence et dont j'ai pu suivre le cheminement.

Tout semble en effet s'être joué le soir avant la conférence pendant le repas qui suivait la réunion de la conférence alpine. Les interprétations divergent nettement sur les raisons de ce changement de cap. Selon les représentants slovènes, les Serbes auraient envoyé un courrier quelques jours avant la conférence avertissant qu'ils n'adopteraient finalement pas de résolution avec le Kosovo même par acclamation. Devant cet état de fait, les représentants slovènes auraient proposé à leurs homologues de poursuivre le plan initial et d'adopter la résolution par signature.

La version du bureau de Vienne est sensiblement différente. Les Slovènes auraient dès le départ été réticents à trouver un compromis avec les représentants serbes au sujet du Kosovo selon ses représentants. Le secrétaire général de la Convention des Carpates aurait ainsi dû insister à plusieurs reprises pour assurer la présence de la mission d'administration intérimaire des Nations Unies au Kosovo (MINUK) au côté du représentant du Kosovo, condition pour garantir la présence des Serbes, qui ne reconnaissent pas l'indépendance du pays. Un accord fragile avait été trouvé par le PNUE avec les Serbes pour adopter la résolution par acclamation, accord qui aurait été torpillé par les représentants slovènes.

Selon le bureau de Vienne, les Slovènes souhaitaient en effet absolument avoir une signature de la résolution pour pouvoir présenter ce résultat à la presse. Il est difficile de démêler le vrai du faux dans cet épisode. Toutefois il est certain que les résistances géopolitiques ont été trop importantes pour permettre l'adoption d'une résolution par toutes les Parties.

Ces enjeux géopolitiques sont également à mettre en contraste avec des résistances constatées au niveau du pilotage du processus d'éco-régionalisation par le bureau de Vienne. Le 8 mars, jour avant la résolution, plusieurs rumeurs courraient dans les couloirs de la Conférence Alpine que les Slovènes souhaitaient sortir le PNUE des négociations et reprendre la main sur la coopération régionale de l'Arc Dinarique. Ces échos m'ont été confirmés informellement par une représentante de la délégation slovène, ainsi que par un nouvel événement imprévu pendant l'adoption de la résolution le 9 mars. C'est en fait une demande d'apparence anodine de la Présidence slovène qui va provoquer ce deuxième coup de théâtre. Pendant son discours inaugural, le représentant slovène demande en effet à ce que les minutes de la conférence soient consignées et ajoutées à la résolution devant être adoptée. La demande est acceptée par tous les représentants gouvernementaux présents. A la suite de cette demande, le représentant slovène propose oralement à toutes les Parties d'héberger le futur secrétariat de la Convention de l'Arc Dinarique et surtout de piloter les prochaines étapes du processus. Une proposition également acceptée par les États présents[311] et donc consignée dans les minutes alors même que le texte de la résolution négocié en amont confiait ce rôle de facilitateur au PNUE:

> We, the ministers and high representatives [...] hereby declare to strive to develop a legal framework for the protection and sustainable development of the Dinaric Arc region through a UNEP serviced process between the countries involved[312].

La surprise est totale pour le bureau de Vienne qui est mis hors-jeu du processus d'éco-régionalisation par la présidence slovène sans avoir pu réagir.

La conférence de Brdo a donc été l'objet d'une véritable contestation du processus de diffusion du modèle des Carpates opéré par le PNUE.

---

311 Sans la Serbie donc qui ne s'est pas présenté à la conférence.

312 Resolution on the Sustainable Development of the Dinaric Arc Region, adopted at Brdo, 9 March 2011. Emphase ajoutée par l'auteur.

Résistance sur le cadrage spatial et argumentatif du processus en amont, puis véritable contestation du leadership de l'organisation internationale dans le processus d'éco-régionalisation de l'Arc Dinarique.

Quelques hypothèses pour expliquer cette contestation peuvent être avancées. Tout d'abord la question d'un secrétariat administré par la Slovénie semble n'avoir jamais été soulevée lors des réunions préparatoires à la conférence, il y a donc dû bien avoir des rencontres informelles avant et plus vraisemblablement le soir avant la conférence avec la présence de tous les hauts représentants gouvernementaux. Pourtant le directeur du bureau régional européen était également présent à ce repas mais n'a semble-t-il pas été tenu informé de l'évolution de la situation.

Mes discussions avec les différents protagonistes et observateurs de ce coup de théâtre me permettent de mettre en avant plusieurs explications à la volonté slovène de prendre le leadership. Tout d'abord, la Slovénie assurait la présidence alpine entre 2010 et 2011 et, de l'avis des observateurs, elle n'avait que peu de succès à mettre à l'actif de sa présidence. Le taux de participation à la Conférence des Parties a été également historiquement bas (soixante-cinq inscrits). La signature de la résolution pour l'Arc Dinarique dans le cadre des vingt ans de la Convention Alpine pouvait donc être présentée comme une avancée importante à mettre au crédit de la présidence. Il semble également que la Slovénie souhaite endosser un rôle de leadership politique dans la région et se présenter comme un pont entre les Alpes et le sud-est européen. C'est également le pays qui a montré le plus de volonté après la République de Macédoine à ce que le processus continue d'avancer et qui dispose de ressources nécessaires à cette fin.

Enfin, il semble qu'un certain nombre d'acteurs au-delà de la Slovénie ne voient pas le leadership du PNUE d'un bon œil. Il y aurait eu une certaine réticence à ce que l'organisation internationale prenne trop d'influence dans ce processus et développe une nouvelle « UNEP's Convention » selon des propos entendus lors de la conférence. Il m'a également été confirmé que le secrétariat de la Convention Alpine, présent à Brdo aurait émis des réserves à ce que la possible Convention de l'Arc Dinarique soit pilotée depuis Vienne.

Le processus de négociation est désormais au point mort. À la suite de la conférence, les représentants serbes et bosniaques ont confirmé au bureau de Vienne qu'ils ne se lanceraient pas dans un processus de négociation sans le pilotage du PNUE. Une réunion d'experts de suivi à la conférence de Brdo a bien été organisée par la Présidence slovène en 2012 à Ljubljana avec la présence du PNUE comme observateur, mais elle n'a réuni qu'une dizaine d'experts dont cinq slovènes et deux observateurs extérieurs. Aucun représentant serbe ni bosniaque n'était présent. Le processus de négociation se trouve donc pour l'heure bloqué au milieu d'un conflit de leadership entre le bureau de Vienne et la Présidence slovène.

9.3 Synthèse du chapitre

Le scénario catastrophe de Brdo et les tentatives avortées du PNUE d'étendre son modèle d'éco-régionalisation des Carpates à d'autres régions de montagne du monde posent un certain nombre de questions plus large sur le processus de coopération environnementale transnationale à l'échelle des massifs de montagne, que je souhaite aborder en conclusion de ce chapitre.

En premier lieu, la diffusion du modèle des Carpates à d'autres régions de montagne du monde pose la question du modèle diffusé. Quel est donc ce modèle d'éco-régionalisation des Carpates? Est-ce qu'il se résume simplement à «évaluation, recommandation, méthodologie pour interagir avec les partenaires institutionnels ou les collectivités[313]» comme le suggère ce responsable du PNUE-BRE que j'ai pu interroger?

Les éléments présentés dans cet ouvrage permettent d'en douter. J'ai montré qu'il s'agissait d'un cadre légal de coopération dur (la convention-cadre), mais avec des contenus relativement mous (les protocoles), autour de la coordination des politiques de protection de l'environnement et de développement durable à l'échelle du massif de montagne. J'ai montré également que l'identification de la région de projet ne s'est pas effectuée sur la base d'une évaluation environnementale, celle-ci ayant été réalisé a posteriori. L'examen des pratiques a révélé une faible planification du fonctionnement institutionnel et des orientations stratégiques futures de la Convention, avec une action du secrétariat souvent très située, en réac-

313 Entretien PNUE 7, Mars 2011.

tion à des opportunités, qui relève plus du tâtonnement ou de la tactique (De Certeau, 1990), jonglant à l'interface entre des demandes et des opportunités diverses provenant de mondes variés.

J'ai montré enfin que la signature du traité a été rendue possible par un faisceau d'opportunités politiques et financières convergentes, un élan politique global autour des enjeux de montagne et la présence d'une échéance qui ont permis de dépasser les désaccords et conclure les négociations de manière rapide. Plus de dix ans après sa signature plusieurs points de tension n'ont cependant toujours pas été résolus, comme la localisation et l'administration du secrétariat et l'absence d'une définition commune partagée de la région de projet des Carpates. Par ailleurs, mes observations ont laissé entrevoir un processus d'institutionnalisation largement piloté par le PNUE et son réseau de partenaires propres, notamment ses partenaires techniques et scientifiques comme l'académie européenne de Bolzano et le réseau GRID et des partenaires transnationaux comme le WWF-DCPO.

Le processus d'éco-régionalisation des Carpates a ainsi été principalement porté par des acteurs exogènes à la région de projet dans une démarche plutôt descendante – ce qui n'a pas empêché cependant une forte dose de bricolage. De ce que j'ai pu observer, l'engagement des délégués nationaux et des collectivités locales et régionales est resté très limité dans le fonctionnement institutionnel. Ils ont pour la plupart du temps laisser le processus d'éco-régionalisation se dérouler, contrairement aux exemples du Caucase ou de l'Arc Dinarique. La Convention des Carpates a néanmoins suscité, parfois initié, la constitution d'autres groupements ayant une forte volonté de collaborer autour du massif de montagne, comme le réseau d'espaces protégés des Carpates (CNPA) ou le réseau de scientifiques S4C. Plusieurs grands projets européens de coopération territoriale transnationale ont également pu être mis en œuvre dans le cadre de la Convention. Il n'existe cependant pas encore de littérature scientifique (tout du moins en anglais ou en français) pouvant me permettre d'évaluer les effets de ces projets sur le terrain.

A l'exception de la Convention des Carpates, le seul traité existant fixant un cadre légal de coopération environnementale coordonné à l'échelle d'un massif de montagne est la Convention Alpine, qui résulte d'un processus endogène initialement porté par une organisation non gouvernementale de portée régionale. Plus de vingt ans après sa signature, le bilan des actions concrètes de la Convention Alpine est plutôt mitigé (Price et al., 2011). Depuis 2001, plusieurs autres initiatives d'éco-régionalisation à l'échelle des massifs de montagne ont été lancées dans les Balkans, puis l'Arc Dinarique, au Caucase ou encore en Asie Centrale. Ces initiatives ont largement été soutenues par le PNUE et d'autres organisations environnementales transnationales comme le WWF. Aucune de ces initiatives n'a cependant pour l'instant abouti pour un ensemble de raisons.

Au regard de ces quelques éléments de réflexions on peut se demander si «le coup de théâtre de Brdo» est une remise en cause du pilotage de l'initiative par une organisation internationale exogène à la région de projet ou bien s'il ne questionne pas plus globalement le modèle légal de coopération environnementale à l'échelle des massifs de montagne que tente de diffuser le PNUE, cherchant ainsi à répliquer le succès, tout du moins quantitatif, de son processus d'éco-régionalisation sur les mers régionales (Church, 2010). L'émergence des stratégies macro-régionales européennes comme nouvel outil souple de coopération territoriale est de ce point de vue plutôt intéressant. Le développement de ces stratégies, si elles sont articulées aux programmes financiers de coopération territoriale transnationaux (ce qui semble être désormais la volonté de la Commission européenne[314]), constitue à mon sens une opportunité de repenser le développement durable des régions de montagne de façon coordonnée sur des périmètres élargis, incluant les agglomérations voisines. De ce point de vue les débats actuels sur une stratégie macro-régionale alpine sont d'un grand intérêt.

Enfin, l'échec de Brdo rappelle surtout que les Etats disposent toujours d'une capacité de blocage forte dans ce type de processus et qu'il est naïf de croire que le simple fait de partager une entité naturelle et des défis communs soit une raison suffisante pour collaborer ensemble. Dans le cas des Carpates c'est un faisceau d'opportunités (chapitre 4) qui a permis la conclusion d'un accord formel. Il est permis de douter que cette conjonction d'éléments favorables ne se répète dans d'autres régions du monde et invite à repenser le «modèle» de coopération régional proposé par le PNUE.

---

314 Report from the Commission to the European Parliament, the Council, the European Economic and Social Committee and the Committee of the Regions concerning the governance of macro-regional strategies, Brussels, 20.05.2014, p. 6.

L'éco-régionalisation en perspectives

Au terme de cette analyse du processus d'éco-régionalisation des Carpates, il convient désormais de revenir sur les différentes modalités de ce processus, sur les pratiques et stratégies observées et sur la manière dont cet ouvrage les éclaire. Cette partie conclusive est donc l'occasion pour moi de revenir sur mes objectifs et hypothèses de recherche et d'identifier les apports et limites de cet ouvrage. Je souhaite également mettre en avant les différentes interactions, temporalités et synergies entre les différentes pratiques observées en m'appuyant notamment sur la construction d'une frise chronologique qui regroupe les divers éléments mis en lumière dans cette partie empirique au sein d'un ensemble commun et cohérent (Annexe 1)[315].

Rappel des objectifs de la recherche et des hypothèses principales

Cet ouvrage avait pour objectif d'étudier le processus d'éco-régionalisation des Carpates en se concentrant sur les pratiques discursives et matérielles de deux institutions influentes dans le contexte européen et sélectionnées dans le cadre initial du projet: le World Wide Fund for Nature (WWF) et le programme des Nations Unies pour l'Environnement (PNUE). Plus spécifiquement, l'objectif de cet ouvrage est de comprendre comment ces institutions identifient, délimitent et institutionnalisent les Carpates comme une région de projet légitime et appropriée pour justifier et mener

315 La frise débute volontairement en 1998 avec l'ouverture du WWF-DCPO et la mise en place de la *Carpathian Ecoregion Initiative*, car j'ai montré qu'il s'agit de la première fois qu'un programme visant à coordonner des politiques environnementales à l'échelle du massif de montagne a été initié. Les chapitres de cet ouvrage sont mis en évidence sur cette frise par des couleurs différentes. Les événements ponctuels sont indiqués à l'aide de points, les processus par des traits. Les cartes produites durant ce processus d'éco-régionalisation et analysées dans ce manuscrit sont directement visibles sur la frise.

leurs initiatives environnementales: quels processus et quelles pratiques mettent-elles en œuvre ?; quelles ressources et quels objets mobilisent-elles ?

Les hypothèses qui ont guidé cet ouvrage s'articulent autour de trois champs de recherche: les politiques scalaires, les interactions entre production scientifique et gouvernance politique, les travaux de cartographie critique et les enquêtes ethnographiques sur les pratiques des secrétariats internationaux.

Les hypothèses principales étaient les suivantes:

- La région de projet environnemental des Carpates n'est pas une entité naturelle existant à priori mais une construction sociale, matérielle et discursive, le résultat d'un processus dynamique d'institutionnalisation.
  - Elle peut être appréhendée comme un agencement dynamique constitué de formes matérielles, sémiotiques et sociales autonomes.
  - L'objectivation des Carpates est le résultat d'une convergence (partielle) d'acteurs hétérogènes, basés en différents lieux, et agissant selon des stratégies et des spatialités différentes autour d'un cadrage commun.
  - La science et l'expertise scientifique sont directement mobilisées par les acteurs institutionnels pour justifier et légitimer leurs propositions de régions. La constitution de collectifs scientifiques «régionaux» peut être ainsi parfois initié, soutenu voire financé par ces institutions pour participer au processus de consolidation de la région
- La production cartographique et de bases de données sont des éléments essentiels du processus d'institutionnalisation et leur contribution est importante à toutes les étapes de la construction régionale, la formulation de propositions de région, la singularisation d'une proposition et la consolidation de la région de projet, à travers des modalités variées.
  - Elles participent directement à la formulation des cadrages spatial, argumentatif et institutionnel du processus d'éco-régionalisation.
- La stabilité de la région de projet dans l'espace et le temps dépend en grande partie de son fonctionnement institutionnel, de sa capacité à

déployer ses effets et de sa faculté à intégrer les propositions de région parfois concurrentes sous un même cadrage.

- Cette stabilisation implique des formes de performance socio-matérielle variées – relationnelles, opérationnelles, institutionnelles et matérielles – toutes ensemble étant susceptibles d'institutionnaliser la région de projet.
- Plus ce processus continue et se poursuit, plus la région est performée et se distingue des autres régions. On peut ainsi dire que la région prend de ‹l'épaisseur›
- La mise en place de ces formes de performance est effectuée dans le contexte des Carpates principalement par l'organe institutionnel de la Convention, le secrétariat par intérim administré par le PNUE, qui joue dès lors un rôle central dans le processus d'institutionnalisation.
- Le travail du secrétariat peut s'apparenter à celui d'une organisation frontière agissant à l'interface entre production scientifique et gouvernance politique et tentant de réconcilier les différentes demandes.

- Ce processus de performation peut ainsi également parfois participer à la déstabilisation du cadrage institutionnel initial à une échelle et sous des formes variables : mise en tension, reformulation du cadrage initial (pour l'enrichir ou le concurrencer), contestation (de la pertinence du modèle régional adopté ou de l'entité qui participe à sa réalisation).

L'identification des régions de projet: entre production de connaissances et perspectives d'action

L'analyse a montré que la construction régionale *combine* production de connaissances et perspectives ou intentions d'action. Ces conclusions rejoignent celles de Roderick Neumann (2009) pour qui politiques scalaires et politiques de connaissances sont inextricablement liées, spécifiquement dans la gouvernance environnementale. Les chapitres 4 et 8 de cet ouvrage ont en grande partie porté sur cette interpénétration.

Ils dévoilent comment la «Carpathian Ecoregion Initiative» (CEI) lancée par le WWF-DCPO en 1999 a permis de constituer un «public régional»

(Metzger, 2013) de cinquante organisations, des universités, des agences nationales de conservation, des parcs nationaux et des organisations non gouvernementales autour de la formulation de ce que Jonathan Metzger (2013) propose d'appeler « une proposition de région » : les Carpates comme écorégion. Le WWF-DCPO s'est appuyé sur le programme « Global 200 », développé par le WWF international pour prioriser ses actions territoriales sur la base de critères naturalistes, afin de justifier et légitimer le cadrage de sa proposition de région.

Ce premier réseau de scientifiques correspond au premier type d'interaction entre scientifiques et projets régionaux identifiés dans un article collectif que j'ai publié sur le sujet (Debarbieux et al., 2014), à savoir des scientifiques spécialisés et indépendants qui ont pour objectif principal l'échange d'informations et le partage d'expériences en vue de contribuer à une meilleure compréhension commune de la proposition de région. L'initiative CEI a ainsi abouti à la constitution d'une base de données importante et à la publication de la première évaluation environnementale de cette région de projet. Conçue comme un véritable instrument de communication, cette publication comporte de nombreuses images et cartes de l'écorégion des Carpates dans l'objectif de « démontrer que la région est déjà et qu'elle doit être » (Metzger, 2013). J'ai mis en avant que l'argumentation souligne la cohérence de cette entité naturelle, ainsi que les défis communs partagés au-delà des frontières nationales, et justifie ainsi le besoin de développer une coopération transnationale. J'ai montré que la CEI a ainsi participé à « l'articulation de préoccupations communes cadrées territorialement » (Metzger, 2013) et à l'émergence d'une première « communauté de problèmes » autour de ces enjeux.

L'identification des Carpates par le PNUE s'inscrit quant à elle en lien avec la reconnaissance progressive des enjeux spécifiques des régions de montagne au niveau mondial, la promulgation d'une année internationale de la montagne (AIM) en 2002 par l'Assemblée Générale des Nations Unies et les perspectives de développement à l'est de l'Europe. L'analyse souligne que c'est dans ce cadre que le PNUE-BRE va formuler une proposition de région alternative centrée sur une coopération légale autour des massifs de montagne. Le centre de surveillance de la conservation de la nature du PNUE va tout d'abord être mobilisé pour développer une méthodologie scientifique permettant d'établir une définition commune des massifs de montagne basée sur des critères de pente et d'altitude. Le PNUE-BRE saisira ensuite l'opportunité de l'AIM pour développer un plan d'action stratégique identifiant les Carpates, au même titre que le Caucase, le sud-est européen et l'Asie Centrale pour y développer des cadres légaux de coopération transnationale environnementale, qui constituent la compétence principale de l'organisation. Le PNUE-BRE a réussi à rassembler les gouvernements derrière sa proposition de coopération à l'échelle du massif des Carpates, ainsi que des partenaires alpins intéressés à diffuser vers d'autres régions de montagnes le type de coopération mis en place dans le cadre de la Convention Alpine. Le PNUE-BRE s'appuie sur l'expertise scientifique de son réseau GRID pour produire une évaluation environnementale de la région des Carpates sur le modèle des évaluations globales développées par l'institution, afin de justifier sa proposition de région. Il va également mobiliser l'expertise de l'Académie européenne de Bolzano qui a une longue expérience de collaboration avec la Convention Alpine pour proposer une définition scientifique commune de la région pouvant être acceptée par les Etats. Dans les deux cas, la production cartographique sera largement mobilisée pour sa capacité à donner des preuves visuelles et des justifications argumentées pour la création de ces nouvelles régions de projet.

Ces quelques exemples tirés de ma recherche montrent bien combien la science reste «une modalité persistante de légitimation du travail des organisations environnementales non gouvernementales et des organisations internationales» (Mauz et al., 2012, p. 5). Ces résultats doivent toutefois être nuancés. Mes recherches ont montré que ces propositions de régions résultent souvent de choix pragmatiques en fonction des opportunités présentes et que les justifications scientifiques sont souvent mobilisées *a posteriori* par ces organisations pour légitimer leurs choix.

L'analyse dévoile ainsi que l'identification des Carpates par le WWF-DCPO s'est tout d'abord effectuée selon une logique de bassin versant dans le cadre de ses activités de protection des eaux du Danube. Ce n'est que dans un deuxième temps que les membres du bureau de programme de l'organisation ont identifié l'intérêt de considérer la région de montagne comme une unité cohérente en soi pour y développer des politiques coordonnées et intégrées et ainsi d'y établir un programme spécifique. La légitimation de ce choix par le programme «Global 200» n'est de fait intervenue qu'à postériori pour cadrer au mieux les actions du bureau de programme avec la stratégie de priorisation développée au siège international de l'organisation. Le programme « Global 200 » a ainsi plutôt fonctionné comme un « label » de communication mobilisé de façon stratégique par l'organisation pour légitimer le programme déjà mis en place par le bureau régional et attirer de nouveaux financements. Par ailleurs, si le PNUE-BRE se prévaut d'une méthode d'action débutant par une évaluation environnementale scientifique pour identifier les besoins et défis des régions de projet de manière prospective (chapitre 9), en vue de développer par la suite une base légale de coopération, mes observations montrent cependant clairement que la production d'une évaluation environnementale régionale s'est effectuée seulement *après* la signature de la Convention en 2003, grâce à un financement obtenu par le bureau de Vienne dans le cadre du *Carpathian Project*.

La production de connaissances scientifiques ne doit pas ainsi être appréhendée comme un pré-requis sur lequel se baseraient ces institutions transnationales pour identifier et définir des régions de projet. Au contraire, production scientifique et gouvernance politique se répondent mutuellement. L'action du PNUE et du WWF est sans surprise également motivée par des considérations stratégiques et opportunistes et dépend de la capacité de ces institutions à mobiliser des financements. La construction d'une région des Carpates assure dans cette perspective une visibilité essentielle à la poursuite des actions de ces deux institutions et à la diffusion de leurs modèles d'intervention vers d'autres régions (chapitre 9).

Mes résultats mettent ainsi bien en lumière les interactions entre production scientifique et gouvernance politique et confirment la co-construction de la région de projet et de la production de connaissance scientifique qui la légitime. Politiques scalaires et production de connaissances sont deux éléments inséparables des politiques environnementales.

Cartographie, bases de données et réseaux scientifiques : des instruments essentiels et complémentaires

Mes résultats confirment l'influence de la production cartographique et de bases de données sur le processus d'éco-régionalisation : elle cadre les propositions de région et fournit des arguments pour leur construction et est dès lors un instrument cognitif et rhétorique décisif pour leur singularisation et construction institutionnelle; elle contribue à façonner la communauté d'acteurs de la proposition de région correspondante; enfin, elle participe à la stabilisation de la région par sa naturalisation. La cartographie ne doit dès lors pas être appréhendée simplement comme une donnée technique de la construction régionale, mais comme un élément cognitif et institutionnel important de ce processus.

Pris ensemble, la cartographie, les bases de données et les réseaux scientifiques se sont révélés être trois instruments complémentaires participant au processus d'éco-régionalisation, comme le montre leur articulation visible sur la frise chronologique (annexe 1). La science apporte son autorité et sa crédibilité au projet régional, les bases de données permettent de mettre en œuvre une «science-based Convention» et la cartographie est mobilisée comme un instrument de preuve, de communication, de sensibilisation et d'évaluation tout au long du processus. Les institutions pouvant se prévaloir de la maitrise de ces trois instrument disposent d'un avantage stratégique certain pour faire partie du cadrage institutionnel de la région de projet, obtenir de nouveaux mandats et jouer un rôle central dans ce processus, comme l'ont montré les exemples du WWF-DCPO avec la CEI et d'EURAC avec son partenariat avec le secrétariat de la Convention.

Si la production cartographique et de bases de données influence chaque étape de la construction régionale, l'examen de la frise chronologique permet de mettre en lumière une production plus importante à partir de 2006. En effet, à partir de cette date, le secrétariat par intérim de la Convention des Carpates va obtenir plusieurs financements européens pour des projets transnationaux (le *Carpathian Project* en 2006, *AKK* en 2008, *Bioregio et Carpivia* en 2011), qui vont permettre le développement de bases de données géo-environnementales et d'une production cartographique associée. Ainsi, ce ne sont pas trois instruments mais quatre (réseaux scientifiques, cartographie, bases de données *et* projets) qui s'articulent ensemble de façon complémentaire. Mes recherches soulignent en effet que l'obtention de projets transnationaux est une des variables essentielles au développement de la Convention. La production cartographique et de bases de données est ainsi directement liée au développement de projets spécifiques, posant la question de la cohérence globale de cette production.

À l'exception des cartes produites par le WWF, l'ensemble de la production cartographique du processus d'éco-régionalisation des Carpates a été pilotée de près ou de loin par le PNUE-SICC dans le cadre de projets transnationaux, ce qui lui permet d'articuler les différents cadrages régionaux de façon complémentaire pour soutenir son projet. La frise chronologique illustre bien cette dépendance de fonctionnement aux projets : entre 2003, date de la signature de la Convention et 2006, date de l'obtention du premier projet transnational, on observe très clairement une baisse de la production cartographique et de base de données (en partie liée également au déclin du WWF-DCPO à cette même période[316]) et d'activités en lien avec la Convention.

Cette intense production cartographique n'a pas permis la mise en place d'une base de données intégrée sur l'ensemble du périmètre de la Convention (chapitre 8). En effet, la totalité de cette production a été réalisée dans le cadre de projets sectoriels (en lien avec la mise en œuvre des protocoles de la Convention), et par des institutions privées (Daphne, EURAC, RTI Polska, WWF) peu enclines à partager leurs données une fois le projet terminé. Ce mode de fonctionnement a certes contribué à la multiplication de la production cartographique et de bases de données, mais a également participé à la fragmentation de l'information géographique et ainsi empêché la mise en place d'une réelle politique environnementale intégrée et coordonnée à l'échelle de la région de projet, objectif pourtant central de la Convention des Carpates. L'analyse a montré que pour dépasser cet écueil, et suivant le modèle alpin, le secrétariat a décidé de conclure un partenariat avec une institution publique supranationale, l'Agence Européenne pour l'Environnement. L'accord a pour objectif de soutenir le développement d'une base de données intégrée et l'établissement de nouvelles directives concernant la standardisation ; le partage des données au sein de projets pourrait éventuellement lui permettre de surmonter cet écueil dans les prochaines années.

316 Il est d'ailleurs frappant de constater que le retour du WWF-DCPO comme un acteur majeur du processus d'éco-régionalisation, notamment dans le cadre du projet Bioregio, s'accompagne de la production d'une carte (*Blue River, Green Mountains*, 2006) exposant la vision de l'organisation et soutenant la formulation de son nouveau cadrage spatial et argumentatif d'action pour la région.

La nouvelle géographie régionale reste étonnamment silencieuse sur les pratiques qui performent les régions de projet au quotidien. Jonathan Metzger (2013) et Anssi Paasi (2009) proposent quelques pistes de réflexions mais divergent dans leur manière d'analyser le processus de stabilisation de ces régions. Pour Metzger c'est la formation d'un porte-parole reconnu et la délégation de la proposition dans des formes socio-matérielles plus durables qui permettent à la région de projet de se stabiliser, alors que pour Paasi ce serait le fonctionnement institutionnel qui jouerait ce rôle dans le cas de régions transnationales. Mes résultats montrent que ces deux conceptions sont trop réductrices pour englober la variété de pratiques matérielles et discursives qui performent la région de projet et qui participent à consolider et à enrichir le cadre de coopération nouvellement créé et à stabiliser l'agencement des Carpates dans l'espace et dans le temps.

D'une part, le processus d'éco-régionalisation des Carpates ne s'arrête pas à la signature du traité, ni à la création d'un porte-parole de la région, rôle que pourrait endosser le secrétariat en ce sens qu'il se positionne «comme la personnification légitime de la voix de la région» (Metzger et Schmitt, 2012, p. 269). Un bref examen de la frise chronologique (Annexe 1) montre au contraire que la région de projet est performée par des pratiques matérielles et discursives qui débutent peu *après* la signature du traité et l'établissement du secrétariat. D'autre part, ces pratiques ne sauraient être réduites au seul fonctionnement institutionnel du traité. Elles prennent au contraire des formes socio-matérielles variées – relationnelles (réseaux denses de relations entre acteurs, constitution de réseaux de scientifiques), opérationnelles (projets), institutionnelles (protocoles, création de nouvelles institutions régionales) et matérielles (cartes, publications, bases de données) – toutes ensemble étant susceptibles d'institutionnaliser la région de projet.

Mes recherches soulignent que le secrétariat tient un rôle central dans la performation de la région. Les chapitres 5 à 8 de cet ouvrage portent spécifiquement sur l'analyse de ses façons de faire. Le secrétariat assure le fonctionnement institutionnel du traité, prépare des rapports et les points à l'agenda et oriente les objectifs de la Convention en fonction des opportunités (chapitre 7). Il étend le réseau de la Convention en nouant de nombreux partenariats institutionnels, politiques, financiers ou scientifiques (chapitre 5); il monte des projets et coordonne la mise en œuvre de la Convention (chapitre 6); enfin il tente de se positionner à l'interface entre le réseau de scientifiques qu'il a lui-même initié et le processus politique (chapitre 8). Ces résultats confirment que le secrétariat mobilise pleinement les trois sources d'influence à sa disposition identifiées par la littérature: des sources d'influence cognitive, normative et d'exécution (Biermann et Siebenhüner, 2009).

L'examen des pratiques du secrétariat suggère que celui-ci cherche à se positionner comme une organisation-frontière dans ce processus. Ce positionnement prend deux modalités distinctes. D'une part, le secrétariat tente de se placer comme un acteur intermédiaire, une «organisation relais» (Berkes et al., 2005) pouvant permettre soit d'articuler les objectifs généraux de conventions de portée mondiale (CDB, Ramsar) avec les spécificités régionales, facilitant leur mise en œuvre et développant des synergies (chapitre 5), soit avec l'émergence de nouveaux outils de coopération territoriale comme les stratégies macro-régionales, d'articuler des cadres d'intervention qui se superposent en partie et de trouver des complémentarités (chapitre 7).

D'autre part, le secrétariat tente de se positionner à l'interface des communautés scientifiques et politiques pour faciliter leur collaboration (Guston, 2001) et consolider ainsi la région de projet. A la suite de la signature de la Convention et plus encore après la signature du protocole sur la biodiversité en 2010, une partie des activités de réseautage du secrétariat a ainsi été centrée sur l'établissement de partenariats scientifiques (EURAC, CERI) pouvant soutenir le processus de stabilisation. Mais c'est surtout dans son interaction avec le réseau de scientifiques S4C que ce positionnement en tant qu'organisation-frontière se révèle (chapitre 8). Le secrétariat va en effet initier le développement du réseau selon le type 2 d'interactions entre science et politique identifié dans le contexte régional (Debarbieux et al., 2014), à savoir un collectif de scientifiques établis en contrepartie d'une initiative de gouvernance régionale dans le but de soutenir la formulation, la justification et la légitimation des actions politiques. Cependant, la difficulté du secrétariat à fournir la possibilité ou des incitations (financières notamment) à la création d'objets frontières

(Guston, 2001, p. 400-401), tel que le développement d'une base de données intégrée à l'échelle du massif ne lui a pas permis de jouer pleinement son rôle d'organisation-frontière.

Finalement, cet examen des pratiques du secrétariat met en évidence un paradoxe intéressant que je souhaite souligner ici: le poids des démarches extérieures et descendantes dans ce processus d'éco-régionalisation des Carpates s'accommode bien d'une forte dose de tâtonnement. Ce processus d'éco-régionalisation est en effet loin d'être un processus planifié suivant une méthode précise. L'action du secrétariat peut être ainsi qualifiée de située (Suchman, 2007) en ce sens qu'elle est par nature contingente et directement liée aux contextes spécifiques de la situation dans laquelle elle émerge. Mes recherches ont confirmé que l'action du secrétariat relève plus de la tactique que de la stratégie selon la distinction proposée par Michel De Certeau (1990).

Où sont les montagnes?

L'examen approfondi des pratiques matérielles et discursives du secrétariat par intérim de la Convention des Carpates aura surtout mis en lumière un type spécifique d'acteurs non-humains: les inscriptions matérielles. Cartographie, bases de données, rapports, textes de lois, brochures; tous agissent comme médiateurs dans le processus d'éco-régionalisation. Est-ce à dire que ni les éléments géologiques, ni la présence de grands mammifères ou de la plus grande étendue de forêts primaires d'Europe ne participent à l'objectivation des Carpates comme région de projet environnemental et à sa consolidation? Il est entendu qu'il s'agit d'acteurs tout aussi essentiel à ce processus d'éco-régionalisation.

L'absence des montagnes des Carpates me semble plutôt en partie liée au choix effectué dans cet ouvrage de s'intéresser particulièrement à l'analyse des inscriptions matérielles et de leur production. Toutefois, cette absence est également en grande partie révélatrice des pratiques que j'ai pu examiner durant mes quatre mois d'observation participante au sein du secrétariat. Mes observations ont souligné, d'une part, qu'aucun des membres du secrétariat n'avait de formation académique en sciences naturelles; la plupart sont juristes ou politologues (chapitre 5). D'autre part, qu'aucun de ses membres, à l'exception d'une consultante, n'était originaire de la région ou ne bénéficiait d'une expertise environnementale locale. La majorité des personnes travaillant au secrétariat proviennent des pays alpins qui ont activement soutenu le processus d'éco-régionalisation (chapitre 4).

Les activités centrales du secrétariat se concentrent sur le fonctionnement institutionnel du traité, l'élaboration des protocoles d'application (en lien avec des institutions scientifiques partenaires) et l'extension du réseau de la Convention. Ainsi, sans surprise, l'expertise scientifique locale et régionale est pour le moins limitée au sein de l'institution, acteur néanmoins central du processus d'éco-régionalisation. Ces résultats mettent également en perspective la volonté du secrétariat de se positionner en tant qu'organisation-frontière agissant à l'interface de ce processus, ainsi que ses difficultés à intégrer les collectivités locales.

Les pratiques comme objet d'analyse: agencement et enquête ethnographique

Les analyses effectuées tout au long de cette recherche ont montré l'intérêt de conceptualiser les régions de projet en termes d'agencements. Un des intérêts majeurs du concept développé par Gilles Deleuze et Félix Guattari (1980) est sa dimension créatrice. Il permet de conceptualiser l'émergence d'une région de projet à partir de l'interaction entre des énoncés, des objets et du social engagé dans une action commune. L'agencement est ainsi défini comme un créateur de possible, qui fabrique du sens à partir de la relation de ses composants, sans toutefois que ceux-ci ne perdent leur autonomie. C'est le principe d'extériorité des relations. Ma recherche a pu montrer comment des cartes, des bases de données, des stratégies, des rapports, des scientifiques, des fonctionnaires internationaux, etc., participent à l'institutionnalisation de la région de projet, sans toutefois qu'aucun de ces acteurs de la construction régionale ne perde son autonomie d'action et d'engagement au sein d'autres associations. J'ai ainsi amplement pu souligner que l'unité et la stabilité de la région de projet proviennent du co-fonctionnement de ces éléments, c'est-à-dire d'une variété de pratiques matérielles et discursives de la part d'acteurs souvent basés à l'extérieur du périmètre de la région de projet.

La région de projet appréhendée comme un agencement n'est donc pas un ensemble figé. Elle est traversée par des dynamiques qui la stabilisent (sa territorialisation) et d'autres qui la déstabilisent et peuvent participer à la transformer, comme dans le cas des stratégies macro-régionales. La région de projet est donc constamment en devenir, toujours performée, jamais totalement stabilisée.

Par ailleurs, les agencements se différencient de la notion d'assemblage par leur capacité à agir et leur structuration. La région de projet n'est pas un catalogue illimité d'acteurs en interactions. Cet ouvrage dévoile comment la région de projet des Carpates avait été cadrée par des institutions transnationales pour mettre en place un cadre légal de coopération environnementale, en intégrant des acteurs porteurs de cadrages alternatifs et en excluant certains autres. Mes recherches montrent également que la région de projet des Carpates est plus que l'assemblage d'un «public régional» (Metzger, 2013). La région est matérialisée dans des formes durables et a la capacité de déployer des effets, dans le cadre de protocoles contraignants ou de projets par exemple.

Enfin, le concept d'agencement permet de conceptualiser des entités territoriales discontinues, poreuses, qui dépassent les frontières nationales et impliquent des acteurs basés en des lieux variés et agissant selon une spatialité qui leur est propre.

Appréhender la région de projet comme un agencement implique donc de se plonger dans une variété de pratiques et d'interactions. L'analyse détaillée de ces pratiques matérielles et discursives est certainement l'un des apports les plus originaux de cet ouvrage. Il est étroitement lié au choix méthodologique de réaliser une enquête ethnographique pour observer la région en train de se faire. Il n'existe en effet, à ma connaissance, aucune autre recherche de ce genre dans le champ de la nouvelle géographie régionale. Il s'agit à n'en pas douter d'un apport novateur de cet ouvrage, mais en constitue également une des limites.

En effet, l'enquête ethnographique implique une unité de lieu et de temps qui limite *de facto* les possibilités de dresser un panorama complet des acteurs, des connexions et des dynamiques à l'œuvre au sein du processus d'éco-régionalisation. J'ai ainsi dû très tôt dans le processus de recherche délimiter quel serait mon objet d'étude et cette délimitation a inévitablement influencé en retour la problématique de ma recherche comme je l'ai montré au chapitre 3.

Dans le même temps, l'enquête ethnographique m'a permis d'effectuer une analyse fine des pratiques des acteurs et des ressources qu'ils mobilisent qu'il m'aurait été difficile de capturer autrement. La méthode ethnographique est de ce point de vue particulièrement adaptée pour appréhender les régions de projet comme des agencements en mettant en lumière les interactions et les façons de faire des acteurs. Le concept d'agencement permet en effet de théoriser les pratiques, la façon dont les acteurs s'engagent dans l'action en interaction avec d'autres acteurs selon une triple dimension, matérielle, discursive et sociale. Mes recherches soulignent comment l'enquête ethnographique permet d'identifier les pratiques des acteurs, ainsi que les médiateurs qu'ils mobilisent dans le processus d'éco-régionalisation et comment ils performent la région au quotidien (chapitres 5 à 7).

Il ne m'aurait pas été possible de montrer le caractère tactique de l'action du secrétariat, ni son influence normative et cognitive forte dans le processus macro-régional sans avoir été directement immergé au cœur du fonctionnement de l'agencement. Je n'aurais pu ni comprendre les compétences nécessaires au montage de projet, ni percevoir l'influence du secrétariat dans la formulation du projet macro-régional, ni recueillir les confidences des acteurs observés, sans avoir partagé le quotidien des membres du secrétariat.

L'enquête ethnographique permet ainsi de mettre en lumière les pratiques, réflexions et discussions formelles et informelles qui resteraient autrement dissimulées derrière les inscriptions qu'elles participent à produire. Il s'agit d'une méthode précieuse pour qui souhaite ouvrir la «boîte noire» des organisations internationales et en découvrir la diversité d'acteurs et de pratiques que la nouvelle géographie régionale entend mettre au cœur de son projet de recherche (Paasi, 2010). De ce point de vue, ma recherche suggère un couplage méthodologique (enquête ethnographique) et analytique (penser en termes d'agencement) pouvant offrir des pistes fructueuses de recherche dans le champ de la nouvelle géographie régionale. Des comparaisons avec les pratiques observées dans d'autres contextes au sein d'autres agencements constitueraient à n'en pas douter un terreau de recherche fertile dans le domaine.

Bibliographie

Aberley, D., 1993. Boundaries of home: Mapping for local empowerment. British Columbia: New Society Publishers.
Agh, A., 2010. Regionalisation as a driving force of EU widening: Recovering from the EU "carrot crisis" in the "East". In: Europe-Asia Studies 62, 1239-1266.
Allen, J., Cochrane, A., 2010. Assemblages of state power: topological shifts in the organization of government and politics. In: Antipode 42, 1071-1089.
Allen, J., Massey, D.B., Cochrane, A., 1998. Rethinking the region. London: Psychology Press.
Allen, J.R., Cochrane, A., 2007. Beyond the territorial fix: regional assemblages, politics and power. In: Regional Studies 41, 1161-1175.
Amin, A., 2004. Regions unbound: towards a new politics of place. In: Geografiska Annaler: Series B, Human Geography 86, 33-44.
Anderson, B., Kearnes, M., McFarlane, C., Swanton, D., 2012. On assemblages and geography. In: Dialogues in Human Geography 2, 171-189.
Anderson, B., McFarlane, C., 2011. Assemblage and geography. In: Area 43, 124-127.
Anderson, J., 2012. Relational places: the surfed wave as assemblage and convergence. In: Environment and Planning D: Society and Space 30, 570-587.
Arborio, A.M., Fournier, P., 2010. L'observation directe: l'enquête et ses méthodes. Paris: Armand Colin.
Balsiger, J., 2007. Regionalism reconsidered: The Alpine Convention as a model of earth system governance. Paper prepared as a contribution to the Amsterdam Conference on the Human Dimensions of Global Environmental Change.
Balsiger, J., Prys, M., 2014. Regional agreements in international environmental politics. In: International Environmental Agreements: Politics, Law and Economics, 1-22.
Balsiger, J., VanDeveer, S.D., 2010. Regional governance and environmental problems. In: The International Studies Encyclopedia 9, 6179-6200.
Balsiger, J., VanDeveer, S.D., 2012. Navigating regional environmental governance. In: Global Environmental Politics 12, 1-17.
Barnett, M., Finnemore, M., 2004. Rules for the world: International organizations in global politics. New York: Cornell University Press.
Bauer, S., 2006. Does bureaucracy really matter? The authority of intergovernmental treaty secretariats in global environmental politics. In: Global Environmental Politics 6, 23-49.
Bauer, S., Andresen, S., 2010. Bureaucratic Leadership: The Missing Link to Understanding IO Influence? Paper prepared as a contribution to the New Orleans annual meeting of the Theory vs. Policy? Connecting Scholars and Practitioners.

Beaud, S., 1996. L'usage de l'entretien en sciences sociales. Plaidoyer pour l'«entretien ethnographique». In: Politix 9, 226-257.

Beaud, S., Weber, F., 2010. Guide de l'enquête de terrain. 4e éd. Paris: La Découverte.

Becker, H.S., 2006. Le travail sociologique: méthode et substance. Fribourg: Academic Press Fribourg.

Bendix, R., 2012. Une salle, plusieurs sites: les négociations internationales comme terrain de recherche anthropologique. In: Critique internationale 54, 19-38.

Berkes, F., Marschke, M., Armitage, D., Bankes, N., 2005. Cross-Scale Institutions & Building Resilience in the Canadian North. In: F. Berkes, R. Huebert, H. Fast, M. Manseau, and A. Diduck (Eds.). Breaking Ice: Renewable resource and ocean management in the Canadian North. Calgary: University of Calgary Press, 225-247.

Bialasiewicz, L., Giaccaria, P., Jones, A., Minca, C., 2013. Re-scaling "EU"rope: EU macro-regional fantasies in the Mediterranean. In: European Urban and Regional Studies 20, 59-76.

Biermann, F., Siebenhüner, B., Schreyögg, A., 2009. International Organizations in Global Environmental Governance. New York: Routledge.

Biermann, F., Siebenhüner, B., 2009. Managers of global change: The influence of international environmental bureaucracies. Cambridge MA: MIT Press.

Björnsen Gurung, A.B., Bokwa, A., Che\lmicki, W., Elbakidze, M., Hirschmugl, M., Hostert, P., Ibisch, P., Kozak, J., Kuemmerle, T., Matei, E., 2009. Global change research in the Carpathian mountain region. In: Mountain Research and Development 29, 282-288.

Blanckaert, C., 2004. Géographie et anthropologie: une rencontre nécessaire (XVIIIe-XIXe siècle). In: Ethnologie française 34, 661-669.

Boltanski, L., Chiapello, E., 1999. Le nouvel esprit du capitalisme. Paris: Gallimard.

Bourdieu, P., 1980. L'identité et la représentation. In: Actes de la recherche en sciences sociales 35, 63-72.

Bowker, G.C., 2000. Mapping biodiversity. In: International Journal of Geographical Information Science 14, 739-754.

Bowker, G., Star, S.L., 1999. Sorting things out: Classification and Its Consequences. Cambridge MA: MIT Press.

Braun, B., 2006. Environmental issues: global natures in the space of assemblage. In: Progress in Human Geography 30, 644-654.

Brenner, N., 1999. Globalisation as reterritorialisation: the re-scaling of urban governance in the European Union. In: Urban studies 36, 431-451.

Brenner, N., 2004. Urban governance and the production of new state spaces in Western Europe, 1960–2000. In: Review of International Political Economy 11, 447-488.

Broggiato, A., Church, J.M., 2008. Carpathian Convention. In: Environmental Policy and Law 38, 267-271.

Buire, C., 2012. Les arts-de-faire du terrain, In: Annales de Géographie. Armand Colin 687-688, 600-620.

Bulkeley, H., 2005. Reconfiguring environmental governance: towards a politics of scales and networks. In: Political Geography 24, 875-902.

Callon, M., 1995. Representing nature, representing culture. Paper prepared as a contribution to the Conference for the inauguration of the Centre for Social Theory and Technology, University of Keele.
Callon, M., 2006. Sociologie de l'acteur-réseau. In: M. Akrich, M. Callon, B. Latour (Eds). Sociologie de la traduction: Textes fondateurs. Paris: Presse des Mines, 267-276.
Callon, M., Akrich, M., Dubuisson, S., Grandclément, C., Hennion, A., Latour, B., Mallard, A., Méadel, C., Muniesa, F., Rabeharisoa, V., 2013. Sociologie des agencements marchands: Textes choisis. Paris: Presse des Mines.
Campbell, L.M., Corson, C., Gray, N.J., MacDonald, K.I., Brosius, J.P., 2014. Studying Global Environmental Meetings to Understand Global Environmental Governance: Collaborative Event Ethnography at the Tenth Conference of the Parties to the Convention on Biological Diversity. In: Global Environmental Politics 14, 1-20.
Carmin, J.A., Hicks, B., 2002. International triggering events, transnational networks, and the development of Czech and Polish environmental movements. In: Mobilization: An International Quarterly 7, 305-324.
Carmin, J., Fagan, A., 2010. Environmental mobilisation and organisations in post-socialist Europe and the former Soviet Union. In: Environmental Politics 19, 689-707.
Carmin, J., VanDeveer, S.D., 2004. Enlarging EU environments: Central and Eastern Europe from transition to accession. In: Environmental Politics 13, 3-24.
Cash, D.W., 2001. "In order to aid in diffusing useful and practical information": Agricultural extension and boundary organizations. In: Science, Technology & Human Values 26, 431-453.
Cash, D.W., Moser, S.C., 2000. Linking global and local scales: designing dynamic assessment and management processes. In: Global Environmental Change 10, 109-120.
CEI, 2001. The Status of the Carpathians: A report developed as part of the Carpathian Ecoregion Initiative. Vienna: WWF.
Charvolin, F., 2003. L'invention de l'environnement en France. Paris: Editions La Découverte.
Chevalier, G., 2008. Rationalités, référentiels et cadres idéologiques. In: SociologieS, La recherche en actes, mis en ligne les 27 avril 2008, consulté le 16 juillet 2014. URL: <http://sociologies.revues.org/document2023.html>.
Church, J.M., 2010. Environmental Regionalism: the challenge of the Alpine Convention and the "strange case" of the Andean Community. CID Research Fellow and Graduate Student Working Paper.
Ciută, F., 2008. Region? Why region? Security, hermeneutics, and the making of the Black Sea region. In: Geopolitics 13, 120-147.
Cohen, A., 2012. Rescaling environmental governance: watersheds as boundary objects at the intersection of science, neoliberalism, and participation. In: Environment and Planning-Part A 44, 2207-2224.
Cohen, A., Bakker, K., 2014. The eco-scalar fix: Rescaling environmental governance and the politics of ecological boundaries in Alberta, Canada. In: Environment and Planning D: Society and Space 32, 128-146.

Cohen, A., Harris, L., 2014. Performing Scale: Watersheds as «Natural» Governance Units in the Canadian Context. In: M.R. Glass, R. Rose-Redwood (Eds.). Performativity, Politics, and the Production of Social Space. New York: Routledge, 226-252.

Cosgrove, D., 1994. Contested global visions: one-world, whole-earth, and the Apollo space photographs. In: Annals of the Association of American Geographers 84, 270-294.

Cosgrove, D.E., 1984. Social formation and symbolic landscape. Wisconsin: University of Wisconsin Press.

Cosgrove, D.E., 1999. Mappings. London: Reaktion Books.

Crang, M., Cook, I., 2007. Doing ethnographies. London: Sage.

Crona, B.I., Parker, J.N., 2012. Learning in Support of Governance: Theories, Methods, and a Framework to Assess How Bridging Organizations Contribute to Adaptive Resource Governance. In: Ecology and Society 17, 32.

Dasmann, R.F., 1972. Towards a system for classifying natural regions of the world and their representation by national parks and reserves. In: Biological Conservation 4, 247-255.

Davoudi, S., 2006. Evidence-based planning. DisP-The Planning Review 42, 14-24.

Deas, I., Lord, A., 2006. From a new regionalism to an unusual regionalism? The emergence of non-standard regional spaces and lessons for the territorial reorganisation of the state. In: Urban Studies 43, 1847-1877.

Debarbieux, B., 1999. Le territoire: histoire en deux langues. A bilingual (his-) story of territory. In: C. Chivaillon, P. Ragouet, M. Samers (Eds.). Discours scientifique et contextes culturels. Géographies françaises et britanniques à l'épreuve postmoderne, Bordeaux: Maison des Sciences de l'Homme d'Aquitaine, 33-34.

Debarbieux, B., 2009. Préface. Les régions de montagne comme référents de l'action collective. In: Revue de Géographie Alpine 97, 5-12.

Debarbieux, B., Balsiger, J., Djordjevic, D., Gaberell, S., Rudaz, G., 2014. Scientific collectives in region-building processes. In: Environmental Science & Policy 42, 149-159.

Debarbieux, B., Price, M., 2008. Representing mountains: From local and national to global common good. In: Geopolitics 13, 148-168.

Debarbieux, B., Price, M.F., Balsiger, J., 2013. The Institutionalization of Mountain Regions in Europe. In: Regional Studies 1-15.

Debarbieux, B., Rudaz, G., 2010. Les faiseurs de montagne: imaginaires politiques et territorialités XVIIIe-XXIe siècle. Paris: CNRS Editions.

De Certeau, M., 1990. L'invention du quotidien. Paris: Gallimard.

DeLanda, M., 2002. Deleuze and the Use of the Genetic Algorithm in Architecture. In: Architectural Design 71, 9-12.

DeLanda, M., 2006. A New Philosophy of Society: Assemblage Theory and Social Complexity. London: Continuum.

DeLanda, M., 2010. Agencements versus totalités. In: Multitudes 39, 137-144.

Delaney, D., Leitner, H., 1997. The political construction of scale. In: Political Geography 16, 93-98.

Del Biaggio, C., 2013. Linking up the Alps: how networks of local political actors build the pan-Alpine region. Thèse de géographie, Université de Genève.

Deleuze, G., Guattari, F., 1980. Mille plateaux: Capitalisme et schizophrénie II. Paris: Editions de minuit.

Demazière, D., 2007. À qui peut-on se fier? Les sociologues et la parole des interviewés. In: Langage et société 123, 85-100.

Depledge, J., 2007. A special relationship: chairpersons and the Secretariat in the climate change negotiations. In: Global Environmental Politics 7, 45-68.

Donaldson, A., 2006. Performing regions: territorial development and cultural politics in a Europe of the Regions. In: Environment and Planning A 38, 2075.

Dubois, A., Hedin, S., Schmitt, P., Sterling, J., 2009. EU macro-regions and macro-regional strategies. Nordregio Working Paper.

Dühr, S., Müller, A., 2012. The role of spatial data and spatial information in strategic spatial planning. In: Regional Studies 46, 423-428.

Eden, S., Donaldson, A., Walker, G.P., 2006. Green groups and grey areas: scientific boundary work, NGOs and environmental knowledge. In: Environment and Planning A 38, 1061-1076.

Ejderyan, O., 2009. Une renaturation en béton!: comprendre la participation et la nature dans les renaturations de cours d'eau suisses au regard d'une théorie de la pratique: Rhone-Thur-Projekt. Zürich: Schriftenreihe – Humangeographie.

Fagan, A., 2008. Global-Local Linkage in the Western Balkans: The Politics of Environmental Capacity Building in Bosnia-Herzegovina. In: Political Studies 56, 629-652.

Fall, J., 2005. Drawing the line: nature, hybridity and politics in transboundary spaces. Burlington: Ashgate Publishing Limited.

Fall, J.J., Egerer, H., 2004. Constructing the Carpathians: the Carpathian Convention and the Search for a Spatial Ideal. In: Revue de Géographie Alpine 92, 98-106.

Faludi, A., Waterhout, B., 2006. Introducing evidence-based planning. In: DisP-The Planning Review 42, 4-13.

Farinelli, F., 2009. De la raison cartographique. Paris: CTHS-Editions.

Forsyth, T., 2011. Politicizing environmental explanations: what can political ecology learn from sociology and philosophy of science? In: M.J. Goldman, P. Nadasdy and M.D. Turner (Eds.). Knowing Nature: Conversations at the Intersection of Political Ecology and Science Studies. Chicago: University of Chicago Press, 31-46.

Forsyth, T., 2012. Politicizing environmental science does not mean denying climate science nor endorsing it without question. In: Global Environmental Politics 12, 18-23.

Foster, R., 2013. Tabula Imperii Europae: A Cartographic Approach to the Current Debate on the European Union as Empire. In: Geopolitics 18, 371-402.

Frémont, A., 1976. La région, espace vécu. Paris: Presses Universitaires de France.

Frioux, S., Lemire, V., 2012. L'invention politique de l'environnement. In: Vingtième Siècle. Revue d'Histoire 113, Numéro Spécial. Paris: Presses de Sciences Po.

Gaberell, S., Debarbieux, B., 2014. Mapping regions, framing projects: A comparative analysis on the role of mapping in the region-building process of two European regions. In: Geoforum 52, 123-136.

Gayon, V., 2009. Un atelier d'écriture internationale: l'OCDE au travail. Éléments de sociologie de la forme «rapport». In: Sociologie du travail 51, 324-342.

Giddens, A., 1984. The constitution of society: Outline of the theory of structure. Berkeley: University of California Press.
Gilbert, A., 1988. The new regional geography in English and French-speaking countries. In: Progress in Human Geography 12, 208-228.
Goldman, M.J., Turner, M.D., 2011. Introduction. In: M.J. Goldman, P. Nadasdy, M.D. Turner (Eds.). Knowing nature: conversations at the intersection of political ecology and science studies. Chicago: University of Chicago Press, 1-24.
Granjou, C., Mauz, I., 2007. Un «impératif scientifique» pour l'action publique? Analyse d'une compétition pour l'expertise environnementale. In: Socio-logos. *Revue de l'association française de sociologie* 2, mis en ligne le 17 octobre 2007, consulté le 14 août 2014. URL: <http://socio-logos.revues.org/893>.
Granjou, C., Mauz, I., 2009. Quand l'identité de l'objet-frontière se construit chemin faisant. In: Revue d'anthropologie des connaissances 3, 29-49.
Gray, N.J., Gruby, R.L., Campbell, L.M., 2014. Boundary Objects and Global Consensus: Scalar Narratives of Marine Conservation in the Convention on Biological Diversity. In: Global Environmental Politics 14, 64-83.
Gregory, D., 1984. Space, time and politics in social theory: an interview with Anthony Giddens. In: Environment and Planning D: Society and Space 2, 123-132.
Gregory, D., 1994. Geographical imaginations. Cambridge MA: Wiley-Blackwell.
Gregory, D., Johnston, R., Pratt, G., Watts, M., Whatmore, S., 2009. The dictionary of human geography. Cambridge MA: Wiley-Blackwell.
Goffman, E., 1974. Frame analysis: An essay on the organization of experience. Cambridge MA: Harvard University Press.
Guston, D.H., 1999. Stabilizing the boundary between US politics and science: The role of the Office of Technology Transfer as a boundary organization. In: Social Studies of Science 29, 87-111.
Guston, D.H., 2001. Boundary organizations in environmental policy and science: an introduction. In: Science, Technology, & Human Values 26, 399-408.
Haas, P.M., 1990. Saving the Mediterranean: the politics of international environmental cooperation. New York: Columbia University Press.
Häkli, J., 1998. Cross-border regionalisation in the "New Europe"-theoretical reflection with two illustrative examples. In: Geopolitics 3, 83-103.
Häkli, J., 2008. Regions, networks and fluidity in the Finnish nation-state. In: National Identities 10, 5-20.
Häkli, J., 2009. Boundaries of Trust: Building a Transnational Space in Haparanda-Tornio. Jouni Häkli & Claudio Minca (Eds.). In: Social Capital and Urban Networks of Trust 205-231.
Harrison, J., 2013. Configuring the New "Regional World": On being Caught between Territory and Networks. In: Regional Studies 47, 55-74.
Harvey, D., 1985. The urbanization of capital: Studies in the History and Theory of Capitalist Urbanization. Baltimore: Johns Hopkins University Press.
Hirt, I., 2008. Redistribuer les cartes: approche postcoloniale d'un processus de cartographie participative en territoire mapuche (Chili). Thèse de géographie, Université de Genève.

Hirt, I., Lerch, L., 2014. Cartographier les territorialités indigènes dans les Andes boliviennes: enjeux politiques, défis méthodologiques. Cybergeo: European Journal of Geography 638, mis en ligne le 10 avril 2013, consulté le 25 juin 2014. URL: <http://cybergeo.revues.org/25843>.
Hitchings, R., 2012. People can talk about their practices. In: Area 44, 61-67.
Howitt, R., 1998. Scale as relation: musical metaphors of geographical scale. In: Area 30, 49-58.
Hudson, R., 2007. Regional devolution and regional economic success: myths and illusions about power. In: Geografiska Annaler: Series B, Human Geography 88, 159-171.
Jacob, C., 1992. L'empire des cartes: approche théorique de la cartographie à travers l'histoire. Paris: Albin Michel.
Jasanoff, S., 1990. The Fifth Branch: Scientific Advisors as Policymakers. Cambridge MA: Harvard University Press.
Jasanoff, S., 1996. Science and norms in global environmental regimes. In: F.O. Hampson, J. Reppy (Eds.). Earthly Goods: Environmental Change and Social Justice. New York: Cornell University Press, 173-197.
Jasanoff, S., 2004. Heaven and Earth: The Politics of Environmental Images. In: S. Jasanoff, M. Long Martello (Eds.). Earthly Politics: Local and Global in Environmental Governance. Cambridge MA: The MIT Press, 31-54.
Jasanoff, S., Long Martello, M., 2004. Earthly politics: local and global in environmental governance. Cambridge MA: The MIT Press.
Jessop, B., Brenner, N., Jones, M., 2008. Theorizing sociospatial relations. In: Environment and Planning D: Society and Space 26, 389-401.
Jobert, B., Muller, P., 1987. L'Etat en action. Paris: Presses Universitaires de France.
Jones, K.T., 1998. Scale as epistemology. In: Political geography 17, 25-28.
Jones, M., 2009. Phase space: geography, relational thinking, and beyond. In: Progress in Human Geography 33, 487-506.
Jones, M., MacLeod, G., 2004. Regional spaces, spaces of regionalism: territory, insurgent politics and the English question. In: Transactions of the Institute of British Geographers 29, 433-452.
Kapos, V., Rhind, J., Edwards, M., Price, M.F., Ravilious, C., Butt, N., 2000. Developing a map of the world's mountain forests. In: M.F. Price, N. Butt (Eds.). Forests in sustainable mountain development: a state of knowledge report for 2000. Wallington: CAB International, 4-9.
Kaufmann, J.-C., 2012. L'entretien compréhensif. Paris: Armand Colin.
Keating, M., 2009. Rescaling Europe. In: Perspectives on European Politics and Society 10, 34-50.
Klauser, F.R., 2012. Thinking through territoriality: introducing Claude Raffestin to Anglophone sociospatial theory. In: Environment and Planning D: Society and Space 30, 106-120.
Kozak, J., Björnsen Gurung, A., Ostapowicz, K., 2011. Research agenda for the Carpathians 2010-2015: Integrating Nature and Society towards Sustainability. Kraków: Science for the Carpathians.

Krishna, S., 1994. Cartographic anxiety: Mapping the body politic in India. In: Alternatives: Global, Local, Political 19, 507-521.
Kurtz, H.E., 2003. Scale frames and counter-scale frames: constructing the problem of environmental injustice. In: Political Geography 22, 887-916.
Kwa, C., 2005. Local Ecologies and Global Science: Discourses and Strategies of the International Geosphere-Biosphere Programme. In: Social Studies of Science 35, 923-950.
Lacoste, Y., 1976. La géographie, ça sert, d'abord, à faire la guerre. Paris: Maspero.
Lagendijk, A., 2007. The accident of the region: a strategic relational perspective on the construction of the region's significance. In: Regional Studies 41, 1193-1208.
Laplantine, F., 2010. L'enquête et ses méthodes: La description ethnographique. Paris: Armand Colin.
Larsen, H.G., 2008. Scaling the Baltic Sea environment. In: Geoforum 39, 2000-2008.
Lascoumes, P., 2007. Gouverner par les cartes. In: Genèses 68, 2-3.
Lascoumes, P., Le Galès, P., 2004. L'action publique saisie par ses instruments, In: P. Lascoumes, P. Le Galès (Eds.). Gouverner Par les Instruments. Paris: Presses de Sciences Po, 11-44.
Latham, A., 2002. Retheorizing the Scale of Globalization: Topologies, Actor-Networks, and Cosmopolitanism. In: A. Herod, M.W. Wright, A. Latham (Eds.) Geographies of Power: Placing Scale. Malden: Blackwell Publishers, 115-144.
Latour, B., 1985. Les «vues» de l'esprit: Une introduction à l'anthropologie des sciences et des techniques. In: Culture Technique 14, 5-29.
Latour, B., 1986. The powers of association. In: J. Law (Ed.). Power, Action and Belief. A New Sociology of Knowledge? London: Sociological Review Monograph, 264-280.
Latour, B., 1991. Nous n'avons jamais été modernes: Essai d'anthropologie symétrique. Paris: Éditions La Découverte.
Latour, B., 1999. On recalling ANT. In: The Sociological Review 47, 15-25.
Latour, B., 2002. La fabrique du droit. Paris: Éditions La Découverte.
Latour, B., 2004. Politiques de la nature. Paris: Éditions La Découverte.
Latour, B., 2006. Changer de société, refaire de la sociologie. Paris: Éditions La Découverte.
Latour, B., 2012. Biographie d'une enquête. À propos d'un livre sur les modes d'existence. In: Archives de philosophie 75, 549-566.
Latour, B., Sturm, S., 1987. The Meanings of Social: From Baboons to Humans. In: Social Science Information 26, 783-802.
Law, J., 1992. Notes on the theory of the actor-network: ordering, strategy, and heterogeneity. In: Systemic Practice and Action Research 5, 379-393.
Law, J., 2004. And if the global were small and noncoherent? Method, complexity, and the baroque. In: Environment and Planning D: Society and Space 22, 13-26.
Lebel, L., Garden, P., Imamura, M., 2005. The politics of scale, position, and place in the governance of water resources in the Mekong region. In: Ecology and Society 10, 18.
Lefebvre, H., 1974. La production de l'espace. Paris: Anthropos.

Legg, S., 2009. Of scales, networks and assemblages: the League of Nations apparatus and the scalar sovereignty of the Government of India. In: Transactions of the Institute of British Geographers 34, 234-253.

Lerch, L., 2014. Mondialisation et digitalisation des territoires indigènes: Rôles de l'aide internationale et des technologies de l'information géographique dans les politiques du territoire et du développement en Bolivie. Thèse de géographie, Université de Genève.

Lévy, J., Lussault, M., 2003. Dictionnaire de la géographie [et de l'espace des sociétés]. Paris: Belin.

Li, T.M., 2007. Practices of assemblage and community forest management. In: Economy and Society 36, 263-293.

Lussault, M., 2003. Agencement. In: J. Lévy, M. Lussault, (Eds.). Dictionnaire de la géographie [et de l'espace des sociétés]. Paris: Belin.

Lussault, M., 2007. L'homme spatial: la construction sociale de l'espace humain. Paris: Seuil.

MacDonald, K.I., Corson, C., 2012. "TEEB begins now": a virtual moment in the production of natural capital. In: Development and Change 43, 159-184.

MacKinnon, D., 2011. Reconstructing scale: Towards a new scalar politics. In: Progress in Human Geography 35, 21-36.

MacLeod, G., Jones, M., 2001. Renewing the geography of regions. In: Environment and Planning D: Society and Space 19, 669-696.

MacLeod, G., Jones, M., 2007. Territorial, scalar, networked, connected: in what sense a "regional world"? In: Regional Studies 41, 1177-1191.

Maertens, L., 2012. Etudier les organisations internationales: de la pertinence de l'observation participante. Le cas de la sécurisation de l'environnement au sein de l'Organisation des Nations Unies. Communication présentée au Congrès de l'Association Suisse de Science Politique (ASSP) à Lucerne.

Mansfield, B., 2005. Beyond rescaling: reintegrating the "national" as a dimension of scalar relations. In: Progress in Human Geography 29, 458-473.

Mansfield, B., Haas, J., 2006. Scale framing of scientific uncertainty in controversy over the endangered Steller sea lion. In: Environmental Politics 15, 78-94.

Marres, N.S., 2005. No issue, no public: Democratic deficits after the displacement of politics. PhD Thesis, Amsterdam School for Cultural Analysis (ASCA).

Marston, S.A., 2000. The social construction of scale. In: Progress in Human Geography 24, 219-242.

Marston, S.A., Jones III, J.P., Woodward, K., 2005. Human geography without scale. In: Transactions of the Institute of British Geographers 30, 416-432.

Massey, D., Allen, J., 1984. Geography matters!: A Reader. New York: Cambridge University Press.

Massey, D.B., 2005. For space. London: Sage Publications Ltd.

Mauz, I., Debarbieux, B., Granjou, C., 2013. Cosmopolitanization in action: connecting scales in international environmental organizations. In: Global Networks 13, 164-182.

McCann, E., Ward, K., 2012. Policy assemblages, mobilities and mutations: toward a multidisciplinary conversation. In: Political Studies Review 10, 325-332.

McCarthy, J., 2005. Scale, sovereignty, and strategy in environmental governance. In: Antipode 37, 731-753.
McFarlane, C., 2011. The city as assemblage: dwelling and urban space. In: Environment and Planning D: Society and Space 29, 649-671.
Metzger, J., 2013. Raising the Regional Leviathan: A Relational-Materialist Conceptualization of Regions-in-Becoming as Publics-in-Stabilization. In: International Journal of Urban and Regional Research 37, 1368-1395.
Metzger, J., Schmitt, P., 2012. When soft spaces harden: the EU strategy for the Baltic Sea Region. In: Environment and Planning A 44, 263-280.
Michelat, G., 1975. Sur l'utilisation de l'entretien non directif en sociologie. In: Revue française de sociologie 16, 229-247.
Miller, C., 2001. Hybrid management: Boundary organizations, science policy, and environmental governance in the climate regime. In: Science, Technology & Human Values 26, 478.
Miller, C.A., 2005. New civic epistemologies of quantification: making sense of indicators of local and global sustainability. In: Science, Technology & Human Values 30, 403-432.
Miller, C.A., Edwards, P.N., 2001. Changing the atmosphere. Expert knowledge and environmental governance. Cambridge MA: The MIT Press.
Mol, A.P., 2006. Environmental governance in the Information Age: the emergence of informational governance. In: Environment and Planning C: Government and Policy 24, 497-514.
Molle, F., 2009. Water, politics and river basin governance: repoliticizing approaches to river basin management. In: Water International 34, 62-70.
Mondada, L., 2000. Les effets théoriques des pratiques de transcription. In: Linx. Revue des linguistes de l'université Paris X Nanterre 42, 131-146.
Mormont, M., 2006. Conflit et territorialisation. In: Géographie, économie, société 8, 299-318.
Moore, A., 2008. Rethinking scale as a geographical category: from analysis to practice. In: Progress in Human Geography 32, 203-225.
Müller, B., 2012. Comment rendre le monde gouvernable sans le gouverner: les organisations internationales analysées par les anthropologues. In: Critique international 54, 9-18.
Murdoch, J., 1997. Towards a geography of heterogeneous associations. In: Progress in Human Geography 21, 321-337.
Nelson, J.G., 2004. Assessing the Carpathian Ecoregion Initiative (CEI). In: Proceedings of the Parks Research Forum of Ontario, 189-207.
Neumann, R.P., 2009. Political ecology: theorizing scale. In: Progress in Human Geography 33, 398-406.
Niewiadomski, Z., 2010. Towards The Network of Mountain Protected Areas in the Balkans and the Dinaric Arc. Vienna: UNEP.
Nowicki, P., 1998. The Green Backbone of Central and Eastern Europe. In: Man and Nature 3, 165.

Ollitrault, S., 2009. Militer pour la planète: sociologie des écologistes. Rennes: Presses Universitaires de Rennes.
Olson, D.M., Dinerstein, E., 1998. The Global 200: a representation approach to conserving the Earth's most biologically valuable ecoregions. In: Conservation Biology 12, 502-515.
Olson, D.M., Dinerstein, E., 2002. The Global 200: Priority ecoregions for global conservation. In: Annals of the Missouri Botanical garden 89, 199-224.
Olsson, P., Folke, C., Galaz, V., Hahn, T., Schultz, L., 2007. Enhancing the fit through adaptive co-management: creating and maintaining bridging functions for matching scales in the Kristianstads Vattenrike Biosphere Reserve Sweden. In: Ecology and Society 12, 28 [online] URL: <http://www.ecologyandsociety.org/vol12/iss1/art28/>.
Olstad, T.A., 2011. Understanding the Science and Art of Ecoregionalization. In: The Professional Geographer 64, 303-308.
Paasi, A., 1986. The institutionalization of regions: a theoretical framework for understanding the emergence of regions and the constitution of regional identity. In: Fennia 164, 105-146.
Paasi, A., 1991. Deconstructing regions: notes on the scales of spatial life. In: Environment and Planning A 23, 239-256.
Paasi, A., 2008. Is the world more complex than our theories of it? TPSN and the perpetual challenge of conceptualization. In: Environment and Planning D: Society and Space 26, 405-410.
Paasi, A., 2009. The resurgence of the "Region" and "Regional Identity": theoretical perspectives and empirical observations on regional dynamics in Europe. In: Review of International Studies 35, 121-146.
Paasi, A., 2010. Regions are social constructs, but who or what "constructs" them? Agency in question. In: Environment and Planning A 42, 2296-2301.
Painter, J., 2006. "Territory-network". Paper prepared as a contribution to the Annual Meeting of the Association of American Geographers Chicago.
Painter, J., 2007. Territoire et réseau: une fausse dichotomie? In: M. Vanier (Ed.). Territoires, territorialité, territorialisation. Controverses et perspectives. Rennes: Presses Universitaires de Rennes, 57-66.
Painter, J., 2008. Cartographic anxiety and the search for regionality. In: Environment and Planning A 40, 342-361.
Painter, J., 2010. Rethinking territory. In: Antipode 42, 1090-1118.
Parker, J., Crona, B., 2012. On being all things to all people: Boundary organizations and the contemporary research university. In: Social Studies of Science 42, 262-289.
Perkmann, M., Sum, N.L., 2002. Globalization, regionalization and cross-border regions: scales, discourses and governance. Basingstoke: Palgrave Macmillan.
Petit, E., 2010. Du fil de l'eau en fils à retordre. In: L'Information Géographique 74, 9-26.
Petite, M., 2011. Identités en chantiers dans les Alpes. Des projets qui mobilisent objets, territoires et réseaux. Berne: Peter Lang.
Phillips, J., 2006. Agencement/Assemblage. In: Theory, Culture & Society 23, 108-109.

Phillips, N., Hardy, C., 2002. Discourse analysis: Investigating processes of social construction. London: Sage.
Pickles, J., 2004. A history of spaces: cartographic reason, mapping, and the geo-coded world. New York: Routledge.
Pieroni, R., Debarbieux, B., 2014. Données géographiques et construction institutionnelle d'une région transnationale. Le SOIA comme objet-frontière? In: Revue Internationale de Géomatique 24, 67-85.
Pred, A., 1984. Place as Historically Contingent Process: Structuration and the Time-Geography of Becoming Places. In: Annals of the Association of American Geographers 74, 279-297.
Price, M., Borowski, D., MacLeod, C., Rudaz, G., Debarbieux, B., 2011. Sustainable Mountain Development in the Alps: From Rio 1992 to Rio 2012 and beyond. Bern: Swiss Federal Office for Spatial Development (ARE).
Pudup, M.B., 1988. Arguments within regional geography. In: Progress in Human Geography 12, 369-390.
Rodary, E., 2003. Pour une géographie politique de l'environnement. In: Ecologie & Politique 27, 91-111.
Rodary, E., 2008. Développer la conservation ou conserver le développement? In: Mondes en développement 141, 81-92.
Rodary, E., Castellanet, C., 2003. Introduction: Les trois temps de la conservation. In: E. Rodary, C. Castellanet, G. Rossi (Eds.). Conservation de la nature et développement: l'intégration impossible? Karthala et GRET Editions, 5-38.
Rudaz, G., 2005. Porter la voix de la montagne: objectivation et différenciation du territoire par le Groupement de la population de montagne du Valais romand (1945-2004). Thèse de géographie, Université de Genève.
Rudaz, G., 2011. The cause of mountains: The politics of promoting a global agenda. In: Global Environmental Politics 11, 43-65.
Rudaz, G., Debarbieux, B., 2013. La montagne suisse en politique. Lausanne: Presses polytechniques et universitaires romandes – Collection Le savoir suisse.
Ruffini, F., Ptacek, P., 2009. Atlas of the Carpathian Macroregion. Vienna: UNEP.
Ruffini, V., Streifeneder, T., Eiselt, B., 2006. Implementing an international mountain convention, an approach for the delimitation of the Carpathian Convention area. Vienna: Eurac-Research and UNEP.
Samec, E., 2002. The Carpathians: "Existing Instruments and Programmes and a Carpathian Sector Analysis". Background Paper Intended for the Negotiation Process Towards a Carpathian Framework Convention. Vienna: UNEP.
Samecki, P., 2009. Orientation paper on future cohesion policy [online], consulté en janvier 2014. URL: <ec.europa.eu/regional_policy/archive/newsroom/pdf/pawel_samecki_orientation_paper.pdf>.
Sandford, R., 1994. International environmental treaty secretariats: stagehands or actors. In: H. O. Bergesen, G. Parmann (Eds.). Green Globe Yearbook of International Co-operation on Environment and Development. Oxford: Oxford University Press, 17-29.
Sandford, R., 1996. International environmental treaty secretariats: A case of neglected potential? In: Environmental Impact Assessment Review 16, 3-12.

Savarese, É., 2006. Méthodes des sciences sociales. Paris: Ellipses.
Sayre, N.F., 2005. Ecological and geographical scale: parallels and potential for integration. In: Progress in Human Geography 29, 276-290.
Serres, M., 1992. Eclaircissement: cinq entretiens avec Bruno Latour. Paris: Flammarion.
Shepherd, G., 2004. The Ecosystem Approach: Learning from Experience. Gland: IUCN.
Silverman, D., 1993. Interpreting qualitative data: Methods for Analyzing Talk, Text and Interaction. London: Sage.
Sneddon, C., Fox, C., 2006. Rethinking transboundary waters: A critical hydropolitics of the Mekong basin. In: Political Geography 25, 181-202.
Snow, D.A., Benford, R.D., 1988. Ideology, frame resonance, and participant mobilization. In: International social movement research 1, 197-217.
Söderström, O., 2000. Des images pour agir: Le visuel en urbanisme. Lausanne: Payot.
Soja, E., 1985. Regions in context: spatiality, periodicity, and the historical geography of the regional question. In: Environment and Planning D: Society and Space 3, 175-190.
Star, S.L., Griesemer, J.R., 1989. Institutional ecology 'translations' and boundary objects: Amateurs and professionals in Berkeley's Museum of Vertebrate Zoology, 1907-39. In: Social Studies of Science 19, 387-420.
Strasser, B.J., 2012. Data-driven sciences: From wonder cabinets to electronic databases. In: Studies in History and Philosophy of Science Part C: Studies in History and Philosophy of Biological and Biomedical Sciences 43, 85-87.
Suchman, L., 2007. Human-machine reconfigurations: Plans and situated actions. New York: Cambridge University Press.
Swyngedouw, E., 1997. Neither global nor local: "glocalization" and the politics of scale. In: K.R. Cox (Ed.). Spaces of globalization: Reasserting the power of the local. New York: The Guilford Press, 137-166.
Tabarly, S., 2007. Coopérations territoriales transfrontalières, eurorégions. In: Géoconfluences, mis en ligne le 16 mars 2007, consulté le 12 juin 2014. URL: <http://geoconfluences.ens-lyon.fr/doc/etpays/Europe/EurDoc11.htm>.
Tallberg, J., 2010. The power of the chair: Formal leadership in international cooperation. In: International Studies Quarterly 54, 241-265.
Thrift, N., 1983. On the determination of social action in space and time. In: Environment and Planning D: Society and Space 1, 23-57.
Topalov, C., 2004. Raconter ou compter? L'enquête de Charles Booth sur l'East End de Londres (1886-1889). In: Revue d'histoire intellectuelle 22, 107-132.
Tuan, Y.-F., 1979. Space and Place: Humanistic Perspective. Minneapolis: University of Minnesota Press.
Turnock, D., 2001. Cross-border conservation in East Central Europe: the Danube-Carpathian complex and the contribution of the World Wide Fund for Nature. In: GeoJournal 55, 655-681.
Turnock, D., 2002. Ecoregion-based conservation in the Carpathians and the land-use implications. In: Land Use Policy 19, 47-63.
Udvardy, M.D., 1975. A classification of the biogeographical provinces of the world. Paper prepared as a contribution to UNESCO's Man and the Biosphere Programme. Morges: IUCN.

UNESCO, 2003. Five Transboundary Biosphere Reserves in Europe. Biosphere Reserves Technical Notes. Paris: UNESCO.
VanDeveer, S., 2004. Ordering environments: Regions in European international environmental cooperation. In: S. Jasanoff, M. Long Martello (Eds.). Earthly Politics: Local the Global in Environmental Governance, Cambridge MA: The MIT Press, 309-334.
VanDeveer, S. D., 2011. Networked Baltic Environmental Cooperation. In: Journal of Baltic Studies 42, 37-55.
Varró, K., Lagendijk, A., 2012. Conceptualizing the Region – In What Sense Relational? In: Regional Studies 47, 18-28.
Waterton, C., 2002. From field to fantasy: Classifying nature, constructing Europe. In: Social Studies of Science 32, 177-204.
Whatmore, S., 2006. Materialist returns: practising cultural geography in and for a more-than-human world. In: Cultural Geographies 13, 600-609.
Wood, D., Fels, J., 1992. The power of maps. New York: The Guilford Press.
Yearley, S., 1991. The green case: a sociology of environmental issues, arguments and politics. London: Harper Collins Academic.
Zimmerbauer, K., 2013. Unusual regionalism in Northern Europe: the Barents Region in the making. In: Regional Studies 47, 89-103.
Zittoun, P., 2007. La carte parisienne du bruit. La fabrique d'un nouvel énoncé de politique publique. In: Politix 78, 157-178.

Annexe

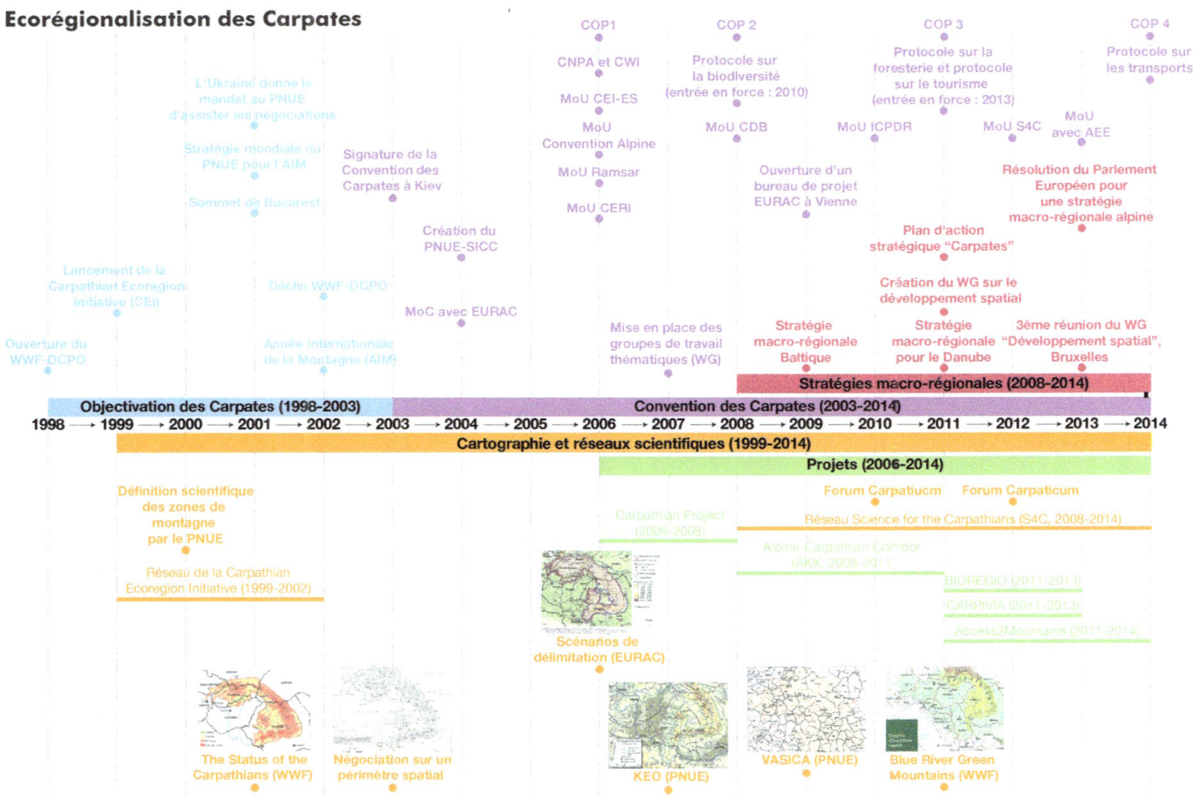

Figure 11 : Frise chronologique de l'institutionnalisation des Carpates.

www.ingramcontent.com/pod-product-compliance
Ingram Content Group UK Ltd.
Pitfield, Milton Keynes, MK11 3LW, UK
UKHW021920290926
8980IPUK00015B/1374

9 783034 320368